TEMPS PHYSIQUE ET TEMPS TRAGIQUE CHEZ ARISTOTE

DU MÊME AUTEUR
À LA MÊME LIBRAIRIE

Essai sur le Cratyle, *contribution à l'histoire de la pensée de Platon* (1940), « Bibliothèque d'Histoire de la Philosophie », 1980, 212 pages.

Questions platoniciennes, « Bibliothèque d'Histoire de la Philosophie », 1970, 292 pages.

La doctrine d'Épicure et le droit, « Bibliothèque d'Histoire de la Philosophie », 1977, 334 pages.

Anthropologie et politique, les principes du système de Rousseau, « Bibliothèque d'Histoire de la Philosophie », 1983, 212 pages.

Écrits, I : Études de philosophie ancienne, II : Études de philosophie moderne, « Bibliothèque d'Histoire de la Philosophie », 1984, 280 et 272 pages.

Le système stoïcien et l'idée de temps, « Bibliothèque d'Histoire de la Philosophie », 1989, 250 pages.

Platonisme et pensée contemporaine, « Tradition de la pensée classique », 1990, 272 pages.

Le paradigme dans la dialectique platonicienne, « Bibliothèque d'Histoire de la Philosophie - Poche », 2003, 144 pages.

BIBLIOTHÈQUE D'HISTOIRE DE LA PHILOSOPHIE
Fondateur : Henri GOUHIER Directeur : Emmanuel CATTIN

TEMPS PHYSIQUE ET TEMPS TRAGIQUE CHEZ ARISTOTE

Commentaire sur le quatrième livre de la *Physique* (10-14) et sur la *Poétique*

par

Victor GOLDSCHMIDT

PARIS
LIBRAIRIE PHILOSOPHIQUE J. VRIN
6, Place de la Sorbonne, V[e]

2017

Le manuscrit du présent ouvrage a été confié à l'éditeur la veille du décès brutal de l'auteur. Sans l'aimable et compétente collaboration de Claude Imbert et Jacques Brunschwig, qui ont bien voulu assurer la correction des épreuves, le lecteur n'aurait pu ni lire un texte aussi soigné dans la forme, ni bénéficier de l'aide précieuse des index qu'ils ont établis selon les habitudes de l'auteur lui-même.

Nous leur exprimons, au nom de tous les fidèles admirateurs des travaux de Victor Goldschmidt, notre sincère reconnaissance.

Librairie VRIN

Imprimé en France
ISSN 0249-7980
ISBN 978-2-7116-2055-5

www.vrin.fr

AVANT-PROPOS

Les deux parties composant ce volume peuvent donner l'impression d'une disparité, qui tient à ce que le dessein primitif du travail s'est modifié en cours de rédaction.

Dans *La théorie aristotélicienne du lieu* était annoncée une étude complémentaire sur la théorie du temps. Ce projet, souvent repris et toujours remis, a pu enfin être réalisé. Mais le résultat ne correspond plus tout à fait, après vingt-cinq ans, à l'intention première (et c'est pourquoi on a renoncé à le publier en complément à une réédition de la *théorie du lieu*[1]). La théorie du temps déborde en effet le IVe livre de la *Physique*, où elle a pourtant son lieu naturel, parce que d'autres textes, le troisième chapitre, en particulier, du dernier livre de l'*Éthique à Nicomaque*, semblent exposer une théorie toute différente et incompatible, à première vue, avec les développements de la *Physique*. Cette difficulté qui, en fait, met en jeu toute la philosophie d'Aristote a été examinée à la suite du commentaire sur la *Physique*, lequel reçoit ainsi à la fois un prolongement et sa conclusion.

Après quoi, il a paru naturel de consulter la *Poétique*, d'abord parce que l'interprétation de la *Physique* avait été amenée, à plusieurs reprises, à s'y reporter, et surtout parce que certains *loci classici* de ce traité semblaient pouvoir éclairer la théorie du temps. Il aurait été parfaitement arbitraire, cependant, et d'une très mauvaise méthode, de se borner à l'explication de ces passages isolés de l'ensemble, d'autant qu'il paraît clair que la *Poétique* n'a pas été rédigée pour fournir une contribution à la théorie du temps. Pour savoir, par conséquent, ce qu'Aristote pouvait entendre par un temps tragique, on ne devait pas faire l'économie d'une lecture intégrale du traité, au cours de laquelle, pour éviter les pièges tendus par l'impérialisme de la subjectivité, il fallait mettre entre parenthèses le problème du temps. Quand, après ce détour, on revient à la question de départ, on est à la fois déçu et surpris. Déçu, parce que la question du temps tragique, au sens romantique ou existentialiste où nous

1. Il s'agit de l'étude dont on trouvera la référence ci-dessous, p. 24, n. 4 (Ed.).

avons coutume de prendre cette expression, ne peut tirer aucune réponse satisfaisante d'un traité qu'au surplus elle paraît tout à fait impropre à interroger sur sa visée réelle. La surprise vient de ce que la temporalité de la tragédie rejoint l'instant étendu que nous avions trouvé dans la *Physique* (et donne des indications précieuses sur ce qui peut en être le contenu), en sorte que les deux traités renvoient, implicitement sans doute, mais très clairement — on dirait très lisiblement, à *l'acte* aristotélicien et, au-delà, au Premier Moteur. La dualité apparente du temps — dont on a cru devoir maintenir l'énoncé dans le titre — se ramène donc à une parenté, sinon à une identité essentielle, qui donne son unité à ce livre. D'autre part, les analyses de la *Physique* permettent souvent de mieux comprendre certaines notations de la *Poétique* (par exemple, sur l'instant qui sépare la fin du nœud du début du dénouement), et c'était une raison supplémentaire de ne pas faire imprimer ces études en deux fascicules séparés. Sans compter que, derrière les deux commentaires, c'est bien l'unité de la pensée d'Aristote qui est le véritable objet de ce travail.

Ce mot de commentaire, qui figure dans le sous-titre du livre, ne manquera pas de paraître ambitieux aux uns, et rébarbatif à d'autres. Quant à ceux-ci, il veut simplement prévenir une méprise et leur épargner une attente vaine : ils ne trouveront pas ici une *Poétique* accommodée aux goûts du jour, objet de lectures dites au deuxième degré et autorisées par le bon mot du « contresens fécond ». — Aux autres, il faut concéder d'emblée que le mot de commentaire peut en effet sembler usurpé. On n'a pas eu l'ambition d'expliquer le texte *line by line,* ni la prétention de rivaliser avec les grands commentaires, c'est-à-dire, pour la *Physique,* l'admirable réalisation de Sir David Ross et, pour la *Poétique,* les ouvrages classiques de Vahlen, Bywater, Rostagni et d'autres et, surtout, le commentaire novateur de Gerald F. Else (publié en 1957, il n'a pas été réédité depuis 1963 et reste, de ce fait, d'un accès difficile ; nous n'avons pu le consulter que tardivement et, sans doute, pas aussi souvent qu'il eût été souhaitable). On s'est attaché ici surtout au mouvement du texte, pour essayer d'en restituer la structure qui, elle, fournit le « commentaire » fondamental, rédigé, si l'on peut dire, par l'auteur lui-même.

Une publication récente peut dispenser de s'étendre ici plus longuement sur cette question de méthode (*Métaphysique, Histoire de la philosophie, Recueil d'études offert à Fernand Brunner,* A la Baconnière/Payot, 1981, p. 213-240).

Septembre 1981.

PREMIÈRE PARTIE

Physique IV, 10-14

I. — **EXAMEN DIALECTIQUE** (chap. 10)

L'enquête physique est précédée d'un examen dialectique et aporétique, qui comprend deux parties. La seconde, à partir de la doxographie, porte sur la nature et essence du temps ; la première, sur son existence, à partir des « discussions exotériques ». Cette expression, dont le sens ne pourra probablement pas être entièrement éclairci, désigne, en tout cas, des « discussions non particulières à l'École péripatéticienne » [1], mais D. Ross fait observer que, « dans plusieurs cas, Aristote, en fait, les a développées dans ses dialogues » [2] et même, comme on le verra, dans ses écrits « acroamatiques ». L'expression, de toute manière, n'implique pas que les considérations suivantes manquent de « technicité » [3], ni bien moins encore, qu'elles soient « ramassées » comme au hasard [4]. Elles ont autant de portée que les apories sur le lieu, et leur présentation, en dépit de l'apparence d'une simple énumération, est parfaitement construite.

1. **Apories sur l'existence du temps**

1. Voici les réflexions qui peuvent faire soupçonner que le temps, ou bien n'existe « absolument pas » ou bien n'existe qu' « à peine et d'une manière obscure ». — Le passé n'existe plus, et le futur pas encore : or l'un et l'autre composent, et le

1. La formule est de H. Diels, cité dans D. Ross, *Aristotle's Metaphysics*, vol. II, p. 409.
2. D. Ross, *Aristotle's Physics*, p. 595*i.f.* sq.
3. D. Ross, *A.'s Physics*, p. 384 : « quite untechnically », à moins d'entendre ce mot comme opposé à l'enquête physique et « scientifique » ; mais la dialectique est bien, elle aussi, une technique.
4. P. F. Conen, *Die Zeittheorie des Aristoteles*, *Zetemata*, 35, Munich, 1964, p. 21 : « aufgegriffen » (réminiscence, s'agissant d'Aristote, du « aufraffen » kantien, *C.R.P.*, A 81 ?).

temps infini, et tel laps de temps considéré[5] ; « ce qui est composé de non-êtres ne semble pas pouvoir participer à l'être ». — C'est ce premier argument qui, à coup sûr, est le moins « technique », encore qu'on puisse lui trouver une origine parménidéenne lointaine[6]. Mais, à part le mot « être », Aristote évite visiblement l'emploi de termes précis (tel celui de « partie »), et il borne la description du temps à deux composants dont l'inexistence est claire aux yeux de tous. Le scepticisme recourra, à son tour, à ce même argument[7], bien propre à démontrer que le temps « n'existe absolument pas ».

A voir les choses ainsi, la question serait vite résolue, mais le véritable problème vient de ce que le temps existe « à peine et d'une manière obscure », et c'est ce que vont mettre en lumière les considérations suivantes.

« De toute chose divisible, les parties, quand elle existe, doivent elles aussi exister, soit toutes, soit quelques-unes ; or les parties du temps sont passées ou à venir, mais aucune n'existe ; pourtant le temps est une chose divisible ». — L'argument semble se borner à répéter, sous une forme plus élaborée, celui qui précède. En réalité, il le redresse, et même le contredit : nous ne pouvons, de la non-existence de ses parties, conclure que le temps « n'existe absolument pas », puisque précisément, il est, en tout état de cause, « quelque chose de divisible », encore que son mode d'existence reste « obscur ». En revanche, les deux arguments impliquent une même vision du temps, d'origine éléate, comme on vient de le dire, et réaffirmée dans le *Timée*[8]. C'est à expliciter cette conception que sert l'ensemble des difficultés suivantes : le présent et, plus précisément, l'instant, n'est pas une partie du temps.

2. Cette continuité de l'argumentation a été méconnue par les commentateurs, anciens et modernes, probablement pour cette raison apparente que la formule de transition habituelle, à la p. 218 a 8, semble introduire un nouvel argument (le troisième, d'après la numérotation de D. Ross[9]). Mais cette même formule se rencontre un peu plus bas (a 25), où, de toute évidence, elle n'introduit qu'une nouvelle preuve en faveur de l'argument pré-

5. On regrette que le malencontreux « temps infiniment périodique » de H. Carteron soit passé tel quel dans le livre de J. M. Dubois, *Le Temps et l'instant selon Aristote*, Desclée de Brouwer, 1967, p. 157.
6. Parménide, *Vors.*, 28, B 8, 5.
7. Sextus Empiricus, *Pyrrh. Hyp.*, III, 146 ; *Adv. math.*, X, 192.
8. Platon, *Timée*, 37 e-38 b.
9. D. Ross, *A.'s Physics*, p. 384 (ad 218 a 8).

cédent. — L'ensemble de l'argumentation peut se résumer ainsi. L'instant n'est pas une partie du temps. Car la partie a deux propriétés : (a) elle mesure le tout, et (b) elle concourt à composer le tout (cf. *Métaphys.*, Δ, 25). Or (en suivant l'ordre chiastique), (b) il ne semble pas que le temps soit composé d'instants puisqu'on avait assumé qu'il ne se compose que du passé et de l'avenir ; < (a) quant à la deuxième propriété de la partie : il est vrai que > l'instant paraît < clairement > [10] délimiter le passé et le futur, mais il n'est pas facile de voir si, ce faisant, il change ou conserve son identité : les deux hypothèses aboutissant à des conséquences inadmissibles. — Comme la précédente, cette aporie met en évidence l'existence « obscure » du temps : le temps est divisible : pourtant ses parties n'existent pas ; l'instant détermine le temps, pourtant il n'en est pas une partie et ne peut, dans cette fonction, ni demeurer le même ni se tranformer en un autre.

On ne contestera pas cette lecture, sous prétexte que le verbe « mesurer » (218 a 6) ne saurait être repris par celui de « délimiter » (a 9) : 1° Que les deux verbes soient ici équivalents, on le voit dans la suite de l'argument où la majeure établie pour les parties (a 11-12 : les différentes parties du temps ne sont pas simultanées) est appliquée aux instants (a 15 : « les instants ne seront pas simultanés les uns par rapport aux autres »). Autrement dit : l'instant est ici traité, par hypothèse, comme partie du temps, en tant précisément qu'il assume cette fonction de la partie qui consiste à mesurer (ou à délimiter) le tout ; — 2° Que les deux verbes puissent être équivalents, on le voit plus loin, à la p. 219 b 12, où l'ensemble des manuscrits, suivis par Philopon, portent : « l'instant mesure le temps », où il serait tout à fait arbitraire de « corriger » le texte (comme le fait, après d'autres, D. Ross), qui est conservé, aussi bien, dans l'édition de Wicksteed et Cornford. — Voici, maintenant, le détail de l'argument.

Admettons que l'instant soit, à chaque fois, différent. Comme aucune partie du temps n'est simultanée par rapport à une autre (à moins d'entendre qu'un temps plus court est enveloppé par un temps plus long) et comme ce qui maintenant n'existe pas mais a existé précédemment a nécessairement dû périr, il en résulte que les instants ne seront pas simultanés les uns par rapport aux autres, et que, nécessairement, l'instant précédent a, à chaque fois, péri. Mais il ne peut avoir péri en soi, (car alors

10. Tel est bien, à la différence de δοκεῖ, le sens de φαίνεται, comme d'ailleurs souvent chez Platon, où la réplique Φαίνεται doit se rendre par : « C'est évident ».

il existait), et quant à périr dans un autre instant, l'instant précédent ne le peut. Car les instants, pas plus que des points, ne peuvent être continus les uns par rapport aux autres. Si donc il n'a pas péri dans l'instant consécutif, mais dans un autre, ce serait dans les instants intermédiaires, en nombre infini, par rapport auxquels il serait simultané ; ce qui est impossible.

Admettons alors que l'instant demeure toujours le même. Mais aucune chose divisible limitée n'a qu'une seule limite (que sa continuité s'étende dans une ou dans plusieurs dimensions) : or l'instant est limite, et il est possible de prendre un temps limité. — De plus, si être simultané signifie être dans un seul et même instant, et si les événements antérieurs et postérieurs étaient dans ce même instant, alors il y aurait simultanéité entre les événements d'il y a 10.000 ans et ceux d'aujourd'hui, et rien par rapport à rien ne serait ni antérieur ni postérieur.

L'ensemble de l'aporie est construit selon la méthode de Zénon, inventeur, selon le témoignage d'Aristote, de la dialectique [11] ; les deux hypothèses opposées sont réfutées par les conséquences contradictoires qui en résultent. L'impossibilité, pour l'instant, de coexister avec une infinité d'instants intermédiaires peut également rappeler Zénon et son argument de la dichotomie, comme l'a bien indiqué J. Moreau [12]. De même, l'opposition : en soi — en autrui et, plus précisément, l'idée que, tant qu'une chose demeure « en soi », elle est soustraite à la génération et à la corruption remonte à Parménide [13] ; Platon, dans son dialogue, avait repris cette opposition [14] et avait posé, à la suite de l'Éléate, que « l'Un est immobile, s'il est en soi » [15]. — L'aporie, pour autant, n'est pas « exotérique » tout à fait. La conception géométrique de la droite dont les points ne peuvent pas être dits continus joue un grand rôle dans la suite de la *Physique* et sert, en particulier, à réfuter les arguments de Zénon qui, à partir de la conception pythagoricienne, traitent la droite et le temps comme composés de *minima* insécables et supposent, selon la formule d'Aristote, que « le temps est composé d'instants » [16] ; on sait qu'à l'époque même d'Aristote, Xénocrate avait enseigné un atomisme de l'espace [17] et aussi, probablement, du mouvement et

11. Diogène Laërce, VIII, 57.
12. J. Moreau, *L'espace et le temps selon Aristote*, Editrice Antenore, Padoue, 1965, p. 91.
13. Parménide, 28 B 8, 27-30.
14. Platon, *Parménide*, 138 a, 145 b.
15. Platon, *Parménide*, 145 e 7-146 a1.
16. *Physique*, VI, 9, 239 b 31-32.
17. R. Heinze, *Xenokrates*, Leipzig, 1892, pp. 60-64.

du temps [18]. — D'autre part, la difficulté qu'il y a à concevoir la destruction de « l'instant qui n'existe pas, mais a existé auparavant » (218 a 14) peut sans doute évoquer une formule éléate [19], mais elle est réelle, et elle est élaborée dans la quatorzième aporie métaphysique, où elle porte, comme ici, sur les conséquences « irrationnelles » concernant la génération et la corruption, dès lors qu'on pose la substantialité des lignes et des points : « Car on admet que la substance, lorsque, n'existant pas auparavant, elle existe maintenant ou que, existant auparavant, elle n'existe pas maintenant, s'est accompagnée d'un processus de génération et de corruption qui lui a fait subir ces affections ; or les points, les lignes et les surfaces ne comportent ni génération ni corruption, quand ils existent ou n'existent pas... Est tout à fait voisin le cas de l'instant dans le temps : lui non plus ne comporte ni génération ni corruption, et pourtant il semble toujours être autre que lui-même : c'est qu'il n'est pas une substance » [20]. Et c'est parce que « si ce qui existe, n'ayant pas existé auparavant, doit venir à l'existence et que, pendant ce processus, il n'existe pas encore », que l'on pourra conclure que « le temps ne peut être divisé en des parties insécables » [21].

3. Dans l'examen dialectique du *lieu*, l'existence ne semblait pas, au départ, problématique, mais « il y a beaucoup de difficultés à voir ce qu'est le lieu : il ne paraît pas toujours le même, selon ses différents attributs qu'on envisage » (IV, 1, 208 a 32-34) ; ce sont ces *attributs* qui, plus loin, permettront d'aborder la définition du lieu (4, 210 b 33-34, 211 a 9). Ici, l'examen dialectique de l'existence du temps est résumé comme l'exposé des « difficultés concernant ses attributs » (10, 218 a 30-31). D'où l'on voit, ici comme ailleurs, que la méthode d'Aristote n'est liée à aucun schématisme préconçu qui puisse s'appliquer mécaniquement à tous les sujets possibles, mais que ses concepts méthodologiques (en l'espèce ceux de l'existence et de l'essence) présentent une flexibilité et une plasticité permettant de les ajuster, à chaque fois, à telle enquête précise, et selon l'exigence du sujet.

Si l'examen de l'existence porte essentiellement sur les attributs du temps, il semble qu'on puisse en résumer ainsi les principaux résultats. Quoi qu'il en soit de son mode d'existence, le temps est une chose divisible (218 a 6) et continue (218 a 23) ; il est infini (218 a 1 ; cf. déjà III, 4, 203 b 16-17) et l'on peut en

18. H. J. Krämer, *Platonismus und hellenistische Philosophie*, W. De Gruyter éd., 1971, p. 350.
19. Mélissos, 30 B 7, 20.
20. *Métaphysique*, B, 5, 1002 a 30-b 8.
21. *Physique*, VIII, 8, 263 b 26-28.

considérer une portion délimitée (218 a 1, 24-25). Ces propriétés que l'enquête découvre enlèvent, en tout état de cause, beaucoup de leur poids aux deux premières apories qui, à partir de l'inexistence de ces parties du temps que sont passé et futur, concluraient que « le temps n'existe absolument pas ».

Aussi tout le soin est-il donné à la troisième aporie, où ce n'est plus l'existence du temps comme tel qui est en question, mais son mode évanescent et obscur, manifesté dans le présent. Car l'existence de l'instant ne fait pas de doute, mais bien son essence : altérité incessante ou identité permanente et, de plus, cette propriété déconcertante qu'il possède de mesurer le temps, sans cependant en être une partie. Enfin, le dilemme auquel conduit cette essence met en lumière un autre attribut du temps, d'abord assumé comme allant de soi dans l'aporétique (a 14, 16, 18), puis énoncé clairement à la fin (a 29-30) : le schème de l'avant-après.

Si les apories sur l'existence portent déjà sur les attributs du temps, c'est parce que la difficulté majeure, mais non formulée, vient de ce que ces attributs sont référés à une chose qui posséderait une substantialité physique : ainsi de l'altérité et de l'identité de l'instant et, plus clairement encore, dans l'application de la loi (physique) qui exige, entre une existence passée et une inexistence présente, un processus de corruption (a 14). Or le temps ne possède pas une telle substantialité, et c'est ce que vont mettre en évidence les apories sur son essence.

2. Apories sur l'essence du temps

« *Sur ce qui est le temps et sa nature, les doctrines traditionnelles n'apportent pas plus de lumière que nos discussions précédentes. Pour les uns, le temps est le mouvement de l'univers, pour d'autres, c'est la sphère elle-même.*

Mais une partie de la révolution est bien aussi du temps et n'est pourtant pas la révolution : le laps de temps considéré est une partie de la révolution, non la révolution même. — De plus, s'il y avait plusieurs cieux, le mouvement de n'importe lequel d'entre eux serait du temps aussi bien : on aurait ainsi une pluralité de temps simultanés.

Quant à la sphère de l'univers, elle a paru être le temps aux partisans de cette thèse, parce que toutes choses sont dans le temps et dans la sphère de l'univers ; mais c'est une opinion trop naïve pour qu'il vaille la peine de la réfuter.

Puisque le temps paraît être principalement mouvement et changement, c'est cette opinion qu'il faut examiner. Or, changement et mouvement résident uniquement dans le sujet qui change, ou là où il se trouve, mais le temps est également partout et s'étend sur toutes choses. — De plus, tout changement est plus rapide ou plus lent, mais non pas le temps ; car le lent et le rapide sont définis par le temps (est rapide ce qui se meut beaucoup en peu de temps, lent ce qui se meut peu en beaucoup de temps), mais le temps n'est pas défini par le temps, ni comme quantité ni comme qualité. Il est donc évident que le temps n'est pas mouvement » (218 a 32-b 18).

4. Ce texte est mémorable, puisqu'il constitue le plus ancien récit doxographique sur le temps ; il sera imité et complété, entre autres, par Aetius, Plotin et, bien entendu, les Sceptiques[22]. L'énumération paraît exhaustive ; si elle ne l'était pas, l'intention d'Aristote n'en serait que plus claire : en passant sous silence la définition du temps attribuée à Antiphon[23], Aristote aurait écarté délibérément une thèse doublement importune dans le présent contexte : en déniant toute substantialité au temps, elle s'accorde mal avec les deux doctrines effectivement rapportées et, d'autre part, présente une fausse ressemblance avec la conception d'Aristote. — Il est notable d'ailleurs que l'aporétique s'attache aux thèses plutôt qu'à leurs auteurs : alors que les apories sur le lieu avaient cité nommément Hésiode et Platon, Aristote se contente ici d'un pluriel impersonnel : *les uns - les autres.*

Les deux doctrines n'en ont pas moins été identifiées par les Anciens, la première comme celle de Platon[24], la seconde comme celle de Pythagore[25]. Plotin, rapportant la première thèse

22. Aetius, I, 21-22 (Diels, *Dox. Gr.*, p. 318) ; Plotin, III, vii, 8 ; Sextus Empiricus, *Pyrrh. Hyp.*, III, 136 sqq., *Adv. math.*, X, 169 sqq.

23. Aetius, I, 22 : « Selon Antiphon et Critolaos, le temps est une pensée ou une mesure, non une substance » (*Vors.*, 87 B 9). L'amalgame avec Critolaos ne plaide guère en faveur de l'authenticité de ce texte dont le dernier terme *(hypostasis)*, en tout état de cause, ne saurait être d'Antiphon. (Cf. plus loin, p. 117, n. 21*)* On aurait souhaité que ces deux arguments fussent au moins envisagés par M. Untersteiner, dans son commentaire de ce texte (*The Sophists*, Blackwell éd., 1954, p. 236 et p. 259, n. 7).

24. Selon Eudème, Théophraste et Alexandre d'Aphrodise (Théophraste, *phys. opin.*, 15 = *Dox. Gr.*, p. 492). Comme texte de référence, on citera le *Timée*, 39 b-d, 38 c, et aussi les [*Définitions*], 411 b : « Le temps est le mouvement du soleil, la mesure de sa rotation ».

25. Aetius, I, 21 (cf. Galien, *Hist. philos.*, 37 = *Dox. Gr.*, p. 619) ; selon Simplicius, c'est une formule mal comprise d'Archytas, qui serait à l'origine de cette définition (cf. D. Ross, *ad. loc.*).

(qu'il critique) s'abstient de l'attribuer à Platon [26] ; Plutarque, dans un chapitre doxographique, trouve une difficulté dans la doctrine platonicienne [27] et, d'autre part, mentionne, sous le nom de Pythagore, une définition qui, à première vue en tout cas, diffère de la formule indiquée ici par Aristote [28]. On remarquera encore que les deux doctrines, sous la forme où Aristote les résume, sont considérablement simplifiées, ainsi que l'a montré H. Cherniss [29], ce qui pourrait surprendre d'autant plus que c'est grâce à Aristote que nous connaissons une autre théorie pythagoricienne (et moins « naïve ») du temps [30]. Or, « les exposés variables qu'Aristote donne des philosophies antérieures sont fonction du dessein qu'il poursuit dans le passage où ils figurent, ils sont dépourvus de sens dès qu'on les isole de leur contexte » [31]. En l'espèce, l'intention d'Aristote paraît assez claire : c'est, à la suite de ce qu'avait déjà suggéré la discussion sur l'existence, d'amenuiser la substantialité du temps, pour préparer sa propre définition. Il écarte ainsi comme grossière l'identification du temps à la sphère de l'univers, mais, dédaignant de réfuter cette thèse, il s'applique, comme le fera Plotin [32], à en découvrir la motivation.

Les arguments contre la définition du temps comme mouvement de l'univers visent à faire ressortir l'indépendance du temps à l'égard de ce qui en constitue le support sensible, encore que moins « naïf » que dans la thèse précédente. — Une partie du temps cosmique, considérée par le physicien, est bien encore du temps, mais n'est qu'une partie seulement de la révolution. L'argument (repris lui aussi par Plotin) [33] met en évidence une faute analysée dans les *Topiques :* on donne pour le propre du tout ce qui n'est pas vrai de la partie : « Celui qui indique comme le propre de la mer d'être la plus grande masse d'eau salée a bien

26. Plotin, III, VII, 7, 23-24.

27. PLUTARQUE, *Quest. platon.*, VIII, 4, 1007 A 4-9.

28. *Id.*, *ibid.*, 1007 B 9 : « l'âme du ciel » ; il est vrai que cette formule peut être conciliée avec une autre théorie pythagoricienne, mentionnée dans un fragment d'Aristote (201 Rose), comme H. Cherniss l'indique dans son édition (*Plutarch's Moralia*, *L.C.L.*, XIII, Part I, 1976, p. 85, note *f.*).

29. H. CHERNISS, *Aristotle's Criticism of Presocratic Philosophy* (1935), réimpr. 1964, New York, p. 214-216 ; *Aristotle's Criticism of Plato and the Academy*, Baltimore, 1944, p. 417-418 ; cf. p. 551.

30. Aristote, fr. 201 (Rose).

31. M. Gueroult, « Logique, argumentation, et histoire de la philosophie chez Aristote », in *Logique et Analyse*, 21-24, Louvain/Paris, 1963, p. 444. — Cf. aussi P. AUBENQUE, *Le problème de l'Etre chez Aristote*[1], P.U.F., 1962, p. 90.

32. Plotin, III, VII, 8, 21-22.

33. Plotin, III, VII, 8, 8-13.

posé le propre de quelque chose composé de parties semblables, mais sa réponse n'est pas vraie de la partie (car une mer particulière n'est pas la plus grande masse d'eau salée), si bien que " la plus grande masse d'eau salée " risque de n'être pas le propre de la mer »[34] — ni le mouvement de l'univers, le propre du temps. — Le second argument fait voir encore plus clairement que le temps n'est pas assujetti au support matériel qu'on voudrait lui donner : s'il y avait plusieurs cieux, il faudrait, d'après cette définition, poser une pluralité de temps. Que cette conséquence implique une absurdité dans la doctrine de Platon (et d'Aristote), H. Cherniss, dans un autre contexte, l'a marqué avec force[35]. Aristote ne fait pas intervenir, ici, sa propre théorie de l'unicité du monde[36], d'abord, comme le dit avec raison J. F. Callahan, parce que cette considération ne serait pas ici pertinente[37], mais peut-être aussi parce que, tout au contraire, l'univers étant unique, on commet une faute de logique en lui attribuant, dans la définition du temps incriminée, une propriété abstraite qui conviendrait aussi bien à d'autres exemplaires de ce qui, précisément, n'est pas un concept et dont l'univers est, non pas un représentant, mais un individu unique — faute somme toute analogue à celle que commettent les astronomes concernant le soleil[38].

5. « Puisque le temps paraît être principalement mouvement et changement, c'est cette opinion qu'il faut examiner ». Du temps, défini par la sphère, puis par le mouvement de la sphère, on passe enfin au temps défini par le mouvement seul. Cette dernière thèse n'a même pas de garant désigné au moins allusivement : elle est introduite comme une « opinion » commune[39]. D'où l'on voit assez clairement que la doxographie, pour Aristote, n'a pas de finalité en soi : elle est construite en vue de l'enquête où elle s'intègre et, au besoin, inclut des doctrines qui n'avaient pourtant été soutenues nommément par personne, mais qui ont leur place dans l'élaboration progressive du concept en question.

En examinant cette troisième[40] thèse, on s'aperçoit que, pour

34. Aristote, *Topiques*, V, 5, 135 a 25-32.
35. H. Cherniss, *A.'s Criticism of Plato...*, p. 417, note 349.
36. Aristote, *De Caelo*, I, 7-9.
37. J. F. Callahan, *Four Views of Time in Ancient Philosophy*, Harvard University Press, Cambridge, 1948, p. 42.
38. *Métaphysique*, Z, 15, 1040 a 27-b 4 ; voir sur ce texte, L. Robin, *Aristote*, P.U.F., 1944, p. 114-115.
39. Cf. H. Bonitz, *Index Aristotelicus*, 203 a 27-29.
40. On suit ici, comme seule conforme au mouvement du texte, l'interprétation

avoir détaché le temps de son support cosmique, elle l'assujettit aux innombrables substances physiques en lesquelles seules peut résider le mouvement ou le changement. On se heurte ainsi, sur le plan de la physique, mais cette fois à titre de réalité indubitable, à ce qui, au niveau de l'univers, n'était qu'une hypothèse dialectique : une pluralité de temps diversifiés ; or le temps n'est pas fonction de tel agent physique particulier, puisqu'il est « également partout et s'étend sur toutes choses ». Ajoutons que le changement est plus ou moins rapide ou lent, mais non pas le temps ; car lenteur et rapidité sont définies par le temps, mais le temps n'est pas défini par le temps, ni comme quantité ni comme qualité. Il est donc manifeste que le temps n'est pas mouvement, sans qu'il y ait lieu, dans le présent contexte, de faire une distinction entre mouvement et changement.

En déclarant indifférente, ici, cette distinction, Aristote donne à entendre que l'argumentation a bien déjà une portée « physique » (et non plus seulement dialectique) ; on comprend, aussi bien, qu'elle ait été résumée dans l'*Epitomè* d'Arius Didyme [41]. Et, d'autre part, on dit très bien, en langage courant, qu'un temps est lent ou rapide [42]. Quant à la définition de la rapidité et de la lenteur (218 b 15-17), elle sera rappelée plus loin, contre Zénon [43] ; on peut d'ailleurs se demander si elle n'a pas été suggérée par le mouvement des révolutions astrales [44]. L'argument selon lequel la vitesse est fonction du temps a été critiqué par J. Moreau : « la vitesse d'un mouvement ne se mesure que par référence à un autre mouvement [...], l'étalon de la vitesse n'est donc pas le temps, mais un mouvement pouvant servir à l'égard de tous les mouvements particuliers de terme de référence commun et universel » [45]. Cette remarque et le développement qui lui fait suite sont incontestables, mais ce n'est pas ici le problème d'Aristote, pas plus qu'on ne verra une contradiction entre notre texte et ce qu'Aristote dira plus loin : « Le temps lui aussi est nombré

de SIMPLICIUS (*In Arist. Phys. Comment.*, éd. H. Diels, Berlin, 1882, p. 705 déb.), adoptée également par D. Ross (p. 385, sous la lettre *(c)*). Une lecture divergente chez CONEN, *op. cit.*, p. 20 sq.

41. ARIUS DIDYME, fr. 7, *Dox. Gr.*, p. 450, 3-5. — Cf. aussi P. MORAUX, *Der Aristotelismus bei den Griechen*, De Gruyter, 1973, p. 284 sq.

42. SOPHOCLE, *Œdipe à Colone*, 1602 ; *Trachiniennes*, 395 ; s'agissant de Sophocle, l'emploi n'est pas nécessairement « poétique ».

43. *Physique*, VI, 2 déb.

44. *De Caelo*, II, 4, 287 a 25-30, *Météorol.*, I, 3, 341 a 21-24 ; cf. Platon, *Timée*, 39 a-b, *Lois*, X, 893 c 7-d 5. A noter d'ailleurs qu'Aristote ne revendique pas la paternité de la définition (*Phys.*, 232 a 27).

45. J. MOREAU, *op. cit.*, p. 97.

par un temps défini » (223 b 14-15). Enfin, la fin de la phrase : « Le temps n'est pas défini par le temps, ni comme quantité ni comme qualité » paraît obscure, puisque le temps entre dans la catégorie de la quantité [46]. A la suite de Thémistius, M. Conen a proposé une explication intéressante, mais qui a l'inconvénient de conclure que « cette phrase n'est pas essentielle pour l'argument, et que la mention abrupte de la quantité, dans le contexte donné, est plus propre à embrouiller le raisonnement qu'à l'éclairer ou à l'étayer » [47]. Trois lignes de pensée pourraient donner une indication. D'abord, la phrase qui suit immédiatement, où Aristote, négligeant ici sa distinction entre mouvement et changement, semble bien sous-entendre que l'argument est conforme à sa propre doctrine. Ensuite, la remarque précieuse de Thémistius [48], selon laquelle le mouvement (alors que c'est uniquement du temps qu'il est question dans la phrase, b 17-18) possède aussi bien la quantité que la qualité (c'est-à-dire la vitesse). Enfin, le procédé, recommandé dans les *Topiques*, de la *substitution* [49] qui permet, en particulier, de réfuter une définition fautive. Comme il s'agit de réfuter la définition du temps comme mouvement, l'argument substitue le terme de temps à celui de mouvement, et doit se comprendre ainsi : le temps n'est pas défini par le temps, c'est-à-dire par le mouvement (que l'on prétend être le temps), et cela, ni par le mouvement selon la quantité, ni par le mouvement selon la qualité. Reste à savoir si ces deux termes doivent s'entendre au sens qu'indique Thémistius, et non pas plutôt selon leur sens aristotélicien [50] (il est vrai que le mouvement peut encore se faire selon le lieu, point ici omis, puisqu'il aurait obligé d'anticiper le développement de 219 a 10 sqq.). Quelle que soit, sur cette dernière question, la solution adoptée, il paraît ainsi que l'argument est parfaitement à sa place et remplit la fonction que le philosophe lui a assignée [51].

46. *Catég.*, 6, 4 b 24, *Métaph.*, Δ, 13, 1020 a 29.
47. P. F. Conen, *op. cit.*, p. 36.
48. Thémistius, *In Arist. Phys. Paraphrasis*, éd. H. Schenkl, Berlin, 1900, p. 143.
49. *Topiques*, VI, 4, 142 b 2-6 ; cf. V, 2, 130 a 39 et VI, 11, 149 a 6. Sur ce sens de μεταλαμβάνειν, μετάληψις, voir D. Ross, *Aristotle's Prior and Posterior Analytics*, Oxford, 1949, p. 373 (*ad* 41 a 37-40).
50. *Physique*, V, 2, 226 a 24-25.
51. Sur l'interprétation des « apories » par le Pseudo-Archytas, Plotin, Jamblique, Damascius et Simplicius, on consultera le travail de H. Meyer, *Das Corollarium de Tempore des Simplikios und die Aporien des Aristoteles zur Zeit*, A. Hain, Meisenheim am Glan, 1969.

II. — ÉCLAIRCISSEMENTS PRÉALABLES (11, 218 b 21-219 a 10)

On est obligé d'envisager ici un petit problème de composition ou, plutôt, de découpage du texte, puisque la question a été posée [1]. Il ne faut pas s'opiniâtrer à y mettre plus de précision que l'auteur, sous peine de tomber, plus que de raison, dans la pédanterie.

6. L'enquête sur le lieu avait conclu formellement l'examen aporétique (3, 210 b 31), et avait enchaîné aussitôt l'élaboration de la définition : « Quelle est l'essence du lieu, voici comment cela deviendra manifeste. Assumons, à son sujet, les attributs qui paraissent lui appartenir réellement » (b 32-34). Cette phrase a son équivalent exact au chapitre 11 : « Il faut assumer, puisque nous cherchons l'essence du temps, la question de savoir quel rapport il a avec le mouvement, en commençant par là » (219 a 2-3). C'est donc ici que débute l'élaboration de la définition. Reste à savoir où il faut placer le texte qui précède (218 b 21-219 a 2). Le parallélisme des deux phrases qu'on vient de citer interdit d'y voir déjà une partie de la définition. Mais il serait tout aussi inadmissible d'en faire la suite de la réfutation de la troisième thèse : il contient des analyses positives, et son rattachement à ce qui précède réside dans le progrès qu'accomplit la thèse — aristotélicienne, cette fois — par rapport aux trois *opinions* réfutées, c'est-à-dire dans l'affinement et la purification progressive du concept (la sphère, le mouvement de la sphère, le mouvement, quelque chose du mouvement). Mais, d'autre part, la preuve de cette thèse n'est que préalable à la définition, et c'est pourquoi Aristote donne un tour négatif à sa conclusion : « Il est donc manifeste que le temps n'est ni mouvement, ni sans mouvement » (219 a 1-2).

1. Voir là-dessus les propositions de P. F. CONEN (*op. cit.*, p. 30-32) qui, dès le départ, contredisent sans nécessité les autorités de Simplicius et de Sir David Ross, ainsi qu'on l'a indiqué plus haut (p. 19, n. 40).

Or l'enquête sur le lieu, tout en annonçant la définition (210 b 32), avait proposé d'abord des éclaircissements préalables, ce qui avait obligé à répéter la phrase introduisant la définition (211 b 5-6). De même ici, ces remarques préalables sont comprises dans le texte qui suit l'examen dialectique (218 b 20), et s'achève en 219 a 10. Sans doute, la division est-elle moins explicitement marquée qu'au chapitre 4. D'abord, parce qu'il y a une continuité plus grande entre ces remarques et l'enquête dialectique. Ensuite, parce que la phrase qu'on vient de citer (219 a 2-3), au lieu d'introduire immédiatement la définition (a 10), est d'abord suivie d'une réaffirmation et d'une confirmation des éclaircissements préalables (218 b 21-219 a 2), sans qu'il faille pour autant en contester la portée et la fonction dans la composition du texte (qui ont été clairement indiquées dans les éditions de Carteron et de Wicksteed/Cornford, où cette phrase est détachée par une mise en relief typographique).

« *Le temps n'existe cependant pas sans changement. Car quand il ne se produit aucun changement dans notre pensée ou quand nous n'en avons pas conscience, il ne nous paraît pas que du temps se soit écoulé, de même qu'à ceux qui, selon la fable,* « *dorment auprès des héros* », *en Sardaigne, au moment de leur réveil : ils joignent à l'instant antérieur l'instant postérieur et n'en font qu'un, supprimant l'intervalle qu'il n'ont pas perçu. De même donc qu'il n'y aurait pas de temps, si l'instant n'avait pas changé mais qu'il eût gardé son identité et son unicité, de même, si son altérité nous échappe, il ne nous paraît pas que l'intervalle soit du temps. Ainsi, puisque nous ne prenons pas conscience du temps quand nous ne distinguons aucun changement mais que l'âme semble demeurer dans un état un et indivisible, et qu'au contraire quand nous percevons et distinguons un changement, alors nous disons qu'il s'est passé du temps, il est clair qu'il n'y a pas de temps sans mouvement ni changement... Que le temps, donc, n'est ni mouvement ni sans mouvement, voilà qui est clair.*

Or, puisque nous cherchons à savoir ce qu'est le temps, il faut essayer de saisir, en commençant par là, ce qu'il est par rapport au mouvement. Car c'est tout ensemble que nous percevons le mouvement et le temps. Ainsi, quand nous sommes dans l'obscurité, sans éprouver aucune impression sensible mais qu'un mouvement se produit dans notre âme, aussitôt il nous paraît que, tout ensemble, un certain temps s'est écoulé aussi. Et inversement, quand il nous paraît qu'un laps de temps s'est écoulé, il nous paraît que, tout ensemble, un certain mouvement s'est produit aussi.

En conclusion : le temps est, ou bien mouvement, ou quelque chose du mouvement. Or, comme il n'est pas mouvement, nécessairement il est quelque chose du mouvement » (11, 218 b 21-219 a 10).

7. La thèse qui identifie le temps au mouvement avait été critiquée avec d'autant plus d'énergie qu'elle paraît avoir la vraisemblance pour elle et « semble » s'imposer[2]. Mais c'est avec autant de force qu'Aristote commence ses éclaircissements par ce correctif, jeté en avant comme une conclusion précédant les prémisses (et qui sera reprise aussi bien à la fin du raisonnement, 219 a 1-2) : « Le temps n'existe cependant pas sans mouvement ». L'objet de l'analyse sera de distinguer ces deux choses que l'opinion commune aurait tendance à confondre : le mouvement et le temps. Le cas est tout à fait analogue à celui du *lieu*. Comme le temps semble être mouvement, le lieu, lui aussi, « semble » avec vraisemblance[3] être par rapport au corps ce que pourtant il n'est pas : forme, parce qu'il enveloppe le corps, intervalle parce que les corps s'y succèdent, matière quand on considère le mobile au repos. On procède alors par un raisonnement par élimination[4] : puisque le lieu n'est aucune de ces trois déterminations, « nécessairement il est ce qui reste des quatre » possibilités : la limite du corps enveloppant[5]. C'est par un raisonnement du même type qu'Aristote conclut ici : « Puis donc que le temps n'est pas mouvement, nécessairement il sera quelque chose du mouvement » (219 a 9-10). Si, dans le cas du lieu, la définition doit recourir à une preuve indirecte, c'est parce que les trois fausses opinions sont favorisées par des « images concomitantes » qui empêchent le physicien de parvenir à une vision claire[6]. En revanche, pour savoir, sinon ce qu'est le temps, du moins s'il se conçoit ou non sans mouvement, on peut consulter directement l'expérience, c'est-à-dire, en l'espèce, le sens interne, puisque le temps est un sensible commun.

Ce dernier point, souligné par D. Ross[7], ne saurait être contesté sérieusement, pas plus que nous n'avons à soulever ici d'éventuelles et d'imaginaires difficultés d'ordre chronologique.

2. *Physique*, 218 b 9 ; pour le sens de δοκεῖ, cf. plus haut p. 19, n. 39 et 211 a 9.
3. Δοκεῖν revient pour chacune de ces thèses : 211 b 11, 17, 30.
4. Sur ce raisonnement, cf. « La théorie aristotélicienne du lieu », in *Mélanges de philosophie grecque, offerts à Mgr Diès*, Vrin, 1956, p. 91.
5. *Physique*, 212 a 2-6.
6. *Physique*, 212 a 8 (*La théorie...*, p. 110).
7. D. Ross, *Aristotle, De Anima*, Oxford, 1961, p. 33 ; *Aristotle, Parva Naturalia*, Oxford, 1955, p. 208 (*ad* 442 b 4) ; les principaux textes sont *De Mem.*, 450 a 9-10, 451 a 16-17, 452 b 7-9.

Le présent traité ne relève pas de la « psychologie » (terme, d'ailleurs, qu'Aristote ignore et dont l'application faite aux écrits d'Aristote ne paraît pas autrement éclairante), et l'auteur n'avait pas à s'expliquer, ici, sur ses théories de l'âme, de la sensation ou de la mémoire. Comme l' « évolution » d'Aristote est ici tout à fait hors de notre sujet, nous n'avons donc pas à nous demander si, au moment de la rédaction du Livre IV, sa doctrine des sensibles communs est déjà constituée (à supposer que la question soit soluble, et qu'elle ait un sens). Il suffit de constater que cette doctrine seule peut fournir son fondement philosophique à la méthode ici suivie, et enlever à ce morceau le caractère « subjectiviste » ou « moderne » que les commentateurs lui reconnaissent, soit avec regret, soit avec approbation [8], les deux lectures risquant d'être anachroniques.

L'objet de la physique est ce qui se manifeste à la sensation [9] ; le recours, dans ce morceau, à la sensation (218 b 32, 219 a 4, 5) ou à l'absence de sensation (218 b 26) est donc entièrement conforme à la méthode physique.

8. La référence aux dormeurs de Sardaigne [10] peut se comprendre comme une *fable* [11], un *signe* [12] ou une induction dite « incomplète » [13], à compléter si l'on veut par d'autres instances où une succession qui échappe à la conscience est perçue comme une simultanéité : ainsi, quand il s'agit d'un laps de temps très court [14], ou encore des cas d'ivresse, où les visions, en réalité successives, d'un même objet sont interprétées comme si cet objet était « multiple », puisque « le temps intermédiaire est imperceptible » [15]. De fait, plutôt que d'une induction, il s'agit d'un exemple, d'un *paradigme* [16]. Chez Platon, il suffit d'un seul paradigme pour en dégager le sens ; cette idée est reprise et généralisée par Aristote pour qui l'universel est saisi intuitivement dans la sensation [17]. Hamelin déjà, parlant de l'induction

8. Conen, p. 39 ; Dubois, p. 159.
9. *De Caelo*, III, 7, 306 a 17 ; cf. *Physique*, II, 1, 193 a 5-9.
10. Sur lesquels voir le *Commentaire* de D. Ross, p. 597.
11. Cf. *Rhétorique*, II, 20, 1393 b 8 sqq.
12. Cf. *Premiers Analytiques*, II, 27, 70 a 7.
13. Selon la terminologie consacrée mais, s'agissant d'Aristote ou de Platon, tout à fait inadéquate ; cf. *Le Paradigme dans la dialectique platonicienne*, P.U.F., 1947, § 29.
14. *De Sensu*, 448 b 12-16, avec le commentaire de D. Ross des *Parva Naturalia*, p. 232.
15. [Aristote], *Problèmes*, III, 10, 872 b 4-14.
16. *Le Paradigme...*, *loc. cit.*
17. *Sec. Analyt.*, II, 19, 100 a 17.

aristotélicienne avait dit que « l'universalité n'est qu'une propriété secondaire qui se déduit de la nécessité » [18], et G.-G. Granger, s'agissant de « l'acte déterminant de l'induction » (mais l'on en dira autant, et comme *a fortiori,* du paradigme unique), parle très bien de la « récognition du concept dans le sensible » [19].

L'examen aporétique avait contesté l'existence du temps. Le mythe des dormeurs nous apprend que cette inexistence n'est pas seulement l'objet d'arguments dialectiques, mais qu'elle peut être concrètement vécue. Il nous apprend encore qu'une telle expérience est liée à des états (quasi pathologiques et « mythiques ») d'inconscience, d'*anesthésie,* de non-perception du mouvement. Enfin, le mythe nous fournit le schème explicatif de cette expérience : un laps de temps supprimé par la conscience qui identifie les deux instants qui le bornent. L'explication éclaire les apories et s'éclaire par elles : elle requiert l'altérité des instants (en dépit des difficultés dialectiques, 218 a 11-21) et fait voir que leur identité (déjà réfutée, précisément, par le fait qu'un laps de temps comporte toujours deux limites, 218 a 22-25) n'existe que dans des cas d'inconscience et même pathologiques (puisque, normalement, « il ne peut y avoir de temps imperceptible, ni qui nous échappe, mais tout laps de temps peut être perçu » [20]) ; aussi bien, comme les apories l'avaient montré, dans l'hypothèse de l'identité des instants, toutes choses seraient contemporaines, et serait abolie la donnée de l'avant-après (218 a 28-30).

Or, c'est la différence des instants (sans laquelle il n'y aurait pas de temps, et sans la perception de laquelle l'intervalle ne nous paraît pas être du temps) qui, par opposition à l' « instant identique et unique » (218 b 27) et « indivisible » (b 31), entraîne l'idée de mouvement, à titre de passage d'un instant à un *autre.* Aussi bien la différence des instants est-elle perçue en même temps que le mouvement que nous « délimitons » par eux, et la perception du mouvement s'accompagne toujours d'une perception du temps. Et cela est vrai, même si, à défaut d'un mouvement transmis par l'intermédiaire du corps [21], il se produit un mouvement dans l'âme.

9. On conclura sur quelques remarques.

L'exemple des dormeurs de Sardaigne atteste que l'âme peut

18. O. Hamelin, *Le Système d'Aristote,* 2e éd., Paris, 1931, p. 258. Cf. déjà J. Lachelier, *Du Fondement de l'Induction,* 8e éd., Paris, 1924, p. 7.
19. G. G. Granger, *La Théorie aristotélicienne de la science,* Aubier Montaigne, 1976, p. 162.
20. *De Sensu,* 448 a 24-26.
21. Pour l'emploi de διά (219 a 5), on peut évoquer le *Théétète,* 184 d 8.

se tromper sur les sensibles communs ; il fait voir cependant qu'en ce qui concerne le temps, de tels cas sont rares.

L'ensemble du morceau témoigne de l'importance du mouvement. Le mouvement, qui est proprement l'objet de tout le traité, oblige à nous interroger sur le temps comme sur l'une de ses conditions indispensables[22]. Mais il intervient dans l'enquête même sur ces conditions. Trendelenburg a insisté sur le rôle que tient le mouvement dans la formation des notions dont traite le début du IIIe Livre du *De Anima*, et a rappelé cette phrase de la *Physique* : « Aucune enquête n'aurait été instituée sur le lieu, s'il n'y avait pas de mouvement local » (211 a 12)[23]. La sensation en acte est elle-même mouvement[23 bis] et nous percevons les sensibles communs par le mouvement[24], lequel, à l'occasion, peut être un « mouvement mental »[25], comme celui, précisément, dont il est question à la fin du texte (219 a 5-6). En variant la formule d'Aristote, on dirait qu'aucune enquête n'aurait été instituée sur le temps, s'il n'y avait pas de perception, ou de mouvement dans l'âme.

Il n'y a là ni « idéalisme » (J. Moreau, avec raison, l'a fait remarquer contre O. Hamelin)[26], ni subjectivisme, ni psychologisme. Bien plutôt est-on en face d'une application concrète de la doctrine (où personne ne s'est avisé de suspecter une rupture avec le *réalisme*), selon laquelle il n'y a pas de science sans sen-

22. *Physique*, III, 1, 200 b 20-21.

23. Fr. A. Trendelenburg, *Aristotelis De Anima libri tres*, Berlin, 1877 [reprod. Graz, 1957], p. 348.

23 bis. *Physique*, VII, 2, 244 b 11.

24. *De Anima*, III, 425 a 15-17. Il est vrai que D. Ross, dans son Commentaire, rejette κινήσει (17) comme une glose ; mais l'argument stylistique, tiré de la répétition de κίνησις ne paraît guère décisif (la première fois, le mot est pris dans un sens général qui sera ensuite spécifié et adapté à chacun des sensibles communs) ; et il paraît, de toutes manières, que le raisonnement commencé en a 14 requiert une détermination de αἰσθανόμεθα (a 17) : c'est ce que Torstrik semble avoir senti, en proposant κοινῇ. Quant à l'argument de fond (le nombre est perçu par référence à l'absence de continuité), on rappellera le commentaire de Trendelenburg : « Numerus, discreta et quasi interrupta continuitate, exsistit, ut nec numerus, quoniam spatii continuitas motu percipitur, sine motu cognosci possit ».

25. D. W. Hamlyn, *Aristotle's De Anima...*, Oxford, 1968, p. 118.

26. J. Moreau, *op. cit.*, p. 169 ; la discussion de la p. 105 est peut-être moins concluante, puisque la phrase terminale du « paralogisme » incriminé (« ... dans la réalité, s'il n'y a pas de changement, il n'y a pas de temps ») est bien dans le texte d'Aristote, qu'on citera ici dans la traduction de Carteron : « Si donc l'instant n'était pas différent mais identique et unique, il n'y aurait pas de temps... » (218 b 27-28).

sation, et l'*induction* (en l'espèce : la compréhension du *mythe* sarde) s'appuie sur la sensation [27].

L'étude à laquelle le physicien soumet le temps ne se borne pas sans doute à considérer celui-ci comme un sensible commun (et c'est pourquoi notre texte ne fournit qu'un éclaircissement préalable, non la définition) ; mais c'est comme sensible commun que le temps est saisi, à la fois comme existant et comme nécessairement lié au mouvement, et c'est là tout ce que ce texte a l'ambition d'établir. En quoi il prépare aussi (mais cela, Aristote ne le dit pas expressément) la définition du temps, laquelle, à son tour, joindra deux sensibles communs : le mouvement et le nombre.

Une fois reconnu le sens proprement *physique* de ce texte, rien n'empêche de constater que le génie d'Aristote est en accord avec la psychologie contemporaine : « Quand donc nous sentons l'instant comme unique, au lieu de le sentir ou bien comme antérieur et postérieur dans le mouvement, ou bien encore comme identique, mais comme fin de l'antérieur et commencement du postérieur, il semble qu'aucun temps ne s'est passé, parce qu'aucun mouvement ne s'est produit. Il n'y a rien à changer à cette définition d'Aristote (Physique, IV, p. 219) » [28].

Ce sur quoi il faut insister, en revanche (mais qui ne relève en rien de la « psychologie »), c'est le souci, dans tout ce passage, de mettre en évidence et de préciser un « paraître » (δοκεῖν 218 b 23, 29, 219 a 6, 7), c'est-à-dire l'effort pour faire coïncider un *paraître* qui, selon la formule de Bonitz, « dépend de l'opinion d'un homme, non de la nature même de la chose », avec un *apparaître,* ou opinion « approuvée par le consentement universel » qui atteint l'*évidence* [29]. Comme Aristote l'avait dit précédemment : « essayer de faire en sorte que les attributs qui paraissent appartenir au lieu deviennent des attributs réels » [30].

Peut-être pourrait-on ajouter une dernière remarque. L'analyse de la sensation avait établi la solidarité entre temps et mouvement, et la formule terminale (le temps est « quelque chose du mouvement ») était obtenue au terme d'un raisonnement par élimination. Mais la priorité, si l'on peut dire, du mouvement sur le temps n'a pas été directement prouvée : elle est assumée dès

27. *Sec. Analytiques*, I, 18.

28. P. Fraisse, *Psychologie du temps*, P.U.F., 1967, p. 106 ; la référence est à 219 a 30-33.

29. Bonitz, *Index Aristotelicus*, 203 a 7-8, 28, 21-22, où est précisément alléguée la phrase de *Phys.*, 219 a 7.

30. *Physique*, IV, 4, 211 a 9.

le départ (218 b 21-23) : l'absence (ou la non-perception) de changement dans la pensée suffit à nous priver de l'expérience du temps, et il ne s'agit pas de se demander si le mouvement ne serait pas « quelque chose du temps ». C'est que le mouvement, étant l'objet propre du traité [31] et ne donnant pas lieu à la question de l'existence [32], a été posé d'emblée comme la réalité dont le lieu, le vide et le temps ne seraient que des conditions [33].

31. *Physique*, III, 1, 200 b 12-15.
32. *Physique*, I, 2, 184 b 25-26.
33. *Physique*, III, 1, 200 b 20-21.

III. — **LA DÉFINITION DU TEMPS** (11, 219 a 10-b 2)

« *Puisque la chose mue se meut d'un point à un autre et que toute grandeur est continue, le mouvement suit la grandeur : c'est parce que la grandeur est continue que le mouvement est lui aussi continu, et parce que le mouvement est continu, le temps l'est : la longueur du temps nous paraît, à chaque fois, répondre à celle du mouvement.*

Quant à l'avant et l'après ils sont primairement dans le lieu, car là, ils se trouvent par position. Mais si l'avant et l'après sont dans la grandeur, nécessairement dans le mouvement aussi il y a l'avant et l'après, par analogie avec la grandeur. Mais dans le temps aussi existent l'avant et l'après, en vertu de la correspondance entre le temps et le mouvement. Or l'avant et l'après dans le mouvement sont, quant à leur substrat, le mouvement même, mais leur essence est différente, et n'est pas mouvement.

Mais le temps aussi, nous le connaissons quand nous avons déterminé le mouvement, en le déterminant par l'avant et l'après, et nous disons que du temps s'est passé, quand nous sommes parvenus à une perception de l'avant et de l'après dans le mouvement. Or nous déterminons < le mouvement >, en saisissant l'un et l'autre comme distincts, et un intervalle, différent des deux. C'est quand nous pensons les extrêmes comme différents du milieu, et que l'âme prononce la dualité des instants, l'un antérieur, l'autre postérieur, c'est alors que nous disons que du temps s'est passé. Car c'est bien ce qui est déterminé par l'instant[1] *qui nous apparaît comme l'essence du temps ; tenons cela pour acquis.*

1. C'est-à-dire, commente D. Ross, « ce qui est limité par un instant à chaque terme ». Le singulier, ici, sert à donner un tour plus lapidaire à l'énoncé, et une application plus étendue aussi puisqu'il inclut le cas, évoqué un peu plus loin (l. 32), de l'identité de l'instant. Le lecteur pouvait d'autant moins se méprendre sur le sens qu'Aristote avait déjà rappelé qu'« aucune chose divisible limitée ne comporte qu'une seule limite » (218 a 22-23).

Quand donc nous percevons l'instant comme unique (*et non, ou bien comme l'avant et l'après dans le mouvement, ou bien comme identique, mais relié à un avant et à un après*), *il ne nous semble pas qu'aucun laps de temps se soit écoulé, pas plus qu'un mouvement. Mais quand nous percevons l'avant et l'après, alors nous parlons du temps. Car c'est cela, le temps : le nombre du mouvement, selon l'avant et l'après* » (219 a 10-b 2).

C'est ce bref passage qui contient la définition du temps, établie et comme proclamée à la fin du texte. Aussi n'est-ce pas D. Ross seulement [2], mais aussi bien H. Carteron et les éditeurs de la Collection Loeb qui arrêtent ici le texte par un alinéa.

10. La définition se propose l'un des trois objectifs qui avaient été assignés à celle du lieu : faire en sorte que « les attributs qui semblent appartenir au lieu lui reviennent réellement » (4, 211 a 9). C'est pourquoi le verbe *paraître,* dont on vient de souligner l'emploi, revient à plusieurs reprises dans ce texte (219 a 14, 30, 32). Or les attributs ici considérés, ce sont, d'une part la continuité du temps (218 a 23) et sa divisibilité (218 a 6) et, d'autre part, l'instant en tant qu'il « semble délimiter... ». On avait ajouté d'abord : « ...le passé et le futur » (218 a 9), mais les Éclaircissements avaient reconnu dans cet attribut une fonction plus large de *détermination* (218 b 32).

Puisque le temps est « quelque chose du mouvement », c'est donc « par là qu'il faut commencer » (219 a 10, a 3). Pour cela, on esquisse une analyse du mouvement, étroitement subordonnée à l'objet de l'enquête, et portant sur l'espèce de mouvement la plus instructive pour notre question : le transport local. Il se fait entre un point de départ et un point d'arrivée, le long d'une « grandeur », c'est-à-dire d'une trajectoire [3]. Cette grandeur est continue, et la continuité passe de la grandeur dans le mouvement, et du mouvement dans le temps. Il en va de même de l'avant-après : lui aussi est « primairement » (équivalent ici, de « fondamentalement », *kyriôs* [4]) dans le lieu [5] où il est reconnaissable « par posi-

2. Réprimandé par M Conen dans cette phrase (p. 31) : « ... comme la division des paragraphes de Ross *voudrait le faire croire...* » (souligné par nous).

3. Cf. *Physique*, VI, 4, 235 a 34-37.

4. Cf. *Physique*, IV, 3, 210 a 24 ; le terme indique le sens fondamental d'un mot à acceptions multiples (p. ex. *Métaph.*, Δ 12, 1020 a 4).

5. Dans les *Catégories*, le « sens premier et le plus fondamental » de l'*avant* s'entend « selon le temps » (12, 14 a 26-27) ; dans la *Métaphysique*, Δ, 11, le sens est diversifié d'abord selon les différentes catégories, et sans priorité apparente, mais à la fin du chapitre, Aristote constate que tous les sens de l'avant et de l'après peuvent se réduire à ce qui peut être « sans autres choses, lesquelles

tion » : de là, il se transporte au mouvement, et du mouvement dans le temps : l'avant-après est, quant à son substrat, le mouvement même, mais son essence en diffère[6].

Il pourrait sembler qu'il y ait là, encourant par avance la critique de Bergson, une réduction du temporel au spatial. En réalité, il s'agit d'un effort de clarification qui ne vise pas à réduire, mais à mettre en évidence un rapport. L'effort se justifie parce que les attributs du temps se présentent primairement (donc, d'une manière plus connaissable pour nous), dans le « lieu » et plus précisément, dans la « grandeur ». Et quant au rapport manifesté, il n'est ni de réduction, ni même de dépendance. Il se formule par le verbe *suivre* (*akolouthein*), par le schème de l'analogie, et aussi par la préposition *dia*. Cette dernière (219 a 12, 13) pourrait faire croire à un rapport de causalité, mais elle sera reprise et, implicitement, restreinte plus loin : « ...à cause que l'un et l'autre [c'est-à-dire, le mouvement et le temps] se suivent toujours » (219 a 19). Le verbe *akolouthein*, d'autre part, comme on le voit d'ailleurs dans cette même phrase, n'indique pas toujours un rapport de dépendance à sens unique : il peut désigner aussi bien une concomitance qu'une consécution[7]. Comme le note Bonitz dans son commentaire à la *Métaphysique*, Aristote, par ce verbe, « indique qu'une notion est prédiquée d'une autre, de telle sorte que celle-ci étant posée, celle-là devra être posée aussi »[8], et il renvoie au texte sur l'Être st sur l'Un, où Aristote dit qu'ils sont « une seule et même nature, parce qu'ils se suivent mutuellement, comme le principe et la cause »[9]. Le verbe est parfois traduit par « consécution » dans le chapitre du *De Interpretatione* sur les rapports entre les propositions modales (XIII) : G. Granger, après avoir constaté que la « consécution » est, en l'espèce, « *symétrique* », propose de traduire le verbe « par "accompagner" plutôt que par " suivre " »[10]. Le terme d'analogie, enfin

ne peuvent être sans lui » (selon l'interprétation de Bonitz, p. 251-2, et de Ross, p. 318). Il suffit de remarquer que, dans notre texte, dénué de toute ambition lexicographique, le sens souligné comme primaire est celui qui est tel pour le physicien.

6. Il n'y a pas lieu de justifier ici la traduction de cette phrase, dont le sens est déjà expliqué par PHILOPON (*In Arist. Phys. Comment.*, éd. Vitelli, 1887-8, p. 720) et éclairé par des textes parallèles dans les éditions de WICKSTEED/CORNFORD (*De Gen. et corr.*, I, 3, 319 b 2-4) et de Ross (*De Part. anim.*, II, 3, 649 b 21-24).

7. *Rhét.*, I, 6, 1362 a 29-31.

8. H. BONITZ, *Arist. Metaphysica*, *op. cit.*, p. 42 (*ad* A, 1, 981 a 12).

9. *Métaphysique*, Γ 2, 1003 b 23-4.

10. G. G. GRANGER, *La Théorie aristotélicienne de la science*, *op. cit.*, p. 189.

(219 a 17-18)[11], ne formule aucun rapport de dépendance ontologique : il fait voir souvent comment un concept se réfracte à travers les différentes catégories[12] ou encore, comme ici, à travers des phénomènes relevant de la même catégorie (de la quantité).

11. Si la quantité de temps semble dépendre de la quantité de mouvement (219 a 13-14), idée qui a été inutilement mise en contradiction avec ce qu'Aristote avait dit de la vitesse (218 b 14 sqq)[13], le rapport est inversé dans les *Catégories* (6, 5 b 3), et il sera dit plus loin que mouvement et temps « se déterminent réciproquement », et que l'un peut fournir la mesure de l'autre (12, 220 b 16, 23-24). Il ne s'agit donc pas de dépendance ontologique mais de l'accompagnement mutuel de déterminations. Il est seulement vrai que ces déterminations sont plus saisissables dans l'étendue spatiale, puis dans le mouvement, et c'est pourquoi, au Livre Δ, mouvement et temps, par rapport à la grandeur spatiale, ne sont dits que des « quantités par accident » (13, 1020 a 29). De même, sont plus saisissables dans la grandeur l'avant et l'après[14], où ils se trouvent « par position » (219 a 16), indication répétée par les *Catégories* qui ajoutent que, dans le cas du temps, vu qu' « aucune de ses parties ne subsiste », on parlerait plutôt d'« ordre » (*taxis,* 6, 5 a 27-29).

Il ne semble donc pas qu'il faille — ni même qu'on puisse — voir dans ce texte une « réduction, spontanément effectuée par Aristote, du temps au mouvement local »[15]. Il ne s'est agi, pour Aristote, que d'expliquer les deux attributs du temps (continuité et divisibilité, d'une part, succession d'autre part) dans un domaine où ils sont plus connaissables, et à partir duquel on comprend mieux comment ils peuvent appartenir aussi au temps.

11. Sur la formation du concept d'analogie, on consultera maintenant le livre de Arpad Szabo, *Les Débuts des mathématiques grecques* (Budapest, 1969), trad. fr. par Michel Federspiel, Vrin éd., 1977, p. 157 sqq. M. Szabo insiste, en particulier sur le fait « que l'adjectif ἀνάλογος ait été lui-même formé sur l'expression adverbiale ἀνὰ λόγον » (p. 161) : il n'est pas sans intérêt de noter que l'emploi aristotélicien d'ἀνάλογον, ici et ailleurs, a bien une valeur adverbiale.

12. P. ex. *Métaphysique*, N, 6, 1093 b 18-21 ; *Eth. Nic.*, I, 4, 1096 a 23-29 (il est vrai que le mot même d'*analogon* ne figure pas dans ce dernier texte).

13. M. Conen discute longuement ce (faux) problème, et s'exclame pour finir : « La solution de l'énigme est d'une stupéfiante simplicité : Aristote ne tient pas compte ici de la vitesse » (*op. cit.*, p. 49). Les éditeurs de la Collection Loeb, en 1957, avaient à la fois trouvé la « solution » et écarté l'« énigme », en se bornant à insérer dans leur traduction cette parenthèse : « ... (excluding differences of velocity)... ».

14. Cette thèse est critiquée dans l'ouvrage de J. Moreau (p. 117) ; P. F. Conen, à son tour, a critiqué cette critique (p. 50).

15. J. M. Dubois, *op. cit.*, p. 164.

Le temps, sans doute, intervient dans d'autres mouvements, au point même de leur prêter parfois des qualificatifs de longue ou de brève durée [16]. Si Aristote n'envisage ici que le mouvement local, il ne semble pas que ce soit parce que le transport est « l'espèce qui se prête le plus directement à une représentation intellectuelle distincte » [17], mais bel et bien parce qu'il est, aux yeux d'Aristote, le mouvement fondamental. On comprend à peine que ce point ait pu être contesté [18] : il est souligné au IVe Livre même de la *Physique* [19] et réaffirmé au VIIIe (7, 260 a 26-b 7), où il ne s'agit nullement d' « inspiration mécaniste » ou « d'usage exotérique » [20]. Non seulement le transport est le mouvement fondamental, présupposé par toutes les autres espèces du mouvement, mais c'est aussi l'objet propre de la *Physique*, comme cela ressort du texte-programme, au début du Livre III.

Faut-il dire, enfin, que l'exposé d'Aristote souffre d'une « ambiguïté », qui « provient de ce qu'il ne distingue pas explicitement entre la représentation du temps, que l'on peut dire dérivée de celle du mouvement, et l'opération par où se constitue cette représentation ? » [21]. Bien que cette distinction soit peut-être d'un emploi plus critique qu'exégétique, elle pourrait comporter un bon usage pour la lecture du texte. On dirait alors que, jusqu'à présent (219 a 21), Aristote a expliqué la représentation du temps (ses attributs, plus exactement), et c'est le nouveau développement [formellement détaché par la particule ἀλλὰ μὴν (a 22) et, quant à son contenu, caractérisé par le verbe «connaître»] qui décrit « l'opération par où se constitue cette représentation » ; les deux moments de l'analyse sont clairement distincts — et, par Aristote, distingués.

Cette « connaissance » dont Aristote entreprend maintenant l'examen, comprend, tout ensemble, la conscience que nous prenons de tel laps de temps qui s'est écoulé (ce que les Éclaircissements avaient désigné par « il nous semble », ou par « apercevoir ») et la connaissance qui nous sera donnée à la fin du

16. Tels que ὀλιγοχρόνιος, πολυχρόνιος.
17. J. Moreau, *op. cit.*, p. 113.
18. *Id.*, *ibid.* p. 113 : (le transport) « n'est pas pour Aristote, comme pour les théories mécanistes, la forme primordiale du mouvement, à laquelle tous les autres changements objectivement se réduisent » ; la note (2) y apporte comme un *afterthought* : « La primauté que reconnaît Aristote au transport doit être entendue en un autre sens ».
19. *Physique*, IV, 1, 208 a 31-32 (avec, s'il en est besoin, le commentaire de D. Ross).
20. J. Moreau, *op. cit.*, p. 113.
21. *Id.*, *ibid.*, p. 121.

morceau de l'essence du temps. C'est pourquoi Aristote s'appuie ici sur les Éclaircissements. Il y ajoute le développement d'un point déjà indiqué : la perception d'un (temps) intermédiaire, différent des deux instants qui le limitent ; et une indication qui ne sera explicitée que plus loin, vers la fin du chapitre : l'identité de l'instant, mais référé à un avant et à un après différents (219 a 32). Comme dans les Éclaircissements, l'accent est mis sur l'acte de « déterminer » (ὁρίζειν) l'avant et l'après, et c'est lui qui introduit l'énoncé de la définition : le temps est le « nombre du mouvement, selon l'avant et l'après ».

« L'avant et l'après dans le mouvement, avait dit Aristote, sont, quant à leur substrat, le mouvement même, mais leur essence est différente, et n'est pas mouvement » (219 a 20-21). Dans la définition du temps, le nombre s'ajoute au mouvement, comme la forme à la matière. Ce point a été parfaitement marqué dans le beau livre de John F. Callahan, qui écrit : « Nous ne savons pas ce qu'est le temps, tant que notre définition ne comprend pas ensemble la matière et la forme »[22].

22. J F. CALLAHAN, *Four Views of Time...*, *op. cit.* p. 50.

IV. — CONFIRMATION DE LA DÉFINITION
(11, 219 b 2-220 a 26)

La suite du chapitre (et une partie du chapitre suivant) s'applique à confirmer la définition par la solution des apories et par l'explication des attributs, mais sans qu'il faille distinguer trop rigoureusement ces deux points, comme lors de la définition du lieu, ce qui tient au fait que les apories sur l'existence du temps avaient déjà traité des attributs (10, 218 a 30).

(1) « *Le temps n'est donc pas mouvement : il est ce par où le mouvement comporte un nombre. En voici l'indice*[1] *: le plus et le moins, nous le discernons par le nombre, et le plus et le moins de mouvement, par le temps. Mais le nombre se prend en deux acceptions (nous appelons nombre aussi bien ce qui est nombrable et ce qui est nombré, que ce par quoi nous nombrons) ; or le temps est ce qui est nombré, non ce par quoi nous nombrons ; c'est qu'il y a une différence réelle*[2] *entre l'un et l'autre.*

(2) *Et comme le mouvement est toujours autre, ainsi le temps (mais tout temps simultané*[3] *est le même, puisque l'instant reste le même, bien qu'il soit différent dans son essence ; or, c'est l'instant qui mesure*[4] *le temps, selon l'avant et l'après).*

(3) *Quant à l'instant, en un sens, il est le même, en un autre, non : dans la mesure où il réside dans ce qui change, il est autre (car c'était en cela que consistait son substrat), mais d'après son essence, il est le même. En effet, le mouvement, on l'a dit, accom-*

1. Dans sa *Théorie aristotélicienne de la science*, G. Granger analyse « comme *purement factuelle* » la liaison dans le signe (p. 166) ; comme c'est bien aussi le cas ici, on a préféré la traduction par *indice*.

2. La phrase n'est répétitive qu'en apparence : elle indique que l'usage linguistique d'où l'on est parti est bien fondé dans la réalité.

3. Malgré la bizarrerie de l'expression, je suis ici l'*Analysis* de Ross (p. 386) : la traduction de la coll. Loeb paraît bien plus satisfaisante, mais ἅμα ne veut pas dire « everywhere », et πανταχοῦ n'est employé que plus tard (220 b 5).

4. En gardant la leçon des mss (cf. plus haut, p. 13).

pagne la grandeur, et le temps, selon notre thèse, le mouvement. Et au point, on peut comparer[5] *le corps mû, par lequel nous connaissons le mouvement et, en lui, l'avant et l'après. Or celui-ci est le même selon son substrat (point, pierre ou autre chose de ce genre), mais autre selon la définition, tout comme les sophistes mettent une différence entre Coriscus au Lycée et Coriscus au marché. Donc le corps mû est différent, en ce qu'il est tantôt ici, tantôt là ; et l'instant accompagne le mobile, comme le temps le mouvement (car c'est par le mobile que nous connaissons l'avant et l'après dans le mouvement et en tant que l'avant et l'après sont nombrables, l'instant existe). Si bien que, dans le domaine du temps*[6] *aussi, l'instant reste le même selon son substrat (puisqu'il est l'avant et l'après dans le mouvement), mais est différent selon son essence (l'instant étant ce par quoi l'avant et l'après sont nombrables). Et cela est parfaitement connaissable*[7]*: le mouvement aussi est connu par le mobile, et le transport par le transporté ; en effet : le transporté est une chose individuelle, mais le mouvement, non. On comprend donc que l'instant, en un sens, soit toujours le même, en un autre, non : il en va de même pour le corps transporté.*

(4) *Il est manifeste aussi que, s'il n'y avait pas de temps, l'instant n'existerait pas et que s'il n'y avait pas d'instant, le temps n'existerait pas. Car comme le corps transporté et le transport existent ensemble, de même le nombre du corps transporté et celui du transport. Car le temps est le nombre du transport, et l'instant est comme le corps transporté, comparable à l'unité dans le nombre.*

(5) *De plus, le temps est continu grâce à l'instant, et divisé selon l'instant : en cela aussi, il y a correspondance avec le transport et le corps transporté. Car le mouvement et le transport sont un par l'unité du corps transporté (non pas selon son identité matérielle, qui subsisterait en cas d'arrêt*[8]*, mais selon sa définition), et c'est là ce qui détermine le mouvement d'avant et d'après. Et cela aussi correspond en quelque manière au point ; le point lui aussi rend la longueur continue, et la détermine : il est commencement d'un segment et fin d'un autre. Seulement*

5. Carteron semble sous-entendre ici ἀκολουθεῖ, peut-être avec raison ; mais ὁμοίως peut se construire avec le datif (*Polit.*, III, 11, 1282 b 8), et le tour paraît plus naturel.

6. C'est la traduction de Carteron ; autrement, on comprendrait : « dans l'avant et l'après ».

7. Cette phrase donne clairement la réplique à οὐ ῥᾴδιον ἰδεῖν (218 a 10-11).

8. Pour l'emploi de ce verbe, cf. par ex. *Physique*, V, 4, 228 b 4.

quand, dans une telle division, on se sert du point deux fois, on est obligé de s'arrêter, puisque c'est le même point qui sera commencement et fin ; alors que l'instant, puisque le mobile est < continûment > en mouvement, est toujours autre. En sorte que le temps est nombre, non pas comme d'un point identique qui serait commencement et fin, mais plutôt comme les extrêmes d'une ligne, et non pas comme ses parties, d'abord pour la raison qu'on vient de dire (on userait du point diviseur comme d'une dualité et, ainsi, serait obligé de s'arrêter), et encore parce qu'il est manifeste que l'instant n'est pas une partie du temps, pas plus que la division du mouvement n'en est une partie, ni le point une partie de la ligne : ce sont les deux segments qui sont parties d'une seule ligne. — En tant donc que l'instant est limite, il n'est pas le temps mais n'en est qu'un accident ; mais en tant qu'il nombre, il est nombre. Car les limites appartiennent à la chose dont elles sont les limites, alors que le nombre qui compte ces chevaux-ci, par exemple le dix, est encore nombre ailleurs.

Que le temps donc est le nombre du mouvement selon l'avant et l'après, et qu'il est continu (puisqu'il se rapporte à une quantité continue), voilà qui est manifeste » (219 b 2-220 a 26).

1. L' « **indice** » (219 b 2-9)

12. La première considération a essentiellement pour objet de confirmer la définition, et la phrase initiale doit se comprendre comme : nous avions donc raison de rejeter la définition du temps par le mouvement : il est ce par où le mouvement comporte un nombre. — Cette phrase présente le grand intérêt de souligner l'originalité, aux yeux d'Aristote, de sa définition : cette originalité a pu être contestée au bénéfice d'Archytas ou de Platon[9] ; il suffit, ici, de noter qu'Aristote, pour sa part, la tient pour certaine. Cette insistance est d'autant plus justifiée qu'il s'agit de deux phénomènes aisés à confondre : les Éclaircissements avaient montré que toute perception du mouvement est solidaire de celle d'un laps de temps. Aussi, pour confirmer sa formule, Aristote préfère-t-il recourir à une preuve « factuelle »[10],

9. P. ex. P. Duhem, *Le Système du Monde*, t. I, Paris, 1913, pp. 183-188 (sur l'inauthenticité de la formule attribuée à Archytas, voir D. Ross, *A.'s Physics*, p. 596, *ad* b 1) ; plus récemment, P. F. Conen a insisté sur le rôle du nombre dans la définition du *Timée* (*op. cit.*, p. 23-28).

10. Cf. plus haut, p. 36, n. 1.

à un *signe* ou *indice*[11], c'est-à-dire à un raisonnement qui n'est tel que « par accident »[12] : la constatation d'une liaison qui « s'impose à nous par le dehors, sans que nous en pénétrions le pourquoi »[13]. L'*indice*, aussi bien, ne s'embarrasse pas de subtilités (qui ne seront examinées qu'au chapitre suivant) et, en particulier, comme l'ont noté Wicksteed et Cornford dans leur édition, ne tient pas compte des différences de vitesse[14] mentionnées pourtant dans les Apories[15]. Plus loin, Aristote répétera : « Par le temps nous mesurons le mouvement... », mais en complétant : « ...et par le mouvement, le temps » (12, 220 b 23). Ici, il se borne à alléguer un fait d'expérience courante, tel qu'il s'exprime dans les adjectifs *de longue* (ou *de courte*) *durée*, où c'est clairement le temps qui sert à discerner la quantité de mouvement[16]. La seule indication doctrinale nouvelle que contient ce paragraphe se tient, elle aussi, au niveau d'un usage linguistique courant[17], et ne sera mise à profit et *interprétée* que plus loin : la distinction entre le nombre abstrait et les choses nombrées. Cette distinction s'appuie sur la différence entre calcul (*logistique*) et arithmétique[18], à laquelle Platon se réfère à plusieurs reprises[19] ; Aristote reviendra sur cette distinction dans la suite du IVe livre qu'il caractérise ailleurs comme l'opposition entre le nombre mathématique et le nombre sensible[20]. Celui-ci est désigné dans notre texte par « le nombré, c'est-à-dire [en donnant à « et » son sens explicatif] le nombrable » (219 b 6-7). Cette dernière expression est seule employée dans le récit du scoliaste platonicien[21], et c'est certainement à bon droit que D. Ross considère les deux expressions, en tant qu'opposées au nombre abstrait, comme

11. On peut comparer l'emploi de μαρτύριον au chap. 6, 213 b 21.
12. *Sec. Analyt.*, I, 6, 75 a 31-34.
13. J. M. Le Blond, *Logique et méthode chez Aristote*, Vrin éd., 1939, p. 243.
14. Cf. plus haut, p. 33, n. 13.
15. Chap. 10, 218 b 13-18.
16. Πολυ- (ὀλιγο-) χρόνιος et les textes cités dans l'*Index* de Bonitz, *s.v.*
17. Tel est bien ici le sens de λέγομεν (219 b 7).
18. « Le calcul est la science des objets nombrables (ἀριθμητῶν), elle n'a pas affaire aux nombres et ne considère pas le nombre dans son sens réel » (*Schol. in Plat. Charm.*, 165 e, in I. Thomas, *Greek Mathematical Works*, *L.C.L.*, vol. I, 1951, p. 16. Cf. Géminos qui oppose les « nombres intelligibles » et les « nombres sensibles », in Géminos, *Introduction aux Phénomènes*, éd. Germaine Aujac, *C.U.F.*, 1975, p. 114, 7-11, p. 115, 25-27 (Proclus, *In prim. Euclid. Elem. libr. comment.*, éd. Friedlein, p. 38 sqq.).
19. *Charm.*, 166 a, *Polit.*, 259 e (sur la logistique) et, sur les nombres : *Rép.*, VII, 526 a, *Phil.*, 56 d-e.
20. P. ex. *Métaphysique*, N, 3, 1090 b 35-36 ; 5, 1092 b 19-20.
21. Cf. note 18.

« presque synonyme(s) »[22], *ici*. Ce qui ne préjuge en rien d'une possible distinction, ailleurs, entre le nombrable et le nombré, distinction analogue à celle qu'Aristote avait posée dans ce même livre entre le mobile « susceptible d'être mû par soi », et le mobile « mû par soi en acte » (4, 211 a 17-20).

2. **Identité et altérité du temps** (219 b 9-12)

13. La deuxième considération semble avoir surtout pour objet de préparer la troisième, la plus développée, qui portera sur l'instant et sur ses attributs contraires, discutés déjà dans les Apories : identité et altérité. Ici, ces deux attributs vont être transportés du mouvement au temps. Que le mouvement soit « toujours autre et autre », cela résulte déjà de sa définition donnée au livre III : l'actualisation progressive de la puissance et son passage à l'acte. Dans l'*Éthique à Nicomaque*, il est montré, sur un exemple concret, que les parties du mouvement « sont spécifiquement différentes du mouvement total, et entre elles » (X, 3, 1174 a 22-23). Par suite de la correspondance (*akolouthein*) établie dans ce qui précède, on comprend qu'il en aille de même du temps. Mais ce constant renouvellement du temps ne contredit pas (et ne saurait être dialectiquement contredit par) le fait de la simultanéité : les Apories avaient défini « l'être simultané » comme « l'être dans un seul et même instant » (10, 218 a 26-7), et c'est cette formule qui peut expliquer la phrase : « ...l'instant reste le même, bien qu'il soit différent dans son essence », c'est-à-dire dans sa référence aux différents — et simultanés — événements qui trouvent à s'y placer. L'ensemble de la phrase, très condensé, est parfaitement explicité dans la paraphrase de D. Ross[23]. On peut l'illustrer par un texte de la *Poétique*, où Aristote recommande à l'imitation narrative et en vers de procéder comme la poésie dramatique, en construisant la fable comme un tout vivant, ayant un commencement, un milieu et une fin. « Ces compositions ne doivent pas ressembler aux histoires, où l'on est obligé de montrer, non pas une action unique, mais un temps unique, les événements qui sont arrivés pendant ce temps, soit à un seul homme, soit à plusieurs, événements dont chacun n'a qu'un rapport fortuit avec les autres. Car de même que c'est à la même époque qu'eurent lieu la bataille

22. D. Ross, *A.'s Physics*, p. 598 *ad* b 6.
23. D. Ross, *A.'s Physics*, p. 598.

navale de Salamine et la bataille des Carthaginois en Sicile, alors qu'elles ne tendaient en rien vers la même fin, de même dans des temps successifs, il arrive parfois qu'un événement suit l'autre, sans qu'aucune fin commune ne résulte de là » (23, 1459 a 21-29). Il y a ici une allusion assez claire au procédé du synchronisme, utilisé par les chronographes [24] ; la chronologie citée par Aristote est rapportée aussi par Hérodote, chez qui, d'autre part, on trouve un des plus anciens exemples de synchronisme (1, 12).

Ainsi, « à la même époque », l'instant, comme le dit notre texte, « reste le même », mais ce n'est là qu'un « temps unique », et les événements arrivés pendant ce temps, n'ayant entre eux aucun rapport véritable (c'est-à-dire, de finalité), font que l'instant est « différent dans son essence », selon qu'il est rapporté à l'une ou à l'autre de ces actions simultanées. On saisit ici, avec le peu d'estime pour l'histoire [25], la méfiance du philosophe à l'égard d'un « temps unique » abstrait, c'est-à-dire détaché de l' « action unique » qu'il accompagne, puisqu'on lui fait accompagner (dans le procédé du synchronisme et dans l'imitation narrative qui imite maladroitement l'historiographie) d'autres « actions uniques » entre lesquelles le temps, bien qu' « unique », ne peut mettre aucun lien réel, mais seulement « fortuit ».

On peut, jusqu'à la fin du chapitre, distinguer trois considérations, typographiquement détachées dans les éditions Wicksteed/Cornford et Carteron, et destinées à expliquer et à confirmer la définition du temps : aussi est-ce sur cette définition que s'achève, en guise à la fois de conclusion et de thèse réaffirmée, le chapitre 11. Ces considérations, à suivre les indications données au sujet du lieu, lesquelles, on l'a déjà dit, sont traitées ici solidairement, s'appliquent tout ensemble à résoudre les apories et à montrer que les attributs qui semblent appartenir au temps lui appartiennent réellement (4, 211 a 8-9).

Ainsi, l'altérité et l'identité (3) dont l'attribution à l'instant, présentée comme alternative, avait fait difficulté (10, 218 a 8-30), lui seront reconnues conjointement; et si, dans l'alternative, il n'était « pas facile de voir clair » (218 a 10), l'instant, analysé selon ces deux attributs, est « parfaitement connaissable » (219 b 29). — Le rapport entre temps et instant (4) était obscur : l'instant *semble diviser* le temps et, cependant, n'en est pas une partie de manière à pouvoir le *mesurer* (218 a 6-8). Or il est très

24. Cf. F. Jacoby, *Apollodors Chronik*, Berlin, 1902, pp. 55 sqq.
25. *Poétique*, chap. 9.

vrai que l'instant n'est pas une partie du temps (220 a 19), mais pourtant il y a entre le temps et l'instant une solidarité existentielle (l'un n'est pas sans l'autre) ; et si, entre l'instant et le temps, il n'y a pas un rapport de partie à tout, il y en a un autre que l'on comparerait (οἷον) à celui de la monade au nombre (219 b 33-220 a 4). — Et c'est ce rapport qui rend compte des deux attributs du temps, établis dans les Apories : il est continu (218 a 23) et il est divisible (a 6), ce qui s'exprimait, d'abord dans le fait que l'instant semble diviser le temps (a 9), puis dans le fait que l'on peut considérer un laps de temps déterminé, et délimité, de part et d'autre, par un instant (218 a 22-25). La considération terminale (5) intègre ces deux attributs dans la définition, et explique les deux images qui, dans les Apories, avaient servi à l'illustrer : l'instant divisant une ligne, et deux instants limitant un segment.

3. **Identité et altérité de l'instant** (219 b 12-32)

14. L'altérité et l'identité paraissaient devoir être attribuées à l'instant, la première, parce qu'aucune des différentes parties du temps ne coexiste avec une autre ; la seconde, parce que la simultanéité se définit : « être dans un seul et même instant » (10, 218 a 11-12 ; 26-27). La question de la simultanéité vient d'être rappelée, mais comme entre parenthèses et à titre concessif : pour montrer que l'altérité essentielle du temps, analogue à celle du mouvement, n'empêche pas qu'il puisse y avoir des temps simultanés (219 b 9-12). Mais ce problème ne sera traité pour lui-même qu'au chapitre 14 : il n'intervient pas du tout dans l'analyse suivante où l'identité de l'instant a un sens tout différent de la simultanéité. On s'embarrasse donc dans des difficultés imaginaires en supposant qu' « Aristote, par l'affirmation de l'identité du maintenant, voulait fonder l'identité de tout temps existant simultanément »[26] : aussi, cet embarras d'apparence philosophique ne sera-t-il levé que par une solution philologique : l'arrangement du texte, à cet endroit (219 b 9-33) s'expliquerait par l'intervention d'un éditeur anonyme[27] ; ce type de « solution » a d'illustres précédents : W. Jaeger avait expliqué la place du 10e chapitre du Livre Θ de la *Métaphysique* par le fait qu'un scribe aurait profité d'un blanc, à la fin du rouleau, pour l'y loger.

26. P. F. Conen, *op. cit.*, p. 89.
27. Id., *ibid.*, p. 90.

Alors qu'il avait magnifié les difficultés qu'il y a à saisir l'essence du lieu (4, 212 a 7-8), en ce qui concerne le temps, Aristote se borne à constater que la tradition, ici, n'est d'aucun secours (10, 218 a 31-32). L'obstacle, pourtant, où se heurte l'effort pour conceptualiser le temps se manifeste dans notre texte dans le fait qu'Aristote se croit obligé de recourir, deux fois, à des doctrines étrangères et qui, par là même, ont une fonction de suggestion, plutôt que de démonstration.

Le mobile, toujours identique en ce qu'il est, mais « autre par la définition », peut être comparé à Coriscus, différent de lui-même, selon les sophistes, quand il est au Lycée et quand il est au marché. Il s'agit là d'un sophisme par accident, encore signalé au Livre E de la *Métaphysique :* « Y a-t-il altérité ou identité entre musicien et grammairien, entre Coriscus musicien et Coriscus ? » (2, 1026 b 15-18), et analysé dans les *Réfutations sophistiques* (22, 179 a 1-3). Un raisonnement du même type se trouve dans l'*Euthydème* [en passant de l'ignorance à la sagesse, Clinias sera-t-il encore le même (283 c-d) ?], où l'on opère également avec l'idée de temps : on ne saurait tenir un interlocuteur pour solidaire des paroles qu'il a prononcées dans le passé (287 b). Pourtant, de tels arguments ne relèvent pas uniquement de l'éristique, et c'est pourquoi, dans la *Métaphysique*, Aristote écrit : « Si ce n'est pas là l'office du philosophe, qui donc examinera s'il y a identité entre Socrate et Socrate assis ? » (Γ, 2, 1004 b 1-2). Ainsi, l'enseignement de Protagoras suppose, et sans nulle intention sophistique, qu'il y a changement d'identité, quand le sujet passe d'un état à l'autre (*Théétète*, 159 a-b) et qu'il faut donc, en toute rigueur, parler, non pas d'un, mais d'une infinité de sujets qui se succèdent (166 b). Le mot de « définition » (*logos*, 219 b 20, repris d'ailleurs en E, 2, 1026 b 15) prend donc un sens très précis : on ne définira pas Coriscus de la même façon quand il est au Lycée et quand il se trouve au marché.

D'autre part, l'analogie entre le mobile (ou le point) et l'instant (219 b 16-19) est une mise en œuvre évidente, comme le note D. Ross, de la « conception de la ligne comme produite par la fluxion (ῥύσις) d'un point »[28]. Cette conception, promise à une large fortune (on en trouve des échos chez Théon de Smyrne, Philon d'Alexandrie, Jamblique, Proclus) et dont E. Frank a revendiqué la paternité pour Archytas, semble remonter à Speusippe, avant lequel, en tout cas, on n'en trouve pas trace dans les

28. D. Ross, *A.'s Physics*, p. 600 déb.

textes : H. Cherniss a établi ces deux points[29]. Or Aristote définit le nombre, avec la tradition[30], un « assemblage de monades »[31] ou « pluralité de monades »[32], définition avec laquelle, comme H. Cherniss y a insisté ailleurs, la « théorie dynamique » (ou de fluxion) est incompatible[33]. Au surplus, cette théorie, ici (219 b 19), comme d'ailleurs au Ve Livre (4, 227 b 14-17), sera ensuite comme matérialisée, puisque le point, traité d'abord comme un point géométrique, sera traité, par suite d'un « lapsus malheureux » (Ross) comme un mobile, c'est-à-dire comme une particule[34].

15. Peut-être ne sera-t-il pas inutile de rappeler ici deux points. — Dans ses études de la substance (ou, au IIe livre de la *Physique,* de la causalité), Aristote, pour des raisons de méthode, s'attache toujours à une (ou à des) substance(s) considérée(s) isolément, et placée(s) dans le seul contexte requis pour en faire voir la genèse et le développement interne. C'est ensuite seulement qu'il fait intervenir des obstacles possibles (*Phys.,* II, 8, 199 a 11) ou empêchements (*Mépahys.,* Δ, 5, 1015 a 27 ; Θ 5, 1048 a 16), des causes lointaines, comme le Soleil et l'Écliptique (Λ, 5, 1071 a 15), enfin le Premier Moteur (Λ, 6). Et c'est dans un autre contexte encore que les substances sont considérées dans leur succession régulière et dans leur fonction cosmique (*Gén. et Corr.,* II, 10, 11). Au IVe livre de la *Physique,* le problème du lieu est posé et résolu, d'abord, à partir d'une substance physique (sublunaire) quelconque : c'est ensuite seulement qu'est introduit le problème de la localisation de la sphère extrême, et celui de la place des corps élémentaires à l'intérieur de la sphère du Ciel (chap. 4, fin et 5). — Cette même méthode est suivie ici. Le temps est considéré en fonction de tel mouvement donné et envisagé séparément ; ce dont la justification méthodologique, s'il en était besoin, serait fournie par cette phrase : « Il est possible de considérer un laps de temps déterminé » (10, 218 a 24-25, cf. déjà a 1). Il en résulte que c'est une faute d'exégèse que de soulever, à propos du chapitre 11, la question de la simultanéité, comme on l'a déjà dit (l'identité de l'instant qu'Aristote essaie ici d'éta-

29. H. Cherniss, *Aristotle's Criticism of Plato and the Academy,* p. 396 sq., note 322 et p. 131. — Toutefois, l'attribution de cette théorie à Speusippe a pu être contestée : voir, en dernier lieu, M. Isnardi Parente, *Speusippo, Frammenti,* Naples, 1980, pp. 246, 316 sqq.

30. D. Ross, *A.'s Metaphysics,* t. I, p. 324 déb. ; t. II, p. 211.

31. *Métaphysique,* Z, 13, 1039 a 12.

32. *Métaphysique,* I, 1, 1053 a 30.

33. H. Cherniss, *A.'s Criticism of Presocratic Philosophy,* p. 389.

34. D. Ross, *A.'s Physics,* p. 600 (*ad* 219 b 19).

blir a un tout autre sens qu'en 10, 218 a 25 ou dans la parenthèse de 219 b 11), et qu'on doit encore moins chercher une solution aux difficultés de ce texte en faisant appel au temps universel[35], dont il ne sera traité que plus loin : J. F. Callahan, ici encore, a parfaitement vu ce point[36].

On doit rappeler, d'autre part, que le mouvement est l' « acte de ce qui est en puissance, en tant que tel » (III, 1, 201 a 11) ; par exemple, pour en rester à notre texte : le mouvement est *un* grâce au mobile, non pas envisagé « dans son substrat » (qu'il conserverait même si le mouvement était interrompu), mais « par la définition », c'est-à-dire en tant que mobile en mouvement (11, 220 a 8-9). Cette puissance, en train de s'actualiser, n'a cependant pas encore atteint sa *fin*, et c'est pourquoi « le mouvement semble être un certain acte, mais inachevé » (III, 2, 201 b 31). Cette définition peut se traduire dans une formule temporelle : « Le mouvement est l'acte[37] de ce qui est en puissance, dès lors que cela est en acte » (III, 1, 201 a 27), ou encore : « Une chose se trouve être en mouvement, dès lors qu'elle est en acte, et ni avant ni après » (201 b 6-7).

16. *a*) Si, au chapitre 11, Aristote ne prend en considération que le transport, c'est, entre autres, parce que le transport est, dans tous les sens du mot, le *premier* mouvement, et qui est présupposé par tous les autres (*Phys.*, VIII, 7). Mais il est clair que son analyse s'appliquerait aux autres mouvements aussi bien. Or « la conception dynamiste » et « qualitative »[38] qu'Aristote se fait du mouvement en général interdit d'évoquer ici Newton[39], de prêter à l'auteur l'intention de définir « le temps mathématique »[40] (et, au juste, le temps de la « mécanique »[41]) et de croire que l' « insuffisance » de sa définition eût pu être guérie si l'auteur avait connu « l'usage des coordonnées cartésiennes »[42]. D'autres ayant formulé des réserves à l'égard d'une telle interprétation[43], il est inutile de s'y attarder.

35. P. 42.
36. Callahan, p. 64 sq.
37. Sur le problème de critique textuelle, cf. D. Ross, *ad loc.*
38. L. Robin, *Aristote*, pp. 130, 132. — Il est curieux de noter que l'expression de « conception dynamiste » se trouve également dans le livre de J. Moreau (*op. cit.*, p. 113), mais malheureusement, sans aucun profit pour son exégèse du temps aristotélicien.
39. J. Moreau, *op. cit.*, p. 99.
40. Id., *ibid.*, p. 108.
41. Id., *ibid.*, p. 131.
42. Id., *ibid.*, p. 125.
43. J. M. Dubois, *op. cit.*, pp. 153 sqq.

b) Étant acte de ce qui est en puissance, le mouvement jouit d'un statut « indéfini » et est doué d'une « essence difficile à saisir » (III, 2, 201 b 28, 33). La raison en est son caractère « inachevé » (201 b 32), mais aussi les rapports qu'il soutient avec la temporalité. « Tout mouvement est dans le temps » (VI, 2, 232 b 21), mais si « la puissance est autre chose que l'acte », c'est parce qu' « une chose peut être en puissance, et cependant ne pas être » (Θ, 3, 1047 a 18-21). Alors que l'acte par excellence, l'*energeia*[44], abolit le temps, puisque passé et présent y coïncident (*Eth. Nic.*, X, 3, 1174 a 19 - b 9), et la *fin* lui est immanente. Or le mouvement actualise la puissance, et il l'actualise, dans l'exemple du transport, continûment, mais aussi, dans sa progression vers la *fin*, ponctuellement, puisque la pointe extrême de sa progression est marquée par la position ultime du mobile et par l'instantané du présent qui l'accompagne. Pour l'observateur qui veut « connaître »[45] le mouvement, il y a donc une primauté évidente de la position, à chaque fois la dernière et la première, où se trouve le mobile et, pour qui veut connaître le temps, une primauté de l'instant où, à chaque fois, est saisie cette actualité, terme du mouvement révolu et annonce de sa continuité jusqu'à sa fin. Dire que « le mobile est une chose individuelle, le mouvement, non » (219 b 30), c'est donner à entendre que le mouvement ne nous est pas accessible en soi (il reste « indéfini »), mais seulement à partir de la chose concrète qui le trace, cette chose même étant considérée, non pas dans sa substantialité, mais en tant que mue (220 a 8). A plus forte raison et par analogie, le temps ne nous est saisissable que dans cette quasi-substance qu'est l'instant, lequel, comme la position actuelle du mobile laisse derrière elle le *sillage*[46] du mouvement révolu, borne le temps écoulé et, comme le mobile encore, inaugure le temps à venir.

Reconnaître cette primauté de l'instant présent, déchiffrée dans celle du mobile en acte, n'implique aucune adhésion doctrinale aux spéculations de Speusippe sur l'engendrement, par fluxion, de la ligne à partir du point, ni, bien moins encore, quelque confusion du point géométrique avec la particule concrète.

c) Pas davantage n'y a-t-il ici un abandon de la conception du nombre comme « assemblage de monades »[47], et pour la simple

44. Cf. D. Ross, *A.'s Metaphysics*, t. II, p. 251 (*ad* θ, 6, 1048 b 8).
45. Le problème de la connaissance scande tout ce morceau : 219 b 17, 24, 29.
46. Cf. *La théorie aristotélicienne du lieu*, pp. 113, 116.
47. Cf. plus haut, p. 44, n. 31 et 32.

raison que cette conception n'est pas du tout, ici, en cause. — Aristote avait dit que « l'avant et l'après se trouvent primairement dans le lieu » (219 a 15), puisqu'ils s'y trouvent par *position (thesis).* Il n'est pas sûr que cette thèse soit incompatible avec le texte des *Catégories* qui assigne aux parties de la ligne, de la surface et du lieu une « position réciproque ». Toujours est-il que la suite de ce texte fournit un commentaire très exact à notre chapitre 11. On ne saurait parler de « position », ni des parties du temps, ni de celles du nombre : « Car aucune des parties du temps ne subsiste, et ce qui est non-subsistant, comment cela aurait-il quelque position ? On dirait plutôt que ces parties ont un certain *ordre (taxis),* puisque l'une est antérieure, l'autre postérieure. Il en va de même en ce qui concerne le nombre, puisqu'on compte le un antérieurement aux deux, et les deux antérieurement aux trois ; et ainsi le nombre présente un certain ordre, sans qu'on puisse pour autant lui trouver une position » (6, 5 a 28-33).

Selon L. Brunschvicg, « de même que la théorie du concept s'est perdue dans l'alternative insoluble de la compréhension et de l'extension, la doctrine du nombre devait se heurter à la dualité irréductible de *l'ordination* et de la *cardination.* Or on peut se demander si de part et d'autre l'illusion n'est pas semblable. Il n'y a ni nombre purement ordinal, ni nombre purement cardinal » [48]. Sans entrer dans la discussion de ce problème, il suffit, ici, de constater que les textes d'Aristote illustrent parfaitement l'exposition que donne Brunschvicg de cette question. La conception du nombre comme « assemblage de monades » s'applique clairement au nombre cardinal. A supposer que cette conception soit sous-entendue dans le texte des *Catégories,* elle serait alors comme corrigée et redressée par une conception ordinale, selon laquelle chacun de ces « assemblages » serait posé comme membre d'une série progressive et *ordonnée (taxis).* Or le rapprochement que ce texte opère du temps et du nombre indique clairement que le nombre du mouvement qu'est le temps est le nombre ordinal. On pourrait s'étonner qu'aucun des commentateurs, ni anciens ni modernes, ne se soit seulement posé la question. Mais l'on ne s'étonnera pas du tout que la seule exception, à notre connaissance, soit fournie par le jugement d'Émile Bréhier, selon lequel « dans la définition aristotélicienne

48. L. Brunschvicg, *Les Etapes de la philosophie mathématique*[2], Paris, 1922, p. 478.

du temps par le nombre du mouvement [...], il doit s'agir du nombre ordinal »[49].

Il n'y a donc pas lieu de qualifier de « malheureuse » la comparaison, établie plus loin, de l'instant avec « la monade du nombre » (220 a 4), sous prétexte qu' « un temps n'est pas constitué d'un nombre fini d'instants, ni un mouvement par un nombre fini de positions, comme un nombre est constitué d'un nombre fini d'unités »[50]. Cette critique sous-entend la conception (cardinale) du nombre comme « assemblage de monades ». Or la monade, dans cette comparaison, ne figure pas comme élément interchangeable d'une collection, mais comme le principe constituant de la « progression de la multitude commençant et revenant à la monade (par addition ou soustraction successive d'une unité) »[51], comme constituant, autrement dit, la série des nombres ordinaux, tout comme l'instant, dans sa progression continue, permet de reconnaître un *ordre* dans les laps de temps révolus. — Ce qui, au reste, n'empêche pas d'appliquer ailleurs la conception cardinale : ainsi quand il est dit dans les Apories qu'un temps plus court peut être enveloppé par un temps plus long (10, 218 a 12-13).

17. *d*) C'est encore la conception de l'instant comme d'une quasi-substance, à l'instar du mobile (219 b 30), qui permet de résoudre l'aporie de l'identité et de la différence. Cette solution est donnée comme en deux temps et par deux voies d'approche. C'est, d'abord, la comparaison entre le point (engendrant la ligne) et le mobile, et cette comparaison s'épanouit dans l'exemple, très clair, de Coriscus, identique à soi, mais différent selon les endroits où il se trouve. La comparaison n'est pas faite ici, explicitement[52], avec l'instant, ce qui montre assez qu'aux yeux d'Aristote, cette analogie ne saurait être poussée jusqu'au bout, en raison précisément de sa clarté trompeuse : l'identité de l'instant n'est pas, comme celle du mobile, substantielle, sans compter que même l'identité du mobile ne réside pas dans son

49. E. Bréhier, *ap.* F. Brunner, *Etudes sur la signification historique de la philosophie de Leibniz*, Vrin, 1951, p. 185, n. 2.

50. D. Ross, *A.'s Physics*, p. 601 (*ad* 220 a 4).

51. Théon de Smyrne, *Exposition des connaissances mathématiques utiles pour la lecture de Platon*, trad. J. Dupuis, Paris, 1892, p. 29 (éd. E. Hiller, p. 18, 3-5) : προποδισμὸς πλήθους ἀπὸ μονάδος ἀρχόμενος καὶ ἀναποδισμὸς εἰς μονάδα καταλήγων.

52. La comparaison (ὁμοίως, 219 b 16) est entre le point et le mobile ; entre le mobile et l'instant, le rapport, beaucoup plus subtil, est d'« accompagnement » (b 23).

substrat, mais dans le fait que ce substrat est *défini* comme étant en mouvement (220 a 8)[53]. Le rapport véritable entre instant et mobile ne peut se décrire par une comparaison : c'est un rapport d'*accompagnement* (219 b 23), on pourrait même dire de participation. Il est formulé dans une seule phrase, entrecoupée de trois parenthèses qui en fournissent autant de commentaires : « L'instant accompagne le mobile, comme le temps le mouvement (car c'est par le mobile que nous connaissons l'avant et l'après dans le mouvement, et en tant que l'avant et l'après sont nombrables, l'instant existe). Si bien que, dans le domaine du temps aussi, l'instant reste le même selon son substrat (puisqu'il est l'avant et l'après dans le mouvement), mais il est différent selon son essence, (c'est en tant que l'avant et l'après sont nombrables que l'instant existe) » (219 b 22-28).

Ainsi, l'identité de l'instant réside, comme celle du mobile, dans son substrat (l'avant et l'après dans le mouvement) ; son altérité, et qui est son essence, vient de ce que l'avant et l'après sont nombrables. Ici encore[54], Aristote conjoint la matière et la forme. Or l'avant et l'après dans le mouvement étaient eux-mêmes définis selon leur substrat (qui est le mouvement) et selon leur essence (qui n'est pas mouvement) (219 a 20-21). Si bien que le *substrat* de l'instant serait l'*essence* de l'avant et de l'après dans le mouvement, son essence étant ce par quoi l'avant et l'après sont nombrables. Par où l'on voit que le lien, sans pour autant être rompu, se relâche de plus en plus entre l'instant et le mobile. Déjà nous avons constaté que le mobile est considéré, non pas en tant que substance, mais en tant que mû. Considérant, à son tour, son *changement,* on constate que ce nom même « révèle la succession d'un antérieur et d'un postérieur »[55]. Cet avant-après, dans son substrat, est mouvement, mais dans son essence est autre que le mouvement. Cette essence, à son tour, est le substrat de l'instant, dont l'essence est ce que ce substrat a de nombrable.

e) Comment faut-il entendre l'identité de l'instant selon son substrat ? Simplicius avait suggéré que les instants ne diffèrent, ni en genre, ni en espèce, ni en accidents ; tout en qualifiant cette suggestion de « boiteuse »[56], D. Ross explique lui-même l'identité

53. Cf. D. Ross : « Unity of substratum is important not as a separate source of movement, but only when it is *added* to unity of ἐν ᾧ and of ὅτε, in which case it secures numerical identity of movement » (*A.'s Physics*, p. 630, *ad* V, 4, 227 b 24-228 a 3).
54. Cf. plus haut, p. 35, n. 22.
55. *Phys.*, V, 1, 225 a 1-2.
56. D. Ross, *loc. cit.*, p. 601, *ad* 219 b 28-31.

des instants comme une identité spécifique[57]. Cette explication est parfaitement soutenable[58]. On peut toutefois se demander si l'identité ne présente pas, ici, un sens plus précis. Nous avons admis que, dans ce texte, il ne s'agit ni du temps universel, ni de contemporanéité, mais d'un laps de temps déterminé, et défini par le mouvement de telle substance concrète[59]. Un tel mouvement est « absolument un, en substance et en nombre », et cela par le sujet, par le lieu et par le temps (V, 4, 227 b 21). Le sujet communique son unité au mouvement dont l'avant-après peut alors être doublement qualifié d'identique : en tant que c'est un seul et même mouvement qui en est le substrat ; et, quant à son essence, distincte du mouvement, en tant que chaque instant fait passer à l'acte la potentialité du mobile.

f) Et c'est pourquoi, précisément, cette identité de l'instant selon son substrat implique son altérité selon son essence. Cette essence est ce par quoi l'avant-après est nombrable et, plus nettement encore, Aristote dit : « l'instant est < toujours > autre, et c'est en cela que consiste son essence » (b 14). L'élément *formel* de l'instant est donc dans sa nouveauté incessante, et c'est pourquoi l'expérience des dormeurs de Sardaigne est franchement pathologique. Cette altérité toujours nouvelle, pointe extrême, à chaque fois, du processus d'actualisation du mobile, correspond assez exactement à ce que W. James appelle le « présent apparent *(specious present)* »[60]. Le rapprochement ne serait pas infirmé du fait que, dans le « dénombrement » de l'avant-après, un seul instant est rigoureusement présent, puisqu'il faut faire intervenir, ce qu'Aristote n'avait pas à exposer ici (il le fera dans les *Parva Naturalia*), la mémoire, laquelle, précisément, fait défaut aux dormeurs de la fable.

g) Dans la mesure, enfin, où le texte entreprend l'exposition, tout ensemble, du temps et de sa cognoscibilité, on retrouve, avec la solidarité entre mobile et instant, la primauté de la substance. L'instant *présent* est celui où le mobile atteint sa dernière position, et le caractère concret, substantiel, du mobile (b 30) se communique par là, encore que sous une forme exténuée, à la position occupée et à l'instant qui l'accompagne. Par là, le mobile, connaissable en soi, nous fait connaître également son lieu ultime et l'instant correspondant.

57. D. Ross, *loc. cit.*, p. 66 *i.f.*

58. Les critiques proposées contre cette explication par P. F. Conen (*op. cit.*, p. 85) ne sont pas pertinentes.

59. Cf. plus haut, p. 44 fin.

60. W. James, *Text-book of Psychology*, London, 1908, chap. XVII déb., trad. fr. *Précis de Psychologie*, Paris, 1927, p. 365.

4. **L'instant et le temps** (219 b 33-220 a 4)

18. Comme la deuxième considération (altérité et identité du temps) avait surtout pour fonction d'introduire la troisième (identité et altérité de l'instant), le présent paragraphe (solidarité entre l'instant et le temps) a pour objet d'introduire le suivant (l'instant rend le temps continu et permet de le diviser).

La fin de ce paragraphe (l'instant est « comme la monade du nombre »), qualifiée, on l'a dit, d'« addition malheureuse » par D. Ross[61], est peut-être malheureuse, mais ce n'est certainement pas une « addition ». Tout le paragraphe, bien au contraire, est construit de manière à amener cette formule, à titre de conclusion.

Le temps et l'instant ne vont pas l'un sans l'autre. On le prouve par l'analogie avec le mouvement : le transporté et le transport sont « ensemble » (on se souvient, comme cela sera indiqué quelques lignes plus loin, que le mobile est considéré en tant que mobile, et non pas seulement en tant que substance) ; or il en va de même du nombre du transporté et du nombre du transport. Mais cette analogie même a besoin d'une preuve, principalement en ce qui concerne le premier terme. Aussi cette preuve est-elle donnée sous forme de chiasme, en commençant par le terme le plus facile : le temps est le nombre du transport. Cela est indubitable : c'était notre définition même du temps (219 b 1-2), confirmée au surplus par un « indice » : « nous discernons le plus et le moins par le nombre, le plus et le moins de mouvement, par le temps » (b 3-5). Mais quant au second terme, Aristote use, non pas comme pour le premier, d'une assertion, mais seulement d'une comparaison : « L'instant est comme le transporté, comparable à la monade du nombre ». — La difficulté, ici, et qui sera explicitée dans la suite du chapitre, est de faire concevoir l'instant comme l'élément d'un ensemble dont il n'est cependant pas une partie. Mais elle ne vient pas du tout de cette supposition, en effet absurde, que le temps serait la somme d'un « nombre fini d'instants »[62], supposition écartée dès les Apories, où il était affirmé, dogmatiquement, que « l'instant n'est pas une partie » (218 a 5). C'est que l'instant, en tant que « nombre du transporté », ne figure pas comme partie d'une « collection de monades », autrement dit d'un nombre cardinal,

61. Cf. plus haut, p. 48, n. 50.
62. D. Ross, *A.'s Physics*, p. 601 (*ad* 220 a 4).

mais comme principe de la « progression d'une multitude », c'est-à-dire d'un nombre ordinal dont il permet de « compter » continûment la marche en avant [63].

5. **Le temps divisible et continu** (220 a 4-26)

La solidarité existentielle de l'instant et du temps se marque dans le fait que l'instant rend compte de deux *attributs* du temps, eux-mêmes solidaires entre eux [64], mis au jour dans les Apories : le temps est divisible (218 a 6), encore qu'aucune de ses parties n'*existe* et que l'instant n'en soit pas une partie ; et le temps est continu (a 23), et aucun continu divisible et limité (or il est possible de considérer un temps limité : a 25) n'a qu'une seule limite.

19. Le temps est continu grâce à l'instant, et il est divisé selon l'instant. Cette thèse se prouve par l'analogie avec le transport et le transporté. Le mouvement est un grâce au mobile, et le mobile détermine le mouvement antérieur et postérieur. Cette preuve, à son tour, se prouve par l'analogie avec le point et la ligne : le point, lui aussi, rend la longueur continue, et la détermine. — Mais l'application de cette dernière preuve, par une espèce de brachylogie, est faite tout ensemble au mobile et à l'instant : en divisant une ligne, on fait remplir à un même point deux fonctions, si l'on veut qu'il soit à la fois commencement du second segment et fin du premier, en sorte qu'on est « obligé de s'arrêter », alors que l'instant, par suite du mouvement du mobile, est toujours autre.

a) Les comparaisons successives établissent deux séries d'équivalences : 1° continuité du temps, unité du mouvement [65], continuité de la longueur ; 2° division du temps, détermination du mouvement antérieur et postérieur, détermination de la longueur (par le point diviseur). A quoi il semble qu'on puisse joindre l'équivalence entre l'instant, le mobile et le point.

63. Cf. plus haut, p. 48, avec le texte de Théon de Smyrne.

64. Continuité et divisibilité vont ensemble : « J'appelle continu ce qui est divisible en parties toujours divisibles » (*Physique*, VI, 2, 232 b 24).

65. Continuité et unité, en l'espèce, s'impliquent : « Puisque tout mouvement est continu, un mouvement absolument un (cf. 227 b 20 sqq.) est nécessairement aussi continu, puisque tout mouvement est divisible et, en tant que continu, il est un » (*Physique*, V, 4, 228 a 20-22).

La légitimité de ces comparaisons avait été indiquée dès la p. 219 a 10 ; elle paraît confirmée par un texte des *Topiques*, qui admet une analogie entre le point par rapport à la ligne, et l'unité par rapport au nombre (I, 18, 108 b 26), texte qui ne renferme aucune « critique implicite »[66], puisque le point et l'unité y sont traités comme des *principes* (b 27), c'est-à-dire comme plus connaissables par nature, alors que dans les définitions critiquées au Livre VI, chap. 4, on en fait des plus connaissables « pour nous » et, définissant par exemple le point comme la limite de la ligne, on explique l'antérieur par le postérieur (141 b 15-22), ce qui serait également la faute commise par le Socrate du *Ménon*, quand il définit la figure « la limite du solide » (76 a). Rien de tel dans le premier texte, ni dans notre passage, puisque, auparavant, Aristote avait souligné que l'instant et le mobile[67] sont les éléments « les plus connaissables » (219 b 29), c'est-à-dire en tant que principes, respectivement du temps et du mouvement.

Toutefois, si ces analogies sont reprises ici, ce n'est pas à des fins de répétitions, mais, tout au contraire, parce qu'elles ont besoin d'être corrigées. L'idée de mouvement, impliquée par le mobile et l'instant, ne l'est pas par le point. Il n'y a pas lieu, on l'a dit plus haut, de faire intervenir ici la « théorie dynamique » qui engendre la ligne par le déplacement d'un point : « le point rend continue (litt. tient ensemble) la longueur » (a 10), tout comme il sera dit plus loin que l'instant « tient ensemble le temps passé et le futur, et est la limite du temps ; en effet, il est le début de celui-ci et la fin de celui-là. Mais ce n'est pas manifeste, comme pour le point qui demeure en repos » (13, 222 a 10-13). Or c'est « le point en repos » qui, dans notre texte, est dit diviser la longueur (a 11) qui paraît donnée d'emblée, et l'image sous-jacente n'est nullement la pointe du stylet qui tracerait progressivement la partie d'une ligne, puis, après un arrêt, se déciderait à la prolonger par un second segment.

20. *b*) C'est précisément parce que le point est en repos que l'analogie a besoin d'être redressée. Et c'est aussi parce que le

66. Ainsi J. Brunschwig, dans son édition des *Topiques*, t. I, p. 138.

67. Bien que τοῦτο, en 219 b 29, ne reprenne que τὸ νῦν (ainsi D. Ross, *ad loc.*), la proposition, comme le montre la suite de la phrase, s'applique au mobile aussi bien. Quant à la raison de la plus grande intelligibilité de l'instant et du mobile, il semble bien qu'il faille la voir dans leur fonction de principes, et non pas, comme le pense Wicksteed, en référence implicite au début de la *Physique*, dans le fait que les choses concrètes soient plus connaissables pour nous (éd. citée, p. 390, n. *b*).

mobile détermine dans le mouvement un avant - après, qui présente (comme l'instant dans le temps) un *ordre* irréversible, et non seulement comme le point en repos, une position réciproque des parties d'une ligne, c'est-à-dire un ordre réversible.

Un *même* point diviseur d'une ligne peut servir à marquer la fin d'un segment et le commencement d'un autre. En en faisant ce double usage, l'esprit est « obligé de s'arrêter » ; mais il n'en va pas de même de l'instant divisant le temps, puisque « l'instant, par suite du mouvement du mobile, est toujours autre ». (Le réalisme gnoséologique d'Aristote doit faire écarter d'emblée toute critique, en l'espèce anachronique, tirée d'une soi-disant confusion entre la représentation objective du temps et l'opération mentale qui constitue cette représentation). Supposons cependant que cette dualité de l'usage fait d'un même point soit transportable dans le temps et que, non seulement l'on « s'arrête », mais encore qu'on s'endorme. Au réveil, on rétablirait l'unité du point instantané, « en supprimant, par suite de l'absence de perception, l'intervalle » (218 b 26). Par où l'on voit clairement que la figuration de l'instant par un point ne peut être qu'inadéquate, puisqu'elle nous ferait tomber dans l'expérience pathologique narrée par la fable. Par où l'on voit surtout dans quel sens on doit entendre cette thèse : le temps « est divisé selon l'instant » (a 5). Non pas, précisément, comme si l'instant était un point unique, fin tout ensemble et commencement, « mais plutôt comme les extrémités d'une ligne » (a 16).

Ainsi, la division, qui implique bien un commencement et une fin et, dans le cas du mouvement et du temps, un avant et un après, ne saurait être confiée à un seul et même instant. Mais pas davantage (ce qu'Aristote n'expliquera que plus loin) à deux instants contigus ni, bien moins encore, continus, mais seulement *consécutifs*, c'est-à-dire séparés, non pas par d'autres instants, mais par un intervalle de temps (VI, 3, 234 a 5-9). On rejoint alors la figuration donnée précédemment : des extrémités différentes (entre elles et) de l'intervalle (219 a 27) : ce qui était comme l'image génératrice de l'expérience du temps. On voit aussi que l'instant, en tant que consécutif, est bien un nombre ordinal, étant défini par la *position* et l'*après* (V, 3, 226 b 35, 227 a 4).

L'image du point sis entre deux segments se transforme donc en celle de deux instants bordant un laps de temps ; la dualité de fonction assumée par un point unique est répartie ainsi entre deux instants, et l' « arrêt » s'est élargi en durée. Aussi bien la dualité même est-elle requise pour l'expérience du temps (il faut que « l'âme prononce qu'il y a deux instants », 219 a 27), laquelle ne s'acquiert pas à partir d'un instant unique, à moins que cet instant ne soit perçu « comme antérieur et postérieur dans le mouvement » (219 a 31) (tout comme l'unicité du mobile peut être perçue à travers ses différentes positions), ou encore « comme identique, mais rapporté à un avant et un après » (a 32) : J. F. Callahan[68] a fait remarquer avec raison que le deuxième terme de cette alternative ne peut pas être interprété, avec D. Ross (et aussi Wicksteed et Cornford), comme « un élément (c'est-à-dire la fin) d'une section antérieure et un élément (c'est-à-dire le début) d'une section suivante »[69], puisque cette façon de voir est explicitement critiquée dans notre texte (220 a 12-13). On comprendra donc plutôt cette phrase à la lumière de ce qui sera dit un peu plus loin sur l'identité et la différence de l'instant : l'instant est perçu comme le même (étant l'avant et l'après dans le mouvement), mais rapporté à un avant et un après (c'est-à-dire en le « nombrant »), ce qui peut encore se représenter, non pas par deux segments, précisément, mais par une ligne limitée par deux instants.

Rappelons que l' « arrêt », par suite du double usage fait d'un seul et même point, est bien réel, et pour la même raison, quand il s'agit de l'arrêt d'un mobile parcourant la trajectoire en sens inverse, en son point de rebroussement (VIII, 8, 262 b 21-26).

c) La « conséquence » de tout cela, c'est que le temps est nombre, non pas comme d'un même point, qui serait à la fois début et fin, mais plutôt comme les extrémités d'une ligne, et non comme ses parties, aussi bien[70] pour la raison qu'on vient de dire (on ferait du point médian un double usage, et il faudrait s'arrêter) que parce qu'il est évident que l'instant n'est pas une partie du temps, pas plus que la division du mouvement n'est une partie du mouvement, ni le point de la ligne : ce sont les deux segments qui sont parties d'une ligne unique.

Tirer la conséquence des analyses précédentes consiste à les rattacher à notre définition du temps comme nombre ; or, comme il sera dit au début du chapitre suivant, le nombre le plus petit

68. J. F. Callahan, *op. cit.*, p. 49.

69. Ross, *A.'s Physics*, p. 598.

70. Il est bien difficile de choisir entre l'interprétation de Simplicius, pour qui la première raison alléguée doit prouver la première proposition, et celle de Philopon, selon lequel les deux raisons s'appliquent à la seconde (les instants ne sont pas *parties* du temps). Sans doute le mouvement de la phrase suggère-t-il plutôt la seconde exégèse (Ross, *op. cit.*, p. 602 *i.f.* sq.), mais le fait que Simplicius ait pu soutenir la sienne montre combien les deux propositions en question sont solidaires l'une de l'autre.

est le deux. — Le temps « se divise selon l'instant », comme le point divise la ligne. Cette comparaison a déjà été amendée, et elle le sera encore dans la « conséquence ».

En divisant une ligne, le point produit une dualité (de segments), fondée elle-même sur la dualité de fonction du point diviseur (fin et commencement). Mais pareil dédoublement de l'instant serait incompatible avec l'essence du temps, puisqu'il suppose un arrêt. A la dualité de fonction du point unique, correspondra donc une dualité réelle d'instants. Mais ces instants, autrement que le point, ne déterminent pas deux segments mais une ligne unique (laps de temps) dont ils sont les extrémités, et ces extrémités, autrement que les segments produits par le point, sont de pures limites, et non pas des parties (de la ligne temporelle) : car pour obtenir de telles parties, on devrait traiter l'instant diviseur comme une dualité et on retomberait ainsi dans l'aporie susdite, d'autant que l'instant n'est évidemment pas une partie du temps, pas plus qu'aucune division [71] n'est une partie du continu qu'elle divise.

21. *d*) On notera que le retour à l'idée de nombre a fait substituer, au rôle diviseur de l'instant (qui est pourtant un rôle réel : l'instant divise, ne serait-ce qu'« en puissance », le passé et le futur : chap. 13 déb.), sa fonction de limite. C'est à préciser cette fonction qu'est consacrée la fin du chapitre, dont les commentateurs, en dépit des scrupules formulés par D. Ross [72], s'accordent généralement pour conserver le texte.

« Dans la mesure donc où l'instant est limite, il n'est pas temps mais un accident [73] du temps ; mais dans la mesure où il nombre [c'est-à-dire où « il est l'unité qui sert à compter le temps » [74]], il est nombre [c'est-à-dire il est ce par quoi nous avions déjà défini le temps] » [75].

On a rappelé plus haut que le temps dans ce texte est considéré en fonction de tel mouvement donné et envisagé séparément [76]. Cette analyse, appuyée sur l'analogie avec l'étendue spa-

71. Le terme de « division » est une abréviation pour « le point de division » ; cet usage se trouve, avant Euclide, chez Aristote, comme le prouve notre texte, ainsi qu'un passage du *De Caelo* (286 b 30), allégué par Ch. MUGLER, *Dictionnaire historique de la terminologie géométrique des Grecs*, t. I, Klincksieck, 1958, p. 131.

72. Ross, *op. cit.*, p. 603.

73. Il faut comprendre : un attribut.

74. D'après la paraphrase de Ross, *loc. cit.*

75. Comprise ainsi, la phrase offre bien une « fair antithesis », et sans qu'il soit besoin, pour obtenir une telle antithèse, d'accepter le texte que semble avoir lu Philopon (Ross, p. 603) et qui est d'une platitude indigne d'Aristote.

76. Cf. plus haut, p. 44 fin.

tiale, a été poussée aussi loin que possible. Si loin même, que le résultat paraît avoir dépassé l'objet de l'enquête : en quoi, en effet, deux instants ponctuels, bordant un intervalle, sont-ils du temps ? Non pas, précisément, en tant qu'ils limitent, mais, conformément à notre définition et aux formules qui avaient préparé celle-ci (219 a 22-30), en tant qu'ils nombrent le mouvement selon l'avant et l'après. En tant que limites, en effet, les instants seraient étroitement dépendants de ce dont ils sont limites (tout comme le *lieu propre* est assujetti au mobile qu'il contient), alors que le nombre, par exemple le dix, est indépendant des chevaux qu'il vient de compter, et peut encore servir « ailleurs ». Or les instants sont du temps, non pas, comme Aristote vient de le dire, en tant que limites pures, mais en tant que limites déterminant l'avant et l'après. En cette détermination, ils sont relatifs, en effet, à ce qu'ils mesurent, par exemple l'écoulement de l'eau dans la clepsydre. Mais l'avant et l'après qu'ils limitent n'est pas pour cela relatif à ce seul processus, puisqu'il détermine également, en l'espèce, le temps de parole accordé à l'orateur, et donc peut, lui aussi, servir encore « ailleurs ».

Par où, sans doute, on retrouve l'idée de contemporanéité[77]. Par où, surtout, on voit qu'Aristote garde la pleine maîtrise de sa méthode. Ayant analysé d'abord l'essence du temps à partir de tel mobile considéré, à la substantialité duquel (219 b 30 *i.f.*) le temps paraît participer d'une manière affaiblie et lointaine, il redresse cette analyse grâce à l'idée de nombre, et finit par accorder au temps une certaine autonomie par rapport au mobile même qui avait servi d'*abord* (en tant que plus *connaissable pour nous*) à en définir les attributs.

77. Callahan, *op. cit.*, p. 63 : « The now considered as number has reference to everything that takes place in the now ».

V. — **LES ATTRIBUTS DU TEMPS** (suite)
(12, 220 a 27 - b 32)

Du point de vue formel, la continuité est évidente entre les chapitres 11 et 12. Le chapitre 11 avait établi la définition du temps (aussi est-ce cette définition qui termine et conclut le chapitre), et l'avait déjà confirmée par la résolution des apories, elle-même liée à l'examen des attributs du temps. Le chapitre 12 poursuit cet examen. Du point de vue du contenu, cependant, les deux chapitres se distinguent clairement. La définition avait été élaborée à partir de tel mouvement donné, et à la fin seulement détachée de ce support pour être généralisée. C'est cette universalité du temps, négligée auparavant (ou écartée par manière de parenthèse, comme en 219 b 10-12), qui sera maintenant mise en évidence. D'où le retour au problème de la simultanéité, discuté dans les Apories (218 a 25), et à l'attribut d'universalité, lui aussi indiqué dans les Apories (218 b 13), dont on déterminera l'étendue réelle, en posant la question des « êtres dans le temps » et de ceux qui, au contraire, sont soustraits à l'action du temps.

Dans une première partie du chapitre, trois attributs vont être énoncés et, pour les deux premiers, déjà mentionnés dans les Apories, confirmés : le temps n'est pas rapide ou lent ; il est le même partout. Le troisième attribut redresse (ou complète) une indication donnée, elle aussi, dans les Apories (218 b 15-18) et, surtout, contenue dans la définition : le temps mesure le mouvement ; mais il est vrai aussi de dire qu'à l'inverse, le mouvement mesure le temps. C'est à introduire ces trois développements que sert le paragraphe initial[1] du texte.

« *Le plus petit nombre, pris abstraitement, est la dyade ; pris déterminément, en un sens il existe, en un autre, non : ainsi quand il s'agit d'une ligne, le plus petit nombre, dans l'ordre de*

1. D. Ross, *A.'s Physics*, p. 604 déb., trouve déjà dans ce paragraphe un premier attribut du temps.

la pluralité, c'est deux ou une ligne, mais dans l'ordre de la grandeur, il n'y a pas de plus petit nombre, car toute ligne est toujours divisible et, par conséquent, le temps pareillement. Selon le nombre, en effet, le plus petit c'est le un ou le deux, mais selon la grandeur, il n'y en a pas.

Il est manifeste aussi qu'on ne dit pas du temps qu'il est rapide ou lent, mais bien qu'il y en a beaucoup ou peu et qu'il est long ou court. En tant qu'il est continu, en effet, il est long ou court, en tant qu'il est nombre, il y en a beaucoup ou peu. Mais il n'est pas rapide ou lent ; aussi bien aucun nombre par lequel nous nombrons n'est rapide ou lent » (12, 220 a 27 - b 3).

1. **Le temps est pluralité et grandeur** (12, 220 a 27 - b 3)

22. Il a été montré que notre conscience du temps est liée à la perception d'une dualité d'instants (219 a 2), et que le temps-nombre ne saurait se réduire à un point unique dont on ferait un double usage (220 a 15). Ces observations recoupent la vérité mathématique que le plus petit nombre est le deux[2]. En effet, l'Un, étant « principe et mesure du nombre » (Δ, 15, 1021 a 13), n'est pas un nombre (N, 1, 1088 a 6). Cela, il est vrai, s'entend du nombre abstrait. Quant au nombre concret, par exemple une ligne, on peut, quand on la prend comme unité de mesure, lui reconnaître un minimum (deux ou une), mais en tant qu'elle est divisible, elle ne comporte pas de nombre minimum. Or le temps, selon l'analogie établie précédemment, suit le statut de la ligne.

Cette dernière phrase nous ramène à notre sujet. La distinction initiale entre le « nombre mathématique » et le « nombre sensible » (Bonitz, *Ind. Arist.*, 94 a 14 sq.) est conforme à la doctrine platonicienne (probablement d'origine pythagoricienne), telle qu'on la trouve dans le *Philèbe* (56 d-e) et, surtout, au VIIe Livre de la *République,* dont deux passages peuvent contribuer à éclairer le nôtre. Il y est dit que l'unité (sensible) nous apparaît « à la fois comme une et comme infiniment multiple » (525 a 4-5). Un peu plus loin, parlant de ceux « qui sont forts » en arithmétique : « Si, en discutant avec eux, quelqu'un essaie de diviser l'unité en soi, ils se moquent de lui et ne veulent rien entendre » (525 e 1) : il s'agit d'un débutant qui se méprendrait sur la fonction purement symbolique de la ligne représentant

2. C'est la différence du jour et de la nuit (*Timée*, 39 b) qui permet de « concevoir le deux, d'où vient l'idée de nombre » (Plotin, III, 7, 12, 30-33).

l'unité abstraite [3]. On comprend ainsi qu'Aristote puisse opposer, à l'unité abstraite, une ligne, interprétée à la fois comme symbole (sensible) et comme un continu réel. Ailleurs, il indique, comme mesure des lignes, le pied, « considéré comme insécable » (*Métaph.*, I, 1, 1052 b 33), alors qu'il n'est « indivisible que pour la sensation » (1053 a 23).

Ainsi, le minimum du temps, comme du nombre arithmétique, se situe en-deçà de l'Un, sinon ce ne serait plus le temps mais, comme l'avait montré le *Timée*, l'Éternité [4] — ou encore cette mauvaise imitation de l'Éternité que vivent les dormeurs de Sardaigne. Étant un nombre concret, le temps, comme toute chose sensible, est divisible ou, selon l'expression de Platon, « infiniment multiple ». Cependant, cette chose concrète étant nombre, elle comporte, tout comme le nombre abstrait, un minimum qui est de deux, ou même (si un laps de temps est pris pour mesure, c'est-à-dire s'il assume la fonction de l'Un [5]) de un.

Par là est clairement énoncé ce qui, jusqu'à présent, était resté implicite : le temps participe aux deux espèces de la quantité ; il est à la fois pluralité (πλῆθος) et grandeur (μέγεθος). Cette double affirmation, sous cette forme précise, ne se trouve dans aucun des textes « parallèles » auxquels on pourrait songer : ni dans les *Catégories* (5,5 a 23 sqq., où le temps est comparé au nombre), ni au Livre Δ où le temps, conjointement avec le mouvement, est rangé dans les quantités continues, c'est-à-dire dans la grandeur [6].

Enfin, si cet enseignement est introduit par des considérations sur le nombre minimum, c'est pour préciser la définition du temps comme nombre nombré : il partage, en tant que tel, le statut (jugé contradictoire par Platon) de la chose sensible, faite

3. Voir le commentaire de B. Jowett et L. Campbell, Oxford, 1894, t. III, p. 334.

4. *Timée*, 37 d 7 (avec le Commentaire de A. E. Taylor, Oxford, 1928, p. 187).

5. C'est cela qui explique pourquoi Aristote semble « hésiter » entre 1 et 2, plutôt qu'un « relâchement de langage » au sujet de choses concrètes (D. Ross, *op. cit.*, p. 604).

6. Δ, 13, 1020 a 29 ; à moins d'entendre par πόσα, comme au début du chapitre, la quantité discrète et de donner à καὶ (l. 20) son sens ordinaire. Mais il est plus naturel de le prendre au sens explicatif, et de laisser à πόσα le sens général de quantité. — Bonitz se montre très sévère pour ce chapitre (*Aristotelis Metaph.*, *op. cit.*, p. 257), et c'est en réponse implicite à ses critiques que D. Ross considère la vue exposée, sur ce point, dans la *Métaphysique* et la *Physique*, comme « plus élaborée » et « plus tardive » que la doctrine des *Catégories* ; certainement avec raison (*A.'s Metaphysics*, t. I, p. 324 i.f. sq.), ce qui n'empêche d'ailleurs que le 6e chapitre des *Catégories* contient des enseignements précieux, et qui ne se trouvent que là.

à la fois d'une unité (apparente, pour Platon; tombant sous la sensation, pour Aristote[7]) et d'une « multiplicité infinie », pour reprendre l'expression de Platon: expression inexacte puisqu'elle applique aux choses la catégorie de la quantité discrète, de la pluralité, alors qu'elles relèvent de la quantité continue, n'étant divisibles qu'en puissance. Il n'y a donc là aucune contradiction, puisque l'unité est prise en charge par le nombre abstrait qui mesure le temps, et que la continuité constitue l'être même du temps, qui est une grandeur.

Après quoi, il ne reste plus qu'à appliquer cet enseignement aux attributs du temps, en confirmant, ici comme ailleurs[8], une vérité philosophique par un usage linguistique. On dit du temps qu'il y en a beaucoup ou peu: c'est qu'on le considère alors comme nombre; on dit encore qu'il est long ou court: il peut l'être, en effet, en tant que continu. Mais on ne dit pas du temps qu'il est rapide ou lent: c'est qu'aucun nombre abstrait n'est tel. La cause alléguée est parfaitement recevable: c'est du nombre abstrait que le temps tient sa qualité de nombré, et c'est de ce nombre encore qu'il devrait tenir rapidité et lenteur (de même que si l'âme, comme le veut Xénocrate, était un nombre qui se meut soi-même, il faudrait supposer que l'unité qui en est le principe serait elle aussi en mouvement[9]). C'est donc à bon droit que D. Ross écarte sur ce point l'objection (et la « correction » du texte) faite par Torstrik[10]. Ce qui est plus remarquable, c'est qu'en dépit de l'analogie précédente entre grandeur, mouvement et temps, on ne se demande pas ici pourquoi le mouvement ne communique pas sa rapidité ou lenteur au temps. Mais, s'agissant uniquement du nombre et de la quantité, la question n'avait pas à être soulevée ici.

2. **Simultanéité et renouvellement** (220 b 5-14)

« *Et le temps est le même partout, simultanément; mais avant et après, il n'est pas le même: le changement est bien, lui aussi, un quand il est présent, mais, passé ou à venir, il est différent. Or, le temps est nombre: non pas celui par lequel nous*

7. *Métaphysique*, I, 1, 1053 a 23.
8. P. ex. au Ve Livre de la *Physique*, où il est dit qu'il faut avoir égard, dans l'analyse d'un mouvement, à son terme final : aussi bien est-ce du terme final que le changement tire sa dénomination (1, 224 b 6-10 ; 5, 229 a 25).
9. *De Anima*, I, 4, 409 a 1.
10. D. Ross, *A.'s Physics*, p. 604 (ad b 4).

nombrons, mais celui qui est nombré, et celui-ci, qui a pour attribut l'avant-après, est toujours différent : c'est que les instants sont différents. C'est bien un seul et même nombre que celui de cent chevaux et de cent hommes, mais les objets auxquels il s'applique sont différents, les chevaux par rapport aux hommes. Ajoutons que, comme le mouvement peut être un et le même par répétition, ainsi le temps également, par exemple l'année ou le printemps ou l'automne. »

23. L'armature logique de ce paragraphe est fournie par l'opposition qui, depuis les Apories, avait guidé l'enquête, entre identité et différence. Le thème annoncé dans la première phrase est celui de la simultanéité ; la conclusion constate la possibilité d'un temps répété. Enfin, le centre du texte est constitué par l'idée de nombre, et c'est par là que le paragraphe se rattache directement à ce qui précède, ainsi, par l'exemple choisi, qu'à la fin du chapitre 11 (220 a 24). Cette diversité des thèmes, jointe à une expression verbale d'une extrême concision et même elliptique, pose des problèmes que ne laisserait pas deviner le résumé, admirable dans sa simplicité, que D. Ross a donné de ce texte [11].

L'attribut de la simultanéité ou, comme on dirait plus exactement, de l'ubiquité est dit appartenir au temps, ce qui, au juste, est seulement la confirmation de l'attribut déjà énoncé, et à deux reprises, dans les Apories (218 a 25, b 13). Aussi l'objet de ce paragraphe n'est-il pas d'éclaircir cet attribut (ce ne sera fait qu'au chapitre 14, 223 a 29), mais de montrer qu'il n'abolit pas, mais, au contraire, présuppose (et, par là, confirme) l'avant et l'après, c'est-à-dire l'attribut qui entre dans la définition du temps (219 b 2). La définition du simultané, en effet, inclut, par opposition, l'idée de l'avant-après [12]. Autrement dit : l'ubiquité du temps (qui n'est pas, ici, déduite, mais simplement réaffirmée, on l'a dit, après les Apories) permet la simultanéité des événements : mais c'est parce qu'elle implique, tout autant, la successivité d'autres événements. Ce qui revient à dire, conformément

11. « Des temps simultanés sont identiques ; des temps successifs sont numériquement différents, bien qu'ils puissent être les mêmes spécifiquement ». (*A.'s Physics*, p. 644).

12. *Catégories* 13, 14 b 24 : « On appelle simultanées, sans détermination et au sens le plus propre, les choses dont la génération se place dans le même temps ; car aucune d'elles n'est ni antérieure ni postérieure à l'autre » De même, dans nos Apories : « Etre ensemble selon le temps, et n'être ni antérieur ni postérieur, c'est être dans un seul et même instant » (218 a 25). Cf. *De Sensu*, 7, 448 b 19 : « J'entends par simultanées les choses qui, les unes par rapport aux autres, se trouvent dans un temps un et indivisible ».

à la terminologie précédente, que le temps n'est le même que parce qu'il est autre, tout autant.

Or, c'est l'altérité qui va être mise en évidence, par où le temps, qui dans la phrase initiale semblait détaché des mouvements particuliers qui s'y logent, est ramené au *changement* (un, comme présent, mais différent comme passé et à venir), et au nombre nombré (toujours autre par l'avant et l'après), alors que la fin du chapitre 11 avait défini l'instant comme nombre nombrant, et l'avait rendu indépendant de ce dont il est nombre. C'est le retour du même exemple qui illustre toute la difficulté du passage : à la fin de 11 (et, de nouveau, au chapitre 14), les chevaux représentent les événements par rapport auxquels le temps (nombrant) paraît indépendant. Alors qu'ici ils paraissent figurer le temps en tant que nombré. Sous cette forme (et il est important pour l'interprétation de le constater d'abord)[13], la contradiction paraît patente. Mais sans doute faut-il comprendre (et c'est en cela que consiste la brachylogie du texte) que la *différence* du temps, comme pluralité de mouvements nombrés, coexiste en l'espèce avec la simultanéité de ces mouvements, simultanéité constatée par l'instant « un et indivisible »[14] qui, en tant que nombre nombrant, s'applique à tous, de même que, dans l'exemple proposé, le nombre 100. (On aura l'occasion de revenir sur ce texte et sur les causes qui peuvent expliquer son tour embarrassé). On retrouve ainsi le prédicat de l'identité qui, au début, avait servi à définir la simultanéité, et c'est ce prédicat encore qui motive l'adjonction sur laquelle se termine le paragraphe : < « Dans un autre sens *encore*, on peut dire le temps identique >... ».

J. F. Callahan a fait remarquer que le changement présent et un, au début du passage, ne pouvait pas se rapporter, contrairement à une lecture répandue, à la révolution de l'Univers[15]. Une telle référence cosmologique, incompatible avec le présent état de l'enquête qui se tient à un niveau strictement « physique », n'est pas davantage introduite par les exemples de l'année, du printemps et de l'automne[16]. Il s'agit seulement de montrer qu'en un autre sens encore le temps peut être dit identique, à savoir selon l'identité spécifique.

13. Ainsi J. M. Dubois ne semble y voir aucune difficulté (*op. cit.*, p. 206 *i.f.*), mais il a bien vu la fonction nombrante de l'instant (p. 207 sq.).

14. Selon la formule du *De Sensu*, citée dans la note 12.

15. J. F. Callahan, *op. cit.*, p. 64 sq.

16. Comme le veut Wicksteed, dans son édition, p. 398, n. *a*.

On peut rappeler les étymologies du *Cratyle*, où les noms des *saisons* et de l'*année* sont expliqués par les idées de *déterminer* (ὁρίζειν), qui, depuis le départ (218 a 9), jouent un si grand rôle dans l'analyse, et de *tour à tour* (ἐν μέρει), qui n'est pas sans évoquer le πάλιν καὶ πάλιν de notre texte [17]. Cette dernière expression même peut être rapprochée de l'idée de renouvellement continu qui, dans la définition de l'infini, avait caractérisé les exemples : la journée, la lutte, exemples qui, tel le mouvement, illustrent l'être en acte de la puissance (III, 6, 206 a 22-25).

On sait, d'autre part, que cette même expression servira aux Stoïciens à définir le mouvement, c'est-à-dire, comme Simplicius l'a bien vu, à en affirmer, contre la doctrine d'Aristote, le caractère constamment actuel [18]. Aussi n'est-ce sans doute pas le fait du hasard si Plotin, dans sa critique de la théorie aristotélicienne du temps, s'attache à cette expression, pour montrer qu'elle n'exprime pas l'essence du temps [19].

De fait, on peut se demander s'il n'y a pas, ici encore, comme une brachylogie, qui unirait deux idées différentes : le mouvement commme renouvellement incessant pendant un laps de temps déterminé (année, printemps...), et la répétition d'un mouvement par retour périodique (des saisons). Cette dernière idée est seule retenue, quand on interprète la phrase dans le sens de l'identité spécifique. Mais il semble bien y avoir aussi (et en correction implicite de ce que le début du paragraphe avait dit du changement qui n'est un qu'en tant que *présent*) l'idée de l'identité d'un mouvement considéré comme un tout, grâce à son renouvellement continu. Ce n'est certes là qu'une conjecture, mais qui peut recevoir quelque renfort de la critique (et de la lecture) de Plotin.

17. *Cratyle*, 410 c-d.
18. v. Arnim. *S.V.F.*, II, 498.
19. « Ou bien ce mouvement n'aura cet intervalle que parce qu'il se continue et ne cesse pas, mais reprend chaque fois. C'est dire seulement que ce mouvement se multiplie ; et si, en observant ce mouvement, on déclare qu'il se multiplie, le temps n'en ressort pas plus clairement que si l'on disait que la chaleur se multiplie. On a seulement d'une part un mouvement qui se produit, puis se produit à nouveau et ainsi de suite (de la même manière que l'eau d'un fleuve coule, puis coule encore, et ainsi indéfiniment), et d'autre part, l'intervalle que l'on observe en chacun d'eux. Quant au renouvellement du mouvement, il s'exprimera par un nombre, comme deux ou trois ; quant à l'intervalle, ce sera une longueur dans l'espace » (Plotin, III, 7, 8, 35-44, trad. E. Bréhier).

3. « Nous mesurons le mouvement par le temps, mais aussi le temps par le mouvement » (220 b 14-32)

« *Et non seulement nous mesurons le mouvement par le temps, mais aussi le temps par le mouvement, puisqu'ils sont déterminés l'un par l'autre : le temps détermine le mouvement puisqu'il en est le nombre, et le mouvement détermine le temps. Et nous parlons de beaucoup et de peu de temps, en le mesurant par le mouvement, de même que* < *nous déterminons* > *le nombre par le nombrable, par exemple le nombre des chevaux par le cheval unité. Il en va de même du temps et du mouvement : par le temps, nous mesurons le mouvement, et par le mouvement, le temps. Et ce rapport se comprend très bien*[20] *: le mouvement accompagne la grandeur, et le temps le mouvement, l'un et l'autre étant des quantités, continues et divisibles ; car c'est parce que ces propriétés se trouvent dans la grandeur qu'elles passent dans le mouvement et, du mouvement, dans le temps. Et nous mesurons aussi bien la grandeur par le mouvement, et le mouvement par la grandeur ; car nous disons qu'il y a beaucoup de chemin à faire, quand il y a beaucoup à marcher, et inversement ; de même pour le temps, quand il y a beaucoup de mouvement, et pour le mouvement, quand il dure beaucoup de temps* » (12, 220 b 14-32).

24. Ce texte indique un troisième attribut du temps ou, plus précisément, complète un attribut déjà affirmé : « Nous discernons le plus ou le moins de mouvement par le temps » (219 b 5). Il se rattache étroitement au paragraphe précédent (et même à l'ensemble du début de ce chapitre) par les précisions qu'il continue d'apporter à l'idée de nombre (avec l'emploi du même exemple des chevaux) et par la reprise des qualifications de « beaucoup » et de « peu » données au temps (220 b 3). Le retour, d'autre part, de l'analogie constamment employée au chapitre 11 entre grandeur, mouvement et temps sert à équilibrer et à redresser ce qui vient d'être dit du temps simultané (b 5-6) qu'on aurait tort de croire détaché du mouvement, sous prétexte que plusieurs mouvements peuvent y prendre place (219 b 10, 218 a 25).

20. Dans sa thèse, le P. Le Blond traduit par : « ... ; et c'est *naturel* », et classe l'emploi de ce terme ici dans « ΕΥΛΟΓΟΣ PRATIQUE » (J. M. Le Blond, *Eulogos et l'argument de convenance chez Aristote*, « Les Belles Lettres », 1938, p. 124).

Que le mouvement mesure le temps, ce n'est pas une thèse absolument imprévue. Il a été montré que « s'il nous arrive de ne pas penser qu'il s'écoule du temps, c'est quand nous ne déterminons aucun changement » (218 b 29), et plus précisément encore : « La longueur du temps nous paraît, à chaque fois, répondre à celle du mouvement » (219 a 13). Il n'empêche que c'est ici seulement que cette thèse est énoncée aussi clairement, et posée en complément de notre définition du temps. Elle s'appuie sur trois preuves. La première est l'usage linguistique, dont deux exemples encadrent le texte (b 18, 30). La deuxième preuve se tire d'une comparaison empruntée, elle aussi, à l'expérience courante : c'est un nombre qui nous fait connaître la pluralité d'un troupeau de chevaux, mais en retour, c'est le cheval unité qui nous fait connaître ce nombre même. Exemple manifeste d'un cas de mesure réciproque, cette comparaison peut s'appliquer au temps et au mouvement : le mouvement (qui mesure le plus ou moins de temps) est assimilé successivement au « nombrable », puis au cheval unité. A quoi l'on pourrait trouver une difficulté : l'idée de « nombrable » avait servi auparavant à définir le temps (l'instant est ce en quoi l'avant-après du mouvement est nombrable, 219 b 28), et la seconde assimilation suppose une unité de mesure du mouvement, dont il n'avait pas encore été question. Mais sans doute cette difficulté ne devra-t-elle pas être soulevée ici. La troisième preuve, en effet, est introduite par *eulogon*, expression qui, en l'espèce, indique que les deux preuves précédentes (et dont la force n'avait pas excédé l'expérience commune) recoupent l'analyse, seule scientifique, qui avait été faite auparavant des trois termes de grandeur, de mouvement et de temps. Ici encore, on pourrait trouver une difficulté : de ce que les trois prédicats de ces termes (quantité, continu, divisible) passent, comme Aristote le rappelle expressément, de la grandeur au mouvement, et du mouvement dans le temps, il ne semble pas résulter (comme cela serait pourtant requis pour la thèse soutenue) que le passage inverse puisse s'effectuer aussi.

Il est bien certain qu'on peut essayer d'expliquer ce texte par le mouvement circulaire (du Ciel), dont il sera question au chapitre 14, où Aristote se réfère au présent passage (223 b 15) : c'est ce que font les plus récents commentateurs [21] et c'est ce que D. Ross avait indiqué tout le premier [22]. Mais conformément

21. Conen, *op. cit.*, pp. 117-132 ; Dubois, *op. cit.*, pp. 211-218.
22. D. Ross, *A.'s Physics*, p. 66.

au principe d'exégèse qu'on vient de rappeler[23], il avait commencé par envisager le texte en lui-même, et avait constaté, d'abord qu'il « soulève évidemment des difficultés »[24], puis, qu'il se réfère à un « fait ordinaire d'expérience », comme ceux précisément dont il y est fait état[25]. C'est donc très conséquemment que cette rigueur de méthode lui est reprochée par les interprètes qui croient pouvoir commenter ce texte à partir du chapitre 14[26]. Mais si louable que soit le souci de prendre la défense d'Aristote et de présenter sa thèse comme claire et limpide, on doit bien admettre que celle-ci, même sans doute dans l'esprit d'Aristote, ne traduit pas une vérité allant de soi, puisqu'elle s'appuie longuement sur l'expérience (et le langage) ordinaire plutôt que de chercher un appui proprement philosophique : il est notable à cet égard qu'au début du texte la première moitié de la thèse (« le temps détermine le mouvement... ») soit seule munie de sa preuve (« ...puisqu'il en est le nombre »), alors que la seconde (« et le mouvement détermine le temps ») reste à l'état de simple affirmation. Aussi, pour en terminer avec la « doxographie », sera-t-on plutôt attentif au fait qu'un savant du rang de D. Ross trouve des « difficultés » à ce texte, que J. Moreau l'interprète comme « un paradoxe signalé par Aristote » (paradoxe qu'il résout en deux pages qu'on peut compter parmi les plus pénétrantes de son livre)[27], au fait, enfin, que Plotin, après avoir critiqué cette thèse au 9ᵉ chapitre de son traité *Sur l'éternité et le temps*, y revienne au chapitre 13 pour la déclarer incompréhensible et requérant sans doute, ajoute-t-il non sans quelque ironie, les leçons ésotériques de l'École péripatéticienne[28].

25. Que le temps mesure le mouvement, et le mouvement le temps, ce sont là des propositions « inverses » : dans sa critique, Plotin emploie le terme de ἐνηλλαγμένως[29], mot rarissime mais parfaitement clair, et dont Aristote aurait trouvé aisément un équivalent dans sa propre terminologie. Mais, ni dans notre texte ni dans la référence qu'il y fait plus loin, au chapitre 14, il ne recourt à un vocabulaire technique. On peut même penser qu'il l'évite avec soin, parce qu'il n'aurait pas été facile de trouver

23. Cf. plus haut, p. 63, n. 15.
24. D. Ross, *op. cit.*, p. 65.
25. Id., *ibid.*, p. 66.
26. Conen, *op. cit.*, p. 128, n. 18 ; Dubois, *op. cit.*, p. 211.
27. J. Moreau, *op. cit.*, p. 129 *i.f.*-131.
28. Plotin, III, 7, 13, 9-18.
29. Id, *ibid.*, l. 13.

des concepts aristotéliciens pour décrire avec rigueur le rapport en question.

1° D'abord quant à ce rapport même, il ne semble pas qu'il puisse être confirmé par un autre texte, et les deux endroits, en revanche, où Aristote étudie ce qu'il considère ici comme un des caractères communs du mouvement et du temps, à savoir la catégorie de la quantité, ne sont guère favorables à ce rapport. — Dans le traité des *Catégories*, le temps est classé dans les quantités continues (au même titre que la ligne, la surface, le corps et le lieu), alors que l'action (πρᾶξις) et le mouvement ne sont des quantités que par accident : si nous disons qu'une action est longue ou un mouvement long, c'est parce que le temps qu'ils remplissent est long, et c'est par le temps qu'on les « détermine » (6, 5 b 5). A l'inverse, dans Δ 13, mouvement et temps sont conjointement opposés à la ligne, comme des quantités par accident à ce qui est quantité par soi : ils ne sont divisibles, en effet, et en tant que tels, des quantités continues, que parce qu'est divisible ce dont ils sont des attributs (πάθη), à savoir l'espace parcouru [30] : c'est parce que cette grandeur est quantité que le mouvement est quantité, et parce que le mouvement est quantité que le temps l'est à son tour (1020 a 29-32). Cette détermination progressive, rappelée dans notre texte, n'entraîne pas l'idée de réciprocité, idée qui est écartée aussi, bien qu'en sens inverse, dans le texte des *Catégories*.

Si donc cette progression est rappelée dans notre passage, c'est bien uniquement pour faire ressortir la *correspondance* (b 24-25) qu'elle instaure entre ces trois quantités, sans tenir compte, ici, de l'ordre ontologique (et aussi logique) qui la définit. C'est uniquement cette correspondance qui permet d'expliquer comme *rationnel (eulogon)* le *fait* [31] d'expérience de la mesure réciproque. Cette solidarité une fois admise, on voit aussitôt, et ici encore à titre de vérité empirique, que n'importe lequel des trois termes (même la grandeur étendue, dans le cas

30. Dans son commentaire de Δ, 13, D. Ross explique que « le mouvement le long d'une ligne et le temps de ce mouvement ne sont pas reliés à la ligne comme l'est sa longueur. Le mouvement n'est pas un attribut de la ligne, mais un événement dont la ligne est un élément, et le temps est un autre élément dans le mouvement, et c'est ainsi seulement que mouvement et temps sont reliés à la ligne » (*A.'s Metaphysics*, t. I, p. 325). Mais il est clair que, dans le phénomène en question, la ligne est considérée en tant que *trajectoire*, c'est-à-dire non seulement comme élément intégrant du processus, mais comme son support concret, par rapport auquel le mouvement et le temps, impliqués par ce processus, n'apparaissent alors que comme des attributs (πάθη).

31. « The fact ... » dit très bien D. Ross (*ibid.*, p. 324 i.f.).

du « chemin ») peut être choisi pour mesurer l'autre. Il y aurait là quelque chose de comparable au Spinozisme, où tel phénomène, difficile à comprendre dans l'ordre d'un Attribut (comme la relation de cause à effet), peut être transposé, en vertu du parallélisme, et déchiffré aisément au niveau de l'autre Attribut (où cette relation se présente comme le rapport entre principe et conséquence). Cette analogie, toutefois, ne serait à la rigueur admissible que d'un point de vue méthodologique, lequel, chez Aristote, manquerait de tout fondement ontologique, puisque, à part le fait d'expérience dont il s'agit de rendre compte, la solidarité des trois quantités, loin d'impliquer leur coordination, n'est que le résultat d'une progression dont les deux derniers termes font figure d' « attributs » par rapport au premier, duquel, à leur tour, ils tiennent leurs attributs de quantité, de continu et de divisible. De plus et surtout : d'après la doctrine constante d'Aristote, c'est le temps qui est nombre (ou mesure, comme cela sera réaffirmé dans ce qui suit immédiatement, b 32) du mouvement. Il s'agit donc de savoir si, du point de vue doctrinal (et non plus seulement empirique), il ne peut y avoir de réciprocité entre la mesure et ce qui est mesuré.

26. 2° Le mesurable et la mesure, de même que le connaissable [32] et la connaissance, le perceptible et la perception, sont des *relatifs* [33]. Sans entrer dans le détail des problèmes que soulève la théorie aristotélicienne des relatifs [34], il suffira ici de noter trois points. 1) Autrement que dans le cas des relatifs proprement dits, qui tiennent leur essence de la relation même, comme le double et la moitié, le maître et l'esclave [35], ici la relation est à sens unique ou, selon l'expression d'Aristote, l'un des relatifs (le mesurable, le connaissable, le perceptible) ne se dit relatif que parce qu'une autre chose (mesure, science, perception) est relative à lui [36]. Cette thèse s'explique par le réalisme gnoséologique d'Aristote, qui s'exprime plus décidément encore dans les

32. Ἐπιστήμη-ἐπιστητόν.

33. *Métaphys.*, Δ 15, 1020 b 31-32.

34. Voir en particulier J. Vuillemin, *De la Logique à la Théologie*, Flammarion, 1967, Quatrième Étude ; G. G. Granger, *La théorie aristotélicienne de la science*, *loc. cit.*, chap. II. — Cf. aussi, tout récemment, Fr. Caujolle-Zaslawsky, « Les relatifs dans les *Catégories* » in *Concepts et Catégories dans la pensée antique*, sous la direction de P. Aubenque, Vrin, 1980, pp. 167 sqq.

35. Δ, 15 déb., *Cat.*, 7, 6 a 39 (le double et la moitié) ; l'exemple du maître et de l'esclave, qui vient du *Parménide*, 133 d-e, est discuté à plusieurs reprises dans les *Catégories* (7, 6 b 29, 7 a 38, b 18), c'est-à-dire le traité qui contient le règlement de compte le plus systématique avec le platonisme.

36. Δ, 15, 1021 a 26-30.

Catégories : le connaissable est antérieur à la connaissance et, en supprimant le connaissable, on supprime du même coup la science, alors que la suppression de la science laisserait intact le connaissable [37]. G. Granger fait observer avec raison « qu'il s'agit seulement d'une réciprocité de dépendance de *sens*. Si donc le connaissable est antérieur à la science, son corrélat, cela ne signifie point que la science, en tant que *pros ti,* soit une " relation sans converse ", puisque connaître et être connu sont des corrélatifs parfaitement adéquats » [38]. On ajoutera seulement que dans cette « dépendance de *sens* », ici encore consacrée par un usage linguistique, Aristote tient à redresser l'illusion ontologique qu'elle implique. — 2) Il semble y avoir un texte, un seul, où cette relation paraît inversée : la connaissance (et non plus le connu) y est dite être relative parce qu'une autre chose (le connu) est relative à elle [39]. D. Ross a résolu la difficulté, en montrant comment ces deux assertions pouvaient être réconciliées [40]. De fait, on peut penser que la contradiction est purement apparente et due à une négligence d'expression, comme on en trouve une autre dans le même passage [41]. Quelques lignes plus loin, en effet, dans une phrase dont les difficultés n'affectent pas le point en question [42], Aristote rétablit la relation dans son premier sens, et le renvoi, dans ce texte même, à Δ, 15, 1021 a 26, rend tout à fait invraisemblable qu'Aristote ait voulu se mettre

37. *Catégories*, 7, 7 b 22-38.
38. G. Granger, *op. cit.*, p. 64.
39. *Métaph.*, I, 6, 1056 b 35-36.
40. D. Ross, *A.'s Metaphysics*, II, p. 297 : « Le terme 'connaissance' est antérieur au terme 'connaissable', puisque connaissable = objet possible de connaissance. Mais la chose qui est connaissable est antérieure à sa connaissance, puisqu'il peut y avoir un connaissable qui n'est pas connu, mais qu'il ne peut y avoir de connaissance qui ne le soit pas de quelque chose de connaissable ». — L'explication est citée approbativement par J. Vuillemin, *op. cit.*, p. 149 sq.
41. Cf. Ross, *loc. cit.*, *ad* 35 ; Bonitz déjà s'était demandé « siquidem hoc ipsum ab Aristotele est scriptum neque inveteratae librariorum incuriae debetur », dans son commentaire, p. 441 déb.
42. L'explication de cette phrase par D. Ross nous paraît de beaucoup la plus convaincante, bien qu'elle contredise l'« interprétation traditionnelle » (comme le lui reproche J. Tricot, dans sa traduction de la *Métaphysique*, t. II, p. 563) et qu'elle entraîne une correction du texte : il est regrettable à cet égard que W. Jaeger (*A. Metaphysica*, Oxford, 1957), qui indique bien dans son appara critique la correction de ἐπιστητόν en ἐπιστητοῦ, omette de noter le πρός que Ross avait inséré devant ἐπιστήμην (*A.'s Metaphysics*, p. 297 *i.f.*). La conjecture de Ross est ainsi rendue incohérente, ce qui étonne d'autant plus que Jaeger recopie la référence à *Cat.*, 7 b 29 que Ross avait précisément invoquée pour justifier sa correction du texte.

en contradiction avec lui-même[43]. — 3) Si la science est traitée de pair avec la mesure, c'est parce que, dans l'ordre de la quantité d'abord, puis dans d'autres domaines, la mesure est ce par quoi une chose est connue[44] ; or « nous disons aussi que la connaissance est la mesure des choses, ainsi que la sensation, pour cette même raison, à savoir que nous connaissons quelque chose par elles »[45]. Ce *nous disons* se réfère, ici encore, à un usage linguistique, qui est renforcé par l'analogie entre le substantif (connaissance, sensation, mesure) et l'adjectif verbal (connaissable, sensible, mesurable). Mais cet usage, ici encore, est trompeur, et c'est la critique du subjectivisme de Protagoras qui fournit l'occasion (peut-être aussi le motif) de le dénoncer. La thèse de l'homme-mesure doit s'entendre de l'homme connaissant ou percevant, donc de la connaissance et de la sensation que, précisément, nous affirmons être la mesure de leurs objets. En dépit des apparences, cette thèse n'a donc rien d'extraordinaire. Il faut seulement savoir qu'au juste, connaissance et sensation « sont mesurées plutôt qu'elles ne mesurent. Mais il arrive alors ce qui se produit quand c'est une autre chose qui nous mesure : nous connaissons notre taille du fait que la coudée a été appliquée tant de fois sur nous »[46]. — Aristote maintient donc la priorité de l'objet sur la connaissance, et de la mesure sur le mesuré. L'exemple de la coudée, qualifié de « peu heureux » par Bonitz[47], est instructif en ceci même qu'il paraît incohérent : si c'est l'objet qui mesure la science, c'est notre corps qui est la mesure de la connaissance que nous avons de notre taille : mais en fait, c'est la coudée, unité de mesure, qui, en l'espèce, détermine et mesure, et notre taille et la connaissance que nous acquérons ainsi. — Ici encore, toute idée de réciprocité est écartée : pourtant, on pouvait dire, comme dans le cas de la numération des chevaux, que c'est notre taille, à l'inverse, qui mesure la coudée, tout comme c'est la pluralité des chevaux qui, à son tour, détermine et mesure le nombre abstrait qui définit cette pluralité.

27. 3° Dans les *Catégories*, les relatifs sont appelés *antistrephonta*[48] et c'est bien là le terme qui marque la réciprocité ; à

43. La séquence ἐπιστήμη πρὸς ἐπιστητόν (1056 b 36) peut avoir été entraînée par μέτρον μετρητῷ (b 33), et l'explication (τῷ λέγεσθαί τι ἄλλο πρὸς αὐτό) se rapporter à ἐπιστητόν : ἐπιστήμη πρὸς ἐπιστητόν signifiant simplement le rapport *entre* A et B, et non pas de A à B.

44. *Métaphysique*, I, 1, 1052 b 20-25.

45. I, 1, 1053 a 31-33.

46. I, 1, 1053 b 31-35.

47. H. Bonitz, *Arist. Metaphysica*, p. 420 déb.

48. *Catégories*, 7, 6 b 28.

quoi se joignent deux autres déterminations : les corrélatifs sont « simultanés par nature »[49], et « ils s'entraînent mutuellement dans la destruction »[50] : la suppression de l'un entraîne celle de l'autre. On a déjà indiqué que ces déterminations ne s'appliquent pas à la corrélation : connaissance - connaissable[51], termes qui, pourtant, sont des *antistrephonta*[52].

Par « simultanés par nature », il faut entendre, selon les *Post-Prédicaments,* des choses qui se réciproquent *(antistrephei)* dans leur implication d'existence, mais sans que l'une soit la cause de l'autre[53], par exemple le double et la moitié. Mais il existe, dans l'ordre de l'antériorité, des cas où les choses se réciproquent dans l'implication d'existence, alors que l'une pourrait être raisonnablement dite être la cause de l'autre. Tel est le rapport entre l'existence d'un homme et la proposition qui affirme véridiquement cette existence : il y a ici corrélation rigoureuse (si la proposition est véridique, l'homme existe, et l'existence de l'homme implique celle de la proposition), pourtant c'est l'existence de l'homme qui est cause de la vérité de la proposition[54]. Ackrill juge « bizarre » de voir ici une implication réciproque d'existence[55] ; de fait, comme l'a bien montré G. Granger, « il y a bien *réversibilité* de la consécution de l'être », doublée cependant d'une « dissymétrie causale »[56].

L'intérêt de cet exemple, encore qu'Aristote ne le commente pas plus longuement, est certain. Dans l'étude de la science, Aristote faisait intervenir des considérations de fait : l'objet préexiste à la science qui ne s'acquiert que plus tard : « On trouverait peu de cas, ou même on n'en trouverait pas du tout, où la connaissance se produise simultanément avec le connaissable »[57]. Mais ici, seul est pris en considération le rapport logique, sans qu'il y ait à se soucier de savoir quand ni même si la proposition véridique sera énoncée effectivement, ni par qui : elle est proprement contemporaine du fait qu'elle formule, encore que ce fait en soit la cause. La structure de pensée qui est ici déterminante est assez exactement celle qu'établira Kant, pour

49. *Cat.*, 7, 7 b 15.
50. *Cat.*, 7, 7 b 19.
51. *Cat.*, 7, 7 b 23-8 a 11.
52. *Cat.*, 7, 6 b 34-36.
53. *Cat.*, 13, 14 b 27-29.
54. *Cat.*, 12, 14 b 14-20.
55. J. L. Ackrill, *A.'s Categories and De Interpretatione*, Oxford, (1963) 1974, p. 111 i.f. sq.
56. G. G. Granger, *La Théorie aristotélicienne de la science*, *op. cit.*, p. 55.
57. *Cat.*, 7, 7 b 25-27.

écarter (dans un mouvement très comparable) une « difficulté » : la succession *cause-effet* définit un rapport de l'*ordre* du temps, mais non pas, nécessairement, un rapport dans le *cours* du temps ; elle peut donc subsister avec une simultanéité entre cause et effet (le fourneau allumé est cause de la chaleur, ou encore, « si, par exemple, une boule est placée sur un moelleux coussin et y imprime une légère dépression, cette boule, considérée comme cause, est en même temps que son effet »)[58]. De même ici : la priorité de la chose sur la proposition qui en énonce l'existence subsiste avec la simultanéité des deux, et ne s'oppose pas à leur réciprocation rigoureuse.

4° Or cette structure, parmi toutes les indications que donne Aristote sur les relatifs, est celle, à première vue, qui permet le mieux — ou le moins mal — d'expliquer la mesure réciproque du mouvement par le temps et du temps par le mouvement. L'existence de l'homme « mesure » la vérité de la proposition, mais celle-ci, en retour, prend la mesure du réel. Le mouvement détermine le temps le long duquel il s'étend, mais le temps, à l'inverse, mesure la durée du mouvement. Comme entre l'homme réel et la proposition, il y a, entre le mouvement et le temps, à la fois un rapport de cause à effet (le temps « n'existe pas sans le mouvement »[59]) et un rapport de simultanéité (mouvement et temps « s'accompagnent l'un l'autre »[60] et, plus précisément encore : mouvement et temps sont « ensemble », sont « simultanés », ἅμα)[61].

Toutefois, dans l'exemple des *Post-Prédicaments*, la simultanéité (entre l'existence de l'homme et la proposition vraie) n'existe, si l'on nous permet cet anachronisme, que pour une conscience transcendantale (c'est plus loin seulement qu'il y aura lieu d'envisager le problème de l'âme)[62], alors qu'ici, le rapport n'est pas seulement gnoséologique : il est ontologique. Le temps est le nombre du mouvement, selon l'avant et l'après[63] ; or l'avant et l'après sont déjà dans le mouvement[64]. La mesure, en l'espèce, n'est donc pas extérieure par rapport au mesuré (comme dans le dénombrement des chevaux ou dans la mensuration de notre taille), elle n'en est pas davantage le simple redoublement

58. *Critique de la Raison pure*, A 203-204 ; trad. Barni-Archambault, éd. B. Rousset, p. 233 sq.
59. *Physique*, IV, 11, 218 b 21.
60. *Ibid.*, 219 a 19.
61. *Ibid.*, 219 a 3, 6, 7.
62. *Ibid.*, 14, 223 a 21 sqq.
63. *Ibid.*, 11, 219 b 1-2.
64. *Ibid.*, 219 a 17.

sur le plan logique (ou de la conscience, comme l'existence de l'homme par rapport à la proposition existentielle) : elle est, en un sens, consubstantielle au mesuré. Mais cette relation plus intime entre mesure et mesuré ne favorise pas pour autant un rapport de réciprocité : interprété comme effet, le temps apparaît comme l'effet formel par rapport au mouvement, qui en est le support ou la cause matérielle ; on ne voit pas que la matière puisse mesurer la forme. Quant à l'idée d'*accompagnement*[65], invoquée pour justifier la réciprocité, Sextus la traduit dans sa terminologie en insistant sur la réciprocité (mouvement et temps « s'étendent mutuellement l'un parallèlement à l'autre »[66]), mais c'est pour conclure par une réduction à l'absurde, en application de l'argument οὐ μᾶλλον[67] : « Le temps ne sera pas plus mesure du mouvement et du repos que le mouvement et le repos ne seront mesures du temps »[68].

28. 5° Il ne semble donc pas que la théorie des relatifs puisse fournir des concepts satisfaisants pour penser, sinon pour justifier, cette mesure réciproque. Est-ce à dire que les expressions du langage courant qui impliquent cette réciprocité[69] soient incorrectes, et que ce soit à tort qu'Aristote déclare « rationnelle » *(eulogon)* la rencontre de ces expressions avec sa propre théorie ?

On peut formuler cette question autrement. Selon la doctrine constante d'Aristote, « la mesure est toujours du même genre » que ce qu'elle mesure : la grandeur mesure les grandeurs, la largeur les largeurs, l'unité les unités[70]. Ne faut-il pas dire alors que les mouvements ne peuvent être mesurés que par un mouvement, et que ce que mesure le temps, ce sont d'autres temps (mais non pas des mouvements) ? De fait, Aristote dit bien que « le temps est mesuré par un temps déterminé »[71], et que la mesure des mouvements est le transport circulaire (du Ciel)[72]. Or le principe de l'homogénéité entre mesure et mesuré est affirmé au chapitre 14, à l'endroit précis où Aristote, se référant à notre texte, répète que « le temps est mesuré par le mouvement, et le mouvement par le temps »[73] ; mais il ajoute alors

65. *Ibid.*, 12, 220 b 24-25.
66. Ἀντιπαρήκει.
67. Sur lequel voir Ph. DE LACY, Οὐ μᾶλλον *and the Antecedents of Ancient Scepticism*, in *Essays in Ancient Greek Philosophy*, ed. by John P. Anton with George L. Kustas, State University of New York Press, 1971, pp. 593 sqq.
68. SEXTUS EMPIRICUS, *Adv. math.*, X, 179.
69. Cf. plus haut, p. 66.
70. *Métaphysique*, I, 1, 1053 a 24-25.
71. *Physique*, IV, 14, 223 b 14-15.
72. *Physique*, VIII, 9, 265 b 8-11.
73. *Physique*, IV, 14, 223 b 15.

une explication : « Cela signifie que c'est par un mouvement déterminé par le temps qu'est mesurée la quantité, et du mouvement, et du temps. » La mesure est ce par quoi une chose est connue [74] : or si la mesure des mouvements est le transport circulaire, c'est parce que son nombre est le plus connu [75]. Et dans la suite immédiate de notre texte, il est dit que le temps « mesure le mouvement en déterminant un certain mouvement qui sera l'unité de mesure du tout » [76].

Ainsi, ce qui mesure la quantité et du mouvement et du temps, c'est bien un mouvement, mais un mouvement déterminé par le temps. Sans le temps, ni le mouvement ni le temps même ne pourraient être mesurés. C'est le temps-nombre qui fournit la condition de possibilité de la mesure dont, sans lui, le mouvement n'inclut ni l'existence ni le concept. L'avant et l'après sont bien dans le mouvement, mais c'est le temps (en l'espèce : l'instant) qui les rend « nombrables » (219 b 25). Le temps, contemporain du mouvement, en est bien, en un sens, l'effet : mais la « réversibilité de la consécution de l'être » se double ici non seulement, pour reprendre l'expression de G. Granger, d'une « dissymétrie causale », mais encore, et en sens exactement inverse, de ce qu'on appellerait une *dissymétrie d'intelligibilité*. Or c'est en l'intelligibilité que consiste la mesure, et si les mouvements sont mesurés par le transport circulaire, c'est « parce que son nombre est le plus connu ».

Pour conclure : il ne semble pas que la théorie aristotélicienne des relatifs offre des concepts suffisants pour analyser jusqu'au bout l'extrême complexité du rapport que le temps soutient avec le mouvement. En quoi, plutôt qu'une faiblesse, on verra le signe du génie intuitif d'Aristote, dont les descriptions concrètes excèdent le dogmatisme de la théorie. On comprend aussi qu'en face de cette complexité, le langage courant ne s'exprime qu'avec une correction tout approximative, et que ce soit une justification globale seulement que puisse lui apporter Aristote, invoquant l'accompagnement mutuel et du temps et du mouvement : il n'y a pas là, et il ne peut y avoir, de mesure réciproque [77].

74. *Métaphysique*, I, 1, 1052 b 20, 1053 a 32.
75. *Physique*, IV, 14, 223 b 20.
76. *Physique*, IV, 12, 221 a 1-2.
77. Qu'il y ait là deux thèses réellement différentes, on le constate chez Plotin : alors que, pour Aristote, le temps est la mesure du mouvement, selon Plotin, le temps est mesuré par le mouvement, et c'est dans cette thèse plotinienne que H. A. Wolfson voit la source de tout un courant qui, à travers la philosophie médiévale, se poursuit jusque chez Descartes et chez Locke, où le temps, parfois appelé *duratio*, est considéré comme quelque chose d'indépendant du mouvement (*The Philosophy of Spinoza*, t. I, pp. 331-346).

VI. — « ÊTRE DANS LE TEMPS » (12, 220 b 32-222 a 9)

La seconde partie du chapitre est consacrée à élucider ce que signifie « être dans le temps » et à déterminer les choses auxquelles cette expression s'applique. Elle se rattache étroitement à ce qui précède, d'une part en continuant à expliciter le sens du « nombre du mouvement », d'autre part en apportant comme un correctif à ce qui vient d'être dit de la mesure réciproque du mouvement et du temps : il sera question uniquement du temps mesure du mouvement : le temps, par là, acquiert une prévalence sur le mouvement, lequel est enveloppé par le temps. Enfin, les références à l'usage linguistique (à commencer par l'expression même : « être dans le temps ») contribuent à assurer l'homogénéité de toute cette partie par rapport à la première.

On peut, à la suite de l'édition de Ross, distinguer, dans l'ensemble du morceau, trois parties : 1° Que signifie : être dans le temps ? 2° L'action du temps sur les êtres soumis à la génération et à la corruption (avec le problème connexe du temps du repos). 3° Si les non-êtres sont dans le temps.

(1) « *Puisque le temps est mesure du mouvement et de son existence et qu'il mesure le mouvement en déterminant un mouvement particulier qui puisse mesurer le tout (de même que la coudée mesure aussi la longueur en déterminant une grandeur particulière qui puisse mesurer le tout) et puisque, pour le mouvement, être dans le temps, c'est être mesuré par le temps, lui-même et son existence (car c'est conjointement que le temps mesure le mouvement et l'existence du mouvement, et, pour lui, être dans le temps, c'est cela : être mesuré quant à son existence) — il est clair que, pour les autres choses aussi, être dans le temps, c'est cela : être mesurées quant à leur existence par le temps.*

(2) *L'expression, en effet, "être dans le temps" peut s'entendre en deux sens : être au moment où le temps est, ou bien au sens où nous disons de certaines choses qu'elles sont dans le*

nombre. Cette dernière expression, à son tour, présente deux sens : partie et affection du nombre et, d'une manière générale, quelque chose du nombre, ou bien qu'il existe un nombre de la chose. Or le temps est un nombre, si bien que l'instant, l'antérieur et toutes les déterminations semblables sont dans le temps de la même manière que sont dans le nombre l'unité, l'impair et le pair (dans le dernier cas, il s'agit de quelque chose du nombre, dans le premier, de quelque chose du temps), mais les êtres sont dans le temps en ce sens que le temps en est le nombre. S'il en est ainsi, ils sont enveloppés par le temps de même que < ce qui est dans le nombre est enveloppé par le nombre et[1] *> ce qui est dans un lieu est enveloppé par le lieu. D'où il est clair qu' " être dans le temps " ne signifie pas être quand le temps est, pas plus qu'être en mouvement et être dans un lieu ne veulent dire être quand le mouvement est ou quand le lieu est. Car si " être en quelque chose " avait ce sens-là, alors toutes choses seraient dans n'importe quoi, et le Ciel serait dans le grain de millet, car quand le grain est, le Ciel est aussi. Mais c'est là une coïncidence accidentelle, alors qu'il s'agit d'un rapport de concomitance nécessaire : pour une chose qui est dans le temps, qu'il y ait un temps déterminé quand cette chose est, et pour une chose qui est en mouvement, qu'il y ait alors un mouvement.*

(3) *Puisque être dans le temps, c'est comme être dans le nombre, on pourra se donner un temps plus long que tout ce qui est dans le temps ; d'où, nécessairement, toutes les choses qui sont dans le temps sont enveloppées par le temps, ainsi qu'il en est de tout ce qui est dans quelque chose, par exemple, ce qui est dans un lieu est enveloppé par le lieu. Il s'ensuit encore qu'elles subissent en quelque sorte l'action du temps : c'est pourquoi l'on a coutume de dire que le temps consume, que tout vieillit dans le temps, que le temps nous rend oublieux, mais non pas qu'il nous instruit, ni qu'il nous rend jeunes ou beaux ; car par lui-même, le temps est plutôt cause de corruption : c'est qu'il est nombre du mouvement, or le mouvement abolit ce qui existe. D'où il est clair que les êtres éternels, en tant qu'êtres éternels, ne sont pas dans le temps : ils ne sont pas enveloppés par le temps, et leur existence n'est pas mesurée par le temps : l'indice en est qu'ils ne subissent pas l'action du temps, c'est donc qu'ils ne sont pas dans le temps.*

(4) *Puisque le temps est mesure du mouvement, il sera aussi*

1. Addition proposée, d'après les commentaires de Thémistius et de Simplicius, par D. Ross ; il n'est pas absolument sûr qu'elle soit requise par le sens.

mesure du repos, [par accident] [2], *car tout repos est dans le temps. Sans doute, ce qui est en mouvement est nécessairement mû, mais il n'en va pas de même pour ce qui est dans le temps ; le temps n'est pas mouvement, mais nombre du mouvement, or dans le nombre du mouvement peut très bien se trouver même ce qui est en repos. Car ce n'est pas tout ce qui est immobile qui est en repos, mais ce qui, privé de mouvement, est pourtant naturellement fait pour se mouvoir, comme nous l'avons expliqué dans ce qui précède. Or, être dans le nombre, c'est, pour une chose, avoir un nombre, et avoir son existence mesurée par le nombre dans lequel elle est, et il en va de même si elle est dans le temps. Le temps mesurera donc ce qui est mû et ce qui est en repos en tant que tels : c'est qu'il mesurera et leur mouvement et leur repos, qui sont des quantités. Il en résulte que le mobile n'est pas mesurable absolument par le temps, en tant qu'il est une quantité, mais en tant que son mouvement est une quantité. Il en résulte encore que ce qui n'est ni en mouvement ni en repos n'est pas dans le temps ; car être dans le temps, c'est être mesuré par le temps, et le temps est mesure du mouvement et du repos.*

(5) *Il est donc clair que tout non-être n'est pas dans le temps, par exemple les choses qui ne peuvent être autrement < que comme non-être >, ainsi la commensurabilité de la diagonale par rapport au côté. Car, d'une manière générale, si le temps est, de soi, mesure du mouvement, et des autres choses seulement par accident, il est évident que toutes les choses dont il mesure l'existence auront leur existence dans le repos ou dans le mouvement. Donc, tout ce qui est soumis à la corruption et à la génération et, en général, les choses qui, tantôt sont, et tantôt ne sont pas, sont nécessairement dans le temps (il y aura un temps plus grand qui excédera et leur existence et le temps qui mesure leur existence). Pour ce qui est des non-êtres : de ceux que le temps enveloppe, les uns ont existé, par exemple, Homère a existé en un certain temps, les autres existeront, ainsi quelque chose d'à venir, selon le sens où le temps les enveloppe, et si c'est dans les deux sens, ils auront deux existences, passée ou future. Mais ceux des non-êtres que le temps n'enveloppe d'aucune manière n'ont pas d'existence, n'existent pas et n'existeront pas. Il s'agit alors de non-êtres dont les opposés existent éternellement, par exemple, la non-commensurabilité de la diagonale existe éternellement, et ne sera pas dans le temps. Donc, la commensurabilité, pas davantage : elle est éternellement non-*

2. Cf. plus loin, p. 87. n. 18.

être, parce que contraire à un être éternel. Mais quant aux choses dont le contraire n'est pas éternel, elle peuvent être et ne pas être, et il existe pour elles une génération et une corruption ». (220 b 32-222 a 9).

Ce long morceau qui, en fait, ne s'achève qu'avec le chapitre 13, est divisé selon les différents sens où l'on peut entendre l'expression « être dans le temps ». Elle peut signifier, ou bien : être quand le temps est (221 a 19-26), ou bien se prendre au sens où nous disons de certaines choses qu'elles sont dans le nombre. Et cela même peut signifier, ou bien être comme une partie ou une affection du nombre (chap. 13), ou bien être selon un mode d'existence dont il y a nombre, c'est-à-dire, comme on l'explique dès le départ, avoir son existence mesurée par ce nombre qu'est le temps. Tout le reste du chapitre est consacré à distinguer les choses qui sont dans ce cas de celles qui ne le sont pas.

1. « **Être dans...** » (220 b 32-221 a 9)

29. En dépit des termes de *mouvement* et de *mesure* qui assurent la liaison avec ce qui précède, la phrase de transition introduit, en fait, des considérations toutes nouvelles.

Jusqu'ici, le temps, nombre du mouvement, semblait suivre le statut du mouvement, comme le mouvement suivait le statut de la trajectoire ; même son privilège de mesurer le mouvement lui était contesté par le précédent paragraphe qui avait posé, entre les deux, une réciprocité de mesure. A présent, le mouvement est compris comme un « être dans le temps » : c'est dans son essence et dans son existence que le mouvement est mesuré par le temps. (Le rappel du temps comme unité de mesure, comparée à la coudée, 221 a 2-4, a surtout pour objet d'indiquer que cette unité pouvant être, à volonté, appliquée autant de fois qu'il en est besoin, le temps ne manquera jamais pour mesurer tel mouvement donné, c'est-à-dire, comme il sera dit plus loin, qu'il « enveloppe » le mouvement). Attaché auparavant, si l'on peut dire, à la personne du mouvement, le temps, à présent, prend, avec une certaine indépendance, une prééminence sur le mouvement et, par là, retrouve (apparemment du moins et sous des réserves qui seront précisées plus loin) ce pouvoir universel que lui avait attribué la doxographie et avec la même expression : « Toutes choses sont dans le temps » (10, 218 b 6-7). Cette formule, de fait, est hyperbolique, et le pouvoir du temps n'est pas, à la lettre, universel : au moins s'étend-il, non seulement au mouvement même (seul rapport envisagé dans ce qui précède), mais encore « aux autres » (221 a 8), expression que la suite du texte s'appliquera à élucider et qui, jetée en avant de tout ce développement, n'est pas sans évoquer « les autres » de la seconde partie du *Parménide*.

Au début du chapitre 3, Aristote s'était demandé en combien de sens une chose est dite être dans une autre : il en avait indiqué plusieurs, « mais prise dans son sens fondamental, l'expression signifie être comme dans un vase et, en général, dans un lieu » (210 a 24). Il n'est pas sans intérêt de comparer ces deux textes, en raison même de leur différence.

a) Leur place (et leur fonction) à l'intérieur des deux enquêtes respectives n'est pas la même. Dans l'étude du lieu, on en est encore à l'examen dialectique, et la question posée a pour objet (entre autres [3]) de préparer la définition du lieu, en ramenant la question : qu'est-ce qu'un lieu ? à celle-ci : que signifie être dans un lieu ? — Ici, au contraire, nous savons déjà ce qu'est le temps, et c'est ensuite seulement qu'on se demande : qu'est-ce qu'être dans le temps ? Au chapitre 3, la question porte directement sur l'objet de l'enquête, alors qu'ici il s'agit seulement de savoir quels sont les êtres qui sont dans le temps.

b) Être dans un lieu est le sens fondamental de l'expression : être en autrui. En revanche, être dans le temps n'était même pas mentionné parmi les différentes acceptions de l'être en autrui (pas plus que dans les textes parallèles de *Métaph.*, Δ, 23, *Cat.*, 15) ; on sait d'ailleurs que l'expression « dans le temps » peut faire l'économie de la préposition et ne conserver que le datif locatif. De fait, l'expression, loin de pouvoir se comprendre comme un des sens de l'être en autrui, présente elle-même des sens multiples, qu'Aristote distingue avec soin (et dans un but en partie polémique) : il s'agit de distinctions proprement physiques (et non pas seulement, comme au début du chapitre 3, dialectiques).

c) Ces distinctions sont fournies d'emblée, et la recherche portera, non pas sur le sens de l'être dans le temps, mais sur les êtres qui sont (ou ne sont pas) dans le temps. Elle aura donc pour objet, non pas (comme au début du chapitre 3) une relation, mais le support concret d'une relation, non pas le rapport « dans le temps », mais les êtres qui entrent dans ce rapport ; autrement dit, elle concerne, non pas l' « être dans », l'*inesse*, mais l'être.

3. Cf. *La théorie aristotélicienne du lieu*, § 6.

On pourrait essayer de situer cette question dans le cadre de la métaphysique. Un des sens où l'on entend l'être est celui des catégories, parmi lesquelles le temps est expressément inclus (E, 2 déb.). Toutefois, s'agissant de l'être selon les catégories, c'est essentiellement la substance qui est étudiée, la catégorie du « quand » ne fournissant pas l'objet de plus amples recherches. La question pourrait encore se définir par rapport à l'être au sens de puissance et acte et, de fait, l'idée du temps y joue un certain rôle (p. ex. Θ, 3, 1047 a déb., Θ, 8). Cependant, notre texte ne se réfère pas à ce sens, et ce qu'il décrira plus loin serait plutôt le temps comme puissance menant à la destruction, non à l'acte. — En tant qu'il entreprend une division de l'être sous le rapport du temps, il ne semble pas que notre texte ait un équivalent précis. Tout au plus pourrait-on comparer certaines notations de Γ, 2, où Aristote rapproche de l'idée de substance celles de corruption et de privation (1003 b 8), de non-être (b 10), d'immobile et de mû (1004 b 14), et où il prend comme exemple les affections du nombre qui, avec le pair et l'impair, incluent la commensurabilité (b 11).

d) Il est notable que cette enquête ontologique soit introduite par l' « être dans le temps », mais non pas du tout à l'occasion du lieu, où cependant elle aurait pu se justifier tout autant : « Selon l'opinion commune, en effet, les êtres sont quelque part, car le non-être n'est nulle part : où est le bouc-cerf ou le sphinx ? » (1,208 a 29-31). Le temps et le lieu ne sont donc pas traités de pair. — Il est un point cependant où Aristote fait lui-même le rapprochement : les choses dans le temps sont « enveloppées » par le temps, tout comme ce qui est dans un lieu est enveloppé par celui-ci (221 a 17-18). L'analogie, à la lettre, n'est pas exacte. Le lieu est « la limite immobile immédiate de ce qui enveloppe » (4, 212 a 20) : c'est la chose où se trouve le mobile qui « enveloppe » celui-ci : le lieu, lui, est la surface interne du corps enveloppant, en sorte que le mobile et son lieu ont la même dimension. Mais le temps « enveloppe » dans un sens tout différent : il est infini (III, 4, 203 b 16-17), c'est-à-dire qu'on peut toujours, au-delà de tel temps considéré, prendre un temps en dehors (6, 207 a 7-8), et c'est ce qu'indiquait déjà, nous l'avons dit, le rappel de la coudée dont on peut multiplier à volonté l'application.

Or, si Aristote pose néanmoins cette analogie, c'est parce qu'il ne veut pas, ici, considérer le temps infini, mais seulement, comme depuis le début de l'enquête, le temps étroitement lié au mouvement (entendons : à tel mouvement physique particulier, et non pas encore au mouvement infini du Ciel), un temps qui mesure l'extension du mouvement (et, comme il vient de le dire, qui est mesuré, c'est-à-dire déterminé par celui-ci). Autrement dit : l'analogie avec le lieu sert à réduire l' « enveloppement » des êtres par le temps à la portion congrue : à cette portion précisément à quoi se ramène, pour chacun d'eux, la durée de son existence. Mais parce que le temps, comme tel, ne s'épuise pas en cette durée (alors que le lieu ne s'étend pas au-delà des contours du mobile), l'expression d'*enveloppement* renvoie au-delà d'elle-même : le temps se tient de part et d'autre de l'existence des êtres, et c'est par cette permanence qu'il enveloppe, étreint et, comme il sera dit plus loin, « consume » (a 31) les êtres. — Cette intention d'Aristote de s'en tenir, ici, à des portions de temps, enveloppant, chacune, des êtres physiques particuliers, se voit plus clairement dans le premier sens qu'il donne — et qu'il finit par refuser — à l'expression : être dans le temps.

2. **Refus du temps universel** (221 a 9-25)

30. « Être dans le temps, cela peut s'entendre en deux sens : être quand le temps est, ou bien au sens où nous disons de certaines choses qu'elles sont dans le nombre » (a 9-11).

a) On peut penser que l'alternative ne se rapporte à aucun usage linguistique, mais qu'elle formule une option purement philosophique. Que le second sens seul soit recevable, on le devinerait déjà du fait que, se référant au nombre, il implique la définition aristotélicienne du temps. Dans le premier, l'indication « quand le temps est » renonce, en réalité, puisque le temps « est » toujours, à toute espèce de détermination, et confond tous les êtres qui s'y trouvent dans une contemporanéité universelle, illusoire et, du point de vue de la science, sophistique.

C'est le propre, en effet, de la sophistique que de s'en tenir aux « accidents », où tout peut se rattacher à tout : ces choses sont « infinies » (E, 2, 1026 b 7), et c'est bien parce qu'il ne fait apparaître qu'un « accident » (221 a 24) que ce premier sens est congédié sans retour.

b) Les sophistes ne sont que des héritiers : les poètes et les présocratiques avaient déjà proposé de ces doctrines massives et globales où tout peut être en rapport avec tout. Ainsi de l'infini d'Anaxagore, où « n'importe quoi provient de n'importe quoi » (I, 4, 187 b 24 ; III, 4, 203 a 24), ce qui est contraire à toute explication rationnelle (I, 5, 188 a 31-34). Ainsi du chaos d'Hésiode, emplacement préexistant de toutes choses (IV, 1, 208 b 30-33) :

c'est le « lieu commun » où se trouvent « tous les corps » ; mais c'est par accident, et ce que le physicien recherche, c'est, pour chaque corps, le « lieu propre » ; sinon, on dira qu'un homme est dans le ciel sous prétexte qu'il est sur la terre, qui est dans l'air, lequel est dans le ciel (IV, 2 déb.), tout comme, dans le problème du temps, on pourra situer le ciel dans le grain de millet (221 a 22-23).

c) Sans doute, ces localisations arbitraires où les changements sont considérés, non pas à partir de la chose « en soi », mais « par accident » (4, 211 a 18) et selon lesquelles on dira très bien qu'une chose qui blanchit change vers l'Europe, puisque Athènes est une partie de l'Europe (V, 1, 224 b 19-22), sont-elles susceptibles d'un usage plus scientifique : ainsi, au lieu de considérer le « temps premier » (correspondant, ici, au « lieu propre ») dans lequel une chose change, on peut rapporter la journée où s'accomplit ce changement à l'année, puisque la journée en est une partie (VI, 6, 236 b 20-22). Mais Aristote, ici, ne veut prendre en compte que le « temps premier », où la chose est « par elle-même », et c'est pourquoi il renvoie le premier sens de l' « être dans le temps » comme purement accidentel, tout comme, dans l'enquête précédente, il avait récusé le « lieu commun ».

A quoi deux remarques peuvent être jointes :

— En éliminant le premier sens de l' « être dans le temps », Aristote écarte implicitement le problème de la simultanéité pour lequel, on l'a vu au sujet du « synchronisme », il manifeste peu d'intérêt (et d'estime), précisément parce qu'il s'agit alors d'un temps qui n'est pas fondamentalement (ou, comme il est dit ici : selon une « concomitance nécessaire », 221 a 24) relié à l'existence et au mouvement de tel être particulier. Les Apories, dans l'hypothèse de l'identité de l'instant, avaient usé d'un argument comparable à celui de notre texte : « Les événements vieux de dix mille ans coexisteraient avec ceux d'aujourd'hui » (10, 218 a 28-29) ;

— Ce premier sens : « être quand le temps est » signifie, négativement : le temps, et non pas tel événement particulier. Or, « le temps < comme tel > est », quand le Ciel est. En sorte que le Ciel, ici (a 22), n'est pas un simple exemple ; il représente l'argument essentiel : ce temps (universel) ne mesure le mouvement d'aucun des corps physiques, et c'est pourquoi il n'y a pas lieu, à ce niveau de la recherche, d'en tenir compte. Mais c'est bien ici la première allusion, encore que rejetée aussitôt qu'énoncée, à la cause ultime du temps.

Si « être dans le temps » signifiait « être quand le temps est », toutes choses seraient contemporaines, et se perdraient dans le temps universel du Ciel. Or, l'unique contemporanéité (ὅτε, a 25) que le physicien ait, ici, à prendre en considération est celle qui existe entre un « être dans le temps » et un « laps de temps » (a 25), celui, très précisément, qui mesure l'existence de cet être.

3. **Le pouvoir du temps et les êtres éternels** (221 a 26 - b 7)

31. « ...il est évident que, pour les autres aussi, être dans le temps, c'est avoir leur existence mesurée par le temps » (a 7-9). Les « autres » (à savoir : que le mouvement), ce sont les êtres et les non-êtres corruptibles, les premiers étant présents, les seconds, passés ou à venir. En revanche, les êtres et les non-êtres éternels ne sont pas, en tant que tels, dans le temps. Ces dichotomies fournissent son cadre à la suite du texte : elles n'en sont pas l'objet essentiel. Il s'agit plutôt, après avoir borné le temps au mouvement dont il est le nombre, d'en élargir le domaine aux êtres doués de mouvement, et même à ceux qui en sont privés. La formule abstraite du « nombre du mouvement » se remplit ainsi d'un contenu concret, et le nombre, en tant qu'il mesure, avec le mouvement, l'existence du mouvement (a 5), va prendre un certain empire sur le mouvement et sur les « autres » dont il est le nombre.

1° L'idée de nombre avait servi à définir le temps et à le soumettre au mouvement. Cette même idée va assurer maintenant au temps une supériorité sur le mouvement et, tout d'abord, une plus longue durée d'existence.

Le IIIe Livre avait déjà rencontré l'infinité du temps, du mouvement et du nombre. Ce n'est pas du tout de cette infinité qu'il sera question ici, puisque aussi bien on considère, non pas *le* mouvement, mais l'existence de tel mouvement donné, naissant à tel moment et s'épuisant à tel autre. Or le laps de temps qui mesure cette existence renvoie nécessairement au-delà de lui-même, et cela en tant que nombre. Le nombre, en effet, se construit par « addition » (M, 7, 1081 b 14) et, comme Platon l'avait dit, « il ne saurait rester de nombre qui n'existe nécessairement » (*Parm.*, 144 a). Le nombre qui mesure l'étendue de tel mouvement peut donc toujours être augmenté, de part et d'autre : « On pourra prendre [c'est-à-dire, « se donner »[4]] un temps plus grand que tout ce qui est dans le temps » (a 27). Ce qui revient à dire que le temps, en cela même qu'il est nombre, « enveloppe » le

4. Cf. Ch. Mugler, *Dictionnaire historique de la terminologie géométrique des Grecs*, s.v. λαμβάνειν.

mobile, et cela est vrai littéralement : il s'étend plus loin que le mobile, alors que le lieu n' « enveloppe » celui-ci que par l'exacte coïncidence de ses contours avec ceux du mobile. Par là, le temps, sans que l'on s'interroge encore sur son infinité, se voit accorder une plus grande longévité que n'en possède l'être dont il mesure l'existence. Par là aussi, le temps, en survivant à l'être, peut exercer sur lui son empire, et lui faire subir son action.

2° Un des plus anciens textes sur le pouvoir du temps, le fragment d'Anaximandre[5], assujettit les alternances des générations et des corruptions à l' « ordre fixé du temps »[6]. L'idée de la régularité de ces alternances constitue « le plus important héritage » légué par Anaximandre à la pensée grecque à venir[7] ; elle se retrouve chez les présocratiques, comme Héraclite, Empédocle et jusqu'à Alcméon ; elle fournit son cadre à l' « argument des contraires » (*Phédon*, 70 d-72) et elle est reçue dans la philosophie même d'Aristote (*De Gen. et corr.*, I, 3, 317 b 33 sqq.), avec une référence explicite au temps (II, 10, 336 b 10), où se manifeste l' « ordre » cosmique (b 12)[8].

Conformément à l'esprit de la présente enquête, qui ne s'attache qu'à tel mouvement donné, toute cette ligne de pensée est, ici, passée sous silence. Mais il y avait une autre tradition, évoquée par Aristote au chapitre suivant, qui, au lieu de maintenir le pouvoir compensateur du temps, n'avait, à chaque fois, conservé qu'un seul terme de l'alternance, soit pour magnifier, soit pour improuver l'action du temps : « Dans le temps, toutes choses naissent et périssent ; c'est pourquoi les uns soutiennent que [le temps] est la chose la plus sage[9], mais le Pythagoricien Paron[10] le déclare la plus ignorante, parce qu'on oublie dans le

5. Le fragment a été souvent étudié. Mentionnons seulement les articles d'U. Hölscher (*Hermes*, 81, 1953) et de G. S. Kirk (*Class. Quart.*, 5, 1955), tous deux recueillis dans *Studies in Presocratic Philosophy*, I, D. J. Furley et R. E. Allen edd., Londres, 1970, et celui de F. Solmsen (*Arch. f. Gesch. d. Phil.*, XLIV, 1962). L'étude de H. Cherniss, *The Characteristics and Effects of Presocratic Philosophy* (*Journ. of the Hist. of Ideas*, 12, 1951) est réimprimée dans les *Selected Papers*, Leiden, Brill, 1977.

6. Je reprends la traduction de H. Cherniss, *Sel. Pap.*, p. 70. On trouvera une interprétation détaillée de τάξις, à la lumière, en particulier, du fr. 24 de Solon, dans le travail de Kirk, *loc. cit.*, pp. 345 sq.

7. H. Cherniss, *ibid.*

8. Voir le commentaire de H. H. Joachim, *ad* 336 b 10-15.

9. Il est notable que les deux thèses se situent dans le cadre pythagoricien du « catéchisme des Acousmatiques » (cf. A. Delatte, *Etudes sur la littérature pythagoricienne*, Paris, 1915, p. 280), et que celle de Paron implique donc une polémique à l'intérieur de l'École.

10. Sur la conjecture de Simplicius, voir le Commentaire de Ross, p. 610.

temps ; or c'est sa thèse qui est plus correcte » (13, 222 b 16-19). Thalès aurait pris le parti contraire (« Le temps est très sage, car il fait découvrir toutes choses ») [11], ainsi que Xénophane (« Ce n'est pas dès le début que les dieux ont instruit les mortels de toutes choses : c'est en cherchant que, grâce au temps, ils ont découvert le meilleur ») [12]. Mélissos avait insisté sur le pouvoir destructeur du temps (« Si l'être devenait différent, en dix mille ans, ne serait-ce que d'un cheveu, il périrait tout entier dans le temps entier ») [13], et Critias, disant qu' « après l'ombre, c'est le temps qui vieillit le plus rapidement » [14], avait fait subir au temps même l'affection dont Aristote le dénonce comme l'agent (a 31).

Il n'est pas interdit, à la lumière surtout de l'argument suivant concernant les « êtres éternels », de comprendre le sentiment d'Aristote comme une survivance du platonisme (qui, au surplus, avait lié la naissance de l'oubli à la « progression du temps », *Polit.*, 273 c 6-7). Il y a cependant deux raisons plus précises qui rendent compte de la thèse d'Aristote ; la première est formulée explicitement : « le mouvement abolit ce qui existe » (b 3) ; la seconde, sans doute, ne se formulera que plus loin : « Une chose se corrompt, même quand elle ne subit aucun changement » (13, 222 b 24), mais elle est implicite dans notre texte même qui, dans la suite immédiate, s'attache à montrer longuement que le temps est le nombre, non seulement du mouvement, mais encore du repos. Il est donc vrai de dire que « par lui-même, le temps est plutôt cause de corruption » (221 b 1-2) : il agit, non seulement à travers le mouvement, mais même par le repos.

Le balancement des alternances, cosmiques et intracosmiques, pouvait faire attribuer, non seulement au temps, mais au mouvement, deux fonctions contraires : de génération et de destruction. Et de fait, la philosophie aristotélicienne conserve cette dualité. Ainsi, le mouvement est « l'acte de ce qui est en puissance, en tant que tel » (III, 1, 201 a 10-11) ; mais, d'autre part, il « abolit [15] ce qui existe » (b 3). C'est pourquoi, de tous les mouvements, la translation est le premier : dans la translation, en effet, « le mobile s'écarte le moins possible de son essence » (VIII, 7, 261 a 20). C'est encore pourquoi l'âme ne saurait, comme le veulent les Platoniciens, se mouvoir elle-même : « S'il est vrai

11. Diogène Laërce, I, 35.
12. Xénophane, 21, B, 18.
13. Mélissos, 30, B, 7 (p. 271, 1-2).
14. Critias, 88, B, 26.
15. Ou, plus simplement : *écarte* ou *déplace* ; il est difficile de trouver une traduction univoque pout tous les textes où ce mot apparaît (qui peut s'accompagner, d'ailleurs, de *détruire*).

que tout mouvement est un écart du mobile, en tant qu'il est mû, l'âme s'écarterait ainsi de sa propre essence » (*De anima*, I, 3, 406 b 12-14). En tant que nombre du mouvement, le temps *affecte* donc les êtres (221 a 30) : or, « l'affection, plus elle s'accroît, plus elle détruit l'essence » (*Top.*, VI, 6, 145 a 4)[16].

3° Il est alors clair que les êtres éternels, en tant qu'éternels, ne sont pas dans le temps. — Il n'est pas indispensable de mettre dans cette expression plus de précision que l'auteur n'a jugé utile de le faire lui-même. Sans doute, les êtres éternels comprennent-ils les « êtres immobiles », tels les vérités mathématiques : à cet égard, la référence à Θ, 10, 1052 a 4-7[17] peut-elle s'autoriser de ce qu'il sera dit un peu plus loin de l'incommensurabilité de la diagonale. Mais l'on peut penser aussi bien aux substances incorruptibles, visibles et séparées (Λ, 1, 1069 a 30) et, s'agissant du temps, trouver un commentaire dans le *De Caelo*, I, 9. Ce sont les substances visibles et incorruptibles qui illustrent le mieux la phrase : elles ne sont pas enveloppées par le temps et leur existence n'est pas mesurée par le temps : c'est que cette existence s'étend aussi loin que le temps même. Aussi, le « signe » qui conclut ce passage (221 b 5-7) peut-il opérer comme un renversement de l'argument : c'est parce qu'ils ne subissent pas l'action du temps que ces êtres se manifestent comme n'étant pas dans le temps.

4. **Le temps du repos** (221 b 7-23)

32. Le développement suivant est amené, de la façon la plus apparente, par le souci de distinguer des êtres éternels, les êtres simplement « en repos ». Il est exigé, en fait, pour étendre l'action du temps au-delà du sens littéral de sa définition et, par là, nous l'avons dit, pour montrer que, même à travers le repos, le temps est encore agent de destruction.

La question, ici, n'est pas du tout de savoir si le mouvement diurne peut mesurer l'existence d'un être, pendant qu'il est en repos ou qu'il dort (dans lequel cas le temps mesurerait toujours le mouvement, et le repos seulement « par accident »[18]). Elle est

16. On suit ici la traduction (et l'interprétation) généralement reçue. A. Zadro, dans son commentaire, pense qu'il faut sous-entendre, comme complément du verbe : « la chose » (*I Topici*, Luigi Loffredo, Naples, 1974, *ad loc.*).

17. Le texte est allégué par J. M. Dubois, *loc. cit.*, p. 427, n. 24.

18. L'athétèse de Ross (221 b 8) fondée essentiellement sur l'examen de la tradition indirecte, a pu être contestée, sinon du point de vue de la critique

de savoir si un être dont le mouvement détermine le temps peut le déterminer également par son repos. Cette question se résoudrait facilement dans la physique d'Épicure, où le mouvement incessant des atomes se conserve même dans les corps formés

textuelle, du moins quant à son sens : « Que ces mots se soient ou non trouvés effectivement dans l'original, ils reflètent en tout cas exactement l'intention d'Aristote : car si le temps est καθ' αὑτό la mesure du mouvement, il ne peut être la mesure du repos que κατὰ συμβεβηκός » (Paul F. Conen, *loc. cit.*, p. 152, n. 69) ; c'est, en substance, ce qu'avait déjà dit J. F. Callahan (*loc. cit.*, p. 69, n. 31), qui ajoute que cette même expression, employée un peu plus loin (b 25-28) « semble opposer les choses dont le temps est la mesure par accident aux choses qui sont en mouvement et en repos ». Il ajoute aussi, pour expliquer le sens de la « privation », un renvoi à *Métaph.* Z, 1032 b 2-6.

Les témoignages des commentateurs grecs n'étant peut-être pas concluants, la seule raison philosophique en faveur du maintien des deux mots est la théorie de la privation, sur laquelle, d'ailleurs, plutôt qu'au livre Z, on se reportera à Θ,2 : s'agissant des sciences des contraires, il y est dit qu'une même définition explique l'objet et sa privation, mais cette dernière seulement « par accident » (1046 b 13). Sans soulever ici le difficile problème des contraires et de la privation chez A., on peut se borner à remarquer qu'il n'est pas, dans notre texte, question de sciences, mais des choses naturelles, qui ont en elles-mêmes leur « principe de mouvement et de repos » (II, 1, 192 b 14) : ce dernier terme, bien que privatif, ne désigne pas une simple « suppression » (ἀποφορά, 1046 b 15), mais un « contraire » dont la *généralité* (ἁπλῶς, *Cat.*, 15 b 1) doit être spécifiée en rapport avec les mouvements auxquels, à chaque fois, il s'oppose (*Phys.*, V, 6). Aussi n'est-ce pas « par accident » que les choses naturelles, parfois, se trouvent en repos, mais en vertu de leur principe interne.

Or s'il est dit plus loin que « le temps est, de soi, mesure du mouvement, et, des autres choses, par accident » (221 b 26), l'opposition n'est, ni entre mouvement et repos, ni, bien moins encore, entre « les choses dont le temps est accidentellement la mesure » et les « choses qui sont en mouvement et en repos » (Callahan) : cette phrase, introduite par εἰ (c'est-à-dire, « s'il est vrai que... ») n'enseigne rien de nouveau, mais ne fait que reprendre la vérité énoncée en 221 a 7-8 : l'opposition est entre le temps qui, par définition, est mesure du mouvement, et le temps qui, *par suite*, mesure « les autres choses » qui sont dans le temps, et qui sont douées de mouvement et de repos.

Lors même, donc, que contrairement à l'avis de Ross, on garderait le κατὰ συμβεβηκός en 221 b 8, cette expression ne peut recevoir aucun commentaire de b 25-26 — si ce n'est, comme Ross précisément l'avait montré, que ce dernier texte a pu amener, par une sorte de dittographie, l'intrusion des deux mots dans le premier.

Autrement dit : le κατὰ συμβεβηκός en b 25-26, ne concerne pas du tout le repos, mais le temps comme mesure des choses qui tantôt sont en mouvement et tantôt en repos, et συμβεβηκός, en l'espèce, ne signifie pas « accidentellement » (Callahan), mais marque un rapport de postériorité, de dérivation, de conséquence (Bonitz, *Index*, 714 b 17 sqq.).

A l'argumentation de Ross, on ajoutera : 1° que l'addition κατὰ συμβεβηκός rendrait inutile la preuve d'Aristote : le temps sera aussi mesure du repos : « en effet, tout repos est dans le temps » ; or, il s'agit précisément d'inventorier les « autres » (que le mouvement) qui sont dans le temps (221 a 8) ; 2° la conclusion élargit et, en un sens, corrige la définition donnée dans ce qui précède : « Le temps est mesure du mouvement et du repos » (b 22-23), sans restriction.

par leurs agrégats, comme une « vibration » constante (*Lettre à Hérodote*, 43, 3 Us.)[19]. Mais Aristote repousse expressément pareille hypothèse[20], que ce soit celle des Atomistes, comme le pense Alexandre, ou celle d'une autre École (VIII, 3, 253 b 10-12)[21]. Il semble y avoir quelque difficulté à ce que le temps mesure le repos, s' « il est évident que sans mouvement et changement, il n'existe pas de temps » (11, 218 b 33).

Être dans le temps, avait expliqué Aristote, c'est être dans le nombre. Aussi est-ce le nombre (et non pas, directement, le mouvement dont il est nombre) qui sera au centre de la démonstration.

Le temps n'*est* pas mouvement (on l'avait déjà dit : 11, 219 b 2-3) : il n'en est que le nombre. Or, ce qui est en repos peut, lui aussi, être dans le nombre, et même l'est nécessairement : on ne considère plus, maintenant, le mouvement comme tel, mais « les autres », c'est-à-dire un mobile qui peut aussi bien se mouvoir qu'être privé de mouvement (III, 1, 202 a 4).

Être dans le nombre, c'est, pour la chose, avoir son existence mesurée par le nombre, là où elle réside : le temps mesurera donc le mobile, qu'il soit mû ou qu'il soit en repos, en déterminant, à chaque fois, la quantité de son mouvement ou de son repos.

Par suite : 1° Si le mobile est mesurable par le temps, ce n'est, ni en tant que mobile, ni en tant qu'il serait une certaine quantité, mais uniquement en tant que son mouvement (et son repos) est une quantité (221 b 18-19) ;

2° Ce qui n'est ni en mouvement ni en repos n'est pas dans le temps.

Reprenons ces deux points :

2° Conformément à ce qui précède, ainsi qu'à la définition des « choses naturelles » qui ont en elles-mêmes leur « principe de mouvement *et* de repos » (II, 1, 192 b 14), il s'agit toujours (comme le montre aussi la conclusion : « Le temps est mesure du mouvement *et* du repos », b 22-23) des substances corruptibles, ce

19. On peut regretter que le savant Sextus, dans sa critique de la théorie épicurienne du temps (*Adv. math.*, X, 181-188 ; 219-227) n'allègue pas ce texte, qui contient le véritable fondement de cette théorie.

20. Elle n'est pas entièrement absente, cependant, du moins en ce qui concerne le monde organique : dans le sommeil, les organes des sens sont affectés en quelque manière (*De Insomn.*, 1, 459 a 3) et, plus généralement, l'être vivant n'est jamais entièrement en repos, mais reçoit les mouvements du « milieu » (*Phys.*, VIII, 2, 253 a 7-21).

21. *Phys.*, VIII, 253 b 9-254 a 3. — Voir le commentaire de Cornford, qui laisse d'ailleurs la « théorie » qu'il pense être visée ici dans l'anonymat (*Aristotle, The Physics*, *op. cit.*, t. II, p. 295, n. *e*).

qui exclut l'éther (en faveur duquel Hamelin aurait voulu comprendre, au début du livre II, le « ...*et* de repos » au sens de : « *ou* »[22]) et s'accorde avec le *De Caelo,* I, 9, 279 a 18 (si, avec Alexandre, on entend par les « réalités de là-haut », la sphère des Fixes). — L'intérêt de cette seconde conclusion est de renforcer l'un par l'autre l'élargissement de la définition (le temps est mesure de mouvement et de repos) et le cadre de l'enquête (qui se borne toujours aux substances corruptibles) ;

1° Les substances naturelles comportent nécessairement, c'est-à-dire, de par leur principe interne, mouvement et repos. Elles sont dans le temps, ce qui signifie que leur existence est mesurée par lui, et cela nécessairement, soit comme quantité de mouvement, soit comme quantité de repos. Autrement dit, le repos, comme quantité, est tout autant « mesurable » que le mouvement.

Aristote ne se demande pas ici comment s'effectue cette mesure ; au moins fera-t-il voir, dans les livres V et VI, que l'analyse du mouvement rencontre constamment le phénomène du repos. Mais l'on pourrait poser la question à partir de notre texte même. L'état des dormeurs en Sardaigne, « auprès des héros », est pathologique, parce que leur *anesthésie* les rendant insensibles à l' « intervalle » (c'est-à-dire au repos), ils joignent en un seul les deux instants de l'assoupissement et du réveil : ils ne perçoivent pas ce qu'on appellerait maintenant l' « intervalle d'indifférence »[23]. Or, il y a impossibilité, « impuissance », plus exactement, pour un être vivant d'être toujours actif ou de dormir toujours ; c'est, à chaque fois, un *temps*[24] qui mesure l'espace assigné à l'un et à l'autre de ces deux états, et c'est la *sensation* qui, à chaque fois, perçoit le passage de l'un à l'autre[25]. — Plus généralement : l'avant et l'après, nous l'avons vu, sont primairement dans le lieu, et cela « par position » (11, 219 a 15) ; et les *Catégories* précisent que, s'agissant du temps ou du nombre, l'avant-après se dirait plus correctement *ordre* (τάξις, 6, 5 a 29). Or, si le schème de l'avant-après caractérise le temps, il est applicable également à la succession du mouvement et du repos, et cela, précisément, selon un certain *ordre.* Ainsi, il est irrationnel de croire, avec Anaxagore, que les choses se soient trouvées en repos pendant un temps infini, le mouvement s'étant produit ensuite et à un moment quelconque : il serait bien plus

22. O. Hamelin, *Aristote, Physique II,* 2e éd., Vrin, 1931, pp. 36 sq.

23. P. Fraisse, *Psychologie du temps, op. cit.,* pp. 122 sqq.

24. Le texte est encore plus clair si, avec D. Ross, on écrit ὅσον (*Aristotle, Parva Naturalia,* Oxford, 1955, p. 256, *ad* 26-27).

25. *De Somno et vigilia,* 1, 454 a 19-b 14.

satisfaisant d'enseigner, comme le fait Empédocle, des alternances de mouvement et de repos : « car c'est là déjà un certain ordre »[26]. Et c'est l'ordre encore qui détermine un temps égal pour la génération et la corruption des choses naturelles et qui prescrit à toutes une durée de vie fixée par un nombre[27].

Si Aristote distingue le repos de l'immobilité (221 b 12), c'est parce que le repos n'est pas immobile ; il n'est pas ce *nunc stans*, comme quoi il apparaît aux dormeurs de Sardaigne : il progresse, comme le mouvement dont il prend la suite, et par lequel, à son tour, il sera relayé, quand ce sera le moment[28]. Dira-t-on que, de cette manière, la mesure du repos fait encore intervenir le mouvement ? Sans doute, mais la mesure du mouvement (pour les choses du monde sublunaire) implique elle-même celle du repos, et c'est pourquoi la conclusion élargit la définition initiale : « Le temps est mesure du mouvement et du repos » (221 b 22-23).

5. **Le non-être** (221 b 23-222 a 9)

33. Le non-être se prend en trois sens : selon les catégories de l'être, comme identique au faux, ou comme non-être en puissance[29] (à quoi l'on peut ajouter le non-être comme accident)[30].

On peut alors éclairer les exemples proposés [la commensurabilité de la diagonale, la non-existence (présente) d'Homère ou de tel événement à venir] à la lumière du chapitre 29 du Livre Δ (1024 b 19-21), comme le fait D. Ross, ce qui revient à interpréter leur non-être comme du faux. — Le rapprochement n'est guère satisfaisant. D'abord, parce qu'Aristote prend soin de ne pas prononcer, ici, le terme de faux, et surtout parce que le vrai et le faux se situent dans la pensée et non dans les choses[31] (*Cat.*, 5,

26. *Physique*, VIII, 1, 252 a 5-22.
27. *De Gen. et corr.*, II, 10, 336 b 9-13.
28. On pourrait trouver, non plus au niveau de la physique générale, mais en zoologie, un bel exemple qui illustre ces alternances : le comportement des biches poursuivies par le chasseur : « dans la fuite, elles font une pause dans leur course et, s'arrêtant, attendent que le chasseur arrive près d'elles ; puis, elles repartent de nouveau. La raison de ce comportement semble tenir aux douleurs internes qu'elles éprouvent... » — Mouvement et repos sont ici également « vécus », et dans la progression même de leur durée (*Hist. anim.*, VI, 29, 579 a 13-16).
29. *Métaphysique*, N, 2, 1089 a 15-31 ; le triple sens du non-être, mais sans précision, est également indiqué dans Λ, 2, 1069 b 27-28.
30. *Métaphysique*, Δ, 7, 1017 a 18 sq., K, 11, 1067 b 27-29 = *Phys.*, V, 1, 225 a 23-25.
31. *Métaphysique*, E, 4, 1027 b 25-27; cf. Γ, 7, 1012 a 2-5 ; Θ, 10 ; *De Interpr.*, 1, 16 a 8.

4 a 21 - b 13 n'y contredit pas) : or, ce n'est pas du tout de pensée qu'il s'agit ici.

Reste alors (les sens de puissance et d'accident étant ici hors de cause) que le mot s'entende selon les catégories et, très précisément, selon la catégorie du temps (laquelle figure expressément dans des énumérations comme Δ, 7, 1017 a 27 ou E, 2, 1026 a 37). Sans doute, comme on l'a dit avec raison, les diverses significations de l'homonyme et, en particulier, de l'être, « manifestent plus ou moins obscurément une imprescriptible unité de sens, à laquelle il ne serait pas légitime de renoncer »[32] (et c'est ce qui pourrait justifier le recours, par implication, à l'idée de faux), mais cela n'empêche que la théorie des catégories, à titre de « recherche des séries complètes et des structures fermées »[33], occupe une place privilégiée dans la doctrine aristotélicienne de l'être (et du non-être).

C'est le problème du non-être, soulevé ici par Aristote, qui amène à poser la question dans ce contexte. Mais il va de soi que c'est dès l'introduction des « autres » (221 a 8) que l'on s'interroge sur le sens de l'être dans le temps. L'ensemble de cette seconde moitié du chapitre 12 doit ainsi se comprendre comme une contribution à l'ontologie d'Aristote : portant sur l'être (et le non-être), c'est aussi une confirmation de la portée de la théorie des catégories et, s'agissant du temps, le texte fondamental sur l'être selon la catégorie du temps.

On ajoutera, pour souligner l'intérêt de ce texte, que : 1° ailleurs (où il ne s'agit plus du problème ontologique, mais de l'analyse physique du mouvement), Aristote énumère également les « acceptions multiples » du non-être (mais non pas, précisément, les catégories), et conclut que le non-être, dans aucun des sens mentionnés, ne saurait être mû (*Phys.*, V, 1, 225 a 20-26) ; 2° bien que l'être (et, donc, le non-être) puisse aussi s'entendre selon la catégorie du lieu, Aristote, sur ce point, écarte toute enquête, en s'appuyant sur l'axiome commun (éléate) : tout être est quelque part, « car le non-être n'est nulle part : où, en effet, est le bouc-cerf[34] ou le sphinx ? » (IV, 1, 208 a 30) ; et, dans le texte qu'on vient de citer : « Si tout mobile est dans un lieu, le non-être n'est

32. J. Brunschwig, Dialectique et ontologie chez Aristote, in *Revue philosophique*, 89, 1964, p. 184, *i.f.* sq.

33. Id., *ibid.*, p. 185.

34. Sur l'ensemble du problème que pose ce terme, on consultera maintenant la monographie de Giovanna Sillitti, *Tragelaphos, Storia di una metafora e di un problema*, Bibliopolis, Naples, 1980 ; le texte de la *Physique* est commenté en particulier à la p. 64 sq.

pas dans un lieu, sans quoi il serait quelque part » (V, 1, 225 a 31-32).

Aucune question préalable n'est posée concernant le concept même de non-être, comme dans les discussions avec les Éléates (I, 3, 187 a 1-6), avec Démocrite (I, 5, 188 a 23), avec les « Anciens » en général (I, 8, 191 a 29) ou avec les Platoniciens (I, 9, 192 a 4 ; N, 2, 1089 a 2-6), ou concernant la légitimité linguistique de son emploi (Γ, 2, 1003 b 10).

Le genre se divise selon le même critère que, précédemment, l'être : en substances corruptibles et choses (propositions) éternelles, à cela près que les unes sont considérées en tant que passées ou à venir, les autres en tant qu'opposées aux vérités contraires. Ces substances sont maintenant caractérisées par ce qui les oppose le plus aux réalités éternelles : non seulement elles subissent l'action du temps (221 a 30) : elles sont *contingentes* (en quoi elles s'opposent à « ce qui ne peut être autrement »[35]) et, plus généralement, elles peuvent, « tantôt être, tantôt ne pas être »[36]. De cette manière, elles sont plus radicalement livrées au temps, lequel, non seulement les fait vieillir et disparaître (221 a 31), mais les fait apparaître aussi bien. On introduit ainsi, pour la première fois, les trois modes du temps (qui, jusqu'ici, n'avait été considéré que dans le présent). Bien qu'Aristote ne s'attarde nullement sur l'aspect « existentiel » de sa description, on peut trouver un parallèle, sinon un commentaire, dans la fin du Livre Γ : la thèse selon laquelle toutes choses sont en repos (ce qui reviendrait à dire que « les mêmes choses sont éternellement, les unes vraies, les autres fausses ») se réfute déjà par le simple fait que celui qui la soutient « n'existait pas à un moment donné et, de nouveau, n'existera plus » (8, 1012 b 25-26). Le passage contient également, bien que non explicité, le problème des futurs contingents, et le tranche en conformité avec les autres textes d'Aristote[37].

Platon avait dit que l'expression *est* ne s'applique qu'à la substance éternelle, alors que l'*était* et le *sera* sont des « formes

35. 221 b 24. — Cf. par exemple *De Gener. anim.*, II, 1, 731 b 24-25 : « Parmi les êtres, les uns sont éternels et divins, les autres peuvent être ou ne pas être ».

36. Le sens précis de cette expression (c.-à-d. les choses dont le passage du non-être à l'être et inversement, se fait sans processus de génération et de corruption) a été établi par D. Ross (*Comment.*, p. 607, *ad* b 29) : il résulte, moins de l'expression même, que du fait qu'elle soit ajoutée à celle de « soumis à la corruption et à la génération ». — Cf. plus loin, pp. 159 sqq.

37. A la fin du IXe chapitre, aussi bien, le *De Interpretatione* oppose, comme notre texte, les choses présentes et celles d'à venir comme les êtres et les non-êtres (19 b 3).

engendrées par le temps» (*Timée,* 37 e). Aristote se borne à constater que dans la *composition* (ou la division) où se formule la vérité (ou l'erreur), il ne suffit pas de joindre le prédicat au sujet : il faut « concevoir en outre et faire entrer dans la composition le temps » : il faut donc, selon le cas, ne pas se contenter de la proposition : « Cléon est blanc », mais indiquer qu'il l'était ou le sera (*De Anima,* III, 6, 430 b 1-5). — L'import existentiel de la proposition est enseigné dès le début des *Premiers Analytiques :* on ajoute « l'être ou le non-être » (I, 1, 24 b 18), et ailleurs on précise : « ...soit sans restriction, soit avec référence au temps » (*De Interpr.,* 1, 16 a 17-18).

La contingence des substances corruptibles se manifeste surtout dans le fait que le temps qui, de par son essence, mesure le mouvement, ne mesure « les autres » que « par accident », c'est-à-dire d'une manière dérivée et seconde [38]. Déjà, parlant de la rapidité et de la lenteur, Aristote avait dit que le temps n'*était* pas changement (10, 218 b 13-17) : on voit maintenant que le temps, bien que lié au mouvement (comme tel), n'est cependant pas solidaire des choses douées de mouvement (et de repos). Ce dont le signe, ici encore, est sa faculté d' « envelopper » les choses, c'est-à-dire de « dépasser » leur existence, tout en la mesurant, et cela aussi bien pour les choses passées que pour celles d'à venir, quelle que soit la direction où le temps les enveloppe ; et s'il les enveloppe dans les deux directions, elles ont et le passé et l'avenir [39]. L'idée d'enveloppement, dans ce qui précède (221 a 26-28), était déduite, comme on a essayé de le montrer, de l'idée de nombre. Elle se déduit ici, encore que d'une manière très succincte, à partir du présent [40] qui peut se prolonger dans « les deux directions ». La déduction, simplement sous-entendue ici, ne sera développée qu'au VIIIe Livre, dans un texte sur lequel nous aurons à revenir : « Puisque l'instant est commencement aussi bien que fin, nécessairement, à partir de lui, il y aura toujours,

38. On a commencé plus haut cette expression par la référence à 221 a 7-9 ; D. Ross préfère renvoyer à 221 b 19 : « Le temps les mesure, non eu égard à leur propre nature, mais eu égard au mouvement (ou au repos) qui leur appartient », ce qui est incontestable. Bien que les deux références donnent des sens voisins, il paraît plus naturel d'opposer, ici, le « par accident », non pas à la nature des choses mesurées, mais à la fonction originaire du temps même.

39. S'appuyant, ici encore, sur la tradition indirecte (représentée surtout, il est vrai, par Philopon), D. Ross écarte ce dernier membre de phrase comme une glose. Il semble bien, en tout cas, que ce serait alors une glose tout à fait compréhensive.

40. Cornford, dans sa brève paraphrase, souligne bien cette fonction du présent, choisi comme terme de référence (*op. cit.*, p. 406, n. *b*).

dans les deux directions, du temps » (1, 251 b 25-26). Il suffit ici de noter qu'il est de l'essence du temps de s'étendre à l'infini dans les deux directions. Si, donc, il est de l'essence des choses corruptibles d'être dans le temps et d'avoir leur existence mesurée par lui, ce rapport, à l'égard du temps même, n'est que « par accident » parce que sa propre existence précède la leur et lui survit.

Les non-êtres éternels et soustraits au temps sont illustrés par un seul exemple : la commensurabilité de la diagonale par rapport au côté du carré. Très fréquent, comme on le sait, dans les traités d'Aristote, l'exemple peut illustrer aussi le faux (Δ, 7, 1017 a 35) ; il figure encore dans une démonstration par l'absurde (les nombres pairs seraient égaux aux nombres impairs, *Pr. Anal.*, I, 23, 41 a 25) ou par l'impossible (*ibid.*, et 44, 50 a 37). Or, tel est bien le sens ici : la formulation est également donnée sous sa forme indirecte dans Δ, 12, 1019 b 23 : « Est impossible ce dont le contraire est nécessairement vrai »[41], et avec le même exemple. On doit préciser seulement que les termes de *vrai* et de *faux* sont visiblement évités dans notre texte (encore que les deux puissent bien indiquer un sens de l'être), comme pour souligner la portée proprement ontologique de l'opposition, qui est entre le nécessaire et l'impossible[42]. Le texte, à cet égard, le plus comparable se lit dans le *De Caelo :* « L'incorruptible, dans son sens fondamental, se définit par l'impossibilité de se corrompre et d'être à tel moment donné, mais non pas à tel autre[43] ; on appelle encore ingénérable l'impossible, c'est-à-dire ce qui ne peut pas se produire de manière à passer d'une non-existence antérieure à l'existence ultérieure, par exemple la commensurabilité de la diagonale » (I, 11, 281 a 3-7).

41. Sur ce texte (et les problèmes qu'il pose, surtout par sa définition du possible), voir G.-G. Granger, *La Théorie aristotélicienne de la science*, *op. cit.*, p. 183, n. 15.

42. On peut même dire que l'affirmation, dans notre texte, de l'inexistence de la commensurabilité dans le temps fonde l'*impossibilité* de cette existence, telle qu'elle est établie dans la *Métaphysique*, Θ, 4, 1047 b 6-8.

43. C'est l'expression même de notre texte (221 b 29).

VII. — L'INSTANT ET LES DÉTERMINATIONS TEMPORELLES (chap. 13)

« *L'instant assure la continuité du temps, comme nous l'avons dit : il joint ensemble le passé et le futur ; il est aussi la limite du temps : étant commencement de celui-ci et fin de celui-là. Mais cela ne se voit pas aussi clairement que sur le point en repos : c'est que l'instant divise en puissance*[1]. *Et par cette fonction, il est toujours autre, mais par sa fonction de continuité, il est toujours le même, comme ce qui se passe pour les lignes mathématiques (le même point n'est pas toujours un pour la pensée : quand on divise, il se scinde en une altérité, mais en tant que c'est un même point, il reste à tous égards le même). Ainsi de l'instant : il est, d'une part, division en puissance du temps et, d'autre part, limite et union des deux parties. Division et unification sont une même chose, eu égard à leur sujet, mais leur essence n'est pas la même.*

» *Voilà un des sens où s'entend l'instant ; il en est un autre, quand on parle du temps proche de l'instant. Il viendra " à l'instant ", parce qu'il viendra aujourd'hui ; il est venu " à l'instant " parce qu'il est arrivé aujourd'hui. Mais les événements d'Ilion ne se situent pas maintenant, pas plus que le déluge*[2], *encore que le temps qui les rejoint soit continu : c'est qu'ils ne sont pas proches. Quant à l'expression : " un jour ", elle désigne un temps limité par rapport à l'instant pris dans son premier sens, par*

1. Tel semble bien être le mouvement de la phrase. Bien qu'il soit incontestable que la fonction de division de l'instant ne soit indiquée que par : « ...l'instant divise en puissance » (et non pas déjà, comme le pensait Simplicius, par l'idée de « limite » ; D. Ross, *op. cit.*, p. 608, *ad* 222 a 10-20), cette proposition même est appelée par ce qui précède, et doit expliquer pourquoi « cela ne se voit pas aussi clairement que sur le point en repos ».

2. En supprimant comme une glose γέγονε (Ross, *ibid.*, p. 609, *ad* 23). Cornford déjà, sans cependant toucher au texte établi par Wicksteed, avait suggéré qu'il devait s'agir du futur, et avait renvoyé au *Timée*, 22 c (éd. citée, p. 410, n. *b*).

exemple, " un jour " Troie fut prise, et " un jour " se produira le déluge ; ces événements doivent se situer par rapport à l'instant. Il y aura donc une quantité de temps entre le présent et le futur, et il y en avait une entre le passé et le présent. Or, s'il n'y a aucun temps qui ne soit " un jour ", c'est qu'à ce compte tout temps serait limité. Est-ce, pour autant, que le temps viendra à manquer ? Non, sans doute, puisque le mouvement est éternel. Le temps est-il donc autre, ou est-ce le même temps qui revient plusieurs fois ? Il est clair que ce qui vaut pour le mouvement, vaut aussi pour le temps : si c'est le même et unique mouvement qui se produit " un jour ", le temps lui aussi sera unique et identique ; sinon, non. Or, puisque l'instant est fin et commencement, mais non pas du même temps (il est fin du passé et commencement du futur), il en sera comme du cercle, où le convexe et le concave se trouvent en quelque sorte dans le même : ainsi le temps est toujours au début et à la fin. Et c'est cela qui le fait paraître à chaque fois différent : c'est que l'instant n'est pas commencement et fin de la même partie du temps, sans quoi les contraires seraient simultanés, et sous le même rapport. Et le temps ne viendra jamais à manquer, puisqu'il est toujours à commencer » (13, 222 a 10 - b 7).

1. **L'instant et la déduction du temps** (222 a 10 - b 7)

34. Le chapitre 13 examine le second groupe des « choses qui sont dans le temps » comme dans le nombre : non plus celles dont il y a un nombre (et dont le temps mesure l'existence), mais celles qui, telles l'unité, l'impair et le pair dans le nombre, en sont comme « une partie ou une affection », c'est-à-dire « l'instant, l'antérieur et choses semblables » (221 a 11-15).

Sans doute, de même que tout nombre est composé d'unités et qu'il est, soit pair soit impair, de même « s'il n'y avait pas d'instant, il n'y aurait pas de temps » (220 a 1), et l'avant et l'après entrent dans la définition même du temps (220 a 25). Il n'empêche que dans le développement précédent, auquel (220 a 5) Aristote renvoie lui-même explicitement au début de notre texte, ces attributs n'étaient considérés qu'en vue précisément de la définition du temps, alors qu'ils sont envisagés maintenant comme étant « dans le temps » et en tant qu' « autres » que le temps (221 a 8). La conclusion donne à cette étude un caractère surtout sémantique (222 b 28-29) : son objet philosophique est de montrer comment ces « attributs » nous servent à « nombrer » dans le temps, c'est-à-dire à situer dans le temps les choses (ou les événements) « dont il y a un nombre », et dont avait traité la section précédente.

Le paragraphe initial sur la double fonction de l'instant ne fait que résumer, apparemment, cette thèse, établie plus haut : « Le temps est continu grâce à l'instant, et divisé selon l'instant » (220 a 5) ; ce serait un simple rappel d'un premier sens du mot *instant*, pour en introduire un second qui, seul, ferait l'objet de la présente recherche.

Disons, pour simplifier, qu'au chapitre 11, il s'agissait de montrer que la continuité du temps (engendré par l'instant, comme le mouvement par le mobile et la ligne par le point) n'est pas contredite par la division virtuelle que l'instant, déterminant l'avant et l'après, semble y pratiquer. Par là était corrigée la comparaison avec le point sur la ligne ; celui-ci, étant en repos, peut, tout en restant unique, se prêter à un double usage : séparant les deux segments, il peut, tour à tour, être considéré comme fin et commencement, alors que, si l'on procédait de même sur l'instant, on serait obligé de marquer un arrêt et, par là, de détruire la continuité du temps.

Ici, il ne s'agit plus du temps dans son devenir indifférencié, mais d'un temps structuré, et structuré à partir de l'instant présent. Lequel ne détermine plus seulement l'avant et l'après (220 a 9), mais, plus précisément, le passé et le futur. La comparaison avec le point et la ligne est alors critiquée d'emblée : « Cela ne se voit pas aussi clairement que sur le point en repos » ; par le « double emploi » qu'elle fait du point (220 a 12), la *pensée*, proprement, le dédouble (il ne reste pas, dans cet usage, « le même », 222 a 16), alors que l'instant ne divise qu' « *en puissance* » (222 a 18). Cette division s'exprime maintenant par un terme, employé déjà, il est vrai, plus haut (mais sans explication, et dans un texte dont l'authenticité a pu être contestée, 220 a 21) : celui de limite *(peras)*. Or, la limite, loin de séparer, comme on pourrait le croire, le passé et le futur, est facteur de continuité : l'instant est la « limite des deux et leur union » (a 19). Autrement dit : le pouvoir virtuel que possède l'instant de diviser, et qu'il fallait se garder de *réaliser*, sous peine de diviser pour de bon et, par là, de suspendre et d'annihiler le temps, est interprété maintenant comme un pouvoir d'unification et une garantie de continuité.

C'est ainsi que, plus loin, l'idée de limite interviendra dans la définition même de la continuité : « Je dis qu'il y a continuité, quand les limites respectives de deux objets deviennent une seule et même chose et que les objets, comme l'indique le nom, tiennent ensemble » (V, 3, 227 a 11-12).

Or, cette limite commune et unifiante, bien qu'elle divise en puissance, est elle-même *indivisible*, et, en ce sens, n'est référée qu'à « elle-même », et non à « autre chose » : l'un des arguments par l'absurde qui le prouvent, c'est que, si l'instant était étendu et divisible, « la division ne se ferait plus selon lui-même », mais selon « autre chose », c'est-à-dire selon le passé et le futur entre lesquels il se partagerait, et la véritable division n'en sera pas moins la « limite commune », c'est-à-dire l'instant ponctuel sis entre ces deux moitiés supposées de l'instant étendu (VI, 3, 234 a 14-18). — Aussi, ce chapitre où est démontré l'indivisibilité de l'instant fait-il expressément renvoi à notre texte : « L'instant, non pas rapporté à autre chose, mais pris en lui-même et au sens premier, est nécessairement indivisible, et se trouve comme tel dans tout temps. Il est, en effet, l'extrémité du passé dont rien, jusqu'à cet instant, n'appartient au futur et il est, à son tour, l'extrémité du futur dont rien, à partir de cet instant, n'appartient au passé : c'est ce que nous avons appelé la limite commune des deux » (VI, 3, 233 b 33 - 234 a 3).

35. Tel étant son sens premier, l'instant peut s'entendre aussi dans un sens plus large ou, si l'on préfère, dérivé. L'instant présent est alors, non plus considéré en soi, mais rapporté à « autre chose », à un futur (« il viendra ») ou à un passé (« il est venu ») encore proches, le tout étant englobé par le terme d'*aujourd'hui*. Mais, vu la continuité du temps, rien n'empêche de rapporter le présent à des événements plus lointains, désignés par le mot *un jour*, comme la prise de Troie ou le déluge à venir.

Dans ce nouvel emploi, l'instant conserve toujours sa fonction de limite. Mais la limite, maintenant, ce n'est plus la coïncidence indivisible de deux extrémités : c'est, tout au contraire, une limite dédoublée en deux extrémités qui bornent un intervalle plus ou moins étendu : cet « intervalle », précisément, que « suppriment » les dormeurs de Sardaigne. Et ce à quoi on a affaire maintenant, ce n'est plus à l'instant, mais au temps : « Le temps est nombre, non pas comme d'un même point dont il serait le commencement et la fin, mais bien plutôt comme les extrémités d'une ligne » (11, 220 a 15-16).

On assiste donc, à partir de l'instant ponctuel, à un mouvemet d'expansion vers le passé et vers le futur, proches ou lointains, au cours duquel des événements « autres » rapportés au présent, forment à chaque fois, avec celui-ci, un laps de temps déterminé et quantifiable (222 a 27). Ce mouvement peut donner lieu à deux remarques.

1° Cette étendue de temps étant, d'un côté, limitée par l'instant, il faut bien qu'elle le soit aussi de l'autre côté, car « aucune chose divisible et limitée ne possède qu'une seule limite » (10, 218 a 22-23). C'est justement l'événement, proche ou lointain, à chaque fois considéré, qui fournit cette seconde limite, et c'est là une nécessité : cet événement « doit être limité par rapport à l'instant » (222 a 26-27). — Si, en réplique à cette limitation par l'instant présent, l'événement désigné par « un jour » doit fournir la limitation correspondante, et si, à partir de l'instant présent, on peut toujours, dans les deux directions, joindre n'importe quel événement si lointain soit-il, c'est qu'il est possible d'élargir et de généraliser le mouvement d'expansion, de telle sorte que le terme « un jour » ne figure plus que comme une fonction pour laquelle tout événement pourrait servir d'argument : en effet, « il n'y a aucun temps qui ne soit (passé ou futur) un jour » (a 28-29). D'où l'on conclurait que « tout temps serait limité » (a 29), et il y aurait là une nécessité, répondant à ce que les Apories n'avaient formulé que comme une possibilité : « Il est possible de prendre un temps limité » (10, 218 a 24-25). D'où l'on pourrait se demander si le temps, dans cette opération, ne finira pas par manquer.

Dans la doxographie sur l'infini, on avait trouvé la thèse de l'infinité du temps (III, 4, 203 b 16), thèse non réfutée dans la reprise de ces arguments (8, 208 a 5 sqq.). Mais Aristote ne veut pas, ici, recourir à l'opinion commune, et préfère résoudre cette question par un renvoi à sa propre doctrine de l'éternité du mouvement (renvoi très rapide, d'ailleurs, puisque aussi bien cette doctrine n'a pas encore été exposée). Il résout par ce même renvoi au mouvement la question de l'identité ou de l'altérité du temps, question déjà exposée, comme l'a bien vu D. Ross, en 220 b 6-14. Mais cette question même n'est évoquée ici que pour aider à démontrer, et cette fois sans référence au mouvement, l'infinité du temps. — L'instant est fin et commencement du temps, mais non pas du même (puisqu'il s'agit, soit du passé, soit du futur) ; ainsi le temps paraît toujours être autre et, étant toujours « dans le commencement », il ne viendra jamais à manquer [3].

La démonstration est très cursive : identité et altérité s'entendent d'abord selon telle relation (avec le passé et le futur) donnée, puis, comme cette relation se renouvelle incessamment (ἀεί), elle s'applique à n'importe quel présent. La comparaison avec le cercle, d'autre part, sert à deux fins, dont seule la

3. Pour l'expression, cf. Anaxagore, *ap.* Diog. Laërce, II, 10 (*Vors.*, t. II, p. 6, 14).

première est explicitée. Entre l'identité et l'altérité de l'instant, il y a le même rapport qu'entre le convexe et le concave, entre lesquels, comme l'explique Proclus, il y a un « semblant de différence » et, par opposition à la droite, une « dissemblance selon la pensée »[4] : c'est ce qu'Aristote, posant l'identité entre la division et l'unification de la limite, avait dit : « ...mais leur essence n'est pas la même » (222 a 20). Et c'est ce que Descartes appelle une « distinction de raison, ou bien qui se fait de la pensée »[5]. Mais le véritable sens de cette comparaison, c'est que commencement, milieu et fin « sur la périphérie sont indéterminés..., car chaque point y est semblablement commencement, milieu et fin, que le mobile[6] est toujours au commencement et à la fin, et ne l'est jamais »[7] (VIII, 9, 265 a 32 - b 1).

36. 2° N'y avait-il pas, à partir du concept même qui domine tout ce chapitre 13, celui de limite, une démonstration possible de l'infinité du temps, démonstration qui s'appuierait sur l'instant seul, et qui n'aurait besoin, ni de se décharger sur l'éternité du mouvement, ni de s'aider de la comparaison avec le cercle ?

Un des arguments doxographiques en faveur de l'infini était que « ce qui est limité est toujours limité par rapport à quelque chose, si bien que nécessairement il n'y aura aucune limite < dernière >, si toujours la limitation d'une chose se fait nécessairement par rapport à une autre » (III, 4, 203 b 20-22). Il est vrai que, plus loin, Aristote avait critiqué cet argument, disant que « la limitation n'est pas un relatif » (8, 208 a 13). On pourrait s'étonner de cette critique, vu que le substantif *limite* aussi bien que le verbe correspondant sont couramment suivis de : *par rapport à*[8] ; ni le Livre Δ, chapitre 17, ni les *Catégories*, chapitre 7, n'apportent quelque éclaircissement à ce problème : on doit penser qu'en dépit de la forme universelle qu'Aristote donne à son objection, celle-ci est valable surtout pour la limite extrême du Ciel, en dehors de laquelle il n'y a rien : ni lieu ni vide ni temps[9]. Ce qui reviendrait à dire que le schème de la limite avec son nécessaire « au-delà » est d'un usage strictement intramon-

4. Κατ' ἐπίνοιαν (cf. 222 a 16 : τῇ νοήσει). Proclus, *In prim. Euclid. Element. libr. comm.*, éd. G. Friedlein, p. 106, 23-25.
5. Descartes, *Principes*, I, 60.
6. Sur le texte, voir D. Ross, *op. cit.*, p. 719 (*ad* 34-b1 *i.f.*).
7. Cf. déjà Héraclite : « Sur la périphérie du cercle, commencement et limite sont communs » (22 B 103).
8. Voir Ch. Mugler, *Dictionnaire historique...*, *op. cit.*, s.v.
9. *De Caelo*, I, chap. 9.

dain ; or, le temps dont il s'agit de démontrer l'infinité est bien à l'intérieur de la sphère extrême.

Dans le chapitre consacré à l'éternité du mouvement, Aristote écrit : « *S'il est impossible que le temps soit et puisse être conçu sans l'instant, et si l'instant est une sorte de moyen terme, ayant tout ensemble commencement et fin, à savoir commencement du temps futur et fin du passé, — alors c'est une nécessité que le temps soit toujours. Car l'extrémité du temps supposé être le dernier sera dans un des instants, puisqu'on ne peut rien saisir dans le temps, si ce n'est l'instant. Si bien que, puisque l'instant est aussi bien commencement que fin, c'est une nécessité que, de part et d'autre de lui, il y ait toujours du temps. Or, si c'est là une nécessité pour le temps, il est évident qu'il en va de même du mouvement, puisque le temps est une affection du mouvement* » (VIII, 1, 251 b 19-28).

On voit que le rapport est ici inversé : c'est l'éternité du temps qui sert à prouver celle du mouvement. — Mais là n'est pas l'intérêt principal de ce texte. Il contient une véritable déduction du temps, et l'on peut bien dire qu'il n'a pour équivalent, dans toute la philosophie grecque classique, que le début de la Seconde Hypothèse du *Parménide* qui retrace la génération du nombre (143-144 a).

S'agissant du temps, le minimum, si l'on peut dire, que la démonstration puisse s'en donner, c'est l'instant. Or, cet élément insécable se scinde par sa double fonction qui, de part et d'autre, implique un nouvel instant dont le premier puisse, à la fois, être fin et commencement. Ce dédoublement fonctionnel se répète pour chacun des deux instants postulés en cela même qu'on a posé, par hypothèse, le premier ; et le même mouvement se poursuivra à l'infini.

La démonstration est d'une homogénéité et d'une élégance parfaites, puisqu'elle a pour seul moteur l'instant même qu'elle avait assumé au départ, instant défini comme un « moyen terme » qui, par son dynamisme interne, analytiquement pourrait-on dire, requiert (les « possède tout ensemble », dit le texte) fin et commencement comme ses termes extrêmes. La démonstration, dans les deux sens, passé et futur, va à l'infini, puisqu'elle ne peut jamais rencontrer un principe d'arrêt. Elle illustre, à cet égard, l'argument doxographique fondé sur l'idée de limite (III, 4, 203 b 20-22).

On ajoutera, puisqu'il n'y a pas d'infini en acte, que les deux extrémités que la démonstration, à chaque fois, rencontre et repousse à l'infini ne suivent qu'en apparence un tracé linéaire :

nécessairement, elles finiront par se rejoindre et par coïncider dans un nouvel et ultime instant : celui-ci manifestera la réalité de leur tracé circulaire. Cela, sans doute, Aristote ne le dit pas ici. Mais il est permis de compléter ainsi la démonstration, à la lumière de la suite du VIIIe Livre. Et non seulement de la compléter, mais de la renforcer. L'instant qu'elle avait assumé initialement était un présent, celui-là même d'où la démonstration avait pris son départ et qui, à cet égard, était un instant privilégié. Or, une fois que sera établi le temps circulaire, on s'apercevra (puisque sur la périphérie tous les points sont équivalents, 265 a 33) que n'importe quel instant aurait pu être choisi, et que ce que la démonstration avait déduit à partir de tel instant assumé est bien valable universellement.

On ajoutera encore que la comparaison avec le point qui engendre la ligne ne serait ici d'aucun usage, et ne ferait que masquer l'originalité de la démonstration (c'est d'ailleurs pourquoi, tout en ayant eu lui-même recours à cette analogie, Aristote, parlant de l'instant-limite, avait dit : « Mais cela ne se voit pas aussi clairement que sur le point en repos », 222 a 13). Les deux points qui déterminent une droite sont « en repos », et n'exigent nullement que la droite soit prolongée dans les deux sens. Alors que l'instant, de par son essence même, implique un double au-delà, et requiert, et un passé, et un futur.

Si l'instant est appelé « une sorte de moyen terme », c'est bien l'idée de *limite* (entre la fin et le commencement) qui est désignée par là. Dans ce texte, comme au chapitre 13 du IVe Livre, on décrit ce même mouvement qui, de l'instant ponctuel, déduit l'infinité du temps, et la conclusion au chapitre 13 (« Le temps ne viendra jamais à manquer, puisqu'il est toujours dans le commencement », 222 b 6-7) ne s'entend pleinement qu'à la lumière de la démonstration du Livre VIII, qu'elle appelle.

Qu'enfin l'idée de *limite* soit fondamentale dans la preuve aristotélicienne de l'existence du temps, cela a été parfaitement vu par Sextus qui, dans sa critique, s'en prend justement à cette idée [10].

2. **Les déterminations du temps** (222 b 7-29)

« Tantôt » désigne une partie du temps futur proche de l'instant présent indivisible (Quand te promènes-tu ? — Tantôt ; parce qu'est proche le temps où l'on s'y apprête) et une partie du

10. SEXTUS EMPIRICUS, *Adv. math.*, X, 200-202 (*Hypot.*, III, 146).

temps passé qui ne soit pas loin du présent (Quand te promènes-tu ? — Je me suis promené tantôt). Mais nous ne disons pas que la prise de Troie a eu lieu tantôt, parce qu'elle est trop loin du présent. « Tout à l'heure » aussi désigne la partie du passé proche de l'instant présent : Quand es-tu arrivé ? — Tout à l'heure, si le temps est proche de l'instant actuel. Alors que « jadis » indique un temps lointain. « Soudain », c'est ce qui sort de son état dans un temps imperceptible en raison de sa petitesse.

Or tout changement, par sa nature, fait sortir d'un état. Et c'est dans le temps que toutes choses naissent et périssent : c'est pourquoi les uns ont dit que le temps est ce qu'il y a de plus sage, mais le Pythagoricien Paron le disait le plus ignorant, puisque c'est dans le temps que nous oublions, et son avis est plus sensé. Il est bien évident que, par lui-même, le temps est cause de corruption plutôt que de génération, ainsi qu'on l'a dit plus haut (car le changement par lui-même fait sortir d'un état) ; il n'est cause de génération et de l'existence que par accident. Un indice suffisant en est que rien ne vient à l'existence sans recevoir une impulsion et sans lui-même y contribuer en quelque manière, alors qu'une chose est détruite sans subir aucun mouvement. Et c'est cette destruction surtout que nous attribuons au temps. En réalité, le temps n'effectue même pas cette destruction, mais elle se produit aussi, et par accident, dans le temps.

Ainsi, que le temps existe et ce qu'il est, en combien de sens se prend l'instant, et ce que signifient : « un jour », « tout à l'heure », « tantôt », « jadis » et « soudain », on l'a dit (222 b 7-29).

37. La phrase terminale conclut l'ensemble de la recherche sur le temps par la formule habituelle [11], et qui sera répétée à la fin de l'enquête complémentaire qu'y ajoutera le chapitre 14. La seconde moitié de la phrase résume l'objet du chapitre 13, c'est-à-dire les déterminations quantitatives du temps qui sont en lui, comme dans le nombre ses propriétés (12, 221 a 12).

De même que l'analyse de l'instant avait fait soulever le problème de l'infinité du temps, de même l'explication du « soudain » amène un retour au problème de la destruction par le temps. [Le « soudain », tel que l'entend Aristote, n'a pas du tout le sens de l' « instantané » de la Troisième (ou : II A) Hypothèse du *Parménide* : c'est plutôt l' « instant » aristotélicien qui correspond, comme Simplicius l'indique déjà, à l'instantané du *Parménide*] [12].

11. Cf. p. ex. 208 a 22-23 ; 213 a 10-11 ; 217 b 27-28.
12. Voir F. M. Cornford, *Plato and Parmenides*, Londres, (1939) 1950, p. 202, n. 1.

Le « soudain » se situe dans un laps de temps « imperceptible » (non plus par suite de notre inattention à l' « intervalle », comme en 11, 218 b 26, mais) en raison de sa « petitesse » ; et l'événement qu'il fait surgir manifeste avec éclat — parce qu'il semble ne comporter ni préparation ni transition — le pouvoir destructeur du temps. Ce pouvoir, dans un mouvement comparable à celui qui, de l'instant, s'étendait à l'infinité du temps, va être appliqué ensuite à « tout ce qui naît et périt », et dont avait déjà traité le chapitre 12. On a souligné alors l'accent qu'on dirait platonicien de la thèse d'Aristote, qui lui fait prendre ici le parti de Paron (ce qui montre assez, comme on peut le faire remarquer au passage, que la citation de Paron n'a ici aucun caractère doxographique). Aristote ajoute, à présent, qu'à vrai dire le temps n'est pas proprement cause de destruction ; il est seulement vrai que le changement destructeur sans cause efficiente (apparente, c'est-à-dire externe) se place « par accident » [13] dans le temps qui en est tenu pour responsable. Inutile d'ajouter qu'Aristote a expliqué ailleurs la cause du vieillissement et de l'extinction par vieillesse ; ailleurs encore, il est vrai, il parle le langage commun et attribue l'oubli à la « longueur du temps » [14].

38. On pourrait, pour finir, s'interroger sur le choix des expressions commentées par Aristote — Il y avait, concernant les déter-

13. La traduction de la phrase (222 b 26) n'étant guère douteuse (voir, en particulier, Cornford, éd. citée, p. 415, n. *e*), l'expression pourrait surprendre, s'il est vrai que « tout changement et tout mobile sont dans le temps » (chap. 14 déb.) et que « tout ce qui change, change dans le temps » (VI, 6, 236 b 19). De fait, « par accident » signifie, ici encore : d'une manière dérivée et seconde. S'agissant de déterminer le pouvoir causal du temps, Aristote applique une méthode de dissociation, comparable à celle qui, dans la *Métaphysique*, Z, 3, sert à déterminer l'*essence*.

Les générations que l'opinion commune aurait tendance à attribuer à cette chose « la plus sage » qu'est le temps ont pour cause véritable des mouvements, et secondairement seulement (puisque tout mouvement se place dans le temps) le temps. Mais même dans des cas de destruction sans mouvement, la cause réelle n'est autre que le changement qui opère ou qui manifeste (même sans cause apparente) le passage à la destruction. Dans les deux cas, le temps est bien condition de possibilité du mouvement ou du changement, mais non pas, autrement que par dérivation, cause concurrente.

L'expression « par accident » a donc le même sens en b 26 et en b 22, et il n'est pas éclairant de l'expliquer, dans ce dernier texte, par la doctrine du *De Generatione* (D. Ross, *op. cit.*, p. 610, *ad* 20-1).

Il aurait été intéressant de rapprocher notre texte de *Métaphysique*, E, 3, surtout s'il est vrai que, au chapitre 12, 221 b 29, on doit voir une allusion aux générations et aux destructions qui se font instantanément, sans être le résultat d'aucun processus. On doit se borner ici à signaler cette parenté de thèmes.

14. *Météorologiques*, I, 14, 351 b 22-23.

minations du temps, toute une tradition, inaugurée par les Pythagoriciens, systématisée dans la partie étymologique du *Cratyle* (408 d-410 e) et qui sera reprise par les Stoïciens, tradition qui s'attachait à l'explication des termes tels que les mois, les saisons, l'année [15]. Or il n'en est pas du tout question ici.

Les termes choisis sont des « expressions courantes » [16] : sans doute, et nous avons rencontré déjà des références à l'usage linguistique. Mais, outre les deux prolongements d'ordre physique auxquels elles donnent lieu, ces analyses semblent bien avoir une signification, peut-être aussi une origine plus précises. — Comme il ne s'agit pas proprement de termes philosophiques ni même, à l'exception de l' « instant », de termes « à acceptions multiples », la comparaison avec le Livre Δ ne serait d'aucun usage. Mais on pourrait évoquer les recherches sur le langage, telles qu'elles ont été développées à partir des commentateurs d'Homère et des Sophistes et, plus particulièrement celles de Prodicos sur les synonymes, et de Démocrite sur la *polyonymie* [17] : le « tout à l'heure » (*arti*) sert, comme le « tantôt » (*èdè*), à désigner « une partie du temps passé proche du présent ».

Toutes ces déterminations du temps sont situées par rapport à l'instant présent (le chapitre 14 reviendra là-dessus). Or, dans la dialectique platonicienne, dans les procédés de la « récapitulation » [18] et de ce qu'on appelle parfois le « sorite » [19], des considérations de temps interviennent, puisqu'il s'agit de savoir si l'interlocuteur maintient encore, dans l'instant présent, ce qu'il avait accordé « auparavant » [20]. La plupart des interlocuteurs, même Calliclès, redoutent la contradiction, et assument les « discours antérieurs » [21]. Mais Dionysodore, plutôt que de réaffirmer ce qu'il avait dit « tout à l'heure » (*arti*), fait reproche à Socrate de « s'en souvenir » : c'est comme si l'on faisait valoir contre lui ce qu'il a pu « dire l'an passé » [22] (il y a derrière ce jeu dialectique

15. Cf. *Le Système stoicien...*, p. 41 et n. 5.
16. J, M. Dubois, *Le Temps et l'instant...*, *op. cit.*, p. 236.
17. Proclus, *In Plat. Crat.*, éd. G. Pasquali, p. 6, 23.
18. P. ex. Platon, *Protag.*, 332 d 1.
19. Cf. E. Bréhier, *Chrysippe et l'ancien stoïcisme*, nouv. éd., P.U.F., 1951, p. 79 ; *Le Système stoïcien...*, p. 24, n. 3.
20. 'Ολίγον πρότερον (*Prot.*, 330 e 4, 333 b 5), ὀλίγῳ πρότερον (*Gorg.*, 460 d 1), ἐν τοῖς πρώτοις ... λόγοις (e 4), οὐκ ἄρτι ὡμολόγεις (467 b 1).
21. Τοὺς πρώτους λόγους (495 a).
22. *Euthydème*, 287 a 9-b 5 (par opposition à τοῖς ἐν τῷ παρόντι λεγομένοις). — On peut noter que les deux seuls endroits où πέρυσιν se trouve chez Aristote se situent dans un contexte dialectique (*Cat.*, 4, 2 a 2 ; *De Caelo*, I, 12, 283 b 7).

la conception d'un temps discontinu, qui est aussi celle du Protagoras du *Théétète*).

On se demanderait alors si ces distinctions verbales ne devraient pas être replacées, du moins quant à leur origine, dans le cadre des discussions dialectiques. Il n'est pas sans intérêt de rappeler que, quand il renvoie à des développements antérieurs, Aristote emploie deux des termes analysés (*arti, palai*)[23], et cela, plusieurs fois, en insistant sur la cohérence de sa pensée[24]. Ces « auto-citations » mêmes seraient à étudier, non pas seulement comme telles, mais pour le souci qu'elles manifestent de souligner l'accord entre deux affirmations séparées par le temps — souci hérité de la dialectique platonicienne et conforme, en outre, à la thèse aristotélicienne d'un temps continu.

23. Cf. Bonitz, *Index*, 109 b 30-32 ; 559 a 19-22.

24. Τοῦτ' ἤδη συναπτέον πρὸς τοὺς πάλαι λόγους (*Phys.*, VIII, 3, 254 a 16), τὸ ἀληθὲς λεκτέον, ὅπερ εἴπομεν ἐν τοῖς ἄρτι λόγοις (VIII, 8, 263 a 22), ἀλλ' ἴσως οὐ πάντα ταῦτα λέγεται καλῶς διά τε τὸν πάλαι λόγον... (*Polit.*, III, 11, 1282 a 15).

VIII. — « CONSIDÉRATIONS APPARENTÉES » (chap. 14)

Le chapitre 14 propose des considérations complémentaires qui sont qualifiées, dans la conclusion, d' « apparentées[1] à l'enquête sur le temps ». Bien qu'il ne s'agisse pas exactement de répondre aux objections qu'on pourrait adresser à l'exposé précédent, elles ont toutes pour objet de clarifier, de justifier ou de prolonger des points déjà examinés. Le texte, à cet égard le plus comparable, se lit dans le *De Caelo :* « Celui qui veut mener la recherche correctement doit être capable de se faire à lui-même des objections apparentées au genre en question » (II, 13, 294 b 10-12).

« *Après ces précisions qu'on vient de donner, il est clair que tout changement et que tout ce qui est mû sont dans le temps. Car les déterminations : « plus rapide » ou « plus lent » s'appliquent à tout changement (on peut le constater sur n'importe lequel). J'entends par mouvement plus rapide celui d'un mobile qui atteint le terme de son changement* avant *un autre, sur une même distance et selon un mouvement uniforme (par exemple, dans le cas d'une translation, si les deux mobiles se déplacent sur une trajectoire circulaire ou rectiligne, et de même quand il s'agit des autres espèces de changement). Or l'antérieur, en tout cas[2], est dans le temps ; car l'antérieur et le postérieur s'enten-*

1. Ou, si l'on préfère, « appropriées », et par ce biais on peut bien retrouver les *propria*, à quoi l'on réduit parfois ce membre de phrase (H. Carteron et D. Ross, dans son résumé, p. 392, *ad* 15) : en effet, les considérations « propres » à l'enquête sur le temps sont telles parce que leur objet même est propre au temps. Mais ce ne serait là qu'une simple interprétation, que rien n'impose : οἰκείων sous-entend λόγων (cf. VIII, 8, 264 a 7) et se construit avec le datif τῇ σκέψει. Si l'on veut garder, et le sens du texte, et ce que l'« interprétation » y ajoute, on s'oblige à traduire le même terme deux fois, ainsi que le fait Wicksteed : « This closes our investigation of time and its *properties*, in so far as they are *germane* to our inquiry » (souligné par nous).

2. Bien entendu, « antérieur », ici, s'oppose à mouvement (en ce sens que la temporalité étant plus facile à prouver de l'antérieur, c'est ensuite seulement qu'on peut étendre la conclusion au mouvement, a 13-15), et non pas du tout

dent de l'intervalle par rapport à l'instant présent, et l'instant présent est la limite entre le passé et le futur ; par conséquent, si l'instant présent est dans le temps, l'antérieur et le postérieur seront également dans le temps, puisque ce qui fournit son lieu à l'instant, le fournit aussi à l'intervalle à partir de l'instant. (L'antérieur, du reste, se prend dans des sens opposés, selon qu'il s'agit du temps passé ou du futur : dans le passé, nous appelons antérieur ce qui est plus éloigné de l'instant présent, postérieur ce qui en est plus proche, alors que dans le futur, l'antérieur est ce qui est plus proche, et postérieur ce qui est plus éloigné). Par conséquent, puisque l'antérieur est dans le temps et que l'antérieur est impliqué par tout mouvement, il est manifeste que tout changement et que tout mouvement sont dans le temps. » (14, 222 b 30-223 a 15).

1. **L'avant-après. Le problème de la chronologie historique** (222 b 30-223 a 15)

39. *a*) La proposition : « Tout mouvement est dans le temps » est fondamentale, et servira dans la suite du traité : pour discerner les trois éléments dans le mouvement (V, 4, 227 b 26), pour préciser le devenir du mouvement (VI, 6, 236 b 19), pour prouver que, dans un temps infini, le mobile ne saurait parcourir une trajectoire finie (VI, 7, 237 b 23) ; elle implique, négativement, que « rien ne se meut dans l'instant » (VI, 3, 234 a 24). — Outre ces raisons suffisantes pour établir ici cette thèse, il en est une autre, peut-être même deux. Comme nous sommes ici à la fin des recherches sur les quatre conditions que l'opinion commune avait jugées nécessaires pour l'existence du mouvement (l'infini, le lieu, le vide, le temps), cette proposition confirme ce qu'avait affirmé cette opinion : sans le temps, il ne saurait y avoir de mouvement (III, 1, 200 b 21). Elle est très utile, enfin, pour mettre en garde contre une lecture superficielle (et fautive) de la phrase presque immédiatement antécédente : « C'est par accident que même ce changement se produit dans le temps » (222 b 26).

b) La démonstration est faite, à titre d'exemple, sur le mou-

à « postérieur », lequel, tout au contraire, doit être suppléé ici (ainsi qu'en a 13), de même que, dans d'autres textes, un μᾶλλον doit faire sous-entendre un καὶ ἧττον (sur cette particularité du style d'Aristote, voir F. Solmsen, dans son compte rendu de l'édition des *Catégories* et du *De Interpretatione* par L. Minio-Paluello, in *Gnomon*, XXIV, 1952, p. 412 *i.f.*).

vement de translation, c'est-à-dire le changement selon le lieu (V, 1, 225 b 8-9), sans qu'il semble y avoir, du moins explicitement, une distinction entre changement et mouvement [3]. Cela introduit une précision sur la forme de la trajectoire, précision donnée au passage et qui n'intervient pas comme telle dans le raisonnement, si ce n'est que les deux mobiles devront parcourir la même, qu'elle soit circulaire ou rectiligne, faute de quoi les mouvements ne seraient pas « comparables » (VII, 4, 248 b 5-6) ou, comme Aristote le formule ici, « uniformes » (cf. V, 4, 228 b 15-17).

Au centre de la démonstration (rapidité et lenteur, qui se disent de tout mouvement, impliquent l'antériorité, laquelle, se définissant par rapport à l'instant présent qui est dans le temps, doit y être aussi ; puis donc que l'antériorité est dans le temps et qu'elle accompagne tout mouvement, le mouvement lui aussi sera dans le temps) est l'idée d'instant présent, telle qu'elle vient d'être exposée au chapitre 13.

Rapidité et lenteur avaient été définies comme ce qui se meut beaucoup (ou peu) en peu (ou beaucoup) de temps (10, 218 b 15-17) : on les formule maintenant au comparatif, et définit le plus rapide comme ce qui atteint le premier (« antérieurement ») le but. — De son côté, l'antériorité qui est primairement dans le lieu et, de là, passe dans le mouvement, puis dans le temps (11, 219 a 15-19), est maintenant d'emblée référée au temps, comme l'intervalle par rapport à l'instant présent. L'instant même, qui avait servi à déterminer le temps par l'antérieur et le postérieur, et qui, dans cette fonction, était toujours « autre » (219 b 25) est maintenant *situé* et compris comme instant *présent,* à partir duquel, dans les deux directions, bien qu'avec des sens opposés, s'organisent l'antérieur et le postérieur. Par là, l'antériorité du mobile plus rapide est également située : elle désigne, si elle se place dans le passé, ce qui est plus éloigné du présent que l'arrivée au but du mobile plus lent. — L'idée de l'instant présent pourrait servir de transition implicite au paragraphe suivant. Elle pourrait introduire, en outre, un problème plus vaste que l'on se bornera ici à indiquer.

c) La structure du temps, esquissée dans ce texte (et qui se retrouve dans les *Problèmes,* XVIII, 10, 917 b 14-17), est certes compatible avec le schème cyclique, évoqué un peu plus loin, en attendant les développements du Livre VIII. Elle n'en présente pas moins un tour plus original, pour ne pas dire moderne, en ce qu'elle trace le cadre formel d'une chronologie historique. Déjà dans les exemples choisis (13, 222 a 23), si l'un des termes

3. Cf. D. Ross, *op. cit.*, p. 597, *ad* 218 b 19-20.

extrêmes est représenté par le déluge de Deucalion, objet d'une répétition périodique, l'autre est comme *historicisé* par la prise de Troie [4] (qui, elle aussi et dans un contexte comparable, figure dans les *Problèmes*, XVII, 3, 916 a 18-20), que les chronographes, depuis au moins Ératosthène, prendront pour point de départ de leurs chroniques. On sait qu'Aristote a établi des catalogues historiques des vainqueurs aux Jeux olympiques et, en collaboration avec son neveu Callisthène, pythiques [5]. — Mais c'est surtout la plus ancienne chronologie qui nous soit parvenue, le *Marbre de Paros* [6], qui mettra en œuvre la conception aristotélicienne de l'instant présent et de « l'intervalle » (*apostasis*) où s'échelonnent les termes « antérieurs » : l'auteur prend pour *présent* de référence l'année même où il entreprend sa rédaction (264/3), et situe les événements qu'il consigne selon la distance (ἀφ' οὗ) où ils se trouvent par rapport à ce présent.

2. **Le temps et l'âme** (223 a 16-29)

« *Il vaut la peine d'examiner aussi quel rapport le temps soutient avec l'âme, et pourquoi le temps semble être en toutes choses : dans la terre, dans la mer, dans le ciel. N'est-ce pas parce qu'il est une affection ou une disposition du mouvement (puisqu'il en est le nombre), et que tous ces domaines sont sujets au mouvement (puisqu'ils sont dans un lieu) ? Or le temps et le mouvement vont de pair, potentiellement et en acte. S'il n'y avait pas d'âme, y aurait-il, ou non, du temps, voilà une difficulté que l'on pourrait soulever, en arguant que, s'il est impossible qu'il y ait quelqu'un qui puisse nombrer, il serait impossible aussi qu'il y ait du nombrable, ni, par une conséquence évidente, de nombre, car le nombre, c'est soit le nombré, soit le nombrable. Or si rien, par nature, ne peut nombrer si ce n'est l'âme, et plus précisément l'intellect de l'âme, alors il serait impossible qu'il y ait du temps, s'il n'y avait pas d'âme. — Mais cela n'empêche que le temps existe comme substrat, de même que* [7] *le mouvement peut fort bien exister sans âme. Or l'avant et l'après sont dans le mouvement, et ce sont eux qui constituent le temps, en tant qu'ils sont nombrables* » (223 a 16-29).

4. Cf. aussi *Métaph.*, Δ, 11, 1018 b 15 sqq.
5. Voir P. Moraux, *Les Listes anciennes des ouvrages d'Aristote*, Louvain, 1951, pp. 123-126 ; R. Weil, *Aristote et l'histoire, essai sur la « Politique »*, Klincksieck, 1960, pp. 131-137.
6. Édité par F. Jacoby, Berlin, 1904.
7. Οἷον a ici le premier sens indiqué par Bonitz, et introduit, non pas un exemple, mais une comparaison (*Index*, 501 b 54).

40. Ce paragraphe, que certains éditeurs subdivisent typographiquement, contient en effet deux problèmes, mais qui sont unis au moins formellement par le procédé du chiasme par lequel sont disposés les énoncés et les réponses. Ils le sont surtout par le contraste entre les deux supports du temps : la matérialité de l'univers tout entier et la moindre existence, sinon la fragilité, de l'âme (d'où l'aporie voudrait conclure à la non-existence du temps).

La question qui sera traitée d'abord affecte, dans sa formulation même, la tripartition courante dans les *Problèmes physiques* : « Pour quelle raison... » — « N'est-ce pas parce que... » ; suit alors la preuve de la solution ; peut-être était-ce une question scolaire, voire traditionnelle. De fait, interrogeant sur l'ubiquité du temps, elle reprend un thème déjà abordé dans l'enquête précédente (11, 219 b 10 ; 12, 220 b 5) et, surtout, dans les Apories (10, 218 b 13) ; et c'est ce dernier texte qui appelle un éclaircissement, puisqu'il s'était appuyé sur l'universalité du temps pour séparer celui-ci du mouvement. L'énoncé même du « problème » reprend, tout en inversant le rapport, une phrase de la doxographie : « Toutes choses sont dans le temps et dans la sphère du Tout » (10, 218 b 7). — Sans indiquer encore la difficulté de l'unité du temps, Aristote se contente de rappeler que le temps est « quelque affection ou disposition du mouvement » (« quelque chose du mouvement », avait-il dit, au début de l'enquête : 11, 219 a 9), et que tous les domaines où l'on constate la présence du temps sont soumis au mouvement, en tant qu'ils sont localisés. Cela avait été longuement établi auparavant : « Tous conviennent que les êtres sont quelque part » (1, 208 a 29) ; « on n'aurait pas institué de recherche sur le lieu s'il n'y avait pas cette espèce de mouvement qu'est la translation : car la principale raison pour laquelle nous croyons que le Ciel est dans un lieu, c'est parce qu'il est toujours en mouvement » (211 a 12-14 : en réalité, « le Tout n'est pas quelque part », 212 b 14). — Or la solidarité entre mouvement et temps est valable « potentiellement et en acte » : le mobile peut être mû, ou « par soi en acte », ou « par accident » (4, 211 a 18) et, en ce sens, il est dans un lieu « en puissance ou en acte » (5, 212 b 3) ; mais même dans le premier cas, c'est-à-dire quand il est en repos, il est dans le temps, comme cela a été montré au chapitre 12. [C'est ainsi qu'Alexandre d'Aphrodise[8] avait compris ce texte, et sa lecture est de beau-

8. Voir, dans le *Commentaire* de D. Ross, les indications sur cette interprétation, ainsi que sur celle, critiquée plus loin, de Simplicius (p. 610, *ad* 20-21).

coup la plus naturelle : il faut entendre : « Le temps et le mouvement vont de pair, que le mouvement soit en puissance ou en acte »[9]. — On ne voit guère ce que serait un « temps potentiel » : même pour l'intelligence du paragraphe suivant cette expression ne conviendrait pas, et quant aux non-êtres dont il était question au chapitre 12, ils sont, lorsqu'ils existent, dans un temps actuel et, quand ils n'existent plus (ou pas encore), ils ne sont pas dans le temps du tout].

41. Que l'on s'interroge maintenant sur les rapports entre le temps et l'âme, le platonisme le justifierait assez. En effet, « Platon seul engendre le temps, puisqu'il enseigne qu'il est né simultanément avec le Ciel » ([*Timée,* 38 b] VIII, 1, 251 b 17-8), lequel est enveloppé par l'Ame du Monde (*Timée,* 34 b), par laquelle « il entend clairement l'Intellect » (*De Anima,* I, 3, 407 b 5). — Recevable en un sens, cette justification serait cependant un peu lointaine. La question de l'ubiquité du temps vient d'être résolue par l'ubiquité du mouvement, dont le temps est le nombre. Il paraît assez naturel de se demander maintenant si ce nombre est toujours en acte, c'est-à-dire nombré réellement, ce qui ne peut se faire que par l'âme. On explique ainsi le lien entre les deux questions, mais non pas le fait que la seconde soit formulée en premier, et sans transition apparente (a 16). Or le mot *âme* avait déjà été prononcé dans l'élaboration de la définition (11, 218 b 31 ; 219 a 27)[10], où précisément, on s'en souvient, l'existence réelle du temps avait été inférée à partir de la perception que l'âme en prenait. Il est assez clair qu'en face d'une telle inférence, quelqu'un pourrait « soulever une difficulté », qui mérite qu'on revienne[11] sur ce point.

9. C'était déjà la lecture de saint Thomas : « Tempus est simul cum motu, sive motus accipiatur secondum actum sive secondum potentiam » (*Comm. in VIII Libros Phys. Arist.*, Rome, 1884, p. 222). Cette lecture semble être approuvée par J. F. Callahan, qui pourtant rejette, à la suite de D. Ross, l'interprétation d'Alexandre (*Four Views of Time..., op. cit.*, pp. 74-75).

10. Aucune de ces références ne figure dans les *Index* des éditions de H. Carteron et de D. Ross (mais bien dans celui de l'édition Wicksteed-Cornford, *s.v.* Time-Relation to consciousness). — C'est pour une question de méthode qu'on se permet de relever cette omission : elle illustre l'inconvénient de ne s'en tenir, dans l'étude des problèmes, qu'aux *loci classici*.

11. En dépit de l'usage aristotélicien bien connu d'ἐπισκοπεῖν et de ses dérivés, on peut se demander s'il n'y a pas ici comme une réminiscence de textes platoniciens où ces termes, parfois accompagnés de πάλιν ἐξ ἀρχῆς, impliquent l'idée de la reprise d'une question déjà abordée (p. ex. *Charm.*, 167 b 1) : le passage le plus littéralement comparable se lit dans le *Lachès*, 197 e 2-3 : δοκεῖ δέ μοι Νικίας ἄξιος εἶναι ἐπισκέψεως (cf. *Les Dialogues de Platon...*, s.v. ἐπισκέπτεσθαι, ἐπίσκεψις, ἐπισκοπεῖν).

Pourquoi il y a ici une difficulté, c'est ce qui est expliqué dans la suite immédiate, introduite par « en effet » (a 22). On ne peut guère douter que cette explication se prolonge jusqu'à la ligne 26 (« il serait impossible qu'il y ait du temps s'il n'y avait pas d'âme »[12]).

a) Cela ne veut sans doute pas dire qu'Aristote désapprouve l'argumentation, mais cela indique au moins que sa propre doctrine n'en est ni plus ni moins solidaire que dans l'élaboration d'autres apories, et cela devrait interdire, en tout cas, de lui attribuer sans plus la thèse péremptoire et dogmatique : sans âme, point de temps (a 26) : cette phrase achève l'exposé de l'aporie ; elle ne constitue nullement la réponse d'Aristote.

b) Cela explique ensuite deux points qui, si l'argumentation était attribuée à Aristote, ne laisseraient pas d'être embarrassants. « S'il est impossible qu'il y ait quelqu'un qui puisse nombrer, il serait impossible qu'il y ait du nombrable, ni, par une conséquence évidente, de nombre... » L'argument est en contradiction flagrante avec l'enseignement constant d'Aristote qui pose la priorité et l'indépendance de l'objet de la connaissance par rapport à la connaissance même[13] ; la faute est implicitement redressée dans la phrase suivante : « ...car le nombre, c'est, soit le nombré [dont seul, l'argument pouvait validement contester la possibilité], soit le nombrable ». — Le second point concerne le début même de l'argumentation : sans quelqu'un pour compter, « il serait impossible aussi qu'il y ait du nombrable » ; l'argument était suffisant : pourquoi assortir la conditionnelle d'une modalité en posant : « s'il est impossible qu'il y ait quelqu'un qui puisse nombrer... » ? — On ne voit guère de réponse satisfaisante à cette question, que les commentateurs traitent par prétérition et qu'il faudrait, en tout état de cause, expliquer par le caractère dialectique du morceau. Tout au plus pourrait-on se demander s'il n'y aurait pas là comme une intention implicite de la part d'Aristote de désarmer, dès le début, l'objection. « L'impossible et le nécessaire appliqués de façon contraire ont le même pouvoir. Si, en effet, quelque chose est impossible, il est nécessaire, non pas que cela soit, mais que cela ne soit pas »[14]. Or le chapitre terminal du *De Generatione* enseigne

12. J'avais indiqué cette lecture dans *La Théorie aristotélicienne du lieu*, p. 104, note 9, où il faut seulement préciser que εἶναι (l. 26) dépend, comme infinitif complémentaire, de ἀδύνατον (à la même ligne), mis ici pour ἀδύνατόν ἐστι.

13. Il suffit de rappeler *Cat.*, 7, 7 b 22-38 ; *Métaph.*, Γ, 5, 1010 b 35-1011 a 2.

14. *De Interpr.*, 13, 22 b 4-6 ; nous citons la traduction de G. Granger, *La Théorie aristotélicienne de la science*, *op. cit.*, p. 190.

la nécessité de la génération, et l'éternité des espèces vivantes (selon une identité, non pas certes numérique, mais spécifique). Cette nécessité implique le contraire de l'hypothèse posée au début de l'argumentation, car « il est impossible qu'il n'y ait pas quelqu'un qui puisse nombrer... », en sorte que l'argument où s'appuie l'aporie est d'emblée frappé d'absurdité.

c) Si l'on n'arrête l'exposé de l'aporie qu'en a 26 (ce que recommande, au surplus, du point de vue stylistique, le retour de ψυχῆς μὴ οὔσης, a 26 ~ 21), la réponse d'Aristote commence par ἀλλ' ἤ. A quoi il n'y a aucune difficulté. Dans son analyse de cette expression, Denniston prend soin de distinguer les exemples où elle introduit la seconde de deux propositions coordonnées (ce qui, précisément, est le cas ici) et ceux où la seconde proposition ne présente pas une telle indépendance[15]. En plaçant devant cette locution une ponctuation forte, peut-être en avons-nous trop accentué le sens, mais cet emploi même n'est pas isolé dans le *Corpus*[16]. — Ajoutons, puisque, après tout, il ne s'agit pas seulement de philologie, que Pierre Duhem déjà avait compris ainsi la structure de ce texte[17].

42. Dans la réponse d'Aristote, on peut discerner au moins trois choses dont les deux premières, pour n'être pas formulées expressément, n'en sont pas moins instructives.

a) La première est l'extrême brièveté de la réponse. Elle a été parfaitement mise en évidence, et commentée, tout aussi brièvement, par D. Ross : « Comme la discussion est fort brève et qu'Aristote ne revient nulle part sur ce sujet, nous n'avons pas besoin de supposer qu'il attachait beaucoup d'importance à sa réponse »[18]. — L'avertissement, il est vrai, n'a guère été entendu des commentateurs.

b) Pas la moindre allusion n'est faite aux textes qui ont pu motiver l'aporie, et pourtant, c'est vrai : il fallait que l'âme se réveille de son sommeil sarde pour percevoir le temps, et qu'elle se « prononce » sur la dualité des instants pour que nous puissions affirmer qu'il y a là du temps (11, 219 a 27). S'il n'y a pas

15. J. D. Denniston, *The Greek Particles* (1934), 1978, Oxford, p. 24.
16. P. ex. *Hist. Anim.*, VI, 7, 563 b 22.
17. P. Duhem, *Le Système du Monde*, I, p. 182, qui rend ainsi la réponse d'Aristote : « A ce doute, Aristote répond : ' Si le mouvement peut être indépendamment de l'âme, le temps aura une existence de cette même sorte ; le passé et le futur, en effet, existent dans le mouvement ; or, en tant qu'ils sont susceptibles d'être comptés, ils constituent le temps ' ».
18. D. Ross, *Commentaire*, *op. cit.*, p. 68.

lieu, maintenant, de justifier ces analyses, c'est parce que l'aporie, si elle se présentait comme une objection, serait proprement impertinente.

Et ignorante des *Analytiques :* or « le géomètre n'a plus rien à répondre à celui qui renverse ses principes » (185 a 1-2) et, avec autant de fondement, « un aveugle peut bien faire des syllogismes sur les couleurs » (193 a 8-9). Mais le physicien n'a que faire du raisonnement (et de l' « intellect de l'âme »), bien au contraire, « il est absurde de se fier à la raison » (208 a 14-15). « La fin, pour la science physique, c'est ce qui se manifeste de façon constante et impérative à la sensation » (*De Caelo,* III, 7, 306 a 17). Interdire au physicien de recourir à la sensation, c'est, précisément, renverser les principes de sa science.

Or le nombre, de même que le temps comme on l'a rappelé plus haut, est un sensible commun, et nul besoin n'est de mettre en peine l' « intellect de l'âme » pour en prendre connaissance : tout comme ses congénères, le nombre est perçu par un mouvement, c'est-à-dire, « par la négation du continu » (*De Anima,* III, 1, 425 a 19) : c'est précisément ainsi que l'âme avait perçu la différence des instants et, par là, le temps. (La perception du temps, aussi bien, n'est nullement l'apanage des êtres raisonnables) [19].

c) Reste la réponse explicite d'Aristote. — Des textes que l'on vient de rappeler, il résulte que le physicien s'adjoint les ressources de la sensation, sans qu'il soit tenu d'en rendre compte. Si l'aporie faisait valoir que, sans l'âme, il n'y aurait personne pour constater l'existence du temps, si, autrement dit, elle soulevait la question préjudicielle fondée sur une position *idéaliste* (ainsi que certains interprètes l'ont imaginé, anachroniquement et en dépit de l'avertissement exprès d'E. Zeller) [20] — elle serait irrecevable. De fait, ce n'est pas du tout de cela qu'il s'agit.

Puisque le temps a été défini le « nombre du mouvement », l'objection consiste à dire que, puisque l'âme seule peut nombrer, c'est donc que le temps, en l'absence d'une âme qui le compte (qui le *constitue,* autrement dit, et non pas simplement, le constate), n'existerait pas : ce qui revient à dire que le temps, selon Aristote, serait un simple *être de raison,* sans aucun *fundamentum in re.* — A quoi Aristote répond que le temps a bien une réalité indépendante de toute coopération de l'âme : le mouvement, lui, peut fort bien exister sans l'âme ; or, dans le mouve-

19. *De Memoria,* 1, 449 b 28-30 ; 450 a 9-23 ; *De Anima,* III, 10, 433 b 5 n'y contredit pas.

20. E. ZELLER, *Die Philosophie der Griechen,* IIe partie, 2e section, Leipzig,

ment, se trouvent l'avant et l'après qui sont le substrat (c'est-à-dire le support réel) du temps, dont l'essence, d'autre part, est dans leur aspect nombrable (il y a là un résumé de ce qui avait été développé au chapitre 11, 219 b 21-28).

Cette réponse est entièrement pertinente, et elle l'est en ceci même dont on lui fait parfois reproche : la distinction entre substrat et essence. Cette distinction, en effet, permet de répondre exactement à l'objection, telle qu'elle s'éclaire à la lumière de la définition du temps établie par le sophiste Antiphon (?) et reprise plus tard par le péripatéticien Critolaos : « Le temps est une pensée (*noèma*) ou une mesure, non une substance (*hypostasis*) »[21]. — C'est là le point décisif. Non pas de savoir si l'âme est requise pour percevoir le temps, mais si le temps n'est pas entièrement une construction de l'intellect, et manque, en lui-même, de toute réalité substantielle[22].

Il semble que, pour le strict commentaire du texte, on puisse s'en tenir là. Il serait tout à fait hors de propos de commenter ici les nombreux commentaires qui, de Boëthos de Sidon (et, au juste, depuis Straton de Lampsaque[23]) à nos jours, ont envahi cette « question restée célèbre »[24]. On se bornera à joindre quelques remarques concernant des prolongements possibles du texte.

1879, p. 402 : « Ce serait une erreur si nous voulions trouver, à cause de cela, chez Aristote une tendance à la conception idéaliste du temps ».

21. AËTIUS, I, 22, 6 (*Dox. Gr.*, p. 318 ; *Vors.*, 87 B 9). — Inutile d'ajouter que le dernier mot ne peut pas, en tant que tel, être attribué à Antiphon (ni d'insister sur le caractère doxographique et sommaire de cette notice dont le contenu doctrinal, d'autre part, n'a été contesté par personne). Pour une interprétation de la théorie du temps d'Antiphon, voir M. UNTERSTEINER, *The Sophists* (1948), trad. angl., Oxford, 1954, 235 sqq., interprétration intéressante, mais qui reste largement conjecturale. On est alors amené à se demander si c'est bien d'Antiphon qu'il s'agit dans ce fragment de Stobée. Le ms. F porte 'Αντιφάνης, ainsi que C en marge. Le voisinage de Critolaos renverrait alors à Antiphane, péripatéticien, selon CRÖNERT (*Kolotes und Menedemos*, p. 94, 182, 187) ; il est vrai que Diels y a vu un épicurien (*Philodemos*, *Ueber die Götter*, III, n° 6, pp. 46-48) ; ni l'un ni l'autre ne se réfèrent à notre fragment, qui semble bien être en faveur de l'identification d'Antiphane avec un philosophe péripatéticien, en compagnie de Critolaos. — H. CHERNISS, qui a eu l'amabilité d'attirer notre attention sur ce point, pense qu'il s'agit de l'Antiphane, physicien (péripatéticien) de Délos, recensé sous le n° 20 dans l'article de WELLMANN (*R.E.*, I, col. 2522, 11-15).

22. Avec la réponse d'Aristote (223 a 27-29), on comparera *Métaphysique*, Γ, 5, 1010 b 33-35 : ... τὸ δὲ τὰ ὑποκείμενα μὴ εἶναι, ἃ ποιεῖ τὴν αἴσθησιν, καὶ ἄνευ τῆς αἰσθήσεως, ἀδύνατον.

23. Cf. G. RODIER : « La définition de Straton ne diffère de celle d'Aristote que par son caractère continuiste et, par suite, objectiviste ; — le temps *proprement dit* n'est pas objectif, selon Aristote, précisément parce qu'il est un *nombre* (*Phys.*, IV, 14, 223 a 21) » (*La Physique de Straton de Lampsaque*, Paris, 1890, p. 76, n. 2).

24. O. HAMELIN, *Le Système d'Aristote*, Paris, 1931, p. 296. — On trouvera

43. *d*) En tout premier lieu, il convient de rappeler les exégèses de D. Ross et H. Cherniss, également suggestives, et qui permettraient d'approfondir l'étude de la théorie d'Aristote. D. Ross insiste sur la difficulté qu'il y a à « accepter la vue d'Aristote selon laquelle les parties d'un continu sont actualisées par quelque acte mental ; l'acte de compter, par exemple, est en réalité, non pas la création des parties d'un tout, mais la reconnaissance de parties existant déjà en lui »[25]. — H. Cherniss, de son côté, en renvoyant à notre texte, constate que « le propos de l'argument est d'établir la thèse que tous les *quanta* sont perceptibles » ; il fait remarquer, d'autre part, en citant un texte du *De Sensu* (448 a 19-b 17 ; cf. 439 b 19-440 a 6 ; 440 a 20-29), que la définition du temps comme « nombre du mouvement, en tant que nombrable » permet à Aristote de « réfuter une théorie selon laquelle les sons dans un accord ne sont pas entendus simultanément, mais paraissent être entendus ainsi, parce que le temps qui les sépare est imperceptible »[26].

e) Dans sa critique de la théorie d'Aristote, Plotin écrit : « Ensuite, pourquoi faut-il l'adjonction du nombre (qu'on l'entende comme mesuré ou comme mesurant, puisque le même nombre peut fort bien[27] être mesurant aussi bien que mesuré), pourquoi donc, avec la présence du nombre, y aura-t-il du temps, alors que, avec la réalité du mouvement, avec l'antérieur et le postérieur qui lui appartiennent parfaitement, il n'y aura pas de temps ? C'est comme si l'on disait que la grandeur n'est pas une quantité, s'il n'y a pas quelqu'un pour déterminer cette quan-

un examen historique des interprétations proposées, depuis Thémistius jusqu'à Saint Thomas d'Aquin, dans A. J. Festugière, Le temps et l'âme selon Aristote, in *Revue des Sciences philosophiques et théologiques*, 1934, pp. 5-28 (réimpr. in *Etudes de Philosophie grecque*, Vrin, 1971, pp. 197 sqq). — L'exégèse « idéaliste » est soutenue principalement par O. Hamelin *(loc. cit.)* et par J. Moreau, *op. cit.*, pp. 158-177. D'autres interprétations ont été avancées par H. Carteron, Remarques sur la notion de temps d'après Aristote, in *Revue Philosophique*, 98, 1924, pp. 67-81 (en part. p. 78), et dans les ouvrages mentionnés plus haut de J. F. Callahan (pp. 75 sq., lecture sobre et compréhensive), de J. M. Dubois (pp. 249-259) et de P. F. Conen (pp. 156-169). — Ces indications, il va sans dire, n'ont rien d'exhaustif.

25. D. Ross, *A.'s Physics*, *op. cit.*, p. 69.

26. H. Cherniss, *Aristotle's Criticism of Presocratic Philosophy*, New York, 1964, p. 217.

27. Je suis le texte de Bréhier, n'ayant pas été capable de comprendre en quoi le renvoi à III, 7, 9, 24-25 pourrait justifier, sinon éclairer la correction de ἄν en αὖ (P. Henry-H. R. Schwyzer). — Dans l'édition de Harder, Beutler et Theiler, le ἄν est, plus simplement, supprimé, comme ayant son origine possible dans quelque glose.

tité »[28]. — La lecture « idéaliste », avant la lettre, est ici comme inventée, à titre de réduction à l'absurde : « Pourquoi le temps n'existerait-il pas, même avant qu'il y ait une âme pour le mesurer ? »[29]. Et il ajoute : « A moins de soutenir qu'il est engendré par l'âme ». La propre théorie de Plotin n'étant pas encore, dans cette discussion doxographique, en cause, ce passage dialectique à la limite peut aider à faire comprendre le sens « objectif » de la théorie d'Aristote.

f) Dans notre texte, et déjà précédemment (11, 219 b 25, 28), le temps est défini comme l'avant et l'après du mouvement, en tant qu'ils sont « nombrables ». Cette expression, qu'Aristote emploie concurremment avec celle de « nombre » (219 b 2) et de « nombre nombré » (219 b 6-8), loin d'introduire un élément subjectif dans la définition, sert au contraire à faire voir, contre l'aporie, le substrat objectif du temps. Au niveau même de cette aporie, il n'y avait plus rien à ajouter. Pour rendre compte de la continuité, et de la continuité universelle et régulière du temps (218 b 30), il faudra poser la question qui ne sera abordée que dans la suite : de quel mouvement le temps est-il le nombre (223 a 30) ? Or, si l'on considère la translation circulaire et le temps infini qu'elle suscite, il serait rigoureusement vrai de dire que le temps est « nombrable » ; comme l'a très bien vu Plotin : « Le temps étant infini, comme on l'enseigne [*Phys.*, VIII, 10, 267 b 25], comment y en aurait-il un nombre ? »[30]. Sur la sphère extrême, le temps est véritablement l'aspect « nombrable » du mouvement, sans qu'il y ait lieu de faire passer cette potentialité à l'acte, puisque les notions de commencement, de milieu, de fin et, partant, d'instant n'y ont plus aucun sens : chaque instant, tout comme chaque point sur la périphérie (VIII, 9, 265 a 27-b 8) en valant un autre. Il est vrai qu'en un sens, cette potentialité est en acte constamment, de même que la sphère est, tout ensemble, en mouvement et en repos (265 b 6-8). Si l'on s'avisait de nombrer ce continuellement et continûment « nombrable », on ne ferait que briser la continuité et arrêter, dérisoirement, le mouvement éternel (220 a 12-13).

D'où l'on voit à la fois que le concept de temps, tel que nous l'avons défini, est d'un usage strictement physique (« hors <du Ciel >, il n'y a ni lieu ni vide ni temps », *De caelo* I, 9, 279 a 17-18) et que, d'autre part, ce concept avec le schème qu'il

28. Plotin, III, 7, 9, 68-73.
29. *Ibid.*, l. 78-79.
30. Plotin, III, 7, 9, 75-76.

implique ne rend service, si l'on peut dire, qu'à nous-mêmes : il nous permet, et de constater la présence du temps, et de nous orienter dans son déroulement. Mais il ne contribue en rien à la réalité même du temps, et l'idée que quelque âme que ce soit doive coopérer à sa réalisation apparaît comme un contresens pur.

44. *g*) Si, dans son contenu doctrinal, l'aporie présuppose une théorie relativiste du temps, comme celle qu'avait proposée Antiphon, elle présente, dans son élaboration formelle, une argumentation dialectique, telle qu'elle est exposée dans un texte des *Topiques :* « Pour détruire une thèse, il faut voir si le répondant, quand il a donné le propre par la puissance, a placé par là le propre dans la puissance par rapport au non-être, alors que cette puissance ne peut pas appartenir au non-être ; dans ce cas, ce qui a été posé comme un propre ne sera pas un propre. Par exemple, celui qui a défini le propre de l'air par le respirable a bien donné le propre par la puissance (le respirable est bien quelque chose susceptible d'être respiré), mais il a donné aussi le propre par rapport au non-être (car s'il n'y avait pas d'animal capable naturellement de respirer, l'air peut fort bien exister, et pourtant, en l'absence d'un animal, il n'est pas possible de le respirer ; si bien que ce ne sera pas le propre de l'air d'être susceptible d'être respiré, au moment où il n'y aura pas d'animal capable de le respirer) ; le respirable ne saurait donc être le propre de l'air. »[31]

D'emblée, il paraît y avoir là jusqu'à une ressemblance verbale avec l'aporie : (« S'il n'y avait pas d'animal capable naturellement de respirer... » ; « Si rien ne peut naturellement nombrer, si ce n'est l'âme... il serait impossible qu'il y ait du temps s'il n'y avait pas d'âme »). La ressemblance s'étend surtout à l'argument dialectique mis en œuvre.

Disons d'abord que ce qui est incriminé dans le texte des *Topiques,* ce n'est, ni de définir le propre par la puissance (on montrera plus loin que l'être se définit très bien par la « puissance de pâtir et d'agir »[32]), ni, par suite, de définir par un terme relatif (comme le sont aussi ceux d'agir et de pâtir), mais de faire dépendre le propre d'une autre chose, dont la non-existence n'entraînerait cependant pas celle de la chose à définir. — Le propre n'est rendu correctement que s'il existe nécessairement en même temps que la chose.

En l'espèce : qu'il y ait une âme qui nombre, ce n'est pas là

31. *Topiques*, V, 9, 138 b 27-37.
32. *Ibid.*, 139 a 4-8.

le propre du temps, car « le mouvement peut fort bien exister sans âme » (223 a 27). Mais d'être nombrable selon l'avant et l'après du mouvement, c'est bien le propre du temps, puisqu'il existe, et par nécessité, simultanément avec le temps.

Le procédé dialectique des *Topiques* (renouvelé par le défenseur de l'aporie) consiste à passer de la puissance à l'acte ; or dire que le propre de l'air est d'être respirable, ce n'est nullement en suspendre l'existence à celle d'éventuels animaux qui le respirent actuellement (pas plus que la définition du temps par la puissance d'être nombré n'en fait dépendre la réalité de celle d'une âme attachée effectivement à cette tâche). Aussi bien, dans la définition approuvée plus loin de l'être par la puissance de pâtir ou d'agir, n'exige-t-on nullement la présence d'un autre être capable de faire passer cette puissance à l'acte.

Voilà pour l'aspect dialectique de l'aporie. Ajoutons cependant, que si la définition de l'air n'est pas bonne, c'est parce qu'elle omet de rendre compte du *substrat* (et aussi de la forme) de l'air [33], faute précisément que la définition du temps évite avec soin, puisque, tout au contraire, Aristote rappelle expressément le *support* physique de l'avant et de l'après (223 a 27).

45. Il sera permis, enfin, d'illustrer, sinon d'expliquer, la différence entre *nombrable* et *nombré* par un texte contemporain : le rapprochement ne serait pas entaché d'anachronisme, en ceci du moins que son auteur avait, non seulement étudié, mais longuement médité la philosophie d'Aristote.

Sans qu'il soit besoin de rechercher ici les origines de la conception bergsonienne du temps, il suffira de s'en tenir à sa théorie du nombre [34], et de rappeler un passage où, après avoir placé sous le patronage d'Aristote sa description de la « multiplicité des états de conscience » [35], Bergson distingue l'appréhension qualitative du temps de sa sommation quantitative : en termes aristotéliciens, on dirait que la première saisit le temps en tant que nombrable, la seconde, en tant que nombré :

« Au moment où j'écris ces lignes, l'heure sonne à une horloge voisine ; mais mon oreille distraite ne s'en aperçoit que lorsque

33. Voir, par exemple, *Physique*, IV, 5, 213 a 1-5 (avec un renvoi probable à *De generat. et corrupt.*, I, 3).

34. On se permet de renvoyer ici à « Le vide pythagoricien et le nombre chez Bergson », in *Revue philosophique*, 1969, pp. 259 sqq. ; réimpr. in *Questions platoniciennes*, Vrin, 1970, pp. 275 sqq.

35. Bergson, *Essai sur les données immédiates de la conscience*, II, p. 90 (éd. du Centenaire, p. 81).

plusieurs coups se sont déjà fait entendre ; je ne les ai donc pas comptés. Et néanmoins, il me suffit d'un effort d'attention rétrospective pour faire la somme des quatre coups déjà sonnés, et les ajouter à ceux que j'entends. Si, rentrant en moi-même, je m'interroge sur ce qui vient de se passer, je m'aperçois que les quatre premiers sons avaient frappé mon oreille et même ému ma conscience, mais que les sensations produites par chacun d'eux, au lieu de se juxtaposer, s'étaient fondues les unes dans les autres de manière à douer l'ensemble d'un aspect propre, de manière à en faire une espèce de phrase musicale. Pour évaluer rétrospectivement le nombre des coups sonnés, j'ai essayé de reconstituer cette phrase par la pensée ; mon imagination a frappé un coup, puis deux, puis trois, et tant qu'elle n'est pas arrivée au nombre exact quatre, la sensibilité, consultée, a répondu que l'effet total différait qualitativement. Elle avait donc constaté à sa manière la succession des quatre coups frappés, mais tout autrement que par une addition, et sans faire intervenir l'image d'une juxtaposition de termes distincts. Bref, le nombre des coups frappés a été perçu comme qualité, et non comme quantité. »[36]

A quoi l'on pourrait ajouter une saisie quasi pathologique du temps, qui fournirait un curieux pendant à l'*inattention* des dormeurs de Sardaigne. Dans ses *Objections* aux *Méditations* de Descartes, le P. Bourdin écrit : « J'ai connu quelqu'un qui en s'endormant avait entendu, un jour, sonner quatre heures, et avait fait ainsi le compte : *une, une, une, une ;* et devant l'absurdité de sa conception, il s'était mis à crier : voilà l'horloge qui est folle : elle a compté quatre fois une heure »[37].

On retrouve aussi ce qu'Aristote avait appelé le « substrat » du temps et qui, dans ces deux textes, est représenté par les coups de l'horloge (ici encore, l'anachronisme ne serait qu'apparent, puisque la révolution du Ciel, et le mouvement du soleil le long de l'écliptique fournissent bien un mécanisme d'horlogerie qui égrène, avec les années et les saisons, les jours et les nuits, et même les heures).

36. Id., *ibid.*, pp. 94 *i.f.* sq. (pp. 84 sq.).

37. *Septièmes Objections*, § 2, A. T., t. VII, p. 457. — L. Brunschvicg cite ce texte dans *Les Etapes de la philosophie mathématique*, et commente : « Le relâchement de l'attention a suspendu les réactions habituelles qui permettent l'application inconsciente du nombre ; il a mis à nu l'effort qui a été nécessaire pour acquérir la notion numérique elle-même, et qui s'exprime par l'*équation* fondamentale : *quatre fois un égale une fois quatre* » (2ᵉ éd., Paris, 1922, p. 475).

3. « **De quel mouvement le temps est-il le nombre ?** (223 a 29 - b 12)

« *On pourrait soulever une autre difficulté : de quel mouvement le temps est-il le nombre ? — Disons : de n'importe lequel. Car c'est dans le temps que se produisent la génération, la corruption, l'accroissement, l'altération et la translation : or là où il y a un mouvement, là est le nombre de chaque mouvement. Par conséquent, le temps est le nombre du mouvement continu comme tel, et non d'un mouvement spécifié.*

Pourtant, une autre chose aussi peut avoir été mue présentement, et il y aurait un nombre de chacun de ces deux mouvements : il existe ainsi un autre temps et, à ce compte, il y aurait deux temps égaux simultanément. — Mais non : c'est bien le même temps et, étant d'égale quantité, il est un et simultané ; même quand il s'agit de laps de temps non-simultanés, ils sont un spécifiquement. Supposons des chiens, d'un côté et, de l'autre, des chevaux : les deux groupes sont au nombre de sept, qui est le même nombre. De même, pour les mouvements qui s'achèvent simultanément, il est un même temps ; sans doute, l'un des mouvements peut être rapide, l'autre non, l'un être une translation, l'autre une altération : mais le temps est le même, à condition d'être égal et simultané, pour l'altération aussi bien que pour la translation.

Et c'est pourquoi les mouvements sont différents et distincts, mais le temps est le même partout, puisque aussi bien le nombre, s'il s'applique à des laps de temps égaux et simultanés, est un et le même partout » (223 a 29 - b 12).

46. *a*) Si ce n'est pas le calcul effectué par l'âme qui fait le propre du temps, mais le substrat de la succession dans le mouvement, il est légitime de demander de quel mouvement on veut parler. — Comme la précédente, cette nouvelle « difficulté » se rattache implicitement à des points déjà soulevés, sinon vraiment traités, antérieurement : par opposition au mouvement, le temps existe « également et partout et s'étend sur toutes choses » (218 b 3) ; « tout temps d'événements simultanés est le même » (219 b 10) ; « le temps est le même partout et simultanément » (220 b 5) ; de même la comparaison avec le nombre abstrait, à laquelle Aristote aura recours, avait déjà été indiquée (220 a 23 ; 220 b 10-12), ainsi que l'idée de l'identité spécifique des mouvements (220 b 13-14).

En revanche, l'aporie est bornée à sa formulation interrogative[38], et ne s'appuie pas, comme la précédente, sur des considérants ; il ne semble donc pas qu'elle implique, comme celle-ci, un présupposé doctrinal. Elle se réduirait même à une simple question, à laquelle Aristote répond aussitôt, et si elle revêt le caractère d'une aporie, c'est surtout en raison de l'objection qu'elle oppose à cette réponse. Elle n'en soulève pas moins un problème doctrinal.

b) Dans sa thèse sur les *Incorporels,* E. Bréhier commente notre texte dans le sens d'une alternative [« Dans le dernier des chapitres consacrés au temps, Aristote se demandait si le temps était le nombre d'un certain mouvement déterminé (ποιᾶς κινήσεως) ou de n'importe lequel »[39]], dans laquelle Aristote (si l'on considère la suite du chapitre 14, avec son renvoi à la révolution du Ciel) aurait opté pour le premier terme, ainsi qu'après lui, Chrysippe (définissant le temps comme « l'intervalle du mouvement du Monde »[40]). Le second terme serait représenté par Zénon, selon lequel le temps est « l'intervalle de n'importe quel mouvement, en général », formule qui reprend presque littéralement celle à laquelle s'arrête ici Aristote[41]. — Malgré l'autorité de Simplicius[42], il n'est pas sûr que Chrysippe, sur ce point, ait voulu s'opposer à l'enseignement de Zénon[43]. Et c'est peut-être surtout dans l'hypothèse d'un accord effectif entre les deux fondateurs du Stoïcisme que le rapprochement est instructif, puisque Aristote, sans encore faire intervenir le mouvement de la sphère, répond — au niveau présent de la recherche qui relève de la physique et non pas encore de la cosmologie — que le temps est le nombre de n'importe quel mouvement.

c) La raison en est que toutes les espèces du mouvement ont lieu dans le temps. On sait que la déduction formelle des espèces du mouvement, à partir des catégories, ne sera donnée que plus loin (V, 1, 225 a 34-b 9). Le fait qu'Aristote les mentionne ici comme allant de soi prouve simplement qu'il est en pleine pos-

38. Et présente la structure des *Problèmes* : cf. plus haut, p. 112 déb.

39. E. Bréhier, *La Théorie des incorporels dans l'Ancien Stoïcisme*, 2e éd., Vrin, 1928, p. 54.

40. « L'intervalle qui accompagne le mouvement du Monde » (Stobée, I, 106 = von Arnim, *S.V.F.*, II, 509, 16-17).

41. *S.V.F.*, II, 510 : Ζήνων μὲν πάσης ἁπλῶς κινήσεως διάστημα τὸν χρόνον εἶναι (cf. *Phys.*, 223 a 34 : κινήσεώς ἐστιν ἁπλῶς ἀριθμός).

42. Simplicius, parlant de Chrysippe : « Il ne ramène pas deux définitions à une formule identique, mais il établit une définition unique, qu'il est seul à soutenir contre les négations des autres » (*S.V.F.*, II, 510).

43. Cf. *Le Système stoïcien et l'idée de temps*, pp. 33-35.

session de sa théorie, et ne permet pas la moindre inférence en faveur de l'antériorité du Livre V (D. Ross, très justement, avait fait une constatation analogue, en ce qui concerne la distinction entre mouvement et changement[44]). Des hypothèses chronologiques autour de ce point seraient d'autant plus vaines que, dans les *Topiques* (que l'on attribue à la « jeunesse » d'Aristote), la division du mouvement selon ses espèces est, non pas exposée explicitement, mais seulement rappelée, ce qui, à la fois, indique qu'Aristote la supposait connue de ses auditeurs, et qu'elle était alors déjà entièrement élaborée (elle-même et, par suite, la liste déterminée des catégories dont elle est solidaire[45], sans quoi elle ne saurait intervenir dans la mise à l'épreuve dialectique de l'argument[46]).

d) Le temps est le nombre de « n'importe quel mouvement », puisque chaque mouvement, de quelque espèce qu'il soit, emporte avec lui son nombre : « C'est pourquoi le temps est le nombre en général du mouvement continu, et non de telle ou telle espèce. »

Nous avons déjà vu que le temps tient sa continuité du mouvement, lequel la tient de sa trajectoire (219 a 10-13). Nous avons vu aussi que le temps mesure, non seulement le mouvement, mais aussi le repos. — De fait, le temps peut être continu, sans que le mouvement le soit (VIII, 8, 264 b 5 ; cf. V, 3, 226 b 27-31). Mais ici, c'est bien la continuité du mouvement qui est exigée, et une continuité qui n'admet pas, comme ailleurs[47], une interruption temporelle. On peut même se demander si le mouvement, qualifié de « continu », ne comporte pas cette précision supplémentaire : « absolument continu »[48]. Or le mouvement absolument continu « conserve nécessairement son identité spécifique, son unité de sujet et son unité de temps » (V, 4, 228 b 1-3).

Ce qui reviendrait à dire que le temps est bien le nombre de « n'importe quel mouvement » et non pas, en ce sens, d'un mouvement spécifié : il suppose cependant, comme nombre, un mouvement continu (encore que ce nombre puisse mesurer aussi bien les temps d'arrêt). Un tel mouvement peut bien être arbi-

44. D. Ross, *A.'s Physics*, p. 597, *ad* 19-20.

45. La « nécessité » (ἀνάγκη) de la déduction est suspendue à la *division* exhaustive des catégories (Εἰ μὲν οὖν αἱ κατηγορίαι διῄρηνται.., 225 b 5-7). — Voir aussi l'article déjà cité de J. Brunschwig, Dialectique et ontologie chez Aristote, in *Revue Philosophique*, 1964, pp. 183 sqq.

46. *Topiques*, III, 6, 120 a 38-b 3 ; IV, 2, 122 a 19-27.

47. P. ex. *Phys.*, V, 3, 226 b 27-31 (avec le commentaire de Ross *ad. loc.*, p. 627).

48. Il n'est pas sùr, en effet, que ἁπλῶς (223 a 33) ne porte pas (ou du moins : ne porte pas aussi) sur συνεχοῦς.

trairement choisi parmi les espèces de mouvements énumérées : toujours est-il qu'en raison de sa continuité, il peut déjà fonctionner comme unité de mesure, aussi bien à l'égard des autres mouvements.

47. e) Cette interprétation peut être contestée. Et l'on en aurait volontiers fait l'économie, si elle n'était pas exigée par l'objection qui fait suite à ce texte. Sans doute, déjà l'emploi, peut-être imprudent, du terme « n'importe lequel » s'expose-t-il à la critique des *Topiques* (VI, 12, 149 b 16-19), mais l'objection est beaucoup plus précise. Elle ne peut pas se contenter de dire qu'un autre mouvement comporte un nombre aussi bien (puisque c'est cela précisément qu'Aristote vient d'affirmer) : elle signifie qu'un autre mouvement qui arrive à son terme au même instant que le mouvement continu considéré, présente, lui aussi, un nombre et, pour peu qu'il ait commencé au même moment que le premier, présente le même nombre. A ce compte, il y aurait deux unités de mesure et, pour finir, deux temps égaux simultanés.

Du point de vue dialectique, l'objection revient à ruiner la définition du temps, en montrant que, si elle s'applique bien à ce qui est désigné par le terme, elle ne s'applique pas à cela seul (*Top.*, VII, 5, 154 b 10-12), qu'elle ne convient donc pas *soli definito*. Or cela ne pouvait se montrer en produisant simplement un autre mouvement mais seulement un mouvement qui, comme celui qu'avait envisagé la définition, prétend constituer le temps. L'objection rappelle encore la critique qu'Aristote avait opposée à la définition platonicienne du temps : s'il y avait plusieurs cieux « il y aurait une pluralité de temps simultanés » (218 b 5). Elle anticipe enfin une précision qu'Aristote apportera plus loin à la définition du mouvement « absolument un » : « Il ne suffit pas qu'il y ait communauté de sujets ; il est possible, en effet, que deux hommes se guérissent pendant un même laps de temps, par exemple d'une ophtalmie ; mais ce processus ne serait pas un et le même, mais seulement spécifiquement » (V, 4, 228 a 1-3).

f) Du point de vue doctrinal, il ne semble pas qu'il y ait, dans tout cela, un problème quelconque pour un philosophe ancien. Mais il y en a pour les modernes, qui ont voulu créditer Platon d'une doctrine des « temps multiples », tentative favorisée, philologiquement, par une leçon fautive du *Timée* (41 e 6). Cette interprétation remonte à A. Rivaud[49] ; elle a été reprise, mais

49. A. Rivaud, édition du *Timée (C.U.F.)*, 1925, p. 151, note.

indépendamment semble-t-il, par Taylor[50] (bien qu'avec plus de précautions), puis par d'autres encore. Il suffira ici de renvoyer à la mise au point que H. Cherniss a donnée de ce (faux) problème[51].

g) Que ce soit bien le problème de l'unité de mesure (abordé ouvertement au paragraphe suivant) qui est déjà sous-jacent à notre texte et préparé par lui, on le voit par un simple point de vocabulaire : l'idée de simultanéité, déjà évoquée précédemment, et à peu près dans les mêmes termes, s'adjoint cependant maintenant un terme nouveau, celui d'*égalité* (223 b 3, 4, 9, 12). On considère « les mouvements qui s'achèvent ensemble en même temps » (b 6), et peu importe que l'un soit rapide et l'autre lent, que l'un soit une translation et l'autre une altération. On n'exige donc plus, pour les rendre « comparables », une identité de parcours (comme en 223 a 1-3). On insiste même sur la différence des mouvements et sur leur séparation (b 10), c'est-à-dire, précisément, sur cette coïncidence temporelle d'événements qui n'ont qu'un rapport accidentel et « fortuit », coïncidence, justement, qui ne manifeste qu'une « unité de temps », non une « unité d'action », et qu'avait critiquée, on l'a rappelé plus haut, la *Poétique* (23, 1459 a 21-24). Il suffit, à présent, pour qu'on puisse leur attribuer à tous le même nombre, qu'ils soient « égaux et simultanés », eu égard à leur seule étendue quantitative.

L'analyse de la substance[52], dans la *Métaphysique* (Z-Θ) et ailleurs, est d'abord conduite à partir d'une seule substance, prise isolément et considérée en elle-même et dans ses causes prochaines — avant d'être restituée à son environnement, et rattachée à ses causes lointaines (le Soleil, l'Écliptique, le Premier Moteur). De même, l'étude du temps s'était appliquée à un mouvement unique, en quelque sorte exemplaire, qui avait permis, d'abord de constater l'existence du temps, puis d'en saisir l'essence. Mais l'on voit maintenant que ce n'était là qu'un mouvement « quelconque », et que la succession de ses différentes phases constituait, non pas seulement « son » temps qui lui serait attaché comme à sa personne, mais bien le temps de tous les mouvements, quels qu'ils soient et où qu'ils aient lieu, qui présentent le même nombre et lui sont « égaux » en étendue.

50. A. E. Taylor, *A Commentary on Plato's Timaeus*, Oxford, 1928, p. 258 sq., 689 (avec la note).

51. H. Cherniss, *Aristotle's Criticism of Plato and the Academy*, Baltimore, 1944, p. 418, n. 349.

52. Cf. plus haut, § 15.

Outre cette identité de nombre qui rend contemporains des mouvements quelconques, il y a une identité spécifique d'événements qui se succèdent (b 4) (et se succèdent, comme l'explicitera le paragraphe suivant, d'une façon périodique), tout comme l' « égale quantité d'eau » qui s'écoule dans la clepsydre mesure l'accusation et la défense[53].

4. **La translation circulaire** (223 b 12-224 a 2)

« *Comme il y a la translation et, en particulier, la translation circulaire, et que toute chose est nombrée par une unité du même genre, les monades par une monade, les chevaux par un cheval, le temps l'est aussi par un temps déterminé ; or, nous l'avons dit, le temps est aussi bien mesuré par le mouvement que le mouvement par le temps (et cela, pour la raison que c'est un mouvement déterminé par le temps qui mesure aussi bien la quantité du mouvement que celle du temps) — si donc ce qui est premier en chaque genre est mesure de tout ce qui relève de ce genre, la rotation uniforme est mesure par excellence, parce que son nombre est le plus connu. Ni l'altération, ni l'accroissement, ni la génération ne sont uniformes, mais bien la translation.*

C'est pourquoi le temps semble être le mouvement de la sphère, car c'est lui qui mesure les autres mouvements, et le temps même est mesuré par ce mouvement. C'est cela aussi qui explique cette locution coutumière : on dit que les affaires humaines forment un cercle ; on le dit aussi des autres choses qui présentent un mouvement naturel, c'est-à-dire une génération et une corruption. C'est que toutes ces choses sont évaluées grâce au temps : elles prennent leur fin et leur commencement comme si elles étaient soumises à une périodicité. Car le temps lui-même semble être un cercle, et cette impression, à son tour, provient de ce qu'il est mesure d'une telle translation et mesuré lui-même par une telle translation. Par suite, dire que les choses qui se produisent forment un cercle, c'est dire qu'il y a un cercle du temps, et cela, parce qu'il est mesuré par la rotation ; car dans ce qui est mesuré rien n'apparaît en plus de la mesure ; simplement, le tout mesuré est fait d'une pluralité de mesures » (223 b 12-224 a 2).

48. *a*) Cette section contient la conclusion de l'enquête sur le temps. Elle résout le problème, qui vient d'être indiqué mais qui

53. ARISTOTE, *Constitution d'Athènes*, LXVII, 3.

avait dominé l'ensemble de la recherche, de la mesure du temps. Comme le chapitre terminal sur le lieu situe les lieux physiques par rapport au Ciel, elle rattache les laps de temps physiques au temps cosmique (lequel, dans l'examen de la doxographie, avait été écarté, tout comme était critiquée d'abord l'idée de « lieu commun »). Les deux enquêtes donc, après avoir étudié tout au long le problème au seul niveau de la physique, finissent par le rattacher à la cosmologie [54]. D'autre part, elles opèrent en conclusion un retour aux « apparences » premières d'où était partie la recherche : résolution des apories et explication des images illusoires dans l'étude sur le lieu [55] et, ici, explication de l'apparence ou, comme il vaut peut-être mieux dire, de la première impression (b 21-22 ; b 29) qui était à l'origine de la définition platonicienne du temps comme mouvement de la sphère, et qui inspire une façon de parler coutumière : Aristote parvient ainsi, tout à la fois, à « sauver les apparences » et à confirmer sa propre théorie. Enfin, comme lors de la conclusion sur le lieu, la

54. On emploie ici ce terme qui, dans l'antithèse où il se trouve placé, présente un sens suffisamment clair. — Il n'en est pas moins d'origine moderne et risque souvent, appliqué à la philosophie antique, de faire anachronisme (ainsi on ne devrait pas parler de la « cosmologie » stoïcienne, alors que le seul mot que donnent les textes est *physikon*, distingué tout au plus, chez Cléanthe, de *theologikon*). C'est fourvoyer le lecteur que d'imprimer, après le mot *Kosmologie*, κοσμολογία, comme le fait par exemple R. Eisler, dans son *Handwörterbuch der Philosophie*, 1913. Le mot n'a jamais existé en grec : on trouve tout juste, et encore comme un *hapax* : ὁ κοσμολογικός qui, d'après une scolie à la *Paix* d'Aristophane, aurait été le titre d'un livre d'Ion *(L.S.J.)*. Il va de soi que la formation savante du mot interdit d'accepter à la lettre cette indication ; nous ignorons, à ma connaissance, de quand date cette scolie et quelle peut en être la source. — Quand Ch. Wolff, en 1731, publie sa *Cosmologie Générale*, il écrit, au début de la Préface : « Inauditum in Scholis nomen est Cosmologia generalis, quam & transcendentalem appellare soleo, nec ullus Metaphysicorum de ea cogitavit vel illis temporibus, quibus spissa de Metaphysica volumina conscribebantur ». Cette revendication, non seulement de la science, mais de son titre est commentée et justifiée par le savant éditeur de Wolff, l'abbé J. Ecole, professeur à l'Université Catholique d'Angers (*Ch. Wolffii Cosmologia Generalis*, G. Olms, Hildesheim, 1964, p. VII-X). On ne sait trop pourquoi R. Eucken, dans sa *Geschichte der philosophischen Terminologie* (1879), réimpr. chez G. Olms, 1960, p. 133, assigne à ce mot une origine scolastique (« spätscholastisches », plus exactement), mais sans donner aucune référence.

Cependant, H. Cherniss me fait remarquer que le *Oxford English Dictionary* cite *s.v.* une phrase de J. H. Stirling relative à la division de la métaphysique de Wolff, où il cite à son tour, pour l'usage de ce mot en anglais, la *Glossographia* de Thomas Blount, publiée en 1656. Or, comme l'écrit H. Cherniss, « si Blount mentionne réellement ici le mot « cosmologie », il doit même être plus ancien, puisque l'auteur explique le sens des mots employés en anglais ' et dans d'autres langues ' ». — Il y aurait donc là une recherche à faire.

55. Cf. *La Théorie aristotélicienne du lieu*, pp. 118 sq.

référence à la cosmologie est bornée au strict nécessaire : une remarque s'impose donc, analogue à celle que nous avons faite au sujet de la division des mouvements : notre texte n'autorise pas la moindre inférence d'ordre chronologique, et l'on ne saurait conclure, du caractère succinct de ces indications, qu'Aristote ignorait, au moment de la rédaction du IVe Livre, les développements qui rempliront le Livre VIII.

b) L'extrême concision avec laquelle Aristote établit, dans une seule phrase qui contient à la fois les prémisses et leurs arguments (concision qui a donné lieu à une conjecture de la part de Prantl, historien de la logique [56]), que la translation circulaire est la mesure du temps, montre deux choses : d'abord, qu'il suffit d'énoncer la solution du problème de la mesure du temps (et qu'il ne saurait s'agir de s'engager ici dans de plus amples recherches), ensuite, que cette solution même doit surtout introduire le retour aux « apparences », qui renforcera cette solution par des considérations, non plus scientifiques, mais dialectiques.

c) La primauté (b 18) de la translation sur les autres mouvements, et du mouvement circulaire sur les translations rectilignes, sera démontrée plus loin (VIII, chap. 7 et 9). Ici, Aristote allègue seulement l' « uniformité » (b 19, 21), laquelle, à vrai dire, peut se trouver dans n'importe quel mouvement et, notamment, dans l'altération et l'accroissement (V, 4, 228 b 15-229 a 6) : si ce terme est réservé ici au mouvement circulaire (soit à lui seul, soit éminemment, 267 b 4), c'est, ici encore (cf. 223 a 1), compte tenu de la trajectoire, qui est « une et continue » (264 b 9), ce qui n'est pas le cas des autres espèces de mouvements qui oscillent entre deux contraires et, du fait de la finitude de leur trajectoire, sont obligés au rebroussement, c'est-à-dire à la discontinuité (261 a 31-b 7) [57].

d) Dans notre texte, cependant, la primauté du mouvement circulaire (c'est-à-dire, au juste, de la rotation axiale) n'est envisagée que sous un seul aspect qui, lui, ne sera pas du tout mis en évidence au Livre VIII : elle est mesure (des autres mouvements), et cela « parce que son nombre est le plus connu ». Or

56. Cf. D. Ross, *A.'s Physics*, pp. 611 sq., *ad* 12-13.

57. Aristote n'allègue même pas ici cette autre raison pour laquelle les mouvements rectilignes ne sont pas « uniformes » : ils s'accélèrent à mesure qu'ils s'éloignent de l'état de repos du mobile (VIII, 9, 265 b 11-16 ; cf. V, 6, 230 b 21-28), théorie qui est liée à celle des lieux naturels, et avait fourni un argument contre l'existence du vide (IV, 8).

c'est là une autre considération qui, parmi les « acceptions multiples du terme de primauté » (260 b 17), porte sur ce qui est premier en tant que mesure, c'est-à-dire qu'elle relève de la théorie exposée au premier chapitre du Livre I de la *Métaphysique.* C'est là qu'est expliqué que « la mesure est toujours du même genre » que le mesuré (1053 a 24-25) et que « la mesure est ce qui est premier dans chaque genre » (1052 b 18) ; c'est là aussi, après une allusion au mouvement circulaire comme « premier » (1052 a 27), qu'est définie la mesure comme « ce par quoi la quantité est connue » (1052 b 20), car « on pense connaître la quantité quand on en connaît la mesure. Surtout, on pense connaître le mouvement par le mouvement simple et le plus rapide (car il occupe le laps de temps le plus petit) ; c'est pourquoi en astronomie, c'est une telle unité qui est principe et mesure (car on admet que le mouvement uniforme et le plus rapide est celui du Ciel, par rapport auquel s'évaluent les autres mouvements) » (1053 a 7-12). — Un texte parallèle du *De Caelo* que, depuis Bonitz, on rapproche de cette dernière phrase[58], explique pourquoi le mouvement circulaire satisfait à l'une des conditions requises pour la mesure : d'être « quelque chose d'un et d'indivisible » (1053 b 34 ; N, 1, 1088 a 2), c'est-à-dire un *minimum :* sa trajectoire est la plus petite. Quant à l'autre condition : « ce par quoi la quantité est connue » (1052 b 20), Aristote se contente de constater : « Son nombre est le plus connu », affirmation qui certes peut s'expliquer[59], mais qui n'en laisse pas moins ouverte, comme Cornford le remarque avec raison, la question de savoir « quel mouvement circulaire particulier nous devons prendre comme standard » ; il ajoute que « les commentateurs ont probablement raison de supposer que, dans des buts pratiques, il acceptait la journée solaire »[60]. Cette absence de précision (alors que le calendrier athénien était fort élaboré à l'époque[61], et que le Livre Λ rend compte des théories d'Eudoxe et de Callippe), jointe au fait que, dans tout ce texte, le terme

58. *De Caelo*, II, 4, 287 a 23-30 : « Si la translation du ciel constitue la mesure des mouvements du fait qu'elle seule est continue, constante et éternelle, si, d'autre part, dans chaque genre, c'est la quantité la plus petite qui est mesure, et si le mouvement le plus rapide est le plus bref, alors, il est clair que, de tous les mouvements, celui du ciel doit être le plus rapide. Mais, de toutes les lignes qui partent d'un point et y reviennent, la circonférence est la plus courte. Dès lors, si le ciel est transporté circulairement et animé du mouvement le plus rapide, il est nécessairement sphérique » (trad. P. Moraux).

59. Ross, *A.'s Physics*, p. 612 déb.

60. Cornford, éd. citée, p. 423 (n. *c*).

61. Voir A. E. Samuel, *Greek and Roman Chronology*, Munich, 1972, pp. 22-23.

de mouvement circulaire ne soit nulle part associé à celui du Ciel[62], semble bien confirmer qu'Aristote, ici, veut s'en tenir à un résumé allusif de sa doctrine, et n'en communique que ce qu'il juge indispensable.

e) On n'en sera que plus attentif au fait que le seul point sur lequel une explication plus précise soit fournie (et placée en parenthèse), c'est le rappel de la mesure réciproque du temps et du mouvement, comme si, par conséquent, ce point n'avait pas encore été suffisamment établi. Aristote ajoute maintenant : « Il en est ainsi, parce que c'est un mouvement déterminé par le temps qui mesure aussi bien la quantité de mouvement que celle du temps. » On a essayé de montrer plus haut que c'est bien le temps qui, en dernière instance, fonde cette mesure qui, ensuite seulement et d'une manière dérivée, apparaît comme mesure réciproque.

49. Le passage suivant trouve son meilleur commentaire dans un texte des *Problèmes* ; on ne se privera pas de son enseignement en soulevant l'insoluble question de l'authenticité : à part un seul mot[63], le vocabulaire est aristotélicien, et il n'y a aucun indice permettant de refuser ce même caractère à son contenu. Il vaut la peine de le reproduire intégralement :

« *Comment faut-il entendre l'" antérieur " et le " postérieur " ? Est-ce au sens où sont antérieurs à nous ceux du temps de Troie et, par rapport à ceux-ci, ceux d'avant, et ainsi de suite ? Ou bien, s'il est vrai que le Tout a un commencement, un milieu et une fin, et qu'en vieillissant on se rapproche de la limite et, derechef, retourne au commencement, et que sont antérieures les choses plus proches du commencement, qu'est-ce qui nous empêche d'être plutôt près du commencement ? Dans ce cas, nous serions aussi bien " antérieurs ". Comme il y a un cercle dans la translation du Ciel et de chacun des astres, qu'est-ce qui empêche que la génération et la destruction des choses corruptibles soient de même nature, si bien que ces choses naîtraient de nouveau et périraient ? De même, on dit que les affaires humaines sont un cercle. Sans doute, croire que ce soient toujours les mêmes individus qui naissent serait naïf, mais, en remplaçant l'identité numérique par l'identité spécifique, la thèse serait davantage*

62. Le mot de *sphère* (b 22) ne figure plus dans la démonstration même, et a ici valeur d'une expression doxographique (cf. 218 b 1, 6, 7).
63. Εἱρμός (916 a 32) est un terme stoïcien et fait figure, dans le *Corpus* aristotélicien, d'hapax. Ἀπώλεια, bien que rare, est aristotélicien.

acceptable. A ce compte, nous aussi serions " antérieurs ", et l'on admettrait que l'ordre de la série est de telle nature qu'il la recourbe vers le commencement, produise une continuité et se comporte toujours de la même manière.

Selon Alcméon, " les hommes meurent parce qu'ils ne peuvent pas rattacher le commencement à la fin ", parole ingénieuse si on l'accepte dans son sens général, sans la prendre à la lettre. Donc, s'il y a un cercle (et comme un cercle n'a ni commencement ni limite), les hommes ne seraient pas " antérieurs " du fait d'être plus proches du commencement, ni nous par rapport à eux, ni eux par rapport à nous. »[64]

a) Le thème que nous avons déjà rencontré de l' « antérieur » et du « postérieur », compris comme « intervalle » par rapport à l'instant présent choisi comme terme de référence, est ici transformé en « problème » par la substitution à la figuration linéaire du cercle. La relativité de ces termes est démontrée par la synthèse de deux considérations qu'avait proposées la *Physique* : l'emploi « contraire » de ces mots, selon qu'il s'agit du passé ou du futur (223 a 8) et la permanence du devenir comparé à un cercle (222 b 2). Cette relativité est illustrée d'abord par le mythe du retour des choses (916 a 23), où rien n'oblige à voir une influence stoïcienne : c'est ce que le *Phédon* avait appelé une « tradition antique » (70 c 5), c'est-à-dire la croyance pythagoricienne à la métempsycose[65]. Ce mythe, sans doute, est « naïf » (916 a 30), mais il devient acceptable si l'on remplace l'éternité des individus par celle des espèces[66].

b) La comparaison des affaires humaines avec les cycles cosmiques n'est donc pas parfaite, et c'est ce qu'enseigne le mot d'Alcméon (dont la doctrine a pu être rapprochée de la construction de l'Ame dans le *Timée*[67]) ; elle vaut seulement pour les générations des êtres vivants qui, à l'instar des révolutions célestes, « bouclent le circuit »[68]. — Notre texte de la *Physique* emploie

64. [*Problèmes*], XVII, 3, 916 a 18-41.

65. Sans qu'il y ait lieu de faire appel, ici, à l'orphisme ; cf. J. Burnet, *L'Aurore de la philosophie grecque*, § XLII (trad. fr., Payot, 1919, p. 103) ; G. S. Kirk et J. E. Raven, *The Presocratic Philosophers*, Cambridge, 1962, p. 223.

66. *De Gen. et corr.*, II, 11, 338 b 13, où est repris aussi le problème de l'antérieur et du postérieur (337 b 14).

67. Cf. Burnet, *L'Aurore...*, *op. cit.*, § XCVI, p. 228 ; Kirk et Raven, *op. cit.*, p. 235.

68. J'emprunte cette traduction de ἀνακάμπτειν à L. Robin, *Aristote*, P.U.F., 1944, p. 137. — Ἀνακυκλεῖν καὶ ἀνακάμπτειν (*De gen.*, 338 a 4-5), πάλιν ἐπανακάμπτειν (*Probl.*, 916 a 33). Ἀνακάμπτειν est bien aussi dans le

le terme de *periodos* (223 b 28), qui figure également dans l'Argument des contraires (*Phéd.*, 72 b 1), et qui a un sens plus précis, puisqu'il inclut l'idée de mesure : « La durée de la vie de chaque être comporte un nombre et est délimitée par lui : car il y a un ordre [69], et la durée de chaque vie est mesurée par une *période*, mais qui n'est pas la même pour tous. » [70] Ces périodes vitales sont rattachées aux périodes cosmiques, qui déterminent les jours et les nuits, les mois, l'année « et les temps qui sont mesurés par ces divisions » [71]. La sécheresse et les inondations obéissent bien aussi à un *ordre* et suivent des périodes [72], mais ces phénomènes s'étendent sur des durées si considérables que, souvent, les habitants de ces régions n'en ont conservé aucun souvenir [73] ; de tels faits — terrestres — ne sauraient être rattachés au mouvement du Monde, mais plutôt : « Comme il y a dans les saisons annuelles un hiver, de même, dans quelque grande période, il y a un grand hiver et un excès de pluie » [74] : qu'il faille ou non voir ici une allusion à la « Grande Année », la phrase se borne à signaler une analogie ; Aristote ne prétend pas expliquer (et même, s'en défend expressément) les cataclysmes terrestres par les périodes cosmiques. Il se peut que la phrase contienne une polémique contre Héraclite ; on notera plutôt que ce texte réfute par anticipation (et, peut-être, a inspiré) la thèse de Zénon de (la jeunesse et de) la corruptibilité du Monde [75]. Rappelons enfin que le style *périodique* se caractérise par le fait d'avoir un commencement et une fin, et par une « étendue facile à embrasser du regard » [76]. — Or, si les affaires humaines, et tout ce qui présente un mouvement naturel de génération et de corruption est communément comparé à un cercle, c'est parce que « toutes ces choses sont évaluées grâce au temps : elles prennent leur fin et leur commencement comme si elles étaient soumises à une périodicité » (223 b 27-28).

c) « On dit que les affaires humaines forment un cercle ». La traduction n'est guère satisfaisante, et elle est rendue plus

texte du *Phédon* (72 b 3), mais celui-ci emploie plus fréquemment (ἀντ-) ἀποδιδόναι, où l'on peut reconnaître comme un écho du δίκην διδόναι d'Anaximandre (fr. 1). — Cf. aussi *Eth. Nic.*, I, 11, 1100 b 3-4 : ... τὰς δὲ τύχας πολλάκις ἀνακυκλεῖσθαι περὶ τοὺς αὐτούς.

69. Cf. [*Probl.*], 916 a 33.
70. *De Gen. et corr.*, II, 10, 336 b 10-13.
71. *De Gen. anim.*, IV, 10, 777 b 16-21.
72. Cf. *Météorol.*, I, 14, 351 a 26.
73. *Météorol.*, 351 b 8-22.
74. *Météorol.*, I, 14, 352 a 30-32.
75. Cf. Philon d'Alexandrie, *De aetern. mundi*, 117 sqq.
76. *Rhétorique*, III, 9, 1409 a 35-b 1.

malaisée du fait qu'Aristote interprète dans un sens strictement physique une locution qui, initialement, devait avoir un sens surtout moral (et religieux). En introduction aux conseils qu'il va donner à Cyrus, avant la campagne contre les Massagètes, Crésus dit : « Sache d'abord qu'il y a comme un cercle des affaires humaines, qui tourne et ne laisse pas toujours les mêmes êtres heureux »[77]. C'est la leçon même que Solon avait enseignée à Crésus, d'une façon plus sommaire : « L'homme est tout entier vicissitude (*symphora*) » ; le sage avait bien accompagné cette leçon de considérations d'ordre physique (qui ont pu être rattachées à la réforme solonienne, attestée par Diogène Laërce et par Plutarque, du calendrier athénien[78]), mais c'était seulement pour montrer que, parmi les nombreuses journées qui composent la vie d'un homme, « l'une n'amène rien du tout de pareil à ce qu'amène l'autre »[79]. C'est presque déjà, avec celle de la jalousie des dieux, l'idée de la Fortune, telle qu'elle s'imposera à l'époque hellénistique, que figure la *Tyché* d'Antioche, d'Eutychidès, (placée, il est vrai, non sur une sphère, mais sur un rocher)[80] et que l'on

77. Hérodote, I, 207, 10.

78. Cf. A. E. Samuel, *Greek and Roman Chronology*, *op. cit.*, p. 39, n. 1, qui témoigne peut-être de trop de scepticisme à l'égard des témoignages de Diogène et de Plutarque. L'inexactitude évidente du comput transmis par Hérodote, I, 32 (Samuel, *ibid.*, p. 33, n. 1) a pu être expliquée par une « confusion de l'année lunaire (de 354 jours) avec l'année moyenne civile de 360 jours qui semble avoir été en vigueur en Asie » (K. Abicht, *Herodotos*, I, 1, Leipzig, 1869, p. 69).

79. Hérodote, I, 32, 19-21.

80. Cette sculpture pourrait même fournir comme un argument *e silentio* contre l'hypothèse, parfois avancée, d'une « roue de la Fortune » chez les Grecs. Il y a là un problème iconographique très précis et très complexe (parce qu'il faudrait distinguer la roue de la sphère ou du globe, et interpréter l'intention de l'artiste qui peut être très différente, d'un monument à l'autre). Ce symbole de la mobilité de la condition humaine jouera un rôle éminent au moyen âge (cf. J. Le Goff, *La Civilisation de l'Occident médiéval*, Arthaud, 1965, p. 211, 629), favorisé probablement par un texte de la *Consolation* de Boëce (II, II, 9) ; l'image revit à la Renaissance (la gravure de Dürer, *Némésis ou la Fortune*, est de 1501). Je renvoie ici à deux articles : E. Panofsky, « ' Good Government ' or Fortune », in *Gazette des Beaux Arts*, 6e Série, LXVIII (1966), pp. 305-326), et, plus récemment, G. Stabile, « La ruota della fortuna : tempo ciclico e ricorso storico », in *Studi Filosofici*, II, 1979 (Firenze, Leo S. Olschki ed., 1981), pp. 93-104 ; ce dernier travail, très suggestif et enrichi d'illustrations médiévales et du XVIe siècle, passe un peu rapidement sur le problème des sources antiques : l'*anakyklôsis* de Polybe (p. 100) est tout autre chose, et la reprise du schème polybien par Machiavel (p. 104) en modifie en réalité profondément le sens (voir G. Colonna d'Istria et R. Frapet, *L'Art politique chez Machiavel*, Vrin, 1980, pp. 155 sqq.). La *periodos* aristotélicienne (p. 93, 95), soumise, même dans le monde sublunaire (*De Gen. et corr.*, II, 10-11), à une légalité plus ou moins stricte, ne fournit aucun antécédent et, dans notre texte même, la *periodos* des affaires humaines (223 b 28)

retrouve à la fin de l'œuvre de Polybe[81] ; il y a bien là une conception du cercle, mais non pas soumise, comme chez Aristote, à une légalité physique. On évoquerait plutôt ces vers où l'amertume du vaincu se fait une raison, en illustrant ironiquement par les rythmes cosmiques sa soumission obligée aux Atrides : « Ce sont les chefs : il faut bien leur céder. Pourquoi pas ? Les choses terrifiantes et les mieux affermies le cèdent bien aux grandeurs établies : les hivers avec leurs tourmentes de neige font place à l'été fertile ; l'orbe interminable de la nuit s'efface devant l'attelage lumineux du jour qui s'impose par son éclat. » Et cette contrainte qui abaisse l'héroïsme se place bien sous le signe du temps : « Le temps étendu et innombrable donne force à ce qui se cachait, et éteint ce qui brillait. »[82]

d) « On a coutume de dire que les affaires humaines forment un cercle » : ce n'est pas seulement une confirmation linguistique de la définition du temps ; c'est l'indice que celle-ci rend compte des apparences et, par là, peut introduire la conclusion de toute l'enquête.

La translation circulaire est mesure du temps et constitue l'unité de temps : c'est la raison pour laquelle le temps *semble* être le mouvement de la sphère (telle était la thèse de Platon). La locution coutumière fait comprendre que le temps même [entendons : et non seulement les affaires humaines] *semble* être un cercle [et non pas, matérialisé, le mouvement de la sphère] ; et cette *semblance*, à son tour, provient de ce qu'il est mesure d'un mouvement circulaire, et mesuré par lui. « Dire, par conséquent, que les choses en devenir sont un cercle, c'est dire qu'il y a un cercle du temps, et cela, parce qu'il est mesuré par la translation circulaire. » D'où cette conclusion : « Car, dans ce qui est mesuré, rien n'apparaît en plus de la mesure ; simplement, le tout mesuré est fait d'une pluralité de mesures. »

est commandée par la *cyclophoria* céleste (b 33), non par quelque « roue de la Fortune ».

De fait, comme a bien voulu me le confirmer H. Cherniss, une mention claire de cette image ne se trouve dans aucun texte grec, même pas dans les *Trachiniennes* de Sophocle (129-131), que l'on a voulu interpréter dans ce sens (H. Musurillo, in *Transactions of the American Philological Society*, XCII (1960), pp. 475-476). On trouve seulement des allusions à des figurations de la Fortune placée sur une sphère (p. ex. Plutarque, *De Fort. Roman.*, 317 E-318 A), et la « roue » apparaît chez des auteurs latins (p. ex. Tibulle, I, v, 70, Ovide, *Tristes*, V, viii, 7), principalement dans le texte de Boèce qui semble bien avoir été à l'origine de l'iconographie médiévale (Le Goff, p. 211).

81. Polybe, XXXVIII, 21.

82. Sophocle, *Ajax*, 668-673 ; 646-647.

Le sens de cette phrase (et, peut-être aussi, de sa construction [83]) se dégage, autant que de son contexte, d'un passage sur le *lieu,* où se retrouve le verbe, relativement rare, de « paraître à côté » (*paremphainein*) : « Il semble que ce soit une grande et difficile entreprise que de comprendre le lieu, d'abord parce que matière et forme apparaissent à côté de lui [de manière à suggérer l'illusion que ce soient elles, le lieu], puis parce que le déplacement du mobile s'enlève sur un contenant qui reste en repos [ce qui provoque l'illusion d'un lieu vide, parce que vidé par le mobile] » (IV, 4, 212 a 7-10).

« Paraître à côté dans » (quelque chose), c'est, depuis le *Timée* (50 e 4), un terme technique qui désigne, quand il s'agit d'observer ou de produire un phénomène, l'action conjointe d'un phénomène concomitant et parasitaire qui perturbe la saisie (ou le libre déroulement) du phénomène envisagé ; on peut le rendre par « offusquer ». — Le sens du mot est parfaitement clair, et il est inutile d'en commenter ici les autres emplois chez Aristote [84].

Or les difficultés qui défendent l'accès à une claire compréhension du lieu n'existent pas pour le temps. D'abord, parce que son lien avec le mouvement s'impose comme une évidence sensible à quiconque ne s'est pas endormi dans les temples de la Sardaigne. Ensuite et surtout : rien n'apparaît « à côté » du temps, qui puisse en offusquer l'essence. Sans doute pourrait-on croire, grossièrement, que le temps est l'Univers ou, d'une manière un peu plus subtile, qu'il est le mouvement de la sphère. Mais la sagesse populaire, en ramenant les affaires humaines à un cercle, fait preuve de plus de perspicacité, parce qu'elle parvient à faire abstraction de ces «affaires » mêmes, qui « apparaissent à côté et dans le temps », pour n'en laisser subsister que le cercle : en quoi elle a compris qu'il y a un cercle du temps, et qu'il est mesuré par la révolution solaire, qu'il mesure à son tour. A interpréter ainsi l'opinion commune, on voit que le temps n'est rien d'autre que cette mesure même, répétée à volonté (selon les évé-

83. C'est le schème dualiste contenu dans ce verbe qui paraît justifier la correction de Torstrik, acceptée par Ross. Mais il est certainement exagéré de déclarer « indéfendable » (Ross, *op. cit.*, p. 612, *ad* 33-224 a 2) la leçon des mss., que ni Bonitz ni Cornford n'avaient mise en doute : grammaticalement, οὐδὲν ἄλλο peut très bien se comprendre comme un nominatif attributif, et l'on traduirait : « Car, à côté de la mesure, le mesuré ne se présente sous aucun autre aspect, si ce n'est comme le tout composé d'une pluralité de mesures ». C'est-à-dire que ce qui est mesuré par le temps ne s'offusque pas par lui-même ; j'avoue qu'il me paraît très difficile de trancher.

84. On trouve un très bon commentaire du texte du *Timée* et une comparaison avec le *De anima*, dans TAYLOR, *A Commentary on Pl.'s Timaeus*, p. 327 sq.

nements qu'on mesure ainsi), parce que « le tout » (a 2) (dont on néglige à présent le contenu concret : la vie ou les affaires humaines) n'est formé que d'une pluralité de mesures[85]. Ainsi le temps lui-même est pur et dégagé de tout ce qui apparaît et se meut en lui, il n'a partie liée avec aucune de ces réalités matérielles avec lesquelles la doxographie l'avait confondu : il est cercle mesurant, et rien d'autre.

5. **Nombre nombrant et nombre nombré** (224 a 2-17)

« *Il est correct de dire que le nombre est le même, des moutons*[86] *et des chiens, si les deux groupes sont égaux, mais la décade n'est pas la même, pas plus que chacune des dizaines : il en est comme de l'isocèle et du scalène, qui ne sont pas les mêmes triangles, bien que leur figure soit la même, les deux étant des triangles. Car on parle d'identité quand il n'y a pas de différence spécifique, mais non pas là où il y en a une ; ainsi ces deux triangles diffèrent par une différence propre au triangle*[87] *: ce sont donc des triangles différents. Mais < ils ne se distinguent pas par une différence > de figure, mais sont compris dans une seule et même division*[88]*. Car, en fait de figure, une telle est un cercle, une telle un triangle, et, à l'intérieur de celui-ci, un tel est équilatéral, un tel scalène. La figure, donc, est à chaque fois la même, c'est-à-dire un triangle, mais le triangle n'est pas le même.*

Ainsi, le nombre est bien le même (ce n'est pas une différence propre au nombre qui distingue le nombre des deux groupes), mais la décade n'est pas la même : les objets auxquels elle s'applique, diffèrent : là des chiens, ici des chevaux.

On a achevé l'enquête sur le temps, et sur lui-même et sur les questions qui s'apparentent à cette enquête » (224 a 2-17).

85. Cf. PLATON, *Parménide*, 140 b 5-d. — *Métaphysique*, I, 1, 1052 b 20 sqq.

86. Il n'est pas question de moutons, dans ce qui précède (220 b 11, 223 b 5) ; Carteron, aussi bien, traduit par « chevaux », ce qui n'est pas nécessairement une inadvertance, le terme, chez Hérodote et ailleurs, pouvant avoir ce sens.

87. En acceptant la restitution de Torstrik et de Ross ; différence « propre » est dans le commentaire d'Alexandre (cf. Simplicius, éd. citée, p. 770, 23) qui indique bien, ici, une différence spécifique.

88. Mais l'on comprendrait aussi bien : « dans la même catégorie », en l'espèce celle de la qualité, dont fait partie la figure (*Cat.*, 8, 10 a 11 et, surtout, 11 a 5-14). L'emploi de τοιόνδε pourrait confirmer cette lecture. — Il est vrai que ce sens de διαίρεσις est plus rare (*Top.*, IV, 1, 120 b 36, avec la note de J. Brunschwig). Sur la portée de ce terme à l'intérieur de la théorie des catégories telle qu'elle se précise après Aristote, voir Th. A. SZLEZÁK, *Pseudo-Archytas Ueber die Kategorien*, W. de Gruyter, 1972, p. 118.

50. Ces considérations complémentaires portent sur une comparaison qui, sans doute, était faite au cours du même chapitre, mais qui avait déjà été employée bien avant.

Elle avait servi d'abord à distinguer l'instant qui, en tant que limite, appartient à ce dont il est limite, de l'instant en tant que nombre : « La décade s'applique à tel groupe de chevaux donné, mais est applicable encore ailleurs » (220 a 24), de même que le temps est « partout » (220 b 5). — Ici, l'universalité du temps était comparée au nombre abstrait.

Elle servait ensuite à distinguer le temps comme « nombre nombré » du « nombre avec lequel nous nombrons » : « C'est un seul et même nombre, celui de cent chevaux et de cent hommes, mais les objets auxquels il s'applique diffèrent, les chevaux des hommes » (220 b 10-12). — Ici, le temps, différent selon ses trois modes (passé, présent, avenir) est comparé à un groupe nombré, par opposition au nombre nombrant, auquel correspondrait, dans l'ordre du temps, l'unité de temps servant à évaluer ces laps de temps individuels, c'est-à-dire, comme il sera dit plus loin, l'année ou les saisons (b 13-14).

La comparaison intervient ensuite pour illustrer la mesure réciproque du mouvement et du temps : « Nous parlons d'un temps long ou bref, en le mesurant par le mouvement, comme nous mesurons le nombre par le nombrable, par exemple, par le cheval unité, le nombre des chevaux. C'est par le nombre que nous connaissons la quantité des chevaux, mais c'est, à l'inverse, par un seul cheval que nous connaissons ce nombre même » (220 b 18-22). — C'est bien encore, comme dans le texte précédent, le passage du nombrable au nombré. Mais le nombre (des chevaux) n'est plus envisagé comme nombre abstrait, pouvant servir à d'autres dénombrements, mais par rapport à la monade qui, concrètement, le constitue et le fait connaître[89] ; à quoi, dans l'ordre du temps, correspond le mouvement pris comme unité permettant de nombrer, dans tel mouvement (concret) donné, ce qu'il présente de nombrable.

Enfin, au chapitre 14, on parle du temps considéré dans son unité, aussi bien numérique (quand il s'agit d'événements simultanés) que spécifique (en cas de non-simultanéité, illustrée sans doute, bien qu'Aristote ne le dise pas expressément, par le retour des saisons, dont il a été question en 220 b 13-14) : « Soit, en effet, des chiens, d'un côté, des chevaux de l'autre : chacun de ces groupes est de sept, qui est le même nombre » (223 b 4-6). Ici, comme dans le premier exemple, le temps (mesuré, il est

89. Cf. *Métaph.*, I, 1, 1052 b 20-24.

vrai) est de nouveau comparé au nombre abstrait, le nombre concret étant représenté par les événements, soit simultanés, soit, dans leur succession temporelle, spécifiquement identiques.

Quand, à partir de là, on lit les considérations complémentaires, il semble qu'il y ait deux choses qui doivent frapper dès l'abord : *a*) aucune application — explicite, en tout cas — n'est faite au problème du temps ; *b*) bien qu'au début aussi bien qu'en conclusion ce soit le nombre qui est au centre de l'intérêt, la démonstration est transférée sur le plan de la géométrie.

Ce qu'il s'agit de montrer, c'est l'identité du nombre (abstrait), appliqué à deux groupes d'animaux différents, mais de quantité égale, et la différence, et du nombre par rapport à ces deux groupes, et des deux groupes entre eux (c'est-à-dire entre chacune des deux « dizaines »). La traduction : « ...pas plus que les unités de l'une ne sont les mêmes que les unités de l'autre » (Wicksteed) n'est pas heureuse, parce qu'elle risque de suggérer une réminiscence des unités arithmétiques selon Platon[90], ce qui n'est pas du tout, ici, le problème d'Aristote : il s'agit de dizaines différentes entre elles en tant que telles, comme sont différentes les septaines constituées par les voyelles, les cordes de l'échelle musicale, les Pléiades, les années où les animaux perdent leurs dents, et les chefs contre Thèbes[91].

La théorie aristotélicienne de l'identité et de la différence est exposée à plusieurs endroits de son œuvre. Elle ne va pas sans difficultés. D'abord, comme D. Ross l'a fait remarquer, parce que le terme de différence qui, en principe, ne s'emploie qu'à l'intérieur d'un même genre, peut s'appliquer également à des choses appartenant à des genres différents[92]. Mais surtout, parce que genre et différence (et même le nombre et l'analogie) peuvent constituer des facteurs d'identité aussi bien que de différence. Le « même » (en laissant de côté l'identité par accident) se prend en autant d'acceptions que l'Un : on appelle « les mêmes » des choses qui présentent une unité, ou de matière, ou d'espèce, ou de nombre, ou d'essence[93] ; sont « différentes » celles qui, étant « autres », présentent quelque identité, non seulement par le nombre[94], mais par l'espèce ou le genre, ou par analogie[95]. Ou

90. Platon, *République*, VII, 525 e 7-526 a 7 ; *Philèbe*, 56 d 9-e 4.

91. *Métaphysique*, N, 6, 1093 a 13-16.

92. D. Ross, *A.'s Metaphysics*, t. I, p. 313 (*ad* 12 *i.f.*).

93. *Métaphysique*, Δ, 9, 1018 a 4-7 : « Si bien qu'il est évident que l'identité est une espèce d'unité ».

94. Tel est, en tout cas, le texte non contesté des mss, et μὴ μόνον ne veut pas dire : μόνον μή (ainsi Alexandre approuvé par Bonitz, *A. Metaphysica*, p. 245 *i.f.*). On peut très bien garder le sens obvie du texte, en l'interprétant à l'aide de N, 1, 1088 a 10-11 (cf. 6, 1093 a 10-11, 16).

95. *Métaph.*, Δ, 9, 1018 a 12-13.

encore : « Ce qui diffère, diffère de quelque chose par quelque chose, en sorte que, nécessairement, est identique ce en quoi elles diffèrent. Cet élément identique est, ou le genre, ou l'espèce... »[96]. Bonitz, qui a longuement discuté ce texte, et sa tradition manuscrite, se voit en tout cas obligé de conclure que « selon Aristote, toutes les choses qui peuvent être différentes ne présentent pas une pure altérité, mais aussi quelque identité »[97]. On comprend que le rapport identité-différence puisse donner lieu à des cavillations dialectiques[98], et Protagoras, tout sophiste qu'il soit, développe, à ce sujet, une théorie (et une mise en garde) très saine[99]. Aristote même retrouve cette théorie, presque littéralement, quand il critique la constitution arbitraire des « septaines » qu'on a énumérées plus haut[100], après avoir objecté (aux Pythagoriciens) que, « si quelques êtres se trouvaient avoir le même nombre, ils seraient identiques les uns aux autres, puisqu'ils auraient la même forme du nombre ; à ce compte, le soleil et la lune seraient identiques »[101]. Cependant, puisque le « même » se prend en autant d'acceptions que l'Un, on peut considérer comme « un », selon l'unité du genre, le cheval, l'homme et le chien (en tant que *vivants*)[102]. L'*Éthique à Nicomaque* avait décrit la condition humaine comme une moyenne située entre celle du dieu et celle de la bête[103] ; et il est vrai, d'autre part, que l'unité de mesure doit être prise dans la classe même dont il s'agit de mesurer les représentants[104] : un cheval ou un homme. Il n'empêche que l'on peut très bien mesurer l'homme, le cheval et le dieu : la mesure, ici encore, sera le *vivant*[105]. On rejoindrait ainsi la doctrine des *synonymes*[106].

51. Dans notre texte, la définition, encore que toute formelle, s'illustre par les exemples géométriques et surtout implique, dans son énoncé même, une précision. A première vue, elle paraîtrait tautologique, ce que, toutefois, on admettrait d'autant moins que,

96. *Métaph.*, I, 3, 1054 b 25-27.
97. BONITZ, *op. cit.*, p. 430.
98. *Topiques*, I, chap. 7 ; V, 4, 133 b 15 sqq. ; VII, 1, 151 b 31 ; 152 b 30 sqq.
99. PLATON, *Protagoras*, 331 d-e.
100. *Métaph.*, N, 6, 1093 a 26-28, à comparer avec *Prot.*, 331 e 2-4.
101. *Métaph.*, N, 6, 1093 a 10-13.
102. *Métaph.*, Δ, 6, 1016 a 25-27.
103. *Éthique à Nicomaque*, VII, 1, 1145 a 16-33 ; cf. PLATON, *République*, IX, 588 b sqq.
104. *Métaph.*, N, 1, 1088 a 8-9.
105. *Ibid.*, 1088 a 10-11.
106. *Catégories*, chap. 1. — Voir H. CHERNISS, *A.'s Criticism of Plato and the Academy*, p. 57, n. 47 ; p. 178, n. 102.

chaque fois qu'Aristote emploie cette espèce de figure étymologique (« différer par une différence »), il prend soin de préciser l'agent interne [107]. Il faut donc comprendre : « Le même se dit d'une chose par rapport à une autre qui n'en diffère pas par une différence < spécifique >, et non pas par rapport à une autre qui en diffère. » On rapprochera de cette formule un texte des *Seconds Analytiques* sur la division des genres en différences premières : le nombre en triade et dyade, la ligne en droite et circulaire [108]. Ici, la division porte sur la figure et comprend le cercle et le triangle, « lequel est la plus simple des figures rectilignes, et de la définition duquel les propriétés de toutes les autres figures rectilignes sont dérivées » [109]. Ailleurs, la *Physique* divise la figure en « angulaire, droite, circulaire » [110]. Quant à la subdivision du triangle, elle peut illustrer, mais dans une intention inverse, un des sens de l'Un, à savoir l'identité d'un genre supérieur : « Par exemple, l'isocèle et l'équilatéral sont une seule et même figure, parce que tous deux sont des triangles ; mais les triangles ne sont pas les mêmes » [111]. L'insistance, au contraire, sur leur différence risque parfois d'occulter l'unité du genre. Ainsi : « A l'isocèle et au scalène il appartient d'avoir leurs angles égaux à deux droits en vertu d'un terme commun (en tant qu'ils sont une figure déterminée, et non pas en tant que l'un diffère de l'autre) » [112]. On pourrait même conduire la démonstration de l'égalité des angles à deux droits sur des triangles équilatéral, scalène et isocèle considérés séparément, de quoi il ne résultera pas une connaissance, autre que « sophistique », de cette propriété comme universelle [113].

52. On peut alors poser une comparaison (ou, bien qu'Aristote n'emploie pas cette expression, une analogie) entre le rapport que

107. P. ex. *Métaph.*, Δ, 6, 1016 a 25 ; *Parva Nat.*, 465 a 11-12 ; *Hist. Anim.*, I, 1, 488 b 11 ; *Météorol.*, IV, 10, 388 a 10-12 ; IV, 12, 390 b 6-7.

108. *Sec. Anal.*, II, 13, 96 b 15-18 ; cf. Platon, *Parménide*, 137 e, 145 b.

109. D. Ross, *A.'s Prior and Posterior Analytics*, p. 659. — Cf. *Métaph.*, I, 2, 1054 a 3-4.

110. *Physique*, I, 5, 188 a 25 (où il ne s'agit pas nécessairement d'un récit de la doctrine de Démocrite ; cf. Ross, *ad loc.*).

111. *Métaphysique*, Δ, 6, 1016 a 29-32.

112. *Sec. Anal.*, I, 23, 84 b 5-9.

113. *Sec. Anal.*, I, 5, 74 a 25-32. — « Sophistique », par opposition à la connaissance par l'essence : « Il ne sait pas que c'est en tant que triangle » (74 a 30) que cette propriété appartient aux différents triangles envisagés. De même, c'est le sophiste, non le géomètre, qui se demande s'il y a une différence entre le triangle et le triangle ayant ses angles égaux à deux droits (*Métaph.*, E, 2, 1026 b 10-12).

soutient le triangle avec le scalène et l'équilatéral, et celui qu'il y a entre la décade et les deux dizaines, ce qui permet de fonder la conclusion, objet véritable de toute la démonstration, à savoir qu'il y a une différence entre les deux dizaines.

a) En ce qui concerne le triangle, la subdivision pourrait être rendue exhaustive (et l'on doit même penser que le lecteur est supposé la compléter)[114], ce qui la rendrait plus incontestable ; rien de pareil, certes, n'est concevable pour ce qui est de la décade. Mais loin qu'il y ait là une objection possible qu'Aristote aurait passée sous silence[115], il prend soin, tout au contraire, de souligner ce point, et de l'expliquer. L'équilatéral et le scalène ne sont pas le même triangle, parce qu'ils « diffèrent par une différence < propre au triangle > » ; mais les deux dizaines ne se distinguent pas par le nombre, « car leur nombre n'est pas différent par une différence propre au nombre » ; elles se distinguent seulement parce que « diffèrent les objets auxquels le nombre est appliqué ».

b) On doit même juger que c'est parce que les rapports sont plus clairs entre le triangle et ses divisions que la démonstration est faite d'abord sur ce plan de la géométrie, comme nous l'avons dit, et, ensuite seulement, transposée au nombre.

c) Si le nombre ne comporte pas de « différence propre » (à distinguer une dizaine de l'autre), il est cependant de son essence de s'appliquer à des choses (différentes) : « Le nombre, quel qu'il soit, est toujours nombre de certaines choses »[116] (tout comme le principe est « principe de quelque chose ou de plusieurs choses »[117]).

d) La différence même entre la décade et les dizaines est celle qu'il y a entre le nombre mathématique (ou arithmétique ou monadique) et le « nombre sensible »[118], c'est-à-dire qu'elle enveloppe la distinction entre arithmétique et *logistikè*[119] (ce dernier terme, pris dans cette acception technique, n'est pas attesté chez Aristote, mais il est courant chez Platon[120]).

114. Cf. *Sec. Anal.*, I, 5, 74 a 25-31.
115. Comme le pense D. Ross, *ad loc.* (p. 613).
116. *Métaphysique*, N, 5, 1092 b 19-20.
117. *Physique*, I, 2, 185 a 3-5.
118. *Métaphysique*, M, 6, 1080 a 21, 30 ; 8, 1083 b 16 ; N, 3, 1090 b 35-36 ; *Eth. Nic.*, V, 6, 1131 a 31.
119. *Schol. in Plat. Charm.*, 165 e (in I. Thomas, *Greek Mathematics*, L.C.L., t. I, p. 16 sq.) ; Proclus, *In Eucl... Comm.*, éd. G. Friedlein, p. 40, 2-7.
120. Platon, *Gorgias*, 450 d 6 ; *Euthydème*, 290 c 1 ; *République*, VII, 525 a-b ; *Philèbe*, 56 e 8 ; *Lois*, VII, 817 e-820 d (ce dernier texte est reproduit dans I. Thomas, *Greek Mathematics*, *op. cit.*, pp. 20 sqq.).

e) Dans ce même ordre d'idées, on peut rappeler que le nombre et la figure sont des sensibles communs (et c'est comme tel que le triangle est mentionné dans un texte, d'ailleurs disputé, mais non pas sur le point qui nous concerne ici, de l'*Éthique à Nicomaque*[121]) ; ce rappel donnerait à la comparaison qui est faite ici un sens plus concret, et plus immédiatement applicable à cet autre sensible commun qu'est le temps.

f) Reste, précisément, à s'interroger sur la leçon qui se dégage de l'ensemble de ce texte et, tout d'abord, sur la question de savoir si elle porte bien sur le temps. Explicitement, en effet, il n'en est plus question et, tout en se référant à ce qui précède, Aristote paraît introduire un problème uniquement d'ordre mathématique, destiné à apporter une précision, sinon un correctif, à la comparaison faite auparavant : on a eu raison d'affirmer l'identité du nombre ; cependant, ce nombre dix diffère des dizaines et les dizaines diffèrent entre elles. Sur le plan arithmétique (ou *logistique*), l'intérêt de cette affirmation paraît réduit, et l'on voit mal qu'Aristote ait pris le détour par la géométrie pour démontrer une conclusion qui, même sans cela, devait s'imposer comme une évidence à ses lecteurs. L'intention d'Aristote se comprendrait beaucoup mieux si l'on admettait que la thèse, établie d'abord en géométrie, puis en arithmétique, est essentiellement destinée à s'appliquer au temps, où elle est si peu évidente que l'auteur de l'*aporie* (223 a 29) a pu soutenir une thèse opposée.

Les dizaines avaient figuré des événements contemporains et de même durée. Face au contradicteur qui, de la différence de ces événements, voulait conclure à une altérité et, par suite, à une pluralité de temps, Aristote avait fait ressortir l'identité et l'unicité du temps, puisque les deux événements considérés, puis tous les événements qui leur sont contemporains, « ont le même nombre » (223 b 5).

Il n'en est pas moins vrai que les dizaines-événements diffèrent entre elles et diffèrent du nombre — ce que, justement, le contradicteur avait soutenu aussi. Mais à l'aide de cette différence, il avait — « sophistiquement », diraient les *Analytiques*[122] — matérialisé et séparé les deux termes, comme si chacun des événements avait un temps propre, ce qui revenait à confondre la décade (le temps *essentiel,* universel et mesure) avec les dizaines (événements concrets, mesurés par le temps, et rendus contemporains seulement par accident). Or Aristote, insistant maintenant

121. *Éthique à Nicomaque*, VI, 1142 a 29.
122. *Sec. Analyt.*, I, 5, 74 a 28 (cité plus haut).

sur la différence, réaffirme, lui, deux points déjà établis précédemment : la transcendance du temps, par rapport aux choses et aux événements qu'il « enveloppe » (encore qu'il les mesure), et la parfaite hétérogénéité des événements simultanés, lesquels ne sont contemporains que « par accident », pour reprendre le terme de la *Poétique* [123]. Ce qui revient à dire que les dizaines, bien que déterminées toutes par la décade, ne retirent pas de cette détermination (qui rend les événements contemporains) d'autre ressemblance, ni un autre lien que celui par lequel les Pythagoriciens réunissent arbitrairement leurs « septaines » ; « Ils voient les petites ressemblances, mais négligent les grandes » [124].

Compris ainsi, le texte apporte un complément, non pas subsidiaire, mais fondamental, à la discussion précédente, et l'on ne voit guère, bien qu'il ait fallu expliciter la pensée d'Aristote, comment le comprendre autrement. — Cela étant, rien n'empêche de lui chercher un autre sens — mais ce serait vraiment « par implication » [125] — relatif à la succession cyclique des événements.

123. *Poétique*, 23, 1459 a 23-24.
124. *Métaphysique*, N, 6, 1093 a 26-28.
125. D. Ross, *A.'s Physics*, p. 613.

L'INSTANT

IX. — LE PROBLÈME DES DEUX CONCEPTIONS DE L'INSTANT : LIMITE ET TOTALITÉ

53. L'instant est au centre de l'analyse aristotélicienne du temps. C'est l'instant qui fait l'objet des apories (chap. 10), c'est la distinction des instants qui permet de percevoir l'existence du temps (219 a 26-29), et c'est l'instant qui entre dans la définition même du temps, puisqu'il est « ce par quoi l'avant-après $<$ du mouvement $>$ est nombrable » (219 b 26-28). Or l'instant est comparable au point : il n'est pas une partie du temps, mais seulement sa limite (222 a 12). Il ne saurait donc y avoir, dans l'instant, ni mouvement ni repos (VI, 8, 239 b 1).

D'autre part, dans sa critique de la thèse du plaisir-mouvement, Aristote constate qu' « il n'est pas possible de se mouvoir, si ce n'est dans le temps, alors qu'il est possible d'éprouver du plaisir $<$ hors du temps $>$: l'instant, en effet, est en quelque sorte un tout »[1]. Ailleurs, il dit que « le plaisir réside dans le repos plutôt que dans le mouvement »[2]. Que ces textes, le premier en particulier, ne soient guère en accord avec la doctrine de la *Physique*, il est surprenant que personne ne semble s'en être avisé[3] avant le savant — et le philosophe — anglais Joachim.

1. *Éthique à Nicomaque*, X, 3, 1174 b 9.
2. *Éthique à Nicomaque*, VII, 15, 1154 b 27.
3. J. A. Stewart, *Notes on the Nicomachean Ethics*, Oxford, 1892, t. II, p. 425, renvoie à *Phys.*, VI, 3, 233 b 33 sq., et se borne à citer Michel d'Éphèse : « Il [Aristote] appelle instant l'atome de temps. Il a été montré au VIe livre du cours sur *La Physique* que dans l'instant incomposé et indivisible, il ne peut y avoir ni mouvement ni repos, pas plus que génération ni corruption ». — G. Rodier, *Aristote, Ethique à Nicomaque, Livre X*, Paris, 1897, p. 91, cite les textes de *Physique* IV et VI sur l'instant-point, sans y voir de difficulté, et constate, p. 87, que « le temps où la génération est achevée n'a pas de durée et n'est pas un temps ». —

Dans son cours, publié après la mort de l'auteur, en 1951, sur l'*Éthique à Nicomaque,* il confronte la conception de l'instant comme d'un tout et celle, exposée dans la *Physique,* de l'instant ponctuel, et commente ainsi la phrase sur l'instant qui « est en quelque sorte un tout » : « L'instant même, ou ce qui est compris dans l'instant, peut être appelé un tout. L'instant, telle semble être l'idée d'Aristote, est une sorte de tout télescopé : car « l'instant est une espèce de moyenne (μεσότης), portant en elle à la fois un commencement et une fin — un commencement du temps à venir, une fin du temps qui a été » [*Phys.,* VIII, 251 b 20-3].

« On ne peut s'empêcher de penser qu'il y a ici une confusion entre l'instant comme une expérience apparemment présente[4] et l'instant comme la limite abstraite. Dans tout moment présent de la conscience, il y a un contenu ; et ce contenu, en tant que présent, est doué d'une certaine unité, complétude, totalité : mais dans un tel instant, il y a un laps, une durée, un ici et là, que l'analyse révélerait. De l'autre côté, l'instant — la limite mathématique — est sans laps, mais aussi sans contenu. »[5]

Nous avons indiqué, quelques années plus tard, qu'il ne s'agit pas ici d'une confusion, mais de deux conceptions réellement différentes, dont la divergence pourrait s'expliquer par la distinction qu'il y a lieu d'admettre entre des recherches physiques et des recherches éthiques, relevant, à chaque fois, de disciplines différentes et ayant, chacune, ses principes propres[6]. Plus récemment, H. J. Krämer a approuvé nos analyses et, à partir de ses études sur l'Ancienne Académie, a proposé de comprendre que, dans le texte litigieux (*Eth. Nic.,* 1074 b 9), « Aristote combat

J. BURNET, *The Ethics of Aristotle,* Londres, 1900, p. 451, cite, sans plus, *Phys.,* 220 a 18 et 233 b 33. — A. J. FESTUGIERE, *Aristote, Le Plaisir,* Paris, 1936, p. 32, ne commente pas la phrase, pas plus que F. DIRLMEIER, *Aristoteles, Nikomachische Ethik,* Darmstadt, 1956, p. 223, qui élude la difficulté, en traduisant l'*instant* par « ici et maintenant » (réminiscence du « a then and now » de Joachim, p. 279?). — Enfin, R. A. GAUTHIER et J. Y. JOLIF, *L'Éthique à Nicomaque,* Louvain/Paris, (1958), 1970, Commentaire, t. II, p. 836, jugent cette phrase entièrement en accord avec la *Physique* : « Car ce qui tient dans un instant est un tout indivisible. L'instant est en effet lui-même indivisible, cf. *Phys.,* VI, ch. 3 et ch. 8, 239 a 23-b 4 ». — On peut noter toutefois que J. STENZEL, *Zahl u. Gestalt bei Platon u. Aristoteles* (1924, 1933), 1959, p. 141, avait rapproché l'*Éthique* de la *Physique,* mais sans vraiment formuler le problème, puisqu'il s'agit uniquement de montrer que dans l'*Eth. Nic.,* X, 3, on trouve « un réel développement des idées qu'il [Aristote] avait reçues de Platon ».

4. « The now as any apparently present experience » : allusion assez claire au « specious present » de W. James.

5. H. H. JOACHIM, *Aristotle, The Nicomachean Ethics,* Oxford, 1951, pp. 278-279.

6. *Le Système stoïcien et l'idée de temps* (1953), 1979, pp. 52, 96, n. 5, 202, n. 2.

l'estimation péjorative du plaisir par les Académiciens, en se plaçant hypothétiquement sur le terrain des adversaires », c'est-à-dire en admettant, pour les besoins de la cause, un point temporel compris comme une ligne insécable[7].

54. Il faut reconnaître, cependant, qu'aucune de ces explications ne résout vraiment le problème.

Joachim a eu le très grand mérite de signaler, le premier et sans ménagements, le problème, c'est-à-dire l' (apparente) incompatibilité entre ces deux conceptions de l'instant, et d'admettre, du moins sous bénéfice d'inventaire, la cohérence de la pensée d'Aristote. Mais la solution qu'il propose d'une « confusion » entre ces deux conceptions paraît bien entachée de psychologisme, et même sur le plan de la psychologie, n'est pas satisfaisante. « Dans tout moment présent de la conscience, il y un contenu ; et ce contenu, en tant que présent, est doué d'une certaine unité, complétude, totalité : mais dans un tel instant, il y un laps, une durée, un ici et là, que l'analyse révélerait. » — Mais ce n'est plus, alors, de deux instants qu'il s'agirait, mais de deux consciences. La conscience qui « vit » (qu'on donne à ce mot son sens psychologique, ou son sens husserlien) la plénitude du présent, *constitue* le contenu en un tout achevé et indivisible : elle le vise, uniquement et exclusivement, *in intentione recta.* Et l' « analyse » qui « révélerait » la durée de ce contenu, sa fragmentation en parties, et, à la limite, en instants mathématiques sans contenu, ne peut être que le fait de la conscience d'un observateur qui, en cela même qu'elle s'appliquerait à analyser, c'est-à-dire à détruire ce contenu, serait tout à fait incapable de le « vivre ». Les deux instants demeurent donc distincts, parce que, nécessairement, ils ne peuvent être visés que par des consciences distinctes, et aucune conscience n'est concevable qui serait en mesure d'effectuer la « confusion ».

Il paraît donc préférable d'accepter, comme tel, le double emploi du mot *instant* et, plutôt que d'y voir une contradiction ou une confusion, de l'expliquer par la différence des deux disciplines où il a lieu.

Pour expliquer cette différence même, il est inutile de mettre ici en peine ce qu'on appelle parfois « le principe de l'incommunicabilité des genres ». Ce principe, qui concerne d'ailleurs les genres de l'être, c'est-à-dire les catégories, plutôt que les sciences, ne présente pas, dans ses applications concrètes, cette rigidité que

7. H. J. Krämer, *Platonismus u. Hellenistische Philosophie*, Berlin/NewYork, 1971, pp. 194 sq., 350 sq. (avec les notes).

les commentateurs lui prêtent parfois, notamment pour reprocher à Aristote d'avoir retardé l'élaboration d'une physique mathématique [8] et, ainsi, d'avoir empêché « le progrès de la science » [9]. Le principal texte où est exposé ce principe prévoit lui-même des exceptions [10]. Il faut dire surtout que ce principe est contrebalancé par le concept d'analogie [11] et corrigé (équilibré, si l'on préfère) par la hiérarchisation des sciences qui, elle-même, est entièrement compatible, ce qu'il n'y a pas lieu ici de montrer dans le détail, avec cette idée d'une science universelle que réalisent, bien qu'à des niveaux différents, la dialectique et la métaphysique. — Sans doute, « il n'est pas possible de prouver un fait par le passage à un autre genre, par exemple, un fait géométrique par l'arithmétique » [12]. Mais nous venons de voir qu'à la fin du chapitre 14 du IVe Livre de la *Physique*, un fait arithmétique (destiné lui-même à prouver un fait physique) est sinon prouvé, du moins éclairé par une analogie tirée de la géométrie. On sait, d'autre part, qu'une mathématique universelle (que ce soit l'arithmétique [13], ou, plus vraisemblablement, la science des proportions, créée par Eudoxe et qui formera la matière du IVe Livre des *Éléments* d'Euclide [14]) peut servir, ici encore par analogie, à définir le rapport entre la métaphysique et les autres sciences. — Il serait bon, enfin, de se souvenir des origines platoniciennes de ce « principe » [15] : elles indiquent clairement qu'il s'agit de préserver l'autonomie et la spécificité de telle science, non pas contre l'empiètement de telle autre, mais contre la concurrence,

8. Il est juste de rappeler que même L. Brunschvicg, loin de créditer Platon de l'invention de cette discipline, parle de « l'échec du mathématisme platonicien », et considère que « la physique mathématique dont Platon trace les grandes lignes dans le *Timée*, il ne réussit pas à l'ériger en science véritable » (*L'Expérience humaine et la causalité physique*, Paris, 1922, p. 132).

9. L. Robin, *Aristote*, p. 302.

10. *Sec. Analyt.*, I, 7, 75 b 9.

11. P. ex. *Sec. Anal.*, I, 10, 76 a 39 ; *Métaph.*, Γ, 2, 1003 a 33 (cf. *Eth. Nic.*, I, 4, 1096 b 26-28 sqq.). Voir L. Robin, *Aristote*, p. 37 sq. ; G.-G. Granger, *La Théorie aristotélicienne de la science*, p. 79.

12. *Sec. Anal.*, I, 7, 75 a 38-39.

13. *Métaphysique*, E, 1, 1026 a 27. — Que cette mathématique universelle soit l'arithmétique, c'est l'interprétation de Bonitz, d'ailleurs proposée simplement comme « *probabile* » (*op. cit.*, p. 285).

14. Ainsi D. Ross, *ad loc.*, ainsi que son commentaire à M, 2, 1077 a 9 et aux *Sec. Anal.*, I, 5,74 a 17-25. — On notera, cependant, qu'au jugement de G. Granger, le texte de M « nous semble décider vraiment dans le sens d'un retour à la doctrine de la spécificité des principes », et qu'il n'y aurait donc pas véritablement de mathématique universelle pour Aristote (*La Théorie aristotélicienne*..., pp. 82 sq., 308 sq.).

15. *Questions platoniciennes*, pp. 49 sq.

déloyale et ignorante, de la rhétorique et de la sophistique, qui mettent la « vraisemblance » à la place de la « rigueur », et argumentent à partir de « principes communs », faute de connaître les principes propres.

Il suffit, pour notre propos, de s'en tenir à la division, maintes fois enseignée, des sciences. La physique fait partie des disciplines théorétiques, alors que l'éthique est comprise dans les sciences pratiques (ou la politique) et, à ce titre, elle ne comporte pas un traitement rigoureux [16]. Si l'astronomie même [17] a besoin d' « expérience » et d'observations suffisantes [18], l'éthique, de son côté, suppose l' « expérience des choses de la vie » [19]. Or parmi celles-ci, on trouve, à coup sûr, cet instant plein qui est vécu comme un « tout », alors que la *Physique*, appliquant à l'étude du temps l'analyse mathématique de l'infini et du continu, mettra en évidence, elle, l'instant ponctuel et limite.

Ces considérations seraient recevables. Elles ne sauraient suffire, cependant, à résoudre (c'est-à-dire, en l'espèce : à supprimer) le problème des deux instants. D'abord, le texte même de l'*Éthique* se réfère expressément à la *Physique* (1174 b 1-2). Ensuite, la thèse de la continuité et de la divisibilité du temps, établie dans la *Physique*, reçoit cependant une application dans l'étude des sensations [20]. A l'inverse, l'idée de l'instant conçu comme un *plenum* et un tout se retrouve dans la *Métaphysique* [21]. Du point de vue historique, enfin (ou, comme il vaudrait mieux dire : philosophique), ces deux conceptions ne sont nullement, de soi, incompatibles, comme on le voit chez les Stoïciens : dans le récit doxographique d'Arius Didyme, elles sont exposées dans un même chapitre [22].

Quant à la solution proposée par M. Krämer, selon laquelle Aristote, dans le texte de l'*Éthique*, 1074 b 9, « se place hypothétiquement sur le terrain des adversaires » [23], elle présente l'avantage de remettre le débat dans son environnement contemporain. Mais elle entraîne l'inconvénient de ramener une thèse philoso-

16. *Éthique à Nicomaque*, I, 1, 1094 b 24.
17. Il y a ici une critique contre Platon : cf. *République*, VII, 529 c sqq. et, en particulier, 530 b *i.f.*
18. *Prem. Analyt.*, I, 30, 46 a 19-21 ; *Sec. Analyt.*, I, 13, 78 b 34-79 a 16.
19. *Eth. Nic.*, I, 1, 1095 a 3.
20. *De Sensu*, 7, 447 a 13-14.
21. *Métaphysique* Λ, 9, 1075 a 6-10.
22. Arius Didyme, *Epitomè*, 26 (*Dox. Gr.*, pp. 461, 23 sqq.) — Cf. *Le Système stoïcien...*, pp. 30-45.
23. H. J. Krämer, *Platonismus...*, *op. cit.*, p. 351, n. 404.

phique (et qui tient au cœur du système, puisqu'elle implique la doctrine de l'*energeia,* opposée à la puissance) à un argument *ad hominem :* la polémique est bien avec les Platoniciens, partisans du plaisir-genèse ; mais elle ne s'étend pas à la conception, purement aristotélicienne, de l'instant comme d'un tout.

X. — LES DEUX ACCEPTIONS DU MOT ET LEUR RAPPORT

55. On doit remarquer d'abord que, dans la terminologie même d'Aristote, le mot n'est pas univoque. L'instant, en effet, s'entend, ou bien « par rapport à lui-même et au sens premier » (et alors il est « indivisible, et se trouve dans tout temps »), ou bien « par rapport à un autre »[1] : cette expression (qu'il n'est pas éclairant de rendre par « au sens large », ou « au sens dérivatif ») doit se comprendre littéralement : « par rapport à un autre instant », tout proche[2]. Dans le second sens, l'instant fonctionne toujours comme limite, mais il s'adjoint un autre instant, limite également, et c'est le laps de temps compris entre les deux qui s'appelle maintenant *instant*. Ainsi entendu, l'instant est bien encore différent de la totalité définie dans l'*Éthique ;* toujours est-il que, comme elle, il désigne une certaine étendue. — En réservant la comparaison entre ces deux étendues, on peut se demander d'abord si l'instant, même pris au « sens premier », n'implique pas, lui aussi, un certain laps de temps.

Dans le premier sens, l'instant est une limite indivisible, et c'est bien comme telle qu'il est traité tout au long de l'analyse. Pourtant, ce n'est pas cet instant-là qui nous fait comprendre le temps, mais bien, semble-t-il, l'instant « par rapport à un autre » : l'instant diviseur, en effet, commencement aussi bien que fin, si on le prenait ainsi, en se servant deux fois du même, obligerait à marquer un arrêt : « En sorte que le temps est nombre, non pas à la manière d'un point identique < mais utilisé, dans la division de la ligne, comme s'il était double >, mais plutôt à la manière des deux extrémités de la ligne » (220 a 14-16).

Bien que divisant en puissance, l'instant ne pourrait plus, s'il divisait en acte, assurer la continuité du temps (chap. 13 déb.),

1. *Physique*, VI, 3, 233 b 33-35.
2. *Physique*, IV, 13, 222 a 20-21.

et ne ferait que l' « arrêter » (220 a 13). Il faut donc, pour que pareil arrêt ne détruise pas le temps et pour que, d'autre part, soit conservée à l'instant sa fonction de limite et de nombre, conservé, par suite, son double aspect de commencement et de fin, que l'instant se dédouble pour de bon : non pas, comme le point sur la ligne, par un arrêt et un double usage de son unité, mais en s'adjoignant un autre instant ; commencement et fin seront alors respectivement pris en charge par les deux instants, et, entre eux, il s'écoulera un laps de temps que, conjointement, ils permettent de nombrer. Autrement dit : l'instant, défini comme limite ponctuelle, implique nécessairement, puisque toute chose limitée l'est « des deux côtés » (218 b 22-23), l'idée d'une double limite : on doit donc substituer au schème de la ligne partagée, où l'instant ne divise qu'en puissance, le schème d'une ligne bornée de part et d'autre, où les instants sont bien encore limites, mais se répartissent entre eux les aspects de commencement et de fin, sans détruire le temps, tout en assumant, comme en acte, le « double usage ».

56. On aboutirait au même résultat si l'on actualisait la division potentielle du mouvement : dans l' « intervalle », il y aurait un « repos », et dans cet intervalle, marqué par l'arrêt et par la reprise du mouvement, « il y aura du temps » (V, 4, 228 b 1-7). Et il en irait de même si l'instant, un et indivisible, limite entre passé et futur, était divisé, non seulement « en pensée » (262 b 6-7), mais pour de bon : on aurait alors deux instants et comme, par définition, ils ne sauraient être « consécutifs » l'un à l'autre, « l'intervalle sera constitué par du temps » (VI, 3, 234 a 8). Proclus dira, pour expliquer une thèse pythagoricienne : « Le point a une double signification : ou bien il est en soi, ou bien il est dans la ligne, étant seulement comme limite et comme un, et, n'étant ni un tout ni n'ayant de parties, il imite l'extrémité des êtres et, par suite, a été mis en analogie avec la monade »[3]. Et comme la ligne présente deux extrémités, la fonction de limite du point implique ce « double usage » que l'on constate pour l'instant, et requiert la ligne, comme celle de l'instant le laps de temps.

Quant à la terminologie : l'expression de « double emploi » ou, plus précisément : « se servir d'une chose comme si elle était deux », vient de la théorie des proportions. Elle caractérise la « proportion continue », constituée par trois termes, où « le

3. Proclus, *In primum Euclidis...* (Friedlein), p. 98, 13-16.

moyen est assumé deux fois »[4] : a : b = b : d. L'expression, aussi bien, est employée avec son sens technique dans le livre sur la Justice[5]. Or, ici, ce double emploi, d'une part, assure la continuité de l'analogie et, d'autre part, il est entièrement légitime, puisque « d'une certaine façon, même la proportion continue est constituée par quatre termes »[6]. Au contraire, appliqué à l'instant, le double emploi rompt la continuité du temps, comme le point, employé deux fois, rompt la continuité de la ligne, en faisant arbitrairement passer à l'acte l'une des infinies divisions que contient la ligne, dont la continuité n'est faite que de la potentialité (non effectuée) de ces divisions (VIII, 8, 263 a 23-b 3). Or, que cet emploi soit illégitime, on le voit dans le cas du mobile, animé d'un mouvement rectiligne, qui atteint son point de rebroussement : ici le point est bien réellement en acte, comme terme final du mouvement d'aller, et commencement du mouvement de retour ; mais aussi bien, l'instant où se placent l'un et l'autre terme n'est-il plus une limite indivisible, puisqu' « il est impossible que le mobile soit arrivé simultanément à son terme, et s'en éloigne » : « il y aura donc du temps dans l'intervalle » (262 b 1-2 ; cf. 262 b 21-263 a 3).

Une illustration des analyses d'Aristote pourrait être trouvée dans un texte de Théon de Smyrne. On sait que, pour la détermination des intervalles musicaux, on se servait d'un chevalet mobile destiné à diviser les cordes[7]. Or Théon constate que : « Le chevalet, étant sensible, aura nécessairement quelque largeur, et ne sera donc pas assez mince pour qu'il n'intercepte absolument rien, dans la division du ton, de la limite de la première partie et du tout début de la seconde ; par suite, il distraira quelque chose du ton. Il faut donc, dans ces divisions, tenir compte de trois éléments : des deux sections et, en troisième lieu, de la partie supprimée < par le chevalet > »[8]. Ici, le passage à l'acte de la division est comme matérialisé par le point diviseur dont l'épaisseur (de même que son « double emploi » arrêtait le temps) prive les deux sections de la partie intermédiaire[9].

4. Théon de Smyrne, *Expositio...* (Hiller), p. 82, 10-19.
5. *Éthique à Nicomaque*, V, 6, 1131 a 33-b 1.
6. Théon, *loc. cit.*, p. 82, 17-18.
7. Platon, *République*, VII, 531 b ; Nicomaque de Gérase, *Introd. arithm.*, II, xxvii, 1 ; Jamblique, *In Nicomachi Arithm. Introd.* (Pistelli), p. 112, 16 sqq.
8. Théon de Smyrne, éd. citée, p. 71, 4-11.
9. Le texte de Théon, qui opère implicitement un passage du mathématique au physique, pourrait évoquer, à son tour, deux autres textes : a) la solution proposée par Chrysippe du dilemme de Démocrite concernant les sections

L'emploi dont on a parlé ci-dessus est donc opposé en tout point à celui qui en est fait de la théorie des proportions, et la critique afférente est suivie d'une nouvelle réfutation des sophismes de Zénon (263 a 4 sqq.). Il faut mentionner enfin un texte sur les différents sens de l'identité. « L'identité est une sorte d'unité d'être, soit de plusieurs, soit d'une chose traitée comme plusieurs ; ainsi quand on dit qu'une chose est identique à soi : on la traite comme si elle était deux »[10]. Ici, l'emploi de l'expression est évidemment légitime, et l'on peut penser qu'il y a une critique implicite d'un texte du *Parménide* où Platon, s'appuyant au contraire sur la différence entre « le même » et « l'un », avait refusé à l'Un l'identité à soi-même[11].

Ainsi, l'instant ponctuel, pour pouvoir être nombre, suppose un laps de temps borné par deux instants (220 a 15-16). La délimitation de cette étendue temporelle peut être parfaitement arbitraire (« il est possible de prendre un temps limité », 218 a 24-25) et si le IVe Livre envisage le mouvement, c'est uniquement (et à partir de la translation) en tant qu'il présente un avant et un après. Mais déjà, à la fin de ce même Livre, le temps est rattaché à l'existence des choses qui y naissent et périssent, et le mouvement rectiligne qui, tout au long de l'analyse, avait servi à la définition du temps, finit par le céder au mouvement circulaire.

coniques contiguës (PLUTARQUE, *De comm. not.*, 39, 1079 E-F), dans le commentaire de laquelle H. Cherniss fait intervenir précisément le concept aristotélicien du « double usage par la pensée », en l'espèce de la surface (*Plutarch's Moralia*, XIII, II, L.C.L., pp. 820 sq., n. *b*) ; b) ce qu'on appelle parfois la théorie de l'abstraction d'Aristote, telle que nous la décrit Sextus, *Adv. math.*, III, 57 et IX, 412 = fr. 29 Rose et fr. 3 du *De bono* Ross (*Fragmenta Selecta*, p. 118). On sait l'intérêt qu'a suscité ce fragment, de la part de Wilpert, puis de Gaiser (qui le replace dans le *De philosophia*, in *Pl.s ungeschriebene Lehre*, p. 497, note *ad* 32) et, tout récemment, de Julia ANNAS, *A.'s Metaphysics, Books M and N*, Oxford, 1976, p. 32. — Or H. Cherniss me fait remarquer que l'attribution du fragment à Aristote n'est rien moins que sûre : comme le point est d'importance, je transcris ici, avec son autorisation, le passage de sa lettre : « So far as I know, nobody has noticed that Rose in *Aristoteles Pseudepigraphus*, p. 716 said that the two passages belong in the « dubia » and suspected that the name of Aristotle in these passages was a mistake. Even Rose, however, seems not to have noticed that the substance of these two passages is ascribed to Apollonius by Proclus (*In Euclidem I*, p. 100, 5-14). Proclus in a matter like this is likely to know what he is talking about, whereas Sextus is far more likely to have made a mistake. I take this to be clear evidence that this « fragment » should be removed from Aristotle ».

10. *Métaphysique*, Δ, 9 1018 a 6-9.

11. PLATON, *Parménide*, 139 d-e. Aristote, dans cette perspective, serait parmi les premiers lecteurs à juger sophistique l'argument développé par Parménide : il sera suivi par beaucoup de commentateurs modernes. De fait, l'argument, à partir de la prémisse fondamentale de la Ire Hypothèse, est parfaitement valide, comme Cornford le souligne avec raison (*Plato and Parmenides*, p. 124).

57. Or, à partir du Livre V, on entreprend une classification des mouvements, et précise l'opposition entre ces mouvements et avec le repos. Le schème abstrait de la droite bornée à ses deux extrémités reçoit alors des applications concrètes et elles-mêmes soumises au temps.

Autrement dit : l'instant mathématique, en vertu de son dynamisme propre [12], renvoie au-delà de lui-même : sa fonction de division, sous peine d'arrêter le temps et de porter atteinte à sa seconde fonction qui est d'assurer la continuité du temps, doit s'exercer comme une double limitation bornant une étendue temporelle ; celle-ci, à son tour, si elle peut être arbitrairement « choisie » par l'observateur, peut être aussi déterminée objectivement par la structure même des mouvements dont le temps est le nombre : cette structure, tout en conservant le schème simple de la droite bornée de part et d'autre, fait apparaître un mouvement dirigé, se construisant successivement, se perfectionnant, s'achevant à mesure qu'il progresse, et dont la fin n'est plus seulement un instant ponctuel, mais une *fin*, un *telos,* d'où il tire son nom (V, 1, 224 b 7-8 ; 5, 229 a 25) et où, dès lors, il se repose, tout comme, avant que de prendre son départ, il s'était reposé dans le terme, contraire, intermédiaire ou contradictoire, opposé à cette fin. Le schème géométrique qui avait servi à figurer un laps de temps en vient alors à représenter un mouvement orienté, compris entre deux états d'immobilité, et ce mouvement même, « imparfait » *(atelès)* sans doute en tant que mouvement (III, 2, 201 b 32), ne cesse cependant de se parfaire, jusqu'à ce qu'il soit parvenu à sa fin, dont la perfection a été préparée, tout au long du parcours, par sa propre imperfection.

C'est donc par sa définition même que le mouvement a rapport à l'(im-)parfait et à l'*acte.* Étant « un certain acte, mais imparfait » (201 b 31-32), il tend vers une perfection qui, en un sens, lui préexiste, comme l'acte est antérieur à la puissance [13]. C'est parce que « ce qui devient est imparfait et va vers son principe » (VIII, 7, 261 a 13), que « ce qu'est une chose, une fois achevée sa genèse, c'est ce que nous appelons la nature de chaque chose, qu'il s'agisse de l'homme, du cheval, d'une maison » [14]. Et c'est pourquoi, avant d'étudier la genèse d'une chose, il faut d'abord en connaître la constitution *(systasis),* car, comme l'avait dit Platon, « la genèse est en vue de l'existence » [15].

12. Cf. le texte de *Physique*, VIII, 1, 251 b 20-26, commenté plus haut.
13. *Métaphysique*, Θ, 8.
14. *Politique*, I, 2, 1252 b 32-34.
15. *De Part. Anim.*, I, 1, 640 a 18 (citation de *Philèbe*, 54 a).

L'idée de perfection, encore qu'imparfaitement réalisée, est donc impliquée par celle de mouvement ; et Aristote accorde même qu'elle est saisissable dans le mouvement même, si l'on en envisage l'ensemble du processus temporel [16], avant de réfuter la thèse du plaisir-genèse. On voit par là que l'instant ponctuel, requérant déjà comme tel un certain laps de temps, entraîne, reliée au mouvement concret et interprétée comme son terme et sa fin, une perfection qui n'est pas sans rapport avec cet instant-totalité où se situe le plaisir.

En essayant de préciser ci-après la nature de ce rapport, on ne se propose nullement de fournir une justification, qui en l'espèce serait parfaitement gratuite, de la terminologie d'Aristote (il n'y aurait aucune difficulté à admettre que le mot *instant*, employé par le physicien, ne présente pas la même signification que celle qui intéresse le moraliste), mais de prolonger l'étude du temps : le fait que l'*Éthique*, on l'a déjà dit, se réfère expressément à la *Physique* (1174 b 2-3) suffirait à justifier cet essai.

16. *Éthique à Nicomaque*, X, 3 1174 a 28-29.

XI. — LA THÉORIE DES PRODUCTIONS INSTANTANÉES

58. Il est inutile, pour notre propos, de commenter ici la théorie du plaisir. La réfutation[1] de la thèse des Platoniciens se conclut ainsi : « Il est clair aussi, à partir de là, qu'on a tort de voir dans le plaisir un mouvement ou une genèse. Car ces derniers termes ne s'appliquent pas à tout, mais seulement aux choses divisibles et qui ne sont pas des touts ; il n'y a de genèse, ni de la vision, ni du point, ni de la monade, et rien de cela n'est ni mouvement ni genèse ; pas davantage <il n'y a de genèse> du plaisir, puisqu'il est un tout » (1174 b 9-13).

Il y a deux thèses dans ce texte et qui, à première vue, ne sont pas équivalentes : 1° le plaisir n'est pas une genèse ; 2° il n'y a pas de genèse du plaisir. De fait, le passage de l'une à l'autre est autorisé par un concept qui constitue comme leur moyen terme : celui d'un *tout achevé*.

La première thèse affirme, contre les Platoniciens, la non-instrumentalité du plaisir. Cette thèse, qui est celle d'Eudoxe, aurait pu être déduite directement de l'idée du plaisir comme fin en soi (2, 1172 b 20-23), mais l'argument d'Eudoxe avait été combattu par les Platoniciens : s'il est vrai que le souverain bien se définit par son caractère d'achèvement *(teleion)*, le plaisir ne répond pas à cette condition (2, 1173 a 29-30). Aristote, ici, pour montrer que le plaisir présente bien ce caractère, néglige le schème : moyen — fin. Il conduit sa preuve à partir de la structure même du plaisir, comparée à celle de la vision qui est « parfaite à tout moment » (1174 a 14-16). Le mot de *fin*, en effet, présente deux sens : ce peut être ce qui produit la perfection, ou bien ce qui la possède[2] ; c'est ce deuxième sens qui est appliqué ici : dès l'instant, en effet, que le plaisir est compris,

1. Sur laquelle on consultera, en particulier, V. BROCHARD, *Études de philosophie ancienne et de philosophie moderne*, Vrin, 1926, pp. 265 sqq. et G. GIANNANTONI, *I Cirenaici*, G. C. Sansoni éd., Florence, 1958, pp. 154 sqq.

2. *Métaphysique*, Δ, 16, 1022 a 1-2.

telle la vision, comme un tout achevé du premier coup, il ne saurait être ni mouvement ni genèse, c'est-à-dire la simple préparation d'une perfection à laquelle il contribuerait, mais dont lui-même serait privé [mouvement préparatoire qu'illustre la construction du temple (1174 a 20-29)].

En s'attachant à la structure du plaisir, c'est-à-dire à son essence, on peut dire qu'Aristote ne fait qu'obéir à l'exigence platonicienne qui enjoint, avant de se demander quelle peut être la qualité d'une chose, de s'enquérir d'abord de son essence[3]. Dès que l'on sait *ce qu'est le* plaisir, à savoir un tout achevé du premier coup, il est clair aussi qu'il ne saurait être un simple moyen : la dispute entre Speusippe et Eudoxe s'apparente, à cet égard, aux discours des premiers orateurs du *Banquet*, qui célèbrent les qualités d'Eros avant d'en connaître l'essence[4].

Si donc le plaisir est un tout achevé, il ne saurait être, ni instrument, ni, plus généralement, mouvement ou genèse. Mais, par là, on rejoint également le second point de la conclusion : si le plaisir est un tout, parfait du premier coup, il est clair aussi qu'aucune genèse ne peut en préparer l'avènement, — sinon le plaisir se construirait morceau par morceau, tout comme le temple.

1. **Les êtres sans genèse : objets géométriques et formes**

59. L'aristotélisme, en effet, connaît des choses affectées tantôt de l'être, tantôt du non-être, sans cependant subir un processus de génération et de corruption : les points, les lignes, les surfaces géométriques ; les formes ; les accidents ; les sensations et, comme on le voit ici, le plaisir. Cette énumération semble aussi arbitraire que les termes en paraissent disparates. De fait, on ne voit guère de concept aristotélicien capable de les embrasser tous, sinon comme le genre comprend ses espèces, du moins à la manière d'une unité analogique[5]. On ne trouverait même pas de texte où cette énumération soit indiquée autrement que par simple allusion[6]. Il n'est pas sûr du tout qu'Aristote, qui étudie ces termes séparément et, à chaque fois, dans des contextes tout à fait différents, se soit posé la question de leur ressemblance, sinon

3. PLATON, *Ménon*, 86 d 4-7 (cf. 71 b 3-4).
4. PLATON, *Banquet*, 198 e ; 199 c 5-6 ; 201 d 8-10.
5. *Éthique à Nicomaque*, I, 4, 1096 b 26-29 ; *Métaphysique*, Γ, 1003 a 33-b 4.
6. *Physique*, IV, 12, 221 b 29 (avec le commentaire de Ross).

de leur parenté, et il se pourrait fort bien que cette question ne soit embarrassante que pour les commentateurs.

L'idée même du surgissement d'une chose sans genèse antécédente n'est pas une invention d'Aristote, et pourrait faire l'objet d'une étude historique. Le philosophe nous rapporte, en effet, que cette thèse avait été soutenue par « certains » au sujet du contact et du mouvement [7]. Concernant ce dernier point, elle est longuement développée dans la *Physique* sous la forme d'une aporie, et d'une objection contre l'éternité du mouvement (VIII, 2, 252, b 12-28). Mais Aristote réfute l'argument tiré de l'apparente spontanéité du mouvement chez les êtres vivants : en réalité, dit-il, il y a toujours, dans l'animal, des parties en mouvement, ce mouvement ne serait-il dû qu'au *milieu* (253 a 7-17). En revanche, Aristote admet que les contacts (et les divisions) ne comportent pas de genèse : il s'agit alors d'un problème, non plus physique, mais géométrique ; le contact de deux solides géométriques fait que les deux surfaces qui se touchent n'en forment plus qu'une seule, de même qu'à l'inverse, la division de ce solide suscite deux surfaces [8].

On peut noter, avant d'aller plus loin : 1° que cette constatation, qualifiée par Aristote d' « irrationnelle » [9] dans l'hypothèse soutenue par les Platoniciens et, en particulier, par Xénocrate, de la substantialité des objets géométriques, avait déjà été faite dans le *Phédon* et considérée alors, sinon comme « irrationnelle », du moins comme contradictoire : la cause de la production du *deux* peut être, soit une addition (d'une unité à une unité donnée), soit une division (de l'unité primitive) (97 a 2-b 3) [10] ; 2° si, aux yeux d'Aristote, la production, par une simple division du solide, de deux surfaces prouve que celles-ci n'ont aucune réalité substantielle, une thèse très comparable (sinon inspirée de la sienne) sera formulée par les Stoïciens, et au sujet, précisément, du problème de la causalité : « Selon les Stoïciens, toute cause est un corps qui, pour un autre corps, est cause de quelque chose d'incorporel : par exemple, le bistouri est un corps qui, pour la chair, qui est un corps, est cause de l' " être tranchée ", qui est une expression incorporelle » [11]. Comme chez Aristote, et à partir du même exemple de la « division », la réalité des corps physiques est opposée à la quasi-existence des effets.

7. *De Caelo*, I, 11, 280 b 6-9 ; 26-28.
8. *Métaphysique*, B, 5, 1002 a 34-b 5.
9. *Ibid.*, 1002 a 29.
10. Sur ce texte, voir M. Isnardi Parente, « Platone e i metodi matematici », in *La Cultura*, V (1967), p. 33.
11. Sextus, *Adv. math.*, IX, 211 (*S.V.F.*, II, 341).

L'attitude d'Aristote en face de la thèse soutenue par « certains » peut donner un premier fil conducteur dans la liste des êtres sans genèse. On ne saurait refuser la genèse au mouvement, qui est l'objet propre du physicien ; mais l'on admettra fort bien que les contacts, les surfaces, les lignes et les points (pas plus, d'ailleurs, que l'instant)[12] n'en ont pas, puisque ce sont des entités géométriques.

L'idée directrice peut alors se formuler de deux manières. D'abord et essentiellement : « On considère que si la substance, inexistante auparavant, à présent existe ou si, existant auparavant, elle n'existe plus, elle subit ces changements au cours d'un processus de génération et de corruption »[13]. La génération est ainsi le signe et le caractère propre des substances (sensibles, corruptibles)[14]. Subsidiairement : le processus de génération (réserve faite de l'évolutionnisme aveugle professé par Empédocle)[15] aide à faire comprendre la substance[16]. On peut donc dire, et c'est ce qu'on vient d'appeler le fil conducteur, que la génération atteste, à la fois, la réalité et l'intelligibilité de la chose.

A partir de là, on voit pourquoi les points, lignes, surfaces, d'un côté et, de l'autre, les formes ne comportent pas de génération : c'est parce que, contrairement à ce qu'affirme l'Académie, ce ne sont pas des substances. Il n'est pas besoin d'examiner ici les nombreux problèmes que soulèvent ces deux groupes. Ajoutons seulement que : 1° en ce qui concerne les objets géométriques, le refus de leur accorder une genèse est d'autant plus cruel que les Platoniciens, Xénocrate en particulier,

12. *Métaphysique*, B, 5, 1002 b 5-6. Il s'agit ici, bien entendu, de l'instant mathématique, dont il sera question à partir du chapitre 11 du IVe Livre de la *Physique*. Mais l'on doit rappeler surtout les apories sur l'instant, développées au chapitre 10, où il a été montré, avec des arguments physiques (dialectiques, si l'on préfère, mais en tout cas non-géométriques), qu'on ne saurait expliquer ni la genèse ni la destruction de l'instant (218 a 6-25).

13. *Métaphysique*, B, 5, 1002 a 30-32.

14. *Métaphysique*, Λ, 6 déb.

15. *De Part. Anim.*, I, 1, 640 a 10-26.

16. *Politique*, I, 2, 1252 a 24-26. — Il n'y a qu'une contradiction apparente entre ce texte et celui qu'on vient de citer des *Parties des Animaux*. Au VIIIe Livre de la *Physique*, Aristote écrit : « En général, ce qui est en train de devenir est imparfait et se meut vers son principe, si bien que ce qui est postérieur dans l'ordre de la génération est antérieur dans l'ordre de la nature » (7, 261 a 13-14). Ce qui est reproché à Empédocle et aux mécanistes, c'est, non pas de commencer par la genèse, mais de décrire une genèse non-orientée vers sa fin (qui « ne se meut pas vers son principe »), alors que la genèse de la Cité, décrite dans la *Politique*, est, dès le départ, finalisée, par le concept de conservation (*sôtéria*, 2, 1252 a 31).

(que ce soit, ou non, à la suite des Pythagoriciens) enseignaient précisément une genèse, des lignes à partir du point, de la surface à partir de la ligne et, à partir des surfaces, des solides [17] ; 2° quant aux formes (par exemple de la sphère, que l'artisan forgeant une sphère d'airain ne produit pas [18]), il s'agit des qualités que les Platoniciens érigent indûment en substances, et elles tombent sous le coup de la même critique que les objets géométriques [19]. Il est vrai que, dans un texte, Aristote se demande si les formes sont « éternelles ou corruptibles » [20], mais le premier terme de l'alternative s'applique clairement et exclusivement aux formes pures, qui existent sans l'adjonction d'aucune matière, telles les moteurs immobiles ou l'intelligence [21]. Les formes platoniciennes qui, elles, ne sont pas des substances [22], n'existent, comme le dit Aristote avec un renversement conscient et voulu de la terminologie platonicienne [23], que grâce à leur « participation » au *substrat* concret [24]. Or dans cette « participation », elles partagent entièrement le statut des substances sensibles où elles apparaissent et disparaissent, mais sans pour autant bénéficier de l'honnête processus de génération et de corruption [25], réservé à ces substances seules.

2. **Les êtres sans genèse : l'accident**

60. Autant et plus peut-être que les deux groupes précédents, ce qui est désigné par le titre d'accident soulève des questions qu'on regrette de ne pouvoir aborder ici. — Si on laisse de côté ce qu'Aristote appelle l'accident « qui appartient à une chose comme telle, sans cependant faire partie de son essence » [26], « l'accident se dit de ce qui appartient à une chose et qu'il est vrai d'en affirmer, mais qui ne lui appartient pourtant, ni néces-

17. Voir, pour le détail des textes et de leur analyse, L. Robin, *La Théorie platonicienne des idées et des nombres d'après Aristote*, pp. 232 sqq.
18. *Métaphysique*, Z, 8, 1033 b 5-10 ; 15, 1039 b 26.
19. Ce rapport est clairement marqué dans H, 5, 1044 b 22 : « Puisque certaines choses existent et n'existent pas sans subir ni génération ni corruption, par exemple les points, supposé qu'ils existent, et d'une manière générale les formes... ».
20. *Métaphysique*, H, 3, 1043 b 15.
21. Cf. Ross, *A.'s Metaphysics*, t. II, p. 188 (*ad* Z, 8, 1033 b 5-6).
22. *Métaphysique*, H, 3, 1043 b 18-21.
23. *Le système stoïcien...*, p. 15, n. 3.
24. *Métaphysique*, Z, 6, 1031 b 15-18.
25. *Métaphysique*, H, 3, 1043 b 15-16.
26. *Métaphysique*, Δ, 30, 1025 a 30-34.

sairement, ni la plupart du temps »[27]. Outre la rareté, la définition de l'accident inclut la finalité, qu'il s'agisse des fins que se propose la « pensée » humaine, ou de celles de la nature[28]. Elle inclut encore, et il faut insister sur ce point, la réalité : est accident « ce qu'il est vrai d'affirmer » d'une chose. Or les choses qui existent par accident « ne comportent pas de génération et de corruption »[29] ; et leurs principes et leurs causes, « tout en étant susceptibles de génération et de corruption », ne comportent pas davantage « de processus de génération et de corruption »[30].

Ce qui caractérise l'accident, à la différence des objets géométriques et des formes, c'est que l'absence d'un processus de génération équivaut pour lui à une absence d'intelligibilité. Mais elle ne signifie nullement, comme pour les deux groupes précédents, que le produit de l'accident ne soit pas une réalité physique. Quand, creusant un trou pour planter un arbre, on tombe sur un trésor[31] ou quand, allant au marché pour faire des courses, on rencontre son débiteur et, ainsi, recouvre sa dette[32], ce sont bien des réalités physiques qui se produisent, mais qui, puisqu'elles ne sont ni nécessaires ni fréquentes, n'ont pas, en tant que telles, une cause autre qu' « indéterminée »[33] et, donc, ne sauraient être l'objet d'une science : la science ne s'attache qu'à ce qui est nécessaire ou qui arrive « la plupart du temps »[34], et l'indétermination de la cause exigerait, ce qui est impossible, de « parcourir l'infini »[35].

Vu cette indétermination de la cause, « en un sens, il y a des faits qui viennent de la fortune : ils arrivent par accident, et c'est comme accident que la fortune en est cause, mais absolument parlant, elle n'est cause de rien : la cause de la maison, c'est l'architecte et, par accident, le joueur de flûte »[36]. — Que l'accident, en un sens, n'ait pas de cause, on pourrait l'illustrer, par manière d'analogie, par ce que les juristes appellent l' « enrichissement sans cause », par où, sans doute, ils n'entendent pas que l'élément matériel de l'enrichissement soit soustrait à la

27. *Ibid.*, 1025 a 4-5.
28. *Physique*, II, 5, 196 b 21-22.
29. *Métaphysique*, E, 2, 1026 b 23-24.
30. *Métaphysique*, E, 3, 1027 a 29-30.
31. *Métaphysique*, Δ, 30, 1025 a 6.
32. *Physique*, II, 5, 196 b 32-197 a 3 (4, 196 a 3-5).
33. *Métaphysique*, Δ, 30, 1025 a 25 ; *Physique*, II, 5, 197 a 9.
34. *Métaphysique*, K, 8, 1065 a 4-5.
35. *Métaphysique*, Γ, 4, 1007 a 14-15 (cf. E, 2, 1026 b 7).
36. *Physique*, II, 5, 197 a 12-15.

causalité universelle. L'invention du trésor ou le recouvrement de la dette ont bien des causes, mais qui, rapportées à l'événement produit, se dérobent à toute saisie scientifique et qui, lors même qu'on les aurait comprises, ne rendent nullement compte de l'événement, lequel ne se réduit pas au fait matériel, mais est constitué par une finalité, soit contrariée (quand c'est la tempête qui dépose le voyageur à Egine, où il ne voulait pas aller[37]) soit agissant à titre de *causa superveniens* (comme lors du recouvrement de la dette). Parler ici du croisement de deux séries causales, comme, avant Cournot, Boèce l'avait déjà fait[38], c'est, non seulement manquer le phénomène pris dans sa spécificité (qui est la finalisation), mais encore réduire le phénomène même qui, pour Aristote, englobe la finalité naturelle aussi bien qu'humaine. — La production de l'accident, sans genèse, se voit peut-être le mieux dans l'exemple de la maison : celle-ci a pour cause adéquate, à la fois motrice et finale, l'architecte, et l'architecte n'est cause que de la maison en tant que telle : mais, dès la construction achevée, se présentent, « simultanément », et comme à titre d'effets parasitaires, des « accidents », qui font que la maison, à tel habitant, paraît agréable, malsaine à un autre, ou, à un autre encore, utile[39] : aucun de ces accidents, au cours de la construction, n'a été ni visé ni produit, et cependant ils adhèrent tous, et une « infinité » d'autres[40], à la maison achevée.

S'il manque d'intelligibilité, l'accident ne ressemble pourtant en rien à ces entités abstraites que Pythagoriciens et Platoniciens voudraient faire passer pour des substances. Il est doué de réalité et même, dans le cas des monstruosités, d'une réalité physique et substantielle. Le concept d'accident permet alors, non pas précisément d'expliquer, mais de comprendre la contingence de la nature et la liberté humaine[41], de récuser, par suite, le nécessitarisme (mégarique ou non) concernant l'avenir[42]. Il permet également de rendre compte de l'entreprise des sophistes.

37. *Métaphysique*, Δ, 30, 1025 a 25-30.
38. BOÈCE, *Consolation de la Philosophie*, V, prose I, 11-19, à partir du même exemple du cultivateur qui tombe sur un trésor : « Hoc igitur fortuito quidem creditur accidisse, verum non de nihilo est ; nam proprias causas habet, quarum inprouisus inopinatusque concursus casum uidetur operatus... Licet igitur definire casum esse inopinatum ex confluentibus causis in his, quae ob aliquid geruntur, euentum ».
39. *Métaphysique*, E, 2, 1026 b 6-10.
40. *Ibid.*, 1026 b 7.
41. *Métaphysique*, E, 3.
42. *De Interpr.*, 9.

61. Il faut relire ici cette phrase : « L'accident se dit de ce qui appartient à une chose et qu'il est vrai d'en affirmer... » Le sophiste n'est pas un menteur ; il ne dit rien de faux. Tout ce qu'il affirme, il l'affirme véridiquement — véridiquement, pourrait-on dire, mais non scientifiquement : il n'y a pas de science de l'accident. Le sophiste affirme ce qui est vrai, mais non ce qui serait pertinent. Il s'appuie sur l'accident, sur l'infinie diversité de l'accident, pour obscurcir l'essence, imitant en cela la matière, qui est puissance des contraires [43] et qui, quand elle prend le pas sur la forme, trahit l'intention de la nature. Or le monde sublunaire est plein de contingence et d'accidents : le physicien, pour constituer sa science, doit perpétuellement prendre la défense de la nature contre ses propres faiblesses, contre ses « péchés », et se gardera d'en tirer argument contre son intention [44]. Le sophiste, lui, se prévaut de ces accidents pour construire une pseudo-science, d'autant plus insinuante qu'elle ne procède, en toute rigueur, que par des affirmations vraies.

L'absence de tout processus de génération nous ramène au problème du temps : il se pose au sujet de l'accident, aussi bien qu'au sujet du sophiste qui prend l'accident comme objet de son savoir apparent.

C'est une idée traditionnelle, de Platon à Épictète, que l'acquisition de la science et, à plus forte raison, de la sagesse requiert un long écolage, qui peut être comparé à la lente maturation du fruit [45]. Par opposition, l'illumination subite, le savoir qui « advient au hasard » [46], la « science qui tombe je ne sais d'où », et « instantanément » [47], sont de peu de prix ; les faux docteurs se reconnaissent en ceci seul qu'ils prétendent nous transmettre des connaissances « en peu de temps » [48].

L'accident, de son côté, naît instantanément. Alexandre d'Aphrodise, à partir de l'exemple de la maison, explique : « C'est grâce à une certaine génération, un apprentissage et, plus généralement, une étendue temporelle [49], que celui qui ne l'était pas

43. *De Caelo*, I, 12, 283 b 3-5 ; *Métaphysique*, E, 2, 1027 a 13-15.

44. C'est ce principe (formulé dans la *Politique*, I, 5, 1254 b 21 et repris par Grotius, puis par Rousseau : « Non in depravatis, sed in his quae bene secundum naturam se habent, considerandum est quid sit naturale ») qui domine, en particulier, la théorie de l'esclavage (cf. La théorie aristotélicienne de l'esclavage et sa méthode, in *Zetesis*, Antwerpen/Utrecht, 1973, pp. 147-163).

45. Épictète, *Diss.*, I, xv, 7-8.

46. *Euthydème*, 282 c 2 (ἀπὸ ταὐτομάτου).

47. *Cratyle*, 396 d 1 (ἐξαίφνης) ; *Théétète*, 162 c 3 (ἐξαίφνης).

48. *Gorgias*, 455 a 7 ; *Sophiste*, 234 a 9 ; *Euthydème*, 303 e 6.

49. Διὰ ... χρονικῆς παρατάσεως (cf. *S.V.F.*, II, 165).

encore, est devenu architecte, et capable de construire une maison. Mais que la maison soit agréable à l'un, incommode à l'autre, voilà qui ne requérait aucun processus semblable : c'est intemporellement *(achronôs)* qu'il lui est arrivé d'être cause que la maison déplaise »[50].

Or, de pareilles productions instantanées, l'aristotélisme en admet, et non seulement pour les accidents à proprement parler. Il y a des plantes et des animaux qui, contrairement à ce qu'on pourrait appeler le principe de la génération homonyme[51], naissent « au hasard » *(automata),* c'est-à-dire par génération spontanée[52]. Il y a, d'autre part, ce que H. Cherniss a appelé la « doctrine de la possibilité d'une altération instantanée »[53], doctrine qu'Aristote utilise dans sa critique de Mélissos[54], et qu'il développe dans la *Physique* et dans les *Météorologiques,* en l'illustrant par l'exemple, entre autres, de la congélation instantanée et qui se produit « d'un seul coup »[55].

On peut, dans cette doctrine, reconnaître un antécédent de la thèse stoïcienne, selon laquelle l'entrée dans la sagesse se fait « instantanément »[56]. Il faut noter surtout que l'instant, ici, bien que privé de toute « étendue temporelle », n'a cependant pas un sens purement géométrique, puisqu'il sert à caractériser des phénomènes physiques. Qu'il puisse y avoir passage de l'instant limite à un instant d'une certaine épaisseur, on le voit dans un texte de la *Poétique,* où l'adjectif qui servait à désigner l'altération instantanée est mis au comparatif, et opposé à un « long temps »[57].

50. Alexandre, cité par BONITZ, *Aristotelis Metaphysica*, p. 291.

51. *Métaphysique*, Λ, 3, 1070 a 4-6.

52. *Hist. Anim.*, V, 1, 539 a 18, 25 ; *De Gen. Anim.*, III, 9, 758 b 7 ; on trouvera d'autres textes dans l'*Index* de Bonitz, p. 124 b 3 sqq.

53. H. CHERNISS, *A.'s Criticism of Presocratic Philosophy*, p. 71 ; voir aussi p. 163.

54. *Physique*, I, 3, 186 a 15-16.

55. *Physique*, VIII, 253 b 25 ; *Météor.*, I, 12, 348 b 23.

56. PLUTARQUE, *Stoïcos absurdiora poetis dicere*, 5, 1058 B 11 (*Plutarch's Moralia*, XIII, Part II, *L.C.L.*, éd. Cherniss, p. 616 avec le commentaire) ; *Quomodo quis in virtute sentiat profectus*, 1, 75 c (*S.V.F.*, III, 539, p. 144, 7-10).

57. *Poétique*, 26, 1462 a 18-b 3 : (L'imitation tragique) « a encore l'avantage de réaliser parfaitement l'imitation avec une moindre étendue ; car on aime mieux ce qui est resserré (ἀθροώτερον : c'est le terme qu'emploient les textes cités dans les notes 54 et 55) que ce qui est dispersé sur un long temps ; supposons, par exemple, qu'on transpose l'Œdipe de Sophocle en autant de vers qu'il y en a dans l'*Iliade* ! » (trad. J. Hardy). C'est bien là aussi, comme dans les textes physiques, une sorte de *condensation* : le génie d'Homère consistant à donner à ses deux poèmes une unité d'action qui fait que chacun d'eux ne fournirait la matière qu'à une seule tragédie (tout au plus à deux) (23, 1459 b 2-4).

3. Les êtres sans genèse : la sensation

L'idée de l'altération instantanée (alors que, selon la doctrine constante de la *Physique*, l'arrêt aussi bien que le commencement du mouvement se situent dans le temps [58]) peut servir de transition au dernier groupe des choses qui accèdent à l'existence sans avoir parcouru, auparavant, un processus de génération : les sensations [59], auxquelles, on l'a vu, l'*Éthique* associe le plaisir [60].

62. « Il n'y a pas de genèse des sensations : elles existent, sans processus de génération » [61]. Bien entendu, pas plus que dans les exemples précédents, il ne s'agit d'un effet sans cause (la sensation requiert des conditions matérielles multiples : des organes des sens appropriés, une certaine proportionnalité entre l'organe et le stimulus, enfin un *milieu* [62]) ; la phrase signifie que, toutes les conditions étant réunies, la sensation se produit d'un seul coup, pleinement et en réalisant, dès le premier instant, sa « forme » [63], bref, qu'elle se produit à la manière de l'altération instantanée. Il y a là plus qu'une comparaison, puisqu'il semble bien que la sensation soit une altération [64].

58. *Physique*, VI, 8, 238 b 26-27.
59. *De Sensu*, 6, 446 b 4.
60. *Éthique à Nicomaque*, X, 3, 1174 b 9-14.
61. *De Sensu*, 6, 446 b 3-4.
62. *De Anima*, II, 5 sqq., en part. chap. 12.
63. *Éthique à Nicomaque*, X, 3, 1174 a 14-16.
64. Les textes les plus explicites sont : *De Insomniis*, 2, 459 b 3-5 ; *Physique*, VII, 2, 244 b 10-12. Dans les deux phrases, concordantes, du traité *De l'Ame* (II, 4, 415 b 24 et 5, 416 b 32), il ne semble pas que l'emploi du verbe δοκεῖ doive affaiblir cette thèse (Bonitz, *Index*, p. 203 a 24). Dans *Métaphysique*, Γ, 5, 1009 b 13, il est reproché aux Présocratiques d'identifier pensée et sensation et de ramener celle-ci à une altération, mais, précise H. Cherniss, « une altération du semblable par le semblable, de quoi il s'ensuit que toutes les sensations sont vraies et que l'erreur est impossible » (*A.'s Criticism of Presocratic Philosophy*, p. 81 déb.). La visée polémique du texte ne permet aucune inférence sur la doctrine propre d'Aristote. Reste *De Anima*, III, 7, 431 a 5 : « L'organe sensible [cf. Trendelenburg, *Arist. De Anima*, *ad loc.*] ne pâtit ni n'est altéré ; aussi est-ce là une autre espèce de mouvement ». Il s'agit ici, comme au sujet de la pensée, en II, 5, 417 b 2-9 (le rapprochement est fait par Ross), de mettre en évidence la spécificité de ce mouvement que constitue le passage de la puissance à l'acte : c'est dans cette intention précise qu'Aristote amende ici la thèse de la sensation-altération. Le contexte particulier de cette phrase, joint à l'état d'inachèvement de tout ce chapitre (cf. Ross, p. 303) n'invitent pas à jouer cette phrase contre les textes précédemment cités.

Or, bien qu'elle ne soit soumise à aucun processus de génération, il n'en est pas moins vrai que la sensation ne se produit pas simultanément avec l'entrée en action du stimulus : celui-ci (un bruit, une odeur) a besoin d'un certain temps pour atteindre, à travers le milieu, l'organe sensoriel. C'est ce qui explique qu'un son, par exemple, est perçu à des moments différents par des observateurs placés à des distances inégales par rapport à la source d'émission ; et c'est encore ce qui explique que, dans l'intervalle, l'excitant puisse modifier sa *structure :* ainsi des lettres (parlées) qui, avant de frapper notre oreille, peuvent changer leur configuration [65] (cet exemple ne peut guère se comprendre que par allusion à la théorie de Démocrite [66] ; l'ensemble du chapitre, aussi bien, entreprend une réfutation de l'atomisme ; Épicure, à son tour, aurait pu se prévaloir de cette phrase pour appuyer sa propre doctrine selon laquelle il n'y a pas d'illusions des sens [67]).

S'il faut en croire Empédocle, ce qui est vrai de l'ouïe et de l'odorat s'appliquerait aussi à la vision : « La lumière émise par le soleil arrive d'abord dans l'intervalle, avant de parvenir à l'œil [68] et sur la terre. Cela semblerait assez raisonnable » [69]. De fait, cela est contraire à l'évidence, et de la raison et de l'expérience : on admettrait à la rigueur que, sur une courte distance, ce phénomène puisse passer inaperçu, mais soutenir qu'il nous échappe sur une distance qui s'étend du levant au couchant, « c'est trop demander » [70]. Mais l'argument dirimant contre la théorie d'Empédocle, c'est que, à la différence de ce qui se passe pour les autres sens, il n'y a pas, dans le cas de la vision, mouvement de translation entre l'excitant et l'organe, mais altération et, en l'espèce, altération instantanée : la transmission de la

65. *De Sensu*, 6, 446 b 5-7.

66. Cf. *Métaphysique*, A, 4, 985 b 18 et le fragment du traité *Sur Démocrite* (*Arist. Fragm.*, V. Rose, (208), p. 166, 8 ; éd. D. Ross, p. 144). On voit donc mal pourquoi C. Bailey, s'appuyant sur l'autorité de Bignone, veut trouver dans l'emploi épicurien du terme σχηματισμός une polémique contre Démocrite (Epicurus, *The Extant Remains*, Oxford, 1926, p. 203, 10, *ad Lettre à Hérodote*, 54, 10), alors que ce terme ne fait qu'agrémenter d'une terminaison savante le σχῆμα de Démocrite. — Il n'est pas indifférent de noter que, dans ce même contexte (*A Hérodote*, 55, 2), on trouve μετασχηματίζεσθαι (cf. *De Sensu*, 446 b 6, 8).

67. Sextus, *Adv. math.*, VII, 208 (Us., p. 180, 24). — Cf. notre ouvrage sur *La doctrine d'Épicure et le droit*, Vrin, 1977, p. 238, 4°.

68. C'est bien, ici, le sens d'ὄψις. Voir sur ce mot le bel article de J. Brunschwig, Sur quelques emplois d'ΟΨΙΣ, in *Zetesis*, Antwerpen/Utrecht, 1973, pp. 24-39.

69. *De Anima*, II, 7, 418 b 20-26.

70. *Ibid.*, b 26.

lumière, à travers le diaphane, est instantanée[71], tout comme l'eau se congèle d'un seul coup[72]. — Si donc aucune sensation n'est soumise à un processus de génération, cela est éminemment vrai de la vision.

63. Si la sensation se produit instantanément, tout se passe comme si sa durée se prolongeait de même. On retrouve ici les deux thèses dont on a vu plus haut, au sujet du plaisir, qu'Aristote ne les distinguait pas nettement : la sensation naît sans génération, et elle-même n'est pas un processus de génération. C'est ce qu'Aristote exprime, à plusieurs reprises, par la simultanéité du parfait et du présent : « En même temps, on voit et on a vu »[73]. Les commentateurs, pour expliquer l'un de ces textes, renvoient aux autres, ce qui rend compte, sans doute, de la constance de la pensée d'Aristote, mais non pas de cette formule même, qui ne laisse pas de paraître bizarre, d'autant qu'elle se trouve dans les *Réfutations sophistiques* comme une évidence, opposable, sans autre preuve, à l'interlocuteur. Bien mieux, la formule est alors invoquée, non pas pour l'idée de simultanéité même qu'elle exprime, mais pour illustrer une confusion entre actif et passif. Il s'agit de paralogismes qui prennent leur apparence dans une confusion des catégories, en l'espèce entre l'agir et le pâtir : « Peut-on faire et avoir fait la même chose simultanément ? — Non. — Pourtant on peut voir simultanément et avoir vu la même chose et sous le même rapport. — Est-il possible que quelque passion soit une action ? — Non. — Par conséquent, " est opéré ", " subit un cautère ", " s'aperçoit ", toutes ces expressions présentent la même forme et désignent une passion ; d'autre part, " dire ", " courir ", " voir ", ce sont des expressions qui présentent entre elles une forme semblable. Pourtant : " voir ", c'est bien " s'apercevoir " et, à ce compte, c'est là pâtir en même temps qu'agir. On voit

71. Telle sera encore la doctrine de Descartes et de Malebranche ; voir M. GUEROULT, Métaphysique et physique de la force chez Descartes et chez Malebranche, R.*M.M.*, 1954, réimpr. in *Études sur Descartes, Spinoza, Malebranche et Leibniz*, Hildesheim/New York, 1970, p. 141, n. 5.

72. *De Sensu*, 6, 446 b 27-447 a 6. — Voir sur ce texte le commentaire de H. Cherniss, *A.'s Criticism of Presocratic Philosophy*, p. 90, n. 380.

73. *Réfutations sophistiques*, 22, 178 a 10 ; *Métaphysique*, Θ, 6, 1048 b 23 (texte restitué par BONITZ, *Aristotelis Metaphysica*, pp. 396-398 ; l'ensemble du passage, b 18-36, manque dans quelques mss., mais, à la suite de Bonitz encore, il est généralement tenu pour authentique, même dans l'édition de Jaeger : « additamentum ut vid. ab ipso Ar. ortum ») ; *De Sensu*, 6, 446 b 2.

donc[74] que, dans le premier exemple, quand, après avoir accordé qu'il n'est pas possible de faire et d'avoir fait la même chose en même temps, on dit qu'il est possible de la voir et de l'avoir vue, on n'est pas encore réfuté : il suffit de soutenir que voir n'est pas une action, mais une passion ; car il faut faire préciser ce point par une question supplémentaire »[75].

On n'a pas du tout affaire, ici, à des thèses aristotéliciennes, ni en ce qui concerne la vision comprise comme passion (c'est un contresens que de renvoyer ici au traité *De l'Ame*) ni en ce qui concerne la simultanéité du voir et de l'avoir vu ; le problème porte uniquement sur la confusion entre actif et passif, facilitée par la forme moyenne où s'exprime le verbe « s'apercevoir », et qui permet de le ranger dans la série des verbes passifs. Les deux arguments forment un tout : le premier préparant le second, lequel, à son tour, permettant de compléter le premier et le paralogisme qu'il s'agit de mettre en évidence, porte, encore une fois, sur une imprécision catégoriale, et non pas sur le problème de la simultanéité comme tel.

Quant à la formule qui exprime celle-ci, on pourrait d'abord songer à l'expliquer par la double fonction du parfait[76] : celui-ci « se définit, au point de vue de l'*aspect*, comme exprimant un *état* et, au point de vue du *temps*, comme se situant sinon dans le *présent*, du moins dans l'*actuel* »[77]. Et il y a là, certainement, une donnée linguistique qui a pu favoriser la formule[78]. Mais l'étude des temps verbaux, inaugurée par Protagoras[79], n'a pas dû être poussée bien loin : dans sa définition du verbe, Aristote se borne à mentionner, outre le présent, le futur et le passé[80],

74. En conservant la leçon εἰ δή (a 16) qui rend compte, précisément, du lien entre les deux arguments ; paléographiquement, la leçon δέ peut sans doute se justifier (Bonitz, *Index*, 172 b 55-173 a 3), mais en cela même qu'elle opposerait les deux arguments, comme une lecture superficielle serait tentée de le faire, elle apparaît clairement comme *lectio facilior* et n'a pas été retenue, aussi bien, par D. Ross.

75. *Réfut. Soph.*, 22, 178 a 9-19.

76. P. Chantraine, *Histoire du parfait grec*, Paris, 1927.

77. J. Humbert, *Syntaxe grecque*, Klincksieck, 1954², p. 147, § 249.

78. Une phrase assez comparable, pour la valeur des temps, sinon pour le sens, se trouve dans le *Prométhée* d'Eschyle (51) : ἔγνωκα, τοῖσδε κοὐδὲν ἀντειπεῖν ἔχω « Je le vois ! à cela je n'ai rien à répondre » (trad. P. Mazon) ; le vers est cité par J. Humbert, *op. cit.*

79. Diogène Laërce, IX, 52, 4-5 (Long) ; le sens de l'expression n'est pas douteux : « He was the first... to distinguish the tenses of verbs » (R. D. Hicks), en dépit d'une explication faussement ingénieuse, mentionnée encore dans la 6e édition des *Fragm. d. Vors.*, II, p. 254, 1.

80. *De Interpretatione*, 3, 16 b 16, cf. 10, 19 b 13.

celui-ci étant exprimé par l'aoriste et, une fois, par le parfait [81]. Mais il faudra attendre les grammairiens influencés par la philosophie stoïcienne pour avoir la définition du parfait comme « présent entièrement achevé » [82].

De plus, le parfait, ici, est clairement pris dans son sens temporel de passé, et opposé, comme tel, au présent : l'impossibilité d'une simultanéité entre « faire » et « avoir fait » étant précisée par « en même temps ». Dans le cas de la vision, non seulement cette simultanéité est possible, mais elle est soulignée par une indication technique qui n'est pas sans évoquer la formulation du principe de contradiction [83] : « sous le même rapport ». Cependant, comme l'unique visée du texte est de démonter le mécanisme d'un faux raisonnement, et non pas du tout de dispenser un enseignement doctrinal touchant la matière de tels raisonnements, ce serait d'une exégèse abusive et contraire à toute méthode que de vouloir retrouver, dans l'exemple de la vision, la théorie aristotélicienne de l'*energeia* : l'exemple, comme souvent dans les *Topiques*, n'a rien d'aristotélicien : c'est un *endoxon*, et c'est en tant que tel qu'il est immédiatement admis par l'interlocuteur. On a donc seulement le choix, pour assigner à cette « opinion » une origine, entre un consentement universel ou majoritaire, ou une autorité savante qui, elle-même, sera, soit majoritaire, soit appuyée par le renom des sages les plus considérables [84]. A défaut de toute indication précise que l'on découvrira peut-être un jour, le plus vraisemblable, en attendant, me paraît ce dernier parti : la thèse serait celle de quelque savant qui n'est pas, autant qu'on peut le conjecturer d'après le *De Sensu* de Théophraste, un Présocratique, mais, plus probablement, un sophiste.

On ajoutera que la formule, pour échapper au paralogisme où elle est ici utilisée, devrait s'interpréter comme si voir (et avoir vu) indiquait une passivité ; or il n'est pas sûr que la perception soit pour Aristote « essentiellement quelque chose de passif » [85], et il est clair que, dans le texte de la *Métaphysique*, la vision, associée à la pensée et à la vie heureuse, est comprise comme une activité [86]. Un contexte que l'on pourrait imaginer pour cet *endoxon* serait fourni par les discussions avec Prota-

81. *Poétique*, 20, 1457 a 17.
82. Ἐνεστῶτα συντελικόν (*sc.* χρόνον), Priscien, VIII, 8, 39.
83. Cf. *Métaphysique*, Γ, 3, 1005 b 20.
84. *Topiques*, I, 1, 100 b 21-23.
85. C'est la thèse de D. Ross, dans l'Introduction à son édition du *De Anima*, p. 24. Bonitz, comme dans une réplique anticipée à cette interprétation trop tranchée, a réuni un ensemble de textes propres à la corriger (*Index*, 19 b 54 sqq.).
86. *Métaphysique*, Θ, 6, 1048 b 23-26.

goras, telles que nous les connaissons par le *Théétète* : le souvenir d'une perception est autre que la perception même ; le sujet peut, concernant le même objet, savoir et ne pas savoir [87]. Contre cet atomisme du sujet, lié à la conception d'un temps discontinu, l'*endoxon* affirmerait la continuité de la sensation, au point de rendre contemporaines la sensation passée et la sensation présente.

64. Dans le petit traité *Sur les Sens*, la proposition est alléguée, comme nous l'avons vu, pour montrer que la sensation n'a pas de genèse, ce qui n'empêcherait pas toutefois qu'un certain laps de temps puisse être nécessaire, avant que l'excitant atteigne l'organe sensoriel (ce qui est le cas pour le son, mais non pas, comme il sera expliqué plus loin, pour la lumière) [88]. La sensation elle-même n'est donc pas un mouvement [89], n'est pas passage d'un état à un autre, et la durée où elle se prolonge est vécue comme un tout, où le passé ne se distingue pas du présent.

Dans ce traité, la proposition n'apparaît qu'ici. Mais elle aurait pu être reprise au sujet d'une doctrine qu'Aristote, dans ce même traité, expose par trois fois : tout quantum est perceptible. On ne doit donc pas expliquer la perception des couleurs intermédiaires par la juxtaposition du blanc et du noir (couleurs primaires), dont chaque particule serait imperceptible, en raison de sa petitesse, mais dont la combinaison peut être perçue ; de plus, ces émanations, ou effluves, seraient si rapides que l'intervalle de temps où elles nous parviennent serait, lui aussi imperceptible [90]. Pas davantage, l'audition d'un accord ne doit s'expliquer par deux sons distincts dont la réception, ici encore, se ferait successivement, mais dans un intervalle de temps imperceptible [91]. D'une manière générale, on n'admettra pas que les corps et, avec eux, les qualités sensibles soient divisés à l'infini, en des parcelles que leur petitesse soustrairait à toute perception ; ce serait, au surplus, tomber dans la thèse (xénocratique) des grandeurs insécables [92].

a) La quantité continue [93] n'est divisible qu'en puissance : la

87. Platon, *Théétète*, 166 a-b.
88. *De Sensu*, 6, 446 b 2-3.
89. Ce qui n'empêche qu'une sensation puisse être qualifiée de « rapide » (*De Insomniis*, 2, 460 a 24).
90. *De Sensu*, 3, 439 b 20-440 a 6 ; 440 a 20-23.
91. *De Sensu*, 7, 448 a 19-30.
92. *De Sensu*, 6, 445 b 3-20.
93. Je tiens à signaler ici l'article, remarquable aussi par ses considérations méthodologiques, de Denis O'Brien, Aristote et la catégorie de quantité : divisions de la quantité, in *Les Études philosophiques*, 1, 1978, pp. 25-40.

division est effectuée, non *in rerum natura*, mais par l'activité, percevante ou intellective, de l'âme. On retrouvera cette même conception chez Bergson[94].

b) Il n'y a donc pas d'atomes (de corps, de qualités sensibles, du temps) que leur petitesse déroberait aux prises de la sensation : ici, comme ailleurs[95], Aristote entreprend une réhabilitation de l'expérience sensible, faute de quoi ces fausses théories[96] pourraient mettre en question jusqu'à la conscience de soi qui, nécessairement, accompagne toute connaissance[97].

c) La perception des couleurs intermédiaires et de l'accord musical n'est donc pas l'effet d'une mystérieuse activité de la Nature dont le procédé nous échapperait, mais bien de l'acte de l'âme percevante : l'intervalle « imperceptible » que l'on postule, à titre d'atome temporel, ne pourrait être construit que par l'âme même, puisqu'elle seule peut actualiser l'infinie divisibilité du temps.

d) Or la formule : « On perçoit et on a perçu simultanément » (bien que, encore une fois, Aristote ne la cite pas expressément dans ce contexte) signifie que l'âme, en l'occurrence, ne divise point la continuité qui lie la sensation passée à la sensation présente (encore que, bien entendu, elle puisse fort bien la diviser et, alors, la formule ne serait plus vraie). Comme l'a dit H. Cherniss : « Temps et sensation dans le temps sont continus, et un continu est perçu comme un tout »[98]. — Il n'y a donc pas de temps *minimum*[99], à moins que ce *minimum* ne soit déterminé par les exigences du mouvement[100], comme le temps lui-même est une affection du mouvement.

94. Cf. nos *Questions platoniciennes*, Vrin, 1970, p. 282.
95. P. ex. *De Caelo*, III, 7, 306 a 5-17.
96. Identifiées par H. Cherniss : la théorie de l'accord est celle d'Archytas ; celle des couleurs par juxtaposition, celle de Démocrite (*A.s' Criticism of Presocratic Philosophy*, p. 217, n. 280).
97. *De Sensu*, 7, 448 a 24-30.
98. H. Cherniss, *op. cit.*, p. 217.
99. *De Caelo*, I, 6, 274 a 9.
100. *De Caelo*, II, 6, 288 b 30-289 a 1.

XII. — L'ACTE

65. Que la sensation soit continue, c'est ce qu'exprime encore cette thèse qu'elle est (en) acte [1]. Et c'est bien le concept d'*acte* qui donne son unité au dernier groupe des réalités qui ne requièrent pas de processus de genèse : la sensation, la pensée, le plaisir, le bonheur [2]. On sait que le génie (épistémologique, pourrait-on préciser) d'Aristote a écarté, sur ce point, toute tentative de définition, pour ne recourir qu'à l' « induction » et à l' « analogie » [3]. « Aucune définition, écrit G. Granger commentant ce texte, ni même pseudo-définition, n'en est ni n'en peut être donnée par Aristote, puisqu'une telle notion n'est, en aucune manière et à aucun degré, une substance » [4]. Mais c'est bien la substance seule qui est capable d'*energeia*, et ce qui définit la substance parvenue à l'acte (c'est-à-dire, pour les substances biologiques, à maturation), c'est la puissance de produire (c'est-à-dire de faire passer à l'acte) une substance homonyme [5]. Ce qui distingue l'acte du mouvement, lequel n'est qu'un « acte incomplet » [6], c'est que le mouvement a sa fin hors de lui, dans un terme (ou une œuvre), lequel, une fois atteint, fait cesser le mouvement et l'abolit, alors que l'acte a sa fin en lui-même [7] ; il entre, selon la tripartition platonicienne des biens, dans la classe des choses que nous souhaitons pour elles-mêmes, et non pour leurs conséquences [8].

1. *De Anima*, II, 5, 417 a 10-14 ; 417 b 5-27 ; III, 3, 428 b 6 ; *Éthique à Nicomaque*, X, 4, 1174 b 14 sqq.
2. *Métaphysique*, Θ, 6, 1048 b 18-35 ; 8, 1050 a 34-b 2 ; *Éthique à Nicomaque*, X, 3, 1174 a 13-b 13.
3. *Métaphysique*, Θ, 6, 1048 a 35-37.
4. G.-G. Granger, *La Théorie aristotélicienne de la science*, *op. cit.*, p. 258.
5. *Métaphysique*, Λ, 3, 1070 a 5, 28-30 ; Θ. 8, 1049 b 17-29.
6. *Physique*, III, 2, 201 b 31-32.
7. *Métaphysique*, Θ, 8, 1050 a 21 sqq.
8. Platon, *République*, II, 357 b-d. De fait, la théorie aristotélicienne de l'*energeia* joint en une seule les deux classes distinguées par Platon : les biens

La *fin* de l'acte peut elle-même être un mouvement[9] et, pour les corps astraux, un mouvement éternel[10] ; ce peut être un repos (ou, comme il vaut peut-être mieux traduire, à la suite des remarques présentées par F. C. S. Schiller, une « constance »[11]) : ainsi du plaisir (qui « achève l'acte »[12] et) qui « est dans le repos plutôt que dans le mouvement »[13], ou encore, quand il s'agit de Dieu, une « absence de mouvement » (expression qui a bien aussi son emploi en matière de physique[14], mais qui, ici[15], procède déjà, avant la lettre, comme la théologie négative : le meilleur commentaire de cette expression reste encore, depuis près de quatre-vingts ans, le travail de Schiller).

Le concept d'*energeia* est assez large pour, parfois, inclure celui de mouvement et, en ce sens, il peut s'appliquer aux substances physiques dont l'existence est conditionnée par un processus de génération[16] ; peut-être faut-il dire, avec D. Ross, que mouvement et acte « sont des espèces de quelque chose de plus large pour lequel Aristote n'a pas de nom, et pour lequel il emploie tantôt le nom d'une espèce, tantôt le nom de l'autre[17] ». Nous n'avons à considérer ici l'acte qu'en tant qu'il ne requiert pas de processus de genèse, puis les conséquences qui en résultent pour le problème de l'instant et du temps.

C'est du plaisir et de l'acte de la vision qu'Aristote dit expressément qu'ils ne comportent pas de genèse[18], pas plus que la sensation en général[19]. Le critère en est dans cette formule : « en même temps, on voit et on a vu », critère qui est appliqué, non seulement à la vision, mais à la pensée et à la vie heureuse[20].

qui méritent d'être recherchés pour eux-mêmes, et ceux qui méritent de l'être, tant pour eux-mêmes que pour leurs conséquences ; la raison profonde de cette unification, c'est que, dans la temporalité propre à l'acte aristotélicien, l'expression platonicienne : εἰς τὸν ἔπειτα χρόνον (357 b 8) n'offre plus le moindre sens intelligible.

9. *Métaphysique*, Θ, 8, 1050 a 17.
10. *Ibid.*, 1050 b 22-24.
11. F. C. S. Schiller, Sur la conception de l'ἐνέργεια ἀκινησίας, in *Bibliothèque du Congrès international de philosophie*, t. IV : *Histoire de la philosophie*, Paris, Armand Colin, 1902, p. 196, n. 2.
12. *Éthique à Nicomaque*, X, 4, 1174 b 31-32.
13. *Éthique à Nicomaque*, VII, 15, 1154 b 28.
14. P. ex. *Physique*, III, 2, 202 a 4-5 ; V, 4, 228 b 3.
15. *Éthique à Nicomaque*, VII, 15, 1154 b 27.
16. *Métaphysique*, Θ, 8, 1049 b 19 sqq.
17. D. Ross, *A.'s Metaphysics*, t, II, p. 251.
18. *Éthique à Nicomaque*, X, 3, 1174 b 12-13.
19. *De Sensu*, 6, 446 b 1-4.
20. *Métaphysique*, Θ, 6, 1048 b 23-27.

66. Les points, lignes et surfaces géométriques, ainsi que les formes, manquaient de réalité, mais étaient parfaitement intelligibles. Les accidents, à l'inverse, étaient réels, mais manquaient d'intelligibilité. Les actes qu'on vient d'énumérer sont à la fois réels et intelligibles. S'il est vrai, d'autre part, que les deux premiers groupes ne doivent pas être compris comme des effets sans cause, il faut en dire autant des actes : qu'ils soient sans genèse ne signifie pas qu'ils soient affranchis de toute condition préliminaire, mais seulement que la préparation préalable qu'ils requièrent ne doit pas s'interpréter comme un processus génétique, comme dans le cas des substances physiques. — Reprenons ces différents points.

L'aristotélisme connaît deux principes de réalité (et d'actualité) : la matière (qui n'est pas seulement principe d'individuation) et la pensée (où l'on doit inclure la sensation, puisque aussi bien l'on ne pense pas sans image, et ce qu'Aristote n'appelle pas encore la conscience[21]). Ainsi les objets de la géométrie (et les formes) ont leur réalité ontologique aussi bien dans les sensibles (encore que ce ne soit pas d'une manière « séparée », indépendante[22]) que dans la pensée du géomètre[23]. C'est même ce dernier mode d'existence seulement qui les actualise véritablement, en tant qu'ils sont intelligibles, alors que, dans la matière, ils n'ont qu'une existence potentielle[24]. C'est pourquoi, envisagés dans cette réalité matérielle, ce ne sont, comparés à la réalité des substances physiques, que des quasi-substances[25], auxquelles Aristote refuse tout processus de génération. Un tel processus, d'autre part, ne rendrait pas compte davantage de leur intelligibilité au niveau de la science.

Quant à l'accident (que ce soit dans les « fautes » commises par la nature ou par les techniques[26], dans les mises en rapport arbitraires où se plaît la sophistique, ou dans la finalité spontanée qui fait la joie de l'inventeur d'un trésor), il présente une parfaite réalité. Aristote, sur ce point, ne fait que reprendre l'enseignement de Platon, auquel il se réfère expressément dans un passage[27] qui corrige implicitement la sévérité du jugement

21. *De Anima*, III, 2, 425 b 11 sqq. ; *De Sensu*, 7, 448 a 26-30 ; *Métaphysique*, Λ, 9, 1074 b 35-36 ; *Éthique à Nicomaque*, IX, 9, 1170 a 28 sqq. ; *De Somno*, 2, 455 a 12 sqq.
22. *Métaphysique*, E, 1, 1026 a 14-15.
23. *Métaphysique*, M, chap. 3 et 10.
24. *Métaphysique*, M, 3, 1078 a 30-31.
25. *Métaphysique*, M, 2 (3), 1077 b 12-22.
26. *Physique*, II, 8, 199 a 33- b 7.
27. *Métaphysique*, E, 2, 1026 b 14-16.

porté ailleurs sur la manière « archaïque » de poser le problème de l'être[28]. Encore faut-il voir à quel texte précis Aristote se réfère : il est d'un intérêt purement anecdotique de renvoyer ici à un endroit où Platon, en effet, dit que le sophiste « s'échappe dans l'obscurité du non-être »[29]. Alors que l'exploit et la découverte du dialogue est d'avoir montré que ce « non-être » est, en fait, l'*altérité*, c'est-à-dire, très précisément ce qu'Aristote, dans la suite immédiate du passage, et à titre de commentaire[30], appelle l'accident. Dans ce même dialogue, Platon montre aussi, avant Aristote[31] (mais avec un humour qui a pu occulter, aux yeux des lecteurs sérieux, et la portée du texte et la priorité, sur ce point, de l'enseignement platonicien), qu'il ne saurait y avoir de science de l'accident, et que celui-ci, cependant, est une réalité. La science se scinde en des sciences particulières dont chacune s'attache à une partie déterminée de l'être ; l'altérité, en réplique à cette division, se fragmente de même, mais le procédé qu'elle y emploie se réduit à préfixer chacune des régions du réel, étudiées par les sciences, de la négation : le non-beau, par exemple, ou le non-juste ; voilà assurément autant de véritables réalités, mais il est clair aussi qu'aucune science autre que la sophistique ne les prend ni ne peut les prendre pour objets d'étude[32].

Ajoutons que les accidents en tant que fautes commises (non pas par la nature : c'est l'aristotélisme seul qui doit les prendre en charge ; dans le platonisme, elles sont, si l'on peut dire, parfaitement « naturelles », parce que comprises, dès le départ, dans la structure dualiste du système) par les techniques, c'est-à-dire en tant que ruptures de l'équilibre exigé par la « juste mesure », Platon y voit, « non pas un non-être, mais une réalité malencontreuse »[33].

S'il n'y a pas de science de l'accident, il ne saurait pas davantage y en avoir de genèse, c'est-à-dire de processus dirigé permettant d'en rendre compte.

28. *Métaphysique*, N, 1, 1089 a 1-2.

29. *Sophiste*, 254 a (texte allégué par Tricot), ou 235 a, 239 c (textes cités par D. Ross, qui écrit : « Platon lui-même disait que le sophiste s'occupait du non-être, non pas au sens d'accidentel, mais au sens de faux », *ad loc.*, ce qui revient à corriger l'affirmation même d'Aristote et à méconnaître le véritable sens du *Sophiste*).

30. *Métaphysique*, E, 2, 1026 b 15 : le début même de la phrase, introduite par γάρ, montre bien qu'Aristote, sur ce point, rattache consciemment sadoctrine à celle de Platon.

31. *Métaphysique*, E, 2, 1026 b 25-27.

32. *Sophiste*, 257 c-258 b.

33. *Politique*, 284 a 9.

67. L'acte, lui, est à la fois réel et, étant le fait de la conscience [34], intelligible. Certains actes, pourtant, on vient de le dire, ne comportent pas de génération, c'est-à-dire, selon les deux thèses non expressément distinguées par Aristote : aucune genèse n'y conduit, et eux-mêmes ne constituent pas un processus génétique. Un tel acte, autrement dit, est d'emblée tout ce qu'il peut être. Sa fin lui est immanente, et lui-même est immanent à l'agent [35]. Il ne surgit pas, cependant, du non-être. Il est précédé, et cela nécessairement, d'une préparation, qui peut exiger beaucoup de temps (comme l'apprentissage [36]) ou des conditions appropriées (comme la proportion entre l'organe sensoriel et le stimulus, qui doit n'être ni trop fort ni trop faible [37] et qui, lui-même, peut mettre un certain temps avant de faire parvenir ses effets à l'organe) [38]. Tout cela, qui est bien de l'ordre du mouvement et du *changement* (et comme tel, peut se qualifier de « rapide » ou de « lent »), constitue bien le passage à l'acte (et, par là, s'exprime sous la forme de l'aoriste « ingressif » [39] ou inchoatif), mais non pas sa genèse (l'acte, aussi bien, qui en résulte, n'est pas, lui, un mouvement et ne peut être appelé ni rapide ni lent) [40].

Entre les conditions préalables et de tels actes, il y a donc une coupure. On dira que pareille coupure existe bien aussi dans les actes qui, eux, comportent une génération : l'instant où le mouvement continu de la construction [41] atteint, à la fois, son terme et sa *fin*, pour céder la place au temple qui, désormais, est achevé et existe en acte. Mais Aristote, ici, ne voit aucune discontinuité : le processus génétique lui paraît pleinement explicatif de la fin, encore que celle-ci soit située au-delà de ce processus. Alors que, s'agissant de la vision, de la pensée, du plaisir, de la vie heureuse, le mouvement préparatoire lui paraît hétérogène, non explicatif de l'acte qui lui fait suite, parce que cet acte, au lieu de se construire, morceau par morceau, comme le temple, se pose d'emblée dans sa « totalité » achevée [42] ; on ne saurait donc, dans

34. Aux textes précédemment cités, on ajoutera *Éthique à Nicomaque*, IX, 9, 1170 a 28 sqq., avec, en b 4 et 10, l'emploi du verbe συναισθάνεσθαι (dans l'*Éthique à Eudème*, VII, 12, 1245 b 24 (cf. 23), συναίσθησις n'a pas encore le sens que lui donneront les Stoïciens, puis Plotin).
35. *Métaphysique*, Θ, 8, 1050 a 35-b 3.
36. *Métaphysique*, *ibid.*, 1050 a 17 sqq.
37. *De Anima*, II, 12, 424 a 28-b 3.
38. *De Sensu*, 6, 446 a 20-b 2.
39. J. BURNET, *The Ethics of Aristotle*, Londres, 1900, p. 446.
40. *Éthique à Nicomaque*, X, 2, 1173 a 31-b 4.
41. *Éthique à Nicomaque*, X, 3, 1174 a 20-29.
42. *Ibid.*, 1174 a 13-16 ; b 9.

les conditions qui le précèdent (et, pourtant, le précèdent nécessairement), voir une « génération ».

68. On touche ici à l'une des intuitions constitutives de tout le système. C'est donc à titre d'adjuvant seulement de l'interprétation que l'on pourrait présenter quelques remarques, aussi faciles à réfuter qu'à contredire, et qu'on hasardera ici à la seule fin de tenter l'approche d'une pensée qu'il serait encore plus facile, et certainement encore plus faux, de croire immédiatement accessible à un lecteur du XXe siècle.

1° La pensée, la vie heureuse, le plaisir même [43] constituent l'essence de la condition divine et, en tant que telle, permanente [44], affranchie, donc, de tout mouvement préparatoire. Et sans doute, la participation à une telle vie, qui peut nous être accordée, fût-ce pour « peu de temps » [45], ne se retrouve-t-elle pas, chez nous, dans tout acte de vision, dans toute activité de pensée, dans tout instant de plaisir et toute expérience de bonheur : mais même alors, nous sommes en face d'actes qui se posent dans leur réalité achevée, d'une manière incommensurable avec leurs conditions antécédentes.

2° Cette même structure de l'avènement brusque se trouve dans la doctrine de l'intellect agent qui advient au corps « du dehors » [46], et dans celle du plaisir qui achève l'acte en « survenant » [47] à lui « comme une espèce de fin », c'est-à-dire comme une fin non visée par l'acte [48] : l'avènement du plaisir peut, *à cet*

43. *Éthique à Nicomaque*, VII, 15, 1154 b 26 ; *Métaphysique*, Λ, 7, 1072 b 16.
44. *Ibid.*, 1072 b 15.
45. *Ibid.*
46. Cf. *De Anima*, II, 1, 413 a 3-7 ; I, 4, 408 b 29 ; III, 4, 429 b 5 ; et, pour l'expression citée, *De Generat. Anim.*, II, 3, 736 b 27-737 a 1. On sait que P. Moraux a entrepris d'expliquer ce dernier texte par une erreur paléographique (in *Autour d'Aristote, Recueil d'études de philosophie ancienne et médiévale offert à Monseigneur A. Mansion*, Louvain, 1955, pp. 255 sqq.).
47. Ὡς ἐπιγινόμενόν τι τέλος (*Eth. Nic.*, X, 4, 1174 b 33). On doit souligner la valeur du préverbe. Aristote ne dit pas : προσγινόμενον, ce qui formulerait une idée platonicienne (p. ex. *Phédon*, 100 d 6, cf. *Les Dialogues de Platon*, p. 50, n. 3), et ce qui nous ferait retomber au niveau du quatrième argument d'Eudoxe : le plaisir s'additionnant à n'importe quel bien pour rendre celui-ci plus éligible (X, 2, 1172 b 23-24). Ἐπιγινόμενον doit être rapproché de ἐπιφέροι (X, 2, 1174 a 5), où l'argument vise à la fois Platon et Eudoxe : concernant beaucoup de choses, nous nous y appliquerions de tout notre sérieux, lors même que ces choses ne nous apporteraient en sus (ἐπιφέροι) aucun plaisir. — Le plaisir n'est pas une addition, facultative en quelque sorte et pouvant ne pas se produire, à l'acte : il s'y ajoute inévitablement ; c'est pourquoi la perfection de l'acte et le plaisir sont si difficiles à distinguer (X, 5, 1175 b 30-36).
48. *Éthique à Nicomaque*, X, 2, 1174 a 4-6.

égard (mais, bien entendu, à cet égard seulement) être comparé à celui de l'accident qui « se produit en même temps » que l'achèvement de la maison[49] et qui, lui non plus, n'avait pas été intentionné par l'architecte.

3° On a dit plus haut que l'aristotélisme connaît deux signes ou critères de la réalité : la matière (principalement dans les discussions contre les Idées platoniciennes) et la conscience. On voit ici que c'est le second critère qui l'emporte. Les choses matérielles (artificielles ou naturelles) s'expliquent entièrement par leur processus de génération, et, en ce sens, ne doivent pas être séparées ; mais les actes de conscience, quoi qu'il en soit des conditions, pourtant indispensables, qui les précèdent, semblent susciter une réalité qui n'est qu'à eux, une actualité qui ne peut se déduire d'aucune potentialité antérieure.

4° Ce qu'est cette réalité, cette actualité, Aristote, on l'a rappelé, a renoncé à le définir, nous renvoyant à l' « induction » et à l'analogie. Peut-être, usant comme le Philosophe d'une comparaison, pourrait-on dire que c'est l'*existence*, non pas celle tout à fait autour de laquelle gravitent les divers existentialismes, eux-même d'obédiences diverses, mais, plus classiquement, ce *in rerum natura* que saint Thomas devait opposer à l'argument de saint Anselme[50] ou, si l'on préfère une comparaison plus moderne (dont l'apparent anachronisme se résout aisément, quand on sait combien la pensée de Bergson a été formée par la philosophie aristotélicienne et nourrie par elle), cet « imprévisible rien qui change tout » : un « rien », c'est-à-dire quelque chose qui ne peut ni s' « essentialiser » ni se conceptualiser, qui demeure insaisissable à la prévision, pourtant supposée exacte et exhaustive[51], tout comme l'acte transcende le processus génétique dont, cependant, il est le terme.

5° Si, enfin, on souhaite une comparaison prise dans la pensée antique même, la seule qui, à la fois s'impose et, probablement, est tributaire de l'intuition aristotélicienne, c'est, comme on l'a indiqué précédemment, la théorie stoïcienne du passage brusque, et inexplicable par le « progrès » qui a pu être accompli dans le passé, de la folie à la sagesse, du vice à la vertu, de la condition humaine à celle où le sage pourra rivaliser avec Zeus.

6° S'agissant, plus spécialement, des plaisirs, Taylor voit une

49. *Métaphysique*, E, 2, 1026 b 6-7.
50. S. Thomas, *Somme contre les Gentils*, I, xi (p. 12 déb. de l'éd. de Rome, 1894).
51. Bergson, *La Pensée et le mouvant*, *Le Possible et le réel*, pp. 99-100.

« critique légitime de la psycho-physique du *Philèbe* » dans la doctrine aristotélicienne selon laquelle « l'exercice d'une fonction naturelle n'a pas besoin d'être un processus dirigé vers le développement ou la production de quelque chose [...]. D'où les plaisirs qui font cortège à la vision sont concomitants d'une *energeia,* non d'une *genesis* »[52]. Le commentaire, bien entendu, est parfaitement juste. *a*) Mais en détachant les plaisirs de l'ensemble des choses « sans processus de génération », il passe sous silence ce qui est essentiel dans la description d'Aristote : le caractère d'*avènement* de l'acte (et du plaisir qui en est, comme il le dit si joliment ailleurs, le « by-product »[53]) ; quant au platonisme, on doit rappeler : *b*) que la thèse du plaisir-genèse, plutôt que celle de Platon même, est celle que le *Philèbe* attribue aux « raffinés »[54] (quoi qu'il en soit, ici, des diverses tentatives d'identification qui ont pu être faites[55]) ; et *c*) que la théorie des « plaisirs purs », dont la plénitude est précédée d'un « manque imperceptible et indolore »[56], et qui sont décrits avec un vocabulaire normalement réservé aux Formes[57], n'est pas sans évoquer, par anticipation, la conception aristotélicienne des plaisirs sans genèse ; même l'idée que les plaisirs « suivent » l'acte pourrait être trouvée dans le *Philèbe*[58] ; et le *Timée,* dans un texte pourtant « psycho-physique », insiste sur le caractère *subit* des plaisirs (et aussi, il est vrai, de certaines douleurs)[59].

52. A. E. Taylor, *A Commentary on Pl.'s Timaeus*, p. 461.
53. Id., *ibid.*, p. 458.
54. *Philèbe*, 53 c 6.
55. Voir là-dessus la discussion d'A. Diès, dans la *Notice* de son édition, pp. LIII-LXX, approuvées, pour l'essentiel, par H. Cherniss, dans sa recension (*Americ. Journ. of Philology*, 68 (1947), pp. 232 sq., réimpr. in *Selected Papers*, Brill éd., Leyde, 1977). Quant à *Phil.*, 44 b-d (où très certainement, comme Diès et Cherniss y insistent, il ne s'agit, pas plus qu'en 51 a, des mêmes philosophes qu'en 53 c), la référence à Antisthène, conjecturée par Rodier et Brochard (et aussi par Ritter et Preller) me paraît toujours vraisemblable (cf. *Questions platoniciennes*, Vrin, 1970, p. 44).
56. *Philèbe*, 51 b 5-6.
57. *Philèbe*, 51 c 6-7, d 7-8 ; 52 b 8-9.
58. *Philèbe*, 51 d 8-9.
59. *Timée*, 64 d 1-2 ; 65 a 3-6.

XIII. — CONCLUSION

69. Aristote avait montré qu'en actualisant la divisibilité potentielle du temps, on faisait de l'instant un « double usage », de manière à produire un « arrêt »[1] : telle est bien la structure du passage à l'acte. Le dernier instant précédant l'acte assume une double fonction : il termine le mouvement (préparatoire, ou non) antécédent, et commence l'acte — par où le temps est proprement arrêté : le plaisir peut être soustrait au temps[2], le « tout achevé » qu'il constitue[3] présente une « continuité »[4] (mais dont il serait dérisoire de dire qu'elle soit divisible à l'infini) et un « toujours » appelé à une durée sans fin, où nous éprouvons comme un avant-goût de la condition divine[5]. Mais pendant que la conscience est ainsi à l'œuvre dans un acte, dont elle ne songe ni à diviser ni à évaluer la durée[6], le temps cosmique, hors d'elle, n'en continue pas moins son mouvement, et l'observateur placé en dehors d'elle pourra constater que cette expérience vécue par la conscience humaine ne dure que « peu de temps »[7]. Et la conscience même ne parvient pas à se maintenir dans cet état : tel Ixion indigne de son séjour olympien[8], elle se lassera de cette perfection[9] et, par suite d'une « perversité » inhérente à sa nature, finira par préférer le « changement »[10], c'est-à-dire la condition humaine, qui est dans le temps et mesurée par le temps[11].

1. *Physique*, IV, 11, 220 a 12-18 ; VIII, 8, 263 a 29-30.
2. *Éthique à Nicomaque*, X, 3, 1174 b 8-9.
3. *Ibid.*, 1174 b 9.
4. *Ibid.*, 4, 1175 a 4-5.
5. *Métaphysique*, Λ, 7, 1072 b 15.
6. Cf. plus haut, p. 149.
7. *Métaphysique*, Λ, 7, 1072 b 15.
8. Cf. *De Caelo*, II, 1, 284 a 34.
9. *Éthique à Nicomaque*, X, 4, 1175 a 4.
10. *Ibid.*, VII, 15, 1154 b 28-31.
11. *Physique*, IV, 12, 221 a 7-9.

On voit que, si la *Physique* avait dit du temps qu'il était cause de corruption, plutôt que de génération [12], ce n'était pas pour déférer à une thèse doxographique (contredite, d'ailleurs, par l'antithèse correspondante), mais à partir d'une conviction affermie (qu'il serait saugrenu d'appeler « pessimiste »), et sur le fond d'un jugement constant porté sur la nature humaine ; ce n'est pas pour autant une « confidence » dont le philosophe nous gratifierait : aussi bien, dans les deux textes, de la *Physique* et de l'*Éthique*, qui se recoupent, le sentiment d'Aristote s'abrite derrière une citation pythagoricienne ou poétique [13].

70. Avant de revenir au problème d'où nous sommes partis du double sens du mot *instant*, il ne sera pas inutile de confronter brièvement cette théorie d'Aristote avec d'autres doctrines.

1° La comparaison s'impose avec la conception stoïcienne de l'entrée brusque dans la sagesse, comme on l'a indiqué plus haut, mais aussi avec celle du bonheur dans l'instant, conçu comme un *plenum* étendu. On ne peut guère douter qu'il n'y ait là une structure analogue et peut-être, si l'on tient à cette expression, une « source ».

Cela étant, la conception stoïcienne du temps s'intègre dans un système dont les éléments diffèrent profondément de celui d'Aristote, et, par là, modifient l'idée même de temps. Pour Aristote, l'instant de ce bonheur quasi divin ne dure que « peu de temps » ; après quoi, on vient de le voir, l'acte rejoint, par lassitude et par désir de changement, la condition humaine qui, elle, ne se satisfait pas d'un bonheur d' « un jour » et de « peu de temps » [14] et qui, de surcroît, requiert les biens du corps et les biens extérieurs, des conditions matérielles enfin, qui ne dépendent pas de nous, et dont le bonheur stoïcien est entièrement affranchi. Aussi bien, le « tout achevé » que constituent, pour Aristote, plaisir et bonheur, sera-t-il relayé par des retombées dans le temps mouvant, et est soumis lui-même, en son « peu de temps », à la mesure des horloges. De telles considérations ne présenteraient pas le moindre sens dans le stoïcisme où, une fois atteint l'instant du bonheur, le sage accède à la condition divine ; et la question de savoir ce qui viendra « après »

12. *Physique*, IV, 12, 221 b 1-2 ; 13, 222 b 17-22.

13. Euripide, *Oreste*, 234 (*Eth. Nic.*, VII, 15, 1154 b 29) ; en dépit des textes parallèles (*Éthique à Eudème*, VII, 1, 1235 a 16 ; *Rhétorique*, I, 11, 1371 a 28), il ne me paraît nullement certain qu'il faille, avec Bywater, « corriger » le superlatif, contre l'ensemble des mss.

14. *Éthique à Nicomaque*, I, 6, 1098 a 18-20.

serait vide de toute signification, parce qu'elle resterait captive des façons de penser et de la condition de l'insensé [15]. Il est clair qu'on est ici en face d'une transmutation radicale de l'acte aristotélicien. — Que ce soit là un *dogme* difficile à comprendre — à effectuer pour qui n'est pas un sage —, on en convient volontiers ; aussi vaut-il encore mieux n'en rien dire, que de le qualifier platement d' « élan idéaliste », comme quelque philologue, naguère, s'en est avisé, en toute ingénuité.

2° C'est le caractère composite (c'est-à-dire composé, non seulement de l'instant qui vaut l'éternité, mais encore d'actes vertueux, sans compter les conditions extérieures et la durée temporelle), qui expose le bonheur aristotélicien aux critiques de Plotin, au Xe chapitre de son petit traité *Le bonheur s'accroît-il avec le temps ?* [16]. Il faut reconnaître d'ailleurs que c'est une conception très voisine de celle d'Aristote qui formule la plupart des questions et des difficultés, tout au long du traité (conception, sans doute, acceptée ici à titre doxographique, plutôt que doctrinal) : à la seule exception du chapitre VII où l'auteur décrit le bonheur selon Platon, mais, de fait, y amalgame la doctrine stoïcienne, selon laquelle, précisément, comme cela est indiqué vers la fin du premier chapitre, le bonheur, placé dans le présent, ne s'accroît pas avec le temps. — Quant à la doctrine épicurienne, comparable, sur plusieurs points, à celle des Stoïciens (l'indépendance du sage à l'égard de la fortune [17], le caractère inamissible de la sagesse, une fois atteinte [18], la perfection du bonheur mesurée par la raison, non par le « temps illimité » [19]), disons seulement que sa spécificité se voit, entre autres, en ce que, même le « plaisir dans la chair » n'est pas susceptible d'accroissement, mais seulement de « variation » [20], en ce qu'elle ne borne pas le bonheur au présent [21], mais y intègre la mémoire (Plotin insiste plusieurs fois sur ce point [22], d'autant plus sensible que, pour lui, l' « âme bonne est oublieuse » [23]), en ce qu'elle écarte, enfin, la « vie active », et réduit les vertus à un rôle instrumental [24]. C'est en ces deux derniers points surtout que la

15. Cf. le *Système stoïcien...*, p. 200-210.
16. Plotin, I, 5.
17. Usener, *Epicurea*, 489.
18. Diogène Laërce, X, 117, 5-6 (Long) (Us., 222 a).
19. K. Δ, XIX, XX (D.L., 145).
20. K. Δ, XVIII (D.L., 144).
21. *Syst. stoïc.*, p. 170.
22. Plotin, I, 5, 1 déb. et surtout chap. 7.
23. Plotin, IV, 3, 32, 17-19.
24. Cicéron, *De Finibus*, I, xiii, 42 et Usener, *Epic.*, 504.

conception épicurienne du bonheur diffère de celle des Stoïciens — et peut-être en ceci aussi qu'elle nous permet d'entrevoir, un peu moins mal, comment pouvait être *vécue* la condition du sage, par l'élaboration d'une véritable technique, comme Brochard déjà l'avait bien montré[25].

3° Une comparaison avec l'instant du *Parménide* nous entraînerait, ici, trop loin. Rappelons seulement que, dans son commentaire sur l'instant où se place le plaisir, et qui est un « tout parfait », Michel d'Éphèse écrit : « Il dit que l'instant est un insécable du temps », et renvoie à *Physique* VI[26]. Or ce dont il est question au VIe Livre, ce n'est pas du tout de ce *plenum* temporel dont parle l'*Éthique*, mais bien de l'instant ponctuel qu'avait défini le livre IV et qui, ici[27], est analysé d'une manière qui rappelle le *Parménide*[28]. Chez les deux auteurs, toutefois, le même phénomène fait l'objet d'interprétations toutes différentes. Dans la IIIe Hypothèse[29] du *Parménide*, il s'agit de montrer l'irrationalité du devenir (c'est pourquoi l'instant est appelé *atopon*[30]), qui s'exprime en ceci que l'objet, quand il délaisse telle qualité pour en acquérir une autre, ne peut, au moment même où il change, revendiquer ni l'une ni l'autre ; pour échapper à la contradiction que mettrait en lui la participation simultanée à deux qualités contraires, il doit se réfugier dans l'instant intemporel, seul lieu offert à un changement cohérent. Au VIe livre de la *Physique*[31], il s'agit, tout au contraire, de montrer la continuité du changement, dont les parties virtuelles sont inassignables, en sorte qu'aucun instant ne peut être rigoureusement dit être le premier, ni le dernier. — Dans le même texte de Platon, on trouve la structure du « jusqu'ici » et « à partir d'ici »[32], et Aristote, on l'a vu, considère l'instant comme la fin de tel laps de temps et le commencement de tel autre. Mais là encore, l'interprétation est bien différente, puisque la division du

25. Cf. *La Doctrine d'Épicure et le droit*, Vrin, 1977, p. 103 sq.
26. *Ad Eth. Nic.*, X, 3, 1174 b 9.
27. *Physique* VI : le texte précis visé par Michel d'Éphèse n'est pas seulement le chapitre 3, 233 b 33 sqq. (comme l'indiquent Stewart, *Notes on the Nicom. Ethics*, II, p. 425, et Cornford, *Pl. and Parmenides*, p. 201, n. 2), mais tout autant le chapitre 5, jusqu'en 236 a 27.
28. Aussi est-ce avec raison que, dans son commentaire au *Parménide*, Cornford allègue ce texte (cf. note précéd.).
29. Ici comme plus haut, on conserve cette numérotation par égard pour la tradition (II A, selon Cornford).
30. *Parménide*, 156 d 1, 7.
31. *Physique*, VI, 5, 236 a 7-15.
32. Cf. Cornford, *op. cit.*, p. 201.

temps par l'instant reste potentielle (on ne l'effectue pas, comme dans la IIIe Hypothèse, de manière à atteindre « cette nature étrange de l'instantané qui, sis dans l'intervalle du mouvement et de l'immobilité, < est > hors du temps »[33]), sous peine d'arrêter le temps. — Dans le seul texte où Aristote reprend et commente le terme même employé par Platon il ne semblait pas sous-entendre la moindre référence au *Parménide*[34]. — Il est possible, enfin, bien qu'aucun texte ne permette de l'affirmer, que dans sa conception de l'acte, qui se pose d'emblée, dans un achèvement qui ne devra rien au temps pas plus qu'il n'a été précédé d'un temps préparatoire, Aristote se soit souvenu des analyses de Platon, et de l' « instantané hors de tout temps ». C'est une conjecture. Elle présenterait l'inconvénient de fortifier l'interprétation néoplatonicienne de la « Troisième Hypothèse », reprise, de nos jours, par Jean Wahl, mais qui, si belle soit-elle, ne paraît guère conforme à l'intention de Platon : le commentaire de Cornford semble à cet égard définitif[35]. Or, malgré le « néoplatonisme » que Ph. Merlan avait cru saisir chez lui, rien n'indique que, sur ce point du moins, Aristote lecteur du *Parménide* se soit abusé sur la pensée de son maître.

71. Après ce long détour, nous pouvons retrouver la question d'où nous sommes partis, et conclure plus brièvement.

Il faut maintenir, sans doute, la distinction entre l'instant-limite de la *Physique* et l'instant-totalité de l'*Éthique*. Mais cette distinction, qui n'est d'ailleurs jamais formulée dogmatiquement (si ce n'est, par implication, dans les textes de la *Physique* qui enseignent que l'instant n'est pas une partie du temps), est l'objet de transformations (« dialectiques », si l'on veut, à condition de ne pas prendre le mot dans son sens aristotélicien) qui ne laissent pas ces deux termes dans leur isolement.

Dans la *Physique* même, le mot *instant* se prend en deux sens[36] ; le concept d'instant diviseur renvoie, et cela nécessairement, à celui de limite[37], où ce sont deux instants qui bornent un laps de temps. En vertu, enfin, du mouvement d' « expansion », qu'on a essayé de décrire, d'un instant unique, fin à la fois et commencement, le premier chapitre du VIIIe Livre déduit le temps infini ; et le 9e chapitre du même livre, à partir du

33. *Parménide*, 156 d 6-8 (trad. Diès).
34. Cf. plus haut, p. 104.
35. Cornford, *Pl. and Parmenides*, pp. 202 sq.
36. *Physique*, IV, 13, 222 a 20-21 ; VI, 3, 233 b 33-34.
37. *Physique*, IV, 11, 220 a 15-16.

point placé au centre (où il assume les trois fonctions de commencement, milieu et fin), engendre, par le procédé de la « fluxion »[38], le cercle (ou la sphère), où, sur la périphérie (ou la surface), tous les points sont équivalents, en sorte que l'instant, qui avait servi dans la translation rectiligne à situer le mobile, témoigne ici de la stabilité du mouvement circulaire, et s'étend, en un sens, à la dimension de la sphère entière.

Dans l'*Éthique* et, plus généralement, dans la doctrine de l'acte, l'instant est encore conçu comme limite, face à une totalité qui se pose dans sa perfection instantanée et stable[39], séparée, par l'instant, des mouvements qui la précèdent et, parfois, la préparent, mais ne sauraient l'engendrer. Cette totalité même est une continuité, mais non plus, comme dans la *Physique*, divisible à l'infini (si ce n'est pour un observateur, placé hors d'elle) : le pouvoir *actualisant* de la conscience la vit comme un tout sans parties ; selon la terminologie de la *Physique*, l'instant, ici, conserve sa seule fonction de rendre le temps continu, mais renonce à sa seconde fonction qui consistait à le diviser en puissance : par où l'on comprend à la fois que cette totalité puisse être appelée « instant »[40] et que cependant cet instant ne « soit pas dans le temps »[41].

Au total, dans tout ce problème, il importe très peu de défendre la cohérence du vocabulaire aristotélicien, laquelle, on l'a indiqué dès le départ, n'était pas vraiment menacée. Si l'on s'y est attardé, c'était bien plutôt pour montrer que, sur ce point comme sur d'autres, les concepts aristotéliciens ne sont pas des pièces rigides d'une doctrine, durcie à plaisir par des commentateurs, mais des instruments de travail, comparables à la « règle de plomb » des architectes de Lesbos[42] et adaptés aux recherches concrètes. — Les différents, et parfois apparemment incompatibles, usages que le Philosophe fait d'un seul et même terme n'en présentent pas moins une continuité réelle (Bergson, qui ici encore interprète parfaitement la philosophie d'Aristote, l'avait fort bien vu[43]), qu'il faut essayer de ressaisir, au lieu d'en rester à des contradictions de surface, à guérir, paresseusement, par

38. Le terme (ῥύσις), employé il est vrai de l'engendrement de la droite à partir du point, est dans JAMBLIQUE (*In Nicom. Arithmet. Introduct.*, éd. H. Pistelli, p. 57, 8).

39. « Le plaisir est dans le repos plutôt que dans le mouvement » (*Eth. Nic.*, VII, 15, 1154 b 28).

40. *Éthique à Nicomaque*, X, 3, 1174 b 9.

41. *Ibid.*, 1174 b 7-9.

42. *Ibid.*, V, 14, 1137 b 30-31.

43. BERGSON, *La Pensée et le Mouvant*, II, p. 30 (p. 1275 de l'éd. du Centenaire).

le recours à quelque « évolution » hypothétique. Cette continuité, à son tour, ne résulte pas d'une argumentation « dialectique » — « dianoétique », dirait Platon, mais bien, en dernier ressort, de la puissance *intuitive*[44] d'une philosophie qui a découvert que l' « âme ne pense pas sans images ».

44. On a insisté sur ce point dans *La Théorie aristotélicienne du lieu*, pp. 112,118.

DEUXIÈME PARTIE

La *Poétique*

A. « L'ART POÉTIQUE ET SES ESPÈCES »

I. — DIVISIONS DIALECTIQUES

« *Sur l'art poétique lui-même et sur ses espèces, sur la fonction de chacune d'elles et sur la manière de composer les fables si le poème doit être correct, puis sur le nombre et la qualité des parties* < *du poème* > *ainsi que sur les autres questions qui relèvent de la même recherche, commençons notre exposé, en prenant notre départ dans ce qui vient naturellement en premier lieu.* » (1447 a 8-13).

En mettant en relief, dans ce sommaire, la composition des fables, Aristote indique d'emblée le principal objet de la *Poétique*, auquel huit chapitres (au moins) seront consacrés (7-14). Par son importance et par la nouveauté du traitement qu'Aristote lui applique, la composition des fables joue un rôle analogue à celui de l'enthymème dans l'*Art rhétorique* (I, 1, 1354 a 14). Cette indication, d'autre part, de même qu'elle exclut tacitement des genres poétiques tels que la lyrique chorale ou la poésie gnomique, introduit déjà la tragédie et les deux genres qui lui sont apparentés (épopée et comédie) et qui constituent proprement l'objet du traité, comme cela sera formulé expressément après l'Introduction (chap. 6 déb.). On comprend ainsi que les trois premiers chapitres ont pour objet de définir la place de ces trois formes poétiques à l'intérieur du genre mimétique, et non pas d'établir un système des beaux-arts.

Le dernier membre de phrase (« commençons notre exposé... ») introduit, du point de vue de la méthode (la même formule se retrouve au début des *Réfutations sophistiques*, 164 b 21-22), les cinq premiers chapitres, qui portent « sur l'art poétique lui-même et sur ses espèces ».

1. **Les moyens de l'imitation** (chap. 1)

1. Dans cette Introduction, les trois premiers chapitres se détachent clairement des deux suivants. — Il est bien certain que ces chapitres évoquent des textes de Platon [1], et il est tout à fait possible qu'il y ait eu, dans l'Académie, des « divisions de l'imitation ». Faut-il dire, pour autant, que « la méthode des trois premiers chapitres n'est certainement en aucune façon plus caractéristique d'Aristote que de n'importe quel autre disciple de Platon » [2] ?

D'abord, comme on vient de le dire, il ne s'agit pas pour Aristote de donner un système complet des « divisions de l'imitation » ; aussi n'est-il pas aisé d'en construire un, à partir de ses indications [3] : les mots de « couleurs » et de « formes » (1447 a 18-19) représentent, comme déjà dans le *Cratyle* (423 d 5, a 6) des termes de *comparaison* (a 18, 21), et non pas des membres d'une division. Ensuite, s'il est vrai que *différence (diaphora)* est un « terme technique de la *dihairésis* platonicienne » [4], il n'en est pas moins un dans la logique d'Aristote. Bien mieux : c'est dans la mesure où, non seulement le terme même de différence, mais encore, comme on ne semble pas l'avoir relevé, l'expression verbale de deux de ces trois différences paraissent être empruntés à Platon [5], que l'on peut voir l'originalité de la méthode d'Aristote. Dans la *République*, l'*objet* de l'imitation était traité sous le titre de *discours (logos)*, et la *manière* d'imiter sous celui de *style (lexis)* : les développements consacrés à l'un et à l'autre se suivent sans nullement interférer [6]. Aristote, à ces deux termes, en ajoute un autre : les *moyens* d'imiter, et se sert des trois comme de *différences*, précisément, qui puissent aider, conjointement, à définir les trois espèces poétiques, à l'intérieur du genre *imitation*.

1. *Cratyle*, 423 b-424 a ; *République*, III, 392 d sqq. ; *Lois*, II, 668 e sqq., VII, 798 d sqq. Le mouvement méthodologique même du début (πᾶσαι τυγχάνουσιν οὖσαι μιμήσεις τὸ σύνολον 1447 a 15-16) rappelle le début de l'enquête sur le ridicule (ἔστι δὴ πονηρία μέν τις τὸ κεφαλαῖον, *Philèbe*, 48 c 7).

2. F. Solmsen, The Origins and Methods of Aristotle's *Poetics*, in *The Classical Quarterly*, vol. XXIX, 1935, p. 196.

3. Id., *ibid.*, p. 196 sq., qui juge nécessaire (avec raison) de modifier le tableau établi par A. Gudeman, tout en proposant dubitativement le sien.

4. Id., *ibid.*, p. 197.

5. *Poét.*, 1, 1447 a 17-18 ; 3, 1448 a ... <καὶ ἃ> καὶ ὥς ; cf. *République*, III, 392 c 7-8 : ἅ τε λεκτέον καὶ ὡς λεκτέον παντελῶς ἐσκέψεται (et 394 c 7-8).

6. *République*, III, 392 c 6-8.

Ce procédé qui consiste à définir par division, en recourant à plusieurs différences[7], est exposé dans un chapitre des *Seconds Analytiques* (II, 13), où Aristote montre comment la méthode platonicienne des divisions, critiquée dans ce qui précède, pourrait néanmoins conduire à des définitions correctes. Toutefois, ce sont moins les trois règles qu'il pose à la fin du chapitre (97 a 23 sqq.) qui nous concernent ici que le procédé initial de restreindre un attribut trop large par un autre (96 a 24 sqq.). Il propose comme exemple la triade qui est bien un nombre impair (mais la pentade en est un aussi) et un nombre premier (mais la dyade en est un autre). C'est la conjonction des deux attributs qui permet d'assigner à la triade sa place à l'intérieur de la division du nombre, et, par-là, à la définir.

Le même procédé intervient dans la classification des sciences théorétiques, dont chacune est définie par la conjonction de deux différences : la physique étudie les êtres séparés[8] mais non immobiles, la mathématique a pour objet les êtres immobiles mais non séparés, la philosophie première porte sur les êtres tout ensemble séparés et immobiles[9] (*Métaph.*, E, 1, 1026 a 6-16).

Les premiers chapitres de la *Poétique* donnent une parfaite illustration, plus exactement une mise en œuvre élaborée, de ce procédé décrit dans les *Analytiques*. A l'intérieur du genre mimétique, trois différences sont requises pour distinguer l'une de l'autre les trois espèces poétiques, et pour en définir (provisoirement) l'essence : le moyen, l'objet, la manière. La première différence sépare l'épopée, d'un côté et, de l'autre, tragédie et comédie (chap. 1) ; la seconde oppose l'épopée et la tragédie à la comédie (chap. 2) ; la troisième, enfin, oppose de nouveau l'épopée au couple tragédie-comédie (chap. 3). Il est donc besoin de l'application conjointe des trois différences pour isoler, d'une manière univoque, chacune des espèces des autres. [On notera par parenthèse que dans le IIIe livre, déjà cité, de la *République*, seul le troisième critère fonctionne proprement comme *différence* (394 b 9-c 5) ; le second, traité sous le titre de *discours* (392 c 6), à quoi l'on peut joindre le premier (chant et mélodie, 398 c 1-2) servant seulement à des fins de censure (386 c 4, 387 d 4, 398 e 5) et de purification (399 e 5, 8).]

7. *De part. anim.*, I, 3, 643 b 23-24.

8. La conjecture de Schwegler : *chôrista* (1026 a 14) peut être considérée comme certaine : elle est admise par Ross, Cherniss (*A.'s Criticism of Plato...*, pp. 368 sq.), E. de Strycker (in *Autour d'Aristote*, Louvain, 1955, p. 131, n. 68), Aubenque (*Le problème de l'Être chez A.*, p. 36, n. 2).

9. Il est inutile de discuter ici, à la suite de Ph. Merlan, la pertinence de cette division (*From Platonism to Neoplatonism*, p. 56).

Cette structure fondamentale des trois chapitres s'enrichit (ou se complique), d'abord par des références à la peinture ; on y verra toutefois, comme déjà indiqué, des termes de comparaison (non seulement au chapitre 2, mais dans le premier également), et non des éléments d'une classification de la mimétique, d'autant que les objets de la vue sont de simples *signes* des caractères [10], plutôt que des *reproductions* (*Politique*, VIII, 8, 1340 a 33). Mais le premier chapitre mentionne encore la musique et, outre les trois espèces poétiques principales, en indique d'autres, rappelées en partie au chapitre suivant (dithyrambe et nome). De plus, il semble y avoir au chapitre premier, une « digression sur les insuffisances de la terminologie » [11].

2. Il s'agit de donner un exposé « sur l'art poétique lui-même et sur ses espèces ». Conformément à sa méthode, on s'attendrait à ce qu'Aristote examine d'abord, dans une enquête « dialectique », les thèses proposées sur ce sujet par ses prédécesseurs [12] ou du moins à ce qu'il mentionne, ne serait-ce que pour les rejeter comme étant sans valeur, les *Techniques* composées avant lui, ainsi qu'il le fait au début de la *Rhétorique* (I, 1, 1354 a 12, b 17 ; 1355 b 19). Ici, Aristote ne trouve à examiner qu'une opinion commune, celles des « hommes » (1447 b 13), qui correspond à ce que les *Topiques* appellent les « opinions admises par tous les hommes ou par presque tous » (100 b 21-22). Selon cette opinion, la poésie se définit génériquement par l'emploi de vers et ses espèces se déterminent, chacune, par le mètre dont il est fait usage.

Cette opinion s'expose à plusieurs critiques. La plus grave met au jour une erreur sur l'universel, selon les trois modalités recensées dans les *Seconds Analytiques* (I, 5, 74 a 4-25) : 1° on croit saisir l'universel (de la poésie) dans ce qui n'est que l'espèce [13] d'un genre plus élevé (l'imitation) ; 2° on manque de saisir le genre (imitation poétique *et* prosaïque) parce qu'il n'a pas de nom : il est *anonyme* (74 a 8) ; 3° on prend la partie pour le tout (ce qui est doublement vrai : *a*) on prend une partie du genre *imitation* pour le tout ; *b*) en ne considérant que le lan-

10. L'imitation des « caractères » est indiquée dès le début de la *Poétique* (1447 a 28).

11. D. W. Lucas, *A.*, *Poetics*, Oxford, (1968), 1978, p. 58.

12. T*opiques*, I, 1, 100 b 21-23, méthode couramment appliquée par Aristote, en particulier dans les quatre premiers livres de la *Physique*.

13. C'est bien d'espèces, et non d'individus qu'il s'agit ici (cf. D. Ross, *ad loc.*).

gage métrique, on exclut, avec l'imitation en prose, les espèces poétiques qui, en plus de la parole, requièrent le concours de la musique).

De plus, l'opinion appelle des objections plus précisément dialectiques. Quand l'objet de la recherche (p. ex. le plaisir) est placé dans un genre (le bien), la réfutation consiste à montrer qu'il y a des objets apparentés à celui-là (p. ex. des plaisirs mauvais) qui n'entrent pas dans le genre indiqué[14]. Ici, le langage métrique est posé dans le genre *poésie ;* or l'écrit *Sur la Nature* est bien rédigé en vers, et pourtant Empédocle n'est pas un poète. — De l'autre côté, il y a erreur sur les espèces : la terminologie des « hommes » prétend renseigner par un seul terme (poète élégiaque, poète épique) sur le genre et l'espèce. Mais le *propre,* qui figure ici comme différence spécifique, doit « séparer » l'objet des autres choses (*Top.,* V, 2, 130 b 13) ; or l'emploi de l'hexamètre, qui sépare l'épopée des autres espèces, est « semblablement le propre » (V, 8 138 b 16-17) du poème d'Empédocle et, dans la rhapsodie de Chérémon, coexiste avec d'autres mètres.

Il ne semble donc pas qu'on doive comprendre ce texte (à moins, bien entendu, de s'en tenir à nos conceptions stylistiques modernes) comme une « digression » : il s'explique par la méthode habituelle d'Aristote et constitue, bien qu'à l'état sommaire, l'enquête dialectique. Si cette enquête ne subsiste, ici, qu'à l'état de vestige, c'est parce que l'ensemble du texte a bien un caractère *scientifique :* aussi les autres éléments traditionnels qu'on y relève ne sont-ils plus l'objet d'un examen critique, mais s'intègrent dans la visée positive du chapitre.

Il s'agit de savoir ce qu'est la *poésie* et quelles en sont les espèces : or les trois différences mises en avant (les moyens, les objets et la manière d'imiter) divisaient, chez Platon, le genre de la *musique* (*Rép.,* II, 376 e ; III, 403 c 4-5).

3. Aristote commence par une énumération qui, aux espèces principales de la poésie (épopée, tragédie, comédie, dithyrambe), joint l'art de la flûte et l'art de la lyre, et constate que tous ces arts pratiquent l'imitation par le rythme, la parole et l'harmonie, soit séparément, soit en mélangeant ces trois moyens ; c'est par ces trois moyens, précisément, que Platon avait caractérisé la tragédie (*Lois,* VII, 800 d 2-3). D'où l'on voit que la flûte et la lyre figurent ici, non pas à titre d'exemples et de comparaison (comme c'est le cas pour la peinture), mais comme ingrédients des arts énumérés d'abord (excepté l'épopée) et, surtout, de la

14. *Topiques,* IV, 1, 120 b 15-20.

tragédie. Avant de restituer, à la fin du chapitre, aux arts complexes l'ensemble de ces composants, Aristote va montrer que chacun de ceux-ci, pris séparément, peut déterminer une espèce d'imitation.

Cette décomposition d'une forme complexe obéit à une règle de méthode, posée dans la *Politique* (I, 1, 1252 a 18-19) et qui trouve son emploi surtout dans les traités de biologie. Plus précisément, cette méthode, ici, consiste à définir un objet (la tragédie et les formes apparentées) par un schème étudié dans les *Topiques* (VI, 13) : *ceci et cela* (rythme et chant *et* langage métrique, 1447 b 25). Un tel schème de définition s'expose à des difficultés, proposées déjà dans l'*Hippias Majeur* (299 c sqq.). Ainsi les deux termes concourent à définir une qualité (le poétique) dont chacun d'eux, pris séparément, est dépourvu (*Top.*, 150 a 2-7). Ce qui risque bien d'être le cas ici, du moins pour le premier terme ; cette objection, à vrai dire, n'est pas dirimante (7-9), et l'on peut même se demander si l'intention d'Aristote n'est pas de montrer, précisément, que la poésie suppose bien le concours de ces deux termes dont aucun n'est, en soi, capable de la constituer. Au moins, dit-il, faut-il veiller à ce que les deux termes « se disent relativement à la même chose » (151 a 2-6) ; or la définition satisfait bien à cette condition, puisque les deux termes se rapportent à l'imitation.

Le rapprochement avec le texte des *Topiques* [dont on laisse ici de côté le détail des formules (150 a 1-2)] n'est sans doute pas exigé par notre passage. Mais il peut aider à le comprendre et, tout d'abord, à préciser le problème terminologique. Parlant de l'imitation par le langage seul, Aristote regrette qu'il n'y ait pas de nom pour la désigner. D'où l'on doit se demander quels sont les noms qui conviennent aux deux autres groupes d'imitation, et cela d'autant plus qu'il s'agit de définir la poétique et ses espèces. Or Aristote n'énonce, ni les autres noms, ni la définition. On peut certes penser que c'est parce que ces noms vont de soi. Mais l'on jugera aussi bien que la critique du langage concernant le groupe médian s'applique encore aux deux autres groupes, et qu'Aristote, dans l'ensemble de ce chapitre, se propose, sinon de réformer explicitement la terminologie traditionnelle, du moins de rendre distinctes les opinions confuses dont elle est le véhicule. Par sa méthode de dissociation, il va montrer que la poésie requiert le concours de deux éléments dont chacun, pris isolément, ne relève pas de la poésie, mais seulement du genre plus vaste de l'imitation.

Les arts qui, tels celui de la flûte ou celui de la lyre, procèdent par rythme et harmonie seuls, peuvent être groupés sous le nom de *musique*, et c'est là, sans doute, l'idée d'Aristote. Puis, poussant l'analyse plus loin, on peut isoler l'art de la danse qui recourt au rythme seul, mais qui réussit cependant, comme cela est affirmé avec une précision insistante, à imiter des caractères, des émotions et des actions, c'est-à-dire les principaux objets de l'imitation tragique.

Ces analyses paraissent contraires à l'usage courant et, surtout, platonicien. D'après la *République*, la danse fait partie, non pas de la musique, mais de la gymnastique (III, 412 b 3). Dans les *Lois*, elle conserve ce statut (VII, 813 b-d, 814 c sqq.). bien que son pouvoir d'imitation la rapproche du chant (II, 654 b 3) ; dans le même contexte, on retrouverait même à la lettre la formule d'Aristote (« la musique se rapporte au rythme et à l'harmonie », 655 a 5-6), mais c'est pour réintroduire aussitôt le chant et, d'une manière générale, c'est bien la *parole* qui domine la musique (*Rép.*, III, 398 d, 400 a, d), et la danse même est née de l'imitation de la parole (*Lois*, VII, 816 a). Il n'est pas sans intérêt de noter que la classification des danses qui, chez Platon, s'opère selon un critère éthique (814 d *i.f.* sqq.), s'inspirera, chez Aristoxène, des trois formes scéniques des danses tragiques, comiques et satyriques [15].

Que la musique se réduise à l'harmonie et au rythme, cela contredit encore l'emploi traditionnel du mot, rappelé par Aristote même (« nous voyons que la musique procède par chant et par rythme » [16]) ; dans la *République*, les « discours » sont l'élément premier de la musique, et le plus longuement étudié (II, 376 e 8 sqq.). Ailleurs pourtant, dans un texte, où, contre Platon [17] et, en un sens, contre lui-même [18], il prend la défense du public théâtral, Aristote considère que la foule est bon juge « des œuvres de la musique et de celles des poètes » [19] ; et, au VIIIe livre même de la *Politique*, il distingue « la musique dépourvue < de paroles > et celle qui s'accompagne de chant » (5, 1339 b 20-21). Cette première est la musique dégénérée selon Platon, composée « de mélodie et de rythme sans paroles avec pour seul accompagnement la lyre et la flûte » [20] ; à quoi correspond la faute inverse d' « isoler le rythme et les attitudes de la mélodie, en mettant en vers des paroles sans musique » [21] (c'est ainsi pour-

15. Aristoxène de Tarente, fr. 103-112 (Wehrli).
16. *Politique*, VIII, 7, 1341 b 23-24.
17. *Gorgias*, 502 d.
18. *Politique*, VIII, 7, 1342 a 18-28.
19. *Politique*, III, 11, 1281 b 8-9.
20. *Lois*, II, 669 e 1.
21. *Ibid.*, d 6-7.

tant que Socrate avait cru obéir au songe lui enjoignant de « composer et de travailler la musique »[22]) ; il semble que cette séparation du texte poétique et de la musique se soit effectuée d'abord dans le domaine de l'élégie[23], et, d'une manière générale, l'émancipation de la flûte à l'égard de la poésie est blâmée également par Aristoxène[24].

Pour exprimer ce divorce entre la musique instrumentale et les paroles, Platon emploie le verbe *dissocier (diaspân)*[25]. Ce mot conviendrait bien aussi à la méthode dissociative mise en œuvre, ici, par Aristote. Mais il ne s'agit pas d'une distinction simplement logique, puisqu'elle est conforme à l'évolution historique de la musique, et même l'analyse pourrait être poussée plus loin : « En entendant des < sons d' > imitations, on éprouve un sentiment correspondant, indépendamment même des rythmes et des mélodies »[26].

4. On voit donc que le mot *musique*, tel qu'il est couramment employé (c'est-à-dire, à l'inclusion du chant) est un terme générique imprécis : il cache et laisse « anonyme » l'espèce où se révèle la vertu imitative propre au genre : la musique instrumentale. Si maintenant on se tourne vers le langage, on constate un défaut inverse : le mot *poésie*, dans son usage courant, cache et laisse « anonyme » le genre où se manifeste, en dehors même de la poésie (soit chantée, soit réduite à cet élément emprunté à la musique qu'est le mètre[27]), la vertu imitative propre au *logos*.

« De l'autre côté[28], l'art qui procède seulement par paroles dépourvues < de musique >[29] ou tout au plus[30] mises en vers,

22. *Phédon*, 60 e 6.

23. Athénée, XIV, 620 c (cf. 642 d) = Chaméléon, fr. 28 (Wehrli, avec le commentaire, pp. 80 *i.f.* sq.) ; cf. aussi D. Giordano, *Chamaeleontis Heracleotae Fragmenta*, Pàtron éd., Bologne, 1977, fr. 31 et pp. 138 sq.

24. Aristoxène, fr. 92.

25. *Lois*, II, 669 d 6.

26. *Politique*, VIII, 5, 1340 a 12-14.

27. *Poét.*, 4, 1448 b 21 ; cf. *Rhét.*, III, 8, 1408 b 29.

28. On met quelque insistance à rendre le *dé*, dont la correspondance avec *men* (1447 a 23) indique bien le contraste entre musique (seule) et langage (seul), peu importe que celui-ci soit ou non versifié,

29. *Logoi psiloi* signifie couramment *prose*, opposée à poésie (*Rhét.*, III, 2, 1404 b 14). Mais l'expression peut désigner aussi bien les paroles « sans accompagnement musical » (Pl., *Banquet*, 215 c *i.f.*), et Platon distingue la « poésie dépourvue <de musique> ou chantée » (*Phèdre*, 278 c 2) ; un peu plus loin, *psilométria* désigne des vers non-accompagnés de musique (2, 1448 a 11). L'adjectif est ici équivalent de *alyra* qui, chez Platon, englobe également prose et vers : « Quant aux enseignements sans accompagnement sur la lyre, que les poètes

Suite de la note 29 et note 30 page suivante

ceux-ci étant, soit différents et mélangés, soit pris dans un seul genre de vers, est resté sans dénomination jusqu'à présent » (1447 a 28 - b 2).

Gorgias avait considéré toute poésie comme un « discours possédant un mètre »[31] ; Isocrate avait reproché aux poètes leurs « procédés d'ornement » comme une concurrence déloyale faite aux orateurs[32], et avait conseillé à ceux-ci de reprendre aux poètes ces procédés, tout en les adaptant à l'usage rhétorique[33] ; Platon, parlant de la tragédie, avait supposé que « l'on retranche de la poésie l'accompagnement musical, le rythme et le mètre : ce qui resterait, ne serait-ce pas simplement les paroles ? » ; d'où il avait conclu : « L'art poétique est donc une sorte de discours au peuple », si bien que : « Le discours au peuple relèverait donc de la rhétorique : les poètes, en effet, ne font-ils pas œuvre d'orateurs, au théâtre ? »[34].

Toute cette tradition qui, à des fins diverses, analyse la poésie en un « discours possédant un mètre », Aristote la connaît et, parfois, l'approuve[35]. Mais son propos, ici, n'est pas de ramener la poésie à la rhétorique : c'est de faire voir que même les paroles toutes nues, *psiloi*, peuvent remplir une fonction qui ne ressortit en rien à l'art oratoire, mais les apparente, au contraire, tant à la musique pure, qu'à la poésie dont cette tradition avait cru pouvoir les dissocier : l'imitation.

Cette fonction détermine un genre (Aristote dit : un *art*) qui, jusqu'à présent, est resté sans dénomination, et pour cause : il

mettent par écrit, les uns versifiés, les autres sans divisions rythmiques... » (*Lois*, VII, 810 b 5-7). Autrement dit, l'opposition est entre langage (versifié ou non) et harmonie et rythme (1447 a 23), et non pas entre prose et poésie.

30. Il faut conserver le texte des mss. La conjecture de Lobel, approuvée par Kassel et Lucas, ne peut tirer qu'un argument externe et purement philologique de *Métaph.*, A, 9, 992 b 32, où la correction de Bonitz est confirmée, comme le note D. Ross, à la fois par le commentaire d'Alexandre et par la suite du texte (l. 33) qui indique clairement qu'il s'agit d'une énumération : démonstration-définitions-induction. Le problème exégétique (inaccessible à une approche seulement paléographique) est tout différent ici, et, si l'on veut un texte « parallèle », on citera *Polit.*, VIII, 6, 1340 b 24 : « C'est, en effet, une chose impossible, ou du moins difficile... » (« aut certe », BONITZ, *Index*, 313 a 27). — Une fois rétablie la leçon des mss, on voit qu'il n'y a pas lieu davantage de toucher à la conjecture, corroborée par la traduction arabe, de Bernays, et qu'il faut laisser *anonymos* au singulier.

31. GORGIAS, *Éloge d'Hélène*, 9 (82 B 11).

32. ISOCRATE, *Evagoras*, 9-11.

33. ISOCRATE, *Contre les Sophistes*, 16 fin ; cf. *Questions platoniciennes*, p. 118, n. 115.

34. PLATON, *Gorgias*, 502 c-d ; cf. *République*, X, 601 b.

35. *Poétique*, 6, 1450 b 7-8.

empiète sur la division traditionnelle, en joignant dans une unité une partie de ses deux termes respectifs. L'unité de l'art ainsi postulée est aussi novatrice que celle que pose le Socrate du *Banquet*, disant qu'il appartient au même auteur de savoir composer une comédie et une tragédie (223 d). Contraire, en effet, à l'usage linguistique, cette idée contredit tout autant la conception platonicienne, qui avait bien caractérisé la poésie comme une imitation, mais en tant, précisément, que poésie, c'est-à-dire comme langage métrique.

Or, c'est le langage dépouillé, non seulement de l'accompagnement musical, mais aussi de la métrique, qui fonde la découverte d'Aristote. Aussi insiste-t-il sur les formes littéraires relativement récentes, que la tradition n'a pas prises en compte et qui fournissent les membres éminents de ce deuxième groupe : il est notable qu'aux exemples précis des mimes de Sophron et de Xénarque et aux Dialogues socratiques, s'adjoignent, très généralement et dans le mode de la simple supposition (*ei* avec l'optatif), des imitations en vers, désignées par le terme fort imprécis de trimètre [36]. La critique suivante va montrer, contre « les hommes » (mais contre Platon aussi bien), que l'emploi du mètre ne suffit pas à définir la poésie (qu'il n'en est pas une propriété essentielle), puisqu'on peut mettre en vers Ésope [37], Hérodote [38] ou la physique d'Empédocle [39], sans produire de la poésie (imitative) ; bien mieux, on peut accumuler des mètres divers (or, il importe de le souligner, le « mélange » des vers est parfaitement légitime, 1447 b 8, et c'est bien ainsi que procèdent la comédie et la tragédie) et n'aboutir cependant, comme Chérémon, qu'à un style de *logographe* [40].

L'objet de ce texte n'est nullement une réforme du vocabulaire, d'autant plus inopérante d'ailleurs que le mot *poiètès* peut

36. Les « trois mètres » pouvant être ïambiques, trochaïques ou anapestiques : ce peuvent être aussi bien des spondées, par où l'on peut considérer l'hexamètre comme un trimètre (Héraclide du Pont, chez Athénée, XV, 701 f = fr. 158, Wehrli). Quand il veut désigner le trimètre ïambique, Aristote parle seulement de ἰαμβεῖον (Bonitz, *Index*, 337 a 40).

37. Platon, *Phédon*, 60 d sqq.

38. *Poétique*, 9, 1451 b 2-4.

39. On a constaté avec raison que notre texte ne contredit pas le jugement sur Empédocle que nous rapporte Diogène Laërce (VIII, 57 = Arist. fr. 70, Rose). Mais il se pourrait aussi que ce jugement ne porte pas, comme celui de notre texte, sur le Περὶ φύσεως, mais sur les autres « poèmes » qu'Aristote énumère dans ce même passage du Περὶ ποιητῶν.

40. Aristote, *Rhétorique*, III, 12, 1413 b 13.

s'employer aussi bien d'un « poète de discours »[41], c'est-à-dire d'un prosateur. Le texte illustre plutôt une règle des *Topiques :* « Pour dénommer les choses, il faut s'exprimer comme tout le monde, mais pour dire quelles choses sont ou ne sont pas ceci ou cela, il ne faut plus se soucier de ce que dit tout le monde »[42].

On continuera donc à désigner la poésie par le mètre[43], mais l'on saura qu'au vu de ce que « les choses sont » réellement, la poésie est imitation, et que l'imitation peut se faire aussi bien par un langage non métrique, ce qui est au reste assez naturel : en effet, ce qui compose le langage, c'est-à-dire les noms, ce « sont des imitations »[44], ou encore des *symbola* des choses[45].

A cet égard, et compte tenu des formes littéraires récentes, il serait plus vrai et plus correct de caractériser la poésie en la replaçant dans le genre plus vaste de l'imitation et, en retour, de considérer le Mime et le Dialogue socratique, sinon comme de la poésie (Aristote ne va pas jusqu'à rompre ouvertement avec la terminologie consacrée), du moins comme se rapprochant de celle-ci : ils se situent, comme le style de Platon[46], « à mi-chemin (*métaxy*) entre le poème et la prose »[47], tout comme Phérécyde et d'autres sont des « poètes (ou des théologiens[48]) mixtes puisqu'ils ne s'expriment pas toujours sous une forme mythologique »[49], c'est-à-dire qu'ils se placent entre la théologie des mythologues et la philosophie. — Dans son dialogue *Sur les Poètes,* quand il propose d'appeler les Mimes « non-métriques » de Sophron des « conversations et des imitations »[50], il est assez

41. Cf. ALCIDAMAS, *Sur les Sophistes*, 34, 2 (in *Antiphontis Orationes et Fragmenta*, éd. Fr. Blass, p. 205) ; ISOCRATE, *C. les Sophistes*, 15 ; PLATON, *Euthydème*, 305 b 8, *Phèdre*, 234 e 5 (avec la note de Stallbaum), 236 d 5.

42. *Topiques*, II, 2, 110 a 16-19 (trad. J. Brunschwig).

43. P. ex. *Rhétorique*, III, 8, 1408 b 30-31.

44. *Rhétorique*, III, 1, 1404 a 21.

45. *Réfutations Sophistiques*, 1, 165 a 7-8.

46. Lequel, bien entendu, est compris parmi les auteurs des *Dialogues socratiques* ; voir, sur cette expression, V. DE MAGALHÃES-VILHENA, *Le Problème de Socrate*, P.U.F., 1952, pp. 321 sqq.

47. ARISTOTE, *Fragm.* 73 Rose (= Diog. Laërt., III, 37).

48. Bien que, dans ce texte, il y ait union personnelle entre les « théologiens » et les « poètes », il paraît plus naturel de sous-entendre ici le second terme, mentionné quatre lignes plus haut, plutôt que le premier, comme on le fait assez couramment (p. ex. KIRK et RAVEN, *The Presocr. Phil.*, pp. 48, 42) ; BONITZ, aussi bien, parle des « viri sapientes, qui medii quasi sunt inter poetas et philosophos » (*A. Metaphysica*, p. 586).

49. *Métaphysique*, N, 4, 1091 b 8-9.

50. ARISTOTE, *Fragm.* 72 Rose ; dans son recueil *A. Selecta Fragmenta*, p. 69, D. Ross imprime le même texte (sans le point d'interrogation, dû à l'interprétation de Bernays). C. B. Gulick, dans son édition d'Athénée (XI, 505 c) adopte,

clair que ce dernier mot implique le sens de « poétiques ». — On dira, pour conclure, qu'Aristote définit ici, le premier (et, grâce à son concept d'imitation, en donne la théorie), un emploi de la prose d'art distinct de celui, seul envisagé par la tradition, qu'en faisait l'art rhétorique.

Après avoir analysé ainsi les deux *moyens* d'imiter (la musique sans paroles, et la parole sans musique), Aristote énumère, comme une troisième espèce, les formes qui mélangent ces deux moyens [51] : le dithyrambe, le nome, la tragédie, la comédie. A ce dernier groupe, on pourrait réserver le nom de poésie (imitative), au sens restrictif où l'entend le traité d'Aristote, à cela près que le nome et le dithyrambe, dans la suite, ne sont plus guère étudiés ; et, ce qui est plus grave, l'épopée en serait exclue. Elle devrait faire partie du second groupe (encore qu'Homère n'y soit mentionné que par opposition avec Empédocle), à moins de se souvenir, avec Chaméléon, que les poèmes homériques étaient primitivement chantés [52]. Il serait vain, dans ce texte qui s'affranchit de la terminologie courante, de chercher, sur ce point, une précision que, visiblement, Aristote n'y a pas mise.

2. **L'objet de l'imitation** (chap. 2)

Les deux chapitres suivants achèvent le programme établi au début (1447 a 17), en indiquant l'objet de l'imitation (2) et la manière d'imiter (3). Prenant appui, l'un et l'autre, sur des traditions que nous saisissons principalement chez Platon, ils ne contiennent aucune controverse explicite, et peuvent se comprendre comme une synthèse de l'enquête « dialectique » et de l'enquête scientifique.

5. L'objet de l'imitation est fourni par les caractères, soit bons, soit mauvais. Aristote détache ainsi un des trois objets mentionnés plus haut, à l'occasion de la danse (1447 a 28). De fait, les *passions* sont impliquées dans les vertus et les vices [53], et

à tort nous semble-t-il, les deux « corrections » proposées par Jahn, mais indique très bien que le passage signifie « que les mimes non-métriques de Sophron » sont, « de l'aveu de tous, des œuvres d'art (μιμήσεις) » (t. V, p. 267, n.*d*).

51. *Poétique*, 1, 1447 b 24 sqq.

52. Chaméléon, fr. 28 Wehrli (Athénée, XIV, 620 c).

53. « J'entends par dispositions [or vertu et vice sont des dispositions] notre attitude, bonne ou mauvaise, à l'égard des passions » (*Éthique à Nicomaque*, II, 4, 1105 b 25-26).

l'*action* est signalée d'emblée comme l'objet le plus général de l'imitation (artistique, 1448 a 1). Mais ce sont les caractères seuls qui font une *différence*, utile à la classification des genres. Cette différence, dans l'économie du traité, sert essentiellement à distinguer tragédie et comédie. Mais elle se retrouve ailleurs : dans la danse, dans la poésie non accompagnée de musique, dans le dithyrambe et le nome. Ce qui montre bien, d'une part, le bien-fondé inductif de cette distinction et, d'autre part, que seule la conjonction de ces trois différences peut définir les genres proprement poétiques.

La distinction se relève également chez Platon[54]. Mais dans sa critique homérique, depuis l'*Ion*[55], Platon avait élargi beaucoup le domaine de l'imitation, l'étendant aux activités artisanales, aux cris des animaux et aux bruits des phénomènes naturels[56]. Conformément à sa visée (de la distinction des genres), mais aussi à sa propre doctrine (« nous sommes dits être bons ou mauvais d'après nos vertus ou nos vices »[57]), Aristote ne conserve que l'opposition entre les bons et les mauvais ou, plus précisément, entre ceux qui sont « meilleurs ou pires que nous ne le sommes ».

Cette forme comparative (qui est aussi chez Platon) fait ajouter : « ou tels < que nous sommes > » (et un peu plus loin : « semblables », a 12). L'addition donne un terme de référence nécessaire à la pensée, sinon à la classification des genres (il se pourrait qu'aucune forme de l'imitation ne représente les hommes « tels qu'ils sont »). Mais Aristote, ici encore, fournit au moins deux exemples d'une telle imitation, tirés, l'un de la peinture, l'autre de la poésie. Il est vrai que Cléophon n'est guère plus connu que Dionysios, et même que, à y regarder de plus près, il témoignerait plutôt d'une confusion des genres puisque, poète tragique, il a donné à son style l'apparence de la comédie[58]. Il n'en est pas moins vrai que ces deux noms sont cités sans la moindre nuance d'ironie et qu'aux yeux d'Aristote, ils attestent, comme les autres exemples, la légitimité de ses divisions. Du point de vue exégétique et compte tenu du caractère préliminaire de toute cette enquête, c'est tout ce que l'on peut dire. A un autre niveau, cependant, il est permis de se demander si les hommes « semblables » à la réalité ne doivent pas être rapprochés de

54. PLATON, *Lois*, VII, 798 d 9 (avec renvoi à II, 655 d sqq.).
55. Cf. *Questions platoniciennes*, pp. 107 sqq.
56. PLATON, *République*, III, 394 e-396 b.
57. *Éthique à Nicomaque*, II, 4, 1105 b 30-31.
58. *Rhétorique*, III, 7, 1408 a 14.

l'« homme semblable à nous » à qui s'adresse la pitié [59], et du héros éminemment tragique « qui ne se distingue, ni par sa vertu ni par sa justice », mais qui, d'autre part, ne fait preuve ni de « méchanceté ni de perversité » [60]. Il y aurait d'autant moins de contradiction entre ces deux textes qu'au chapitre 2, l'opposition entre les bons et les méchants présente, selon l'usage courant, un import sociologique autant que moral. — Mais cette question ne pourra être posée qu'à partir du chapitre 15.

6. En débordant davantage encore la lettre du texte, on peut noter qu'Aristote, en insérant dans cette opposition traditionnelle un intermédiaire, rejoint sa méthode habituelle du « moyen terme » [61]. — Dans l'*Éthique à Nicomaque,* la vertu, conçue comme le juste milieu entre un excès et un défaut, était expliquée par la comparaison avec la proportion arithmétique [62]. Or, de cette manière, on obtient une triade, dont aucun terme n'est disponible pour figurer ce que nous appelons *médiocrité,* c'est-à-dire ce qui pourrait bien représenter la condition humaine la plus commune. Celle-ci paraît mieux située dans une autre triade, où l'homme est placé entre le dieu et la bête [63] ; mais cette condition même est instable, et déséquilibrée par l'attrait des extrêmes : « Car de même que l'homme, quand il est accompli, est le meilleur des êtres, de même, séparé de la loi et de la justice, il est le pire de tous » [64]. C'est pourquoi, en traduisant ce statut métaphysique de l'homme en langage éthique, le moyen terme se scinde en deux parties dont chacune tend à se rapprocher des extrêmes : « En sorte que si, comme on le dit, les hommes deviennent des dieux par excès de vertu, la disposition opposée à la bestialité serait évidemment une qualité plus qu'humaine » [65] ; et l'on obtient alors un schème à six termes [66] : 1° la vertu divine, supérieure à l'homme ; 2° la vertu propre à l'homme ; 3° la continence ; 4° l'incontinence ; 5° le vice propre

59. *Poétique*, 13, 1453 a 5.
60. *Poétique*, 13, 1453 a 8-9.
61. L. Robin a souligné ce point de méthode dans son *Aristote*, P.U.F., 1944, p. 232, n. 1 ; voir aussi J. Van der Meulen, *A., Die Mitte in seinem Denken*, Meisenheim/Glan, 1951, et Th. J. Tracy, *Physiological Theory and the Doctrine of the Mean in Plato and Aristotle*, Mouton, La Haye-Paris, 1969 (avec notre c.r. in *R.E.G.*, 87, 1974, p. 456).
62. *Éthique à Nicomaque*, II, 5, 1106 a 24-36.
63. *Politique*, I, 2, 1253 a 29.
64. *Politique*, *ibid.*, 1253 a 31-33.
65. *Éthique à Nicomaque*, VII, 1, 1145 a 23-25.
66. Cf. J. A. Stewart, *Notes on the Nicomachean Ethics*, t. II, p. 116 *i.f.*

à l'homme ; 6° la bestialité. — Entre les extrêmes, le moyen terme est formé par une triade dont le moyen terme, à son tour, se dédouble en continence et incontinence : or « ni l'une ni l'autre de ces dispositions ne doivent se comprendre comme identiques à la vertu ni au vice, ni cependant comme génériquement différentes d'eux » [67] ; et un peu plus loin, ces dispositions sont appelées affections (*pathè*) [68]— comme si, à elles deux, elles constituaient le terme ultime, lui-même bivalent, sur lequel s'élèvent la vertu et le vice.

Même ainsi, on aura saisi l'humanité comme une moyenne, mais non pas la moyenne de l'humanité. Or cette moyenne-là, plutôt que d'une construction arithmétique, il semble qu'elle doive faire l'objet d'une approche statistique et qu'à défaut d'un terme propre, on ne puisse la décrire que par périphrase : « Puisqu'il est rare qu'un homme soit divin, au sens où ce mot est pris chez les Lacédémoniens, en signe d'extrême admiration..., de même la bestialité est rare chez les hommes » [69]. Le Socrate platonicien, pour parler de la foule, avait dit : « Plût aux dieux, Criton, que ces gens-là fussent capables de faire beaucoup de mal, afin qu'ils le fussent aussi de faire beaucoup de bien ; ce serait parfait. Au lieu de cela, ils ne peuvent ni l'un ni l'autre » [70].

Mais dans notre texte de la *Poétique*, une place précise est assignée à cette moyenne et une place éminente, puisque c'est en référence seulement à ce terme médian que nous pouvons comprendre les extrêmes : ceux qui sont meilleurs et ceux qui sont pires que nous. Au présent niveau de l'enquête, ces extrêmes déterminent, on l'a dit, les genres tragique et comique. Plus loin, cependant, nous apprendrons que le héros tragique est bien l'homme « semblable » à nous, et semblable en ceci précisément qu'il ne se distingue ni par la vertu ni par le vice. C'est bien ainsi qu'Épictète et Marc-Aurèle comprendront la tragédie [71].

3. **La manière d'imiter** (chap. 3)

« *Il y a encore entre ces arts* [72] *une troisième différence : la manière dont on peut imiter chacun de ces objets. Car en imi-*

67. *Éthique à Nicomaque*, VII, 1, 1145 a 36-b 2.
68. *Éthique à Nicomaque*, VII, 1, 1145 b 5.
69. *Ibid.*, 1145 a 27-30.
70. PLATON, *Criton*, 44 d (trad. M. Croiset).
71. Cf. *Le Système stoïcien et l'idée de temps*, pp. 178 sqq.
72. Les arts qui viennent d'être étudiés, c'est-à-dire qui mettent en œuvre, accompagnés ou non de musique, des discours.

tant par les mêmes moyens les mêmes objets, il est possible d'y procéder, tantôt par récit[73] *(soit au nom d'un autre, comme le fait Homère, soit en son propre nom, sans changement), ou bien par imitation directe*[74] *: tous les hommes étant censés*[75] *agir en personne »*[76] » (1448 a 19-24).

7. L'allure extrêmement succincte du passage s'explique par le fait qu'Aristote suppose connu le texte de la *République* où Platon, pour la première fois probablement, avait longuement établi et développé ces distinctions[77]. Ici encore, tout en reprenant la tradition, Aristote la modifie. Il laisse de côté le « récit simple » (que Platon avait réservé au dithyrambe), et attribue à Homère le récit comme tel (mixte, selon Platon), opposé globalement à l'imitation directe pratiquée par les deux genres dramatiques. On voit ainsi le bien-fondé des trois critères de distinction dont le jeu permet de rapprocher, par exemple, Sophocle, tantôt d'Homère, tantôt d'Aristophane.

Avant de réaffirmer ces différences (1448 b 2-3), Aristote donne un certain nombre d'indications sur l'origine de ces deux genres, que l'on pourrait confondre (sous le chef commun d'*histoire*) avec les précisions apparemment du même ordre fournies par le chapitre suivant. De fait, ces arguments présentent un caractère dialectique qu'ils tirent du recours à la tradition orale aussi bien que de l'analyse étymologique, et ils ont pour objet, à la fois de distinguer les deux genres et de les rapprocher l'un de l'autre.

73. 'Απαγγέλλειν, à ne pas confondre avec *diègèsis*, la *narration*, qui constitue la deuxième partie du discours et qui, d'après la *Rhétorique à Alexandre*, comprend elle-même comme première partie le *récit* (ἀπαγγελία) portant sur les événements du passé (30, 1438 b 11) (cf. « Sur l'emploi de deux termes de rhétorique dans la *République* de Platon », in *Permanence de la philosophie, Mélanges offerts à Joseph Moreau*, A la Baconnière-Payot, 1977, pp. 31-33). — Il est vrai que l'épopée, définie d'abord par l'ἀπαγγελία, le sera ensuite par la *diègèsis* (24, 1459 b 26) et sera qualifiée d'« imitation diègètique » (23, 1459 a 17 ; 24, 1459 b 33).

74. Pour l'ensemble de ce texte, nous adoptons l'interprétation de J. Hardy, sans toutefois penser que « la logique demanderait μιμούμενον » (p. 77, note à la p. 32, l. 9) : πάντας ... τοὺς μιμουμένους est un passif (cf. BONITZ, *Index*, 469 a 31) et dépend, comme accusatif interne, de μιμεῖσθαι ἔστιν (a 21).

75. Traduction peut-être trop insistante de ὡς ; mais la parenthèse et l'emploi du même mot, l. 22, mettent bien l'accent sur la présentation, indirecte ou directe, de l'imitation.

76. Hardy note très justement qu'« Aristote a mêlé à la μίμησις du poète la μίμησις réalisée par l'acteur » *(loc. cit.)*.

77. PLATON, *République*, III, 392 c-394 d.

II. — LA CAUSE NATURELLE DE L'ART (chap. 4)

« L'étude des caractères propres est postérieure à celle des caractères communs »[1] ; en histoire naturelle, « il faut commencer par des considérations communes, suivant les genres, et ensuite examiner ce qui est propre à chacun »[2] ; en matière de rhétorique, l'étude du style passe des considérations générales à ce qui est propre à chaque genre[3]. — La recherche particulière sur chacun des trois genres poétiques ne débute qu'au chapitre 6 ; les chapitres 4 et 5 achèvent les considérations générales et, par conséquent, se rattachent à ce qui précède. Il s'agit de savoir comment.

8. La théorie aristotélicienne des quatre causes n'est entièrement transparente que dans des exposés scolaires, telle qu'elle est exposée par exemple chez Sénèque, et illustrée à l'aide d'un seul paradigme, celui de la statue[4]. Peut-être d'ailleurs cette théorie n'est-elle pas, à la lettre, une invention d'Aristote, puisqu'on pourrait la trouver, appliquée également à un objet unique (le nom), dans un passage, lui aussi d'allure scolaire, du *Cratyle*[5]. Même dans les exposés dogmatiques de cette théorie[6], Aristote varie les exemples, insiste sur les modalités multiples sous lesquelles ces causes agissent[7], dit que les trois causes autres que la matière « se ramènent souvent à une seule »[8], parfois aussi groupe la

1. *Physique*, III, 1, 200 b 24-25.
2. *De Part. anim.*, I, 1, 639 b 3-5.
3. *Rhétorique*, III, 12, 1414 a 29-30.
4. Sénèque, *Lettres*, 65, 4.
5. *Cratyle*, 388 c-390 d ; cf. *Essai sur le « Cratyle »*, pp. 85 sq.
6. *Physique*, II, 3 ; *Métaphysique*, Δ, 2 ; *Sec. Analytiques*, II, 11.
7. *Physique*, II, 3, 195 a 27-28.
8. *Physique*, II, 7, 198 a 24-26.

matière avec le moteur [9]. L'intérêt véritable de cette théorie ne réside, ni dans ces récits dogmatiques, ni dans le nombre exact des causes, mais dans l'application concrète, et chaque fois différente, qui en est faite aux recherches particulières.

Cela dit, et puisque l'œuvre d'art dont traite la *Poétique* évoque en tant que telle l'exemple de la statue, on pourrait se demander si la théorie des causes ne permettrait pas d'expliquer les premiers chapitres du traité, auxquels elle serait comme sous-jacente. L'objet de l'imitation (chap. 2) apparaît d'emblée comme « la forme et le modèle » [10] ; les « moyens » de l'imitation (chap. 1) se comprendraient alors comme la cause matérielle, et la manière d'imiter (chap. 3), c'est-à-dire le recours, soit à un récitant unique, soit aux personnages mêmes [11], comme la cause motrice. A quoi le 4e chapitre ajouterait, à titre de cause finale, le plaisir [12] que provoque l'imitation.

Cette lecture est plausible ; elle s'impose même du simple fait que le « plaisir propre » est appelé plus loin la « fin » (*telos*) de la tragédie (1462 b 14). De plus, elle présente l'avantage d'intégrer le chapitre 4 dans l'ensemble du mouvement du texte alors que l'explication traditionnelle, attentive seulement à l'aspect « historique » du chapitre, est incapable d'expliquer son intention méthodologique et, par là, sa portée réelle. En outre, cette lecture souligne le rôle central du plaisir, lui aussi méconnu ou sous-estimé par la tradition. Cependant, pour satisfaisante qu'elle soit, il ne semble pas qu'elle suffise entièrement à rendre compte du mouvement du texte : bien que le chapitre 4 soit étroitement intégré dans l'ensemble de l'enquête, celle-ci prend bien, ici, un nouveau départ. Le mot de *cause*, en effet, n'est prononcé qu'au début de ce chapitre, et il est précisé, avec quelque insistance, par le qualificatif de *physique*. Cette terminologie peut servir à commenter, et le rapport entre les trois premiers chapitres et le quatrième, et le sens de la nouvelle recherche, à partir de ce dernier.

1° Nous avons eu l'occasion de relever plusieurs traits qui donnent aux premiers chapitres un caractère dialectique. Ce terme ne doit pas être pris dans un sens trop étroit, comme s'il

9. La cause motrice est mieux « entrevue » par les matérialistes que par les partisans des Idées (*De Gener. et corrupt.*, II, 9, 335 b 8, 24 sqq.) ; dans la *Génération des Animaux*, matière et moteur sont opposés conjointement à la fin et à la forme, qu'il « faut concevoir autant dire comme identiques » (I, 1, 715 a 5-7) ; dans les *Parties des Animaux*, la fin, cause « première », est opposée au moteur, cause « seconde », auquel, ensuite, est associée la matière (I, 1, 639 b 11-14, 26-29).

10. *Physique*, II, 3, 194 b 26.

11. *Poétique*, 3, 1448 a 21, 23.

12. *Poétique*, 4, 1448 b 8.

désignait uniquement un examen aporétique. Il s'agit, là encore, d'une méthode (empruntée aux Platoniciens [13]) qui ne prend tout son sens que dans ses applications concrètes. Ainsi, tout le premier livre des *Parties des Animaux* est dialectique, et pourtant les apories y sont résolues aussitôt formulées, et l'ensemble du livre expose une méthodologie, et même une épistémologie qui, sans encore entrer dans le détail des problèmes biologiques, y introduit d'une manière positive et dogmatique.

Les définitions données dans les trois premiers chapitres procèdent par division : ce ne sont pas des définitions démontrées scientifiquement, ce qui est impossible [14], mais bien *dialectiquement*, et à l'aide, précisément, des *différences* [15]. Celles-ci jouent le rôle du moyen terme dans ce qui est un syllogisme dialectique [16], le seul par où une définition puisse être démontrée [17]. Or la cause, du point de vue « dialectique » [18], c'est la quiddité : celle-ci peut bien, selon les cas, se spécifier en fin ou moteur [19], et chacune des quatre causes peut bien servir de moyen terme [20]. Il n'en est pas moins vrai que c'est la forme, la quiddité, qui, dans le syllogisme, est la cause véritable : Aristote se sert « de la distinction même des quatre espèces de cause pour prouver que la cause formelle explique toujours l'action des causes qui ne sont pas elle » [21]. Léon Robin, qui a consacré à ce problème une étude profonde, qui n'a guère trouvé l'attention qu'elle mérite, peut alors écrire : « Ainsi le syllogisme logique [dialectique] a ceci de commun avec la définition la plus parfaite, qu'il indique la cause du fait ou, en d'autres termes, son essence. C'est même à ce titre qu'il est appelé logique : l'essence ou la *quiddité*, c'est en effet pour Aristote une cause logique, c'est-à-dire dont la causalité réside en ce qu'elle est le λόγος ou la notion de la chose » [22].

13. L. Robin, *La Théorie platonicienne des Idées et des Nombres d'après Aristote*, Paris, 1908, p. 26, note 22.

14. *Sec. Analyt.*, II, 4, 7.

15. *Sec. Analyt.*, II, 13, 96 b 25-26, 97 a 23 sqq. (cf. Ross, p. 660 *i.f.*).

16. *Sec. Analyt.*, II, 8, 93 a 15.

17. *Sec. Analyt.*, II, 8, 93 a 15 sqq.

18. *Métaphysique*, Z, 17, 1041 a 28 ; phrase suspectée par Alexandre d'Aphrodise, suivi, ici encore, par W. Jaeger dans son édition ; Bonitz (p. 359) et Ross (II, p. 223) conservent le texte des mss.

19. *Métaphysique*, Z, 17, 1041 a 29-30.

20. *Sec. Analyt.*, II, 11, 94 a 20-24.

21. L. Robin, *Sur la conception aristotélicienne de la causalité* (*Arch. f. Gesch. d. Phil.*, XXIII, 1-2, 1909, 1910), réimpr. in *La Pensée hellénique, des origines à Épicure*, P.U.F., 1942, p. 471.

22. L. Robin, *loc. cit.*, p. 465 (cf. pp. 455 (et note 1) sq.).

Cette prédominance donnée à la cause formelle sur les autres fait que, non seulement la dialectique, mais l'analytique même ne peuvent être que préalables à la recherche physique. D. Ross a souligné, contre les commentateurs antiques, que la cause matérielle, qui joue un si grand rôle en physique, est absente de l'*Organon* [23]. Il semble qu'Aristote même ait pris soin de marquer la différence entre ces deux ordres de recherche. Dans le chapitre consacré, précisément, aux quatre (?) causes, il achève l'examen de la finalité par celui des processus et des productions naturelles, et indique le double sens de la nécessité, rappelant ainsi des problèmes qui ne relèvent plus de la logique [24]. D'une manière analogue, il oppose, au début de sa biologie, les *distinctions* qu'il faut faire d'abord, entre les caractères communs à tous les animaux, à ce qu'il faut rechercher ensuite : les *causes* de ces caractères — entendons les causes naturelles [25].

9. 2° La cause naturelle de l'art poétique, cause que, dans le schématisme général, on peut assimiler à la cause motrice [26], n'est autre que la genèse même de cet art.

En introduisant, dans ce qui précède, l'explication des quatre chapitres à la lumière de la théorie des causes, nous avions comparé l'œuvre d'art à une statue. Mais la statue est un artefact, alors que la poésie avec ses espèces, ainsi que le genre de l'imitation auquel elle se subsume, sont choses naturelles et, donc, ne sauraient s'expliquer par la seule analyse logique des causes qui concourent à les produire. La cause physique, ici, ne peut être que le processus générateur même d'où elles résultent. La méthode requise ne peut plus alors être la méthode platonicienne, même amendée, des divisions, mais seulement la méthode génétique mise en œuvre dans la *Politique*, où il s'agit également d'expliquer un phénomène naturel : la Cité : « C'est en regardant les choses se développer depuis leur origine que l'on en prendra, ici comme ailleurs, la vision la plus correcte » [27].

Il paraît y avoir contradiction entre ce texte et la méthodologie biologique, quand Aristote reproche aux « évolutionnistes », à Empédocle en particulier, d'étudier la genèse des espèces vivantes, avant d'en envisager la constitution [28] ; mais ce serait une

23. D. Ross, *A.'s Prior and Posterior Analytics*, p. 639.
24. *Sec. Analyt.*, II, 11, 94 b 34-95 a 3.
25. *De Part. animal.*, I, 5, 645 b 1-3.
26. *De Gener. animal.*, I, 1, 715 a 11-14.
27. *Politique*, I, 2, 1252 a 24-26.
28. *De Part. animal.*, I, 1, 640 a 10 sqq.

contradiction tout apparente. « D'une façon générale, il est clair que ce qui est engendré est imparfait et va vers son principe, si bien que ce qui est postérieur selon la génération est antérieur selon la nature »[29]. Ce qui est reproché à Empédocle et aux mécanistes, ce n'est pas de commencer par la genèse, mais de relater une genèse non orientée vers sa *fin*, un processus aveugle donc et qui, souvent, s'égare en cours de route. Or, le naturaliste doit retracer la marche de la Nature, qui sait où elle va, précisément parce qu'elle connaît la *fin*, c'est-à-dire la constitution de l'être vivant qu'elle conduit de la puissance à l'acte. L'emploi correct de la méthode génétique (et qui la distingue de l'usage que l'on peut en trouver chez Platon[30]) suppose donc connus le terme où elle aboutira, et la constitution (*systasis*) de la chose à engendrer. Cette nécessaire connaissance préalable de la *fin* est donnée dès les premières lignes de la *Politique* (dans un passage, lui aussi d'allure dialectique, puisqu'il inclut une critique de Platon), et elle est fournie d'une manière plus complète par les trois premiers chapitres de la *Poétique*, où est définie la « constitution » de l'art poétique et de ses espèces.

« D'une manière générale, l'art, pour une part, effectue ce que la nature n'a pas pouvoir d'accomplir, pour l'autre, il l'imite »[31]. Tout art sans doute, selon Aristote, repose sur un fondement naturel : même une technique qui procède par mouvements violents, comme la balistique, ne fait que perfectionner et prolonger les « armes » que l'homme tient de la nature[32]. Il est donc possible, comme cela avait déjà été indiqué dans notre texte même[33], de pratiquer une activité, soit naturellement, soit techniquement. C'est ainsi que « tous, même les non-spécialistes, se servent d'une certaine manière de la dialectique et de la critique : tous, en effet, jusqu'à un certain point, essaient de soumettre à l'épreuve ceux qui prétendent savoir »[34]. Il en est de même en matière de rhétorique, « analogue » de la dialectique : « Tous, jusqu'à un certain

29. *Physique*, VIII, 7, 261 a 13-14 (cf. *Philèbe*, 54 a 9).

30. *République*, II, 369 a 6 sqq., et le IIIe livre des *Lois*. — L'alternative aristotélicienne ne joue plus aucun rôle dans l'élaboration de la méthode génétique moderne, telle qu'on la trouve chez Hobbes, puisqu'à la biologie se sera alors substituée, comme science fondamentale, la mécanique, et la naissance de l'État sera comparée au démontage d'un mécanisme d'horlogerie (*De Cive, praef. ad Lect.*, p. 145 Molesworth).

31. *Physique*, II, 8, 199 a 15-17.

32. *Politique*, I, 2, 1253 a 34, à rapprocher des *Parties des Animaux*, IV, 10, 687 a 25-b 5.

33. *Poétique*, 1, 1447 a 20.

34. *Réfutations Sophistiques*, 11, 172 a 30-32.

point, tentent d'examiner et de soutenir une thèse, de prononcer des défenses ou des accusations »[35]. A son tour, la poétique a une cause naturelle, et même en a deux : « Imiter, en effet, est naturel aux hommes, depuis leur enfance (et l'homme se distingue des autres vivants en ce qu'il est le plus porté à l'imitation et acquiert ses premières connaissances grâce à l'imitation), et tous prennent plaisir aux imitations »[36].

Voilà donc les deux causes naturelles de la poésie, selon Aristote. Quelques commentateurs, il est vrai, ont pensé que cette phrase contenait seulement « deux subdivisions » de la première cause, et que la seconde devrait être cherchée une bonne douzaine de lignes plus loin (où l'imitation naturelle, pour l'adapter au sujet du traité, est précisée, après un *kai* explicatif, par l'harmonie et le rythme — simple rappel de ce qui avait été indiqué dès le début, 1447 a 22) ; cette lecture a même pu être qualifiée comme étant en accord avec le « common sense »[37] (qu'il est permis toutefois de ne pas identifier avec la *bona mens* cartésienne). — Tout invite à s'en tenir au « sens » aristotélicien du passage. L'annonce des *deux* causes est suivie immédiatement de la phrase explicative qu'on vient de citer, introduite par *en effet*, et fortement charpentée par : *te... kai*. Aussitôt après, ces deux causes sont commentées successivement (mais aussi, par le procédé du chiasme, conjointement), et leur action réunie détermine, comme on le verra plus loin, toute la suite du traité. Leur adjoindre, à titre de cause indépendante, une troisième qui serait comme un *obiter dictum*, démolirait la structure, grammaticale et stylistique, du passage, et en obscurcirait le sens.

Ce sens est parfaitement formulé, dans une simple note, par J. Hardy, dans son édition: « La première cause explique la création poétique, la seconde le goût du public pour la poésie »[38].

10. Le *signe* que nous prenons plaisir aux imitations (deuxième cause) se voit dans le cas le plus défavorable ; on se réjouit à voir des images dont l'original fait peine à regarder. Et la *raison*[39] de ce fait, c'est que la confrontation de l'image et de son objet nous instruit (par où l'on rejoint la première cause).

35. *Rhétorique*, I, 1, 1354 a 4-7.
36. *Poétique*, 4, 1448 b 5-9.
37. On est fâché de contredire ici le savant commentaire de Lucas (p. 74).
38. J. Hardy, éd. de la *Poétique*, p. 78 (à la p. 33, ligne 9).
39. On rend ainsi *aition* (b 12), qui se distingue déjà par son genre des *aitiai* mentionnées plus haut (b 4).

« Tous les hommes tendent naturellement vers le savoir »[40]. L'imitation, par ces deux causes, est reliée à cette tendance : elle nous fait acquérir nos premières connaissances, et si nous prenons plaisir à l'imitation, c'est parce qu'elle nous fait mieux connaître un original, même déplaisant.

Du plaisir esthétique, Aristote donne deux explications, mais dont la seconde ne doit pas être traitée de « afterthought »[41], puisque les deux sont présentées solidairement dans le texte parallèle de la *Rhétorique*[42] et que, ici même, Aristote y a fait une allusion préalable[43] : *a*) on a plaisir à reconnaître l'original ; cette reconnaissance fait l'objet d'un « raisonnement »[44] ; *b*) l'image, même indépendamment de sa vertu de renvoi, plaît, soit pour sa couleur, soit pour son *fini* (*apergasia*), terme technique[45], de même que celui d'*akribeia*, employé plus haut (b 11)[46] ; la *Rhétorique* parle simplement de « tout ce qui est bien imité » (I, 11, 1371 b 7), et les *Parties des Animaux*, de « technique fabricatrice » (I, 5, 645 a 12)[47] : le caractère artistique, « technique », de l'imitation est requis, parce que, sans lui, le « raisonnement » ne peut avoir lieu, ce qui n'empêche que ce caractère peut plaire, même si la pré-connaissance de l'original fait défaut.

Que l'imitation artistique nous instruise, non pas par simple identification de la copie avec l'original, mais par l'élaboration technique de la « copie » qui nous pourvoit d'un savoir dont, précédemment, nous étions privés, on le voit dans un autre texte parallèle : « Il serait irrationnel et absurde, alors que, contemplant les images [des animaux], nous y prenons plaisir parce que nous contemplons en même temps l'art qui les a élaborées, que

40. *Métaphysique*, déb.
41. LUCAS, *loc. cit.*, p. 73.
42. *Rhétorique*, I, 11, 1371 b 4-7.
43. *Poétique*, 4, 1448 b 11.
44. Que le texte qu'on vient de citer de la *Rhétorique* présente bien le substantif, indique assez le poids qu'Aristote attache à ce terme, et qui osera soutenir que ces textes soient antérieurs à l'« invention du syllogisme » ? Le sens du mot ne s'éclairera que dans la suite, c'est-à-dire, ici comme ailleurs, par ses applications concrètes. En attendant, la traduction littérale, pour pédante qu'elle puisse être, paraît plus conforme à la pensée d'Aristote.
45. *Poétique*, 4, 1448 b 18 ; cf. PLATON, *Protagoras*, 312 d 3.
46. Voir, sur ce terme, le relevé des textes dans J. J. POLLITT, *The Ancient View of Greek Art*, Yale Univers. Press, 1974, pp. 117 sqq. Le terme est pris, au contraire, dans son sens aristotélicien (et platonicien), plus étroit, dans l'*Éthique à Nicomaque*, I, 1, 1094 b 13-14, où la qualité qu'il dénote est refusée aux « ouvrages techniques ».
47. Voir, sur ce terme, PLATON, *Politique*, 288 d 3, avec la note de J. B. SKEMP (*Pl.*, *The Statesman*, Routledge (1952), 1961, p. 182, n. 1).

nous n'éprouvions pas une satisfaction plus grande à contempler ces êtres eux-mêmes, constitués par la Nature, quand du moins nous pouvons en pénétrer les causes »[48]. Ici, l'art, loin de nous détourner des originaux, nous y renvoie lui-même; le plaisir esthétique (et la connaissance qu'il procure) est convié à se reporter (et à s'achever par là) sur l'étude scientifique des originaux.

On voit par là que, sous le terme commun d'imitation, la conception aristotélicienne diffère *toto caelo* de celle de Platon. Pour celui-ci, comme pour Pascal[49], l'art embellit des objets indignes et, ainsi, constitue une technique de tromperie[50]. Pour Aristote, l'imitation artistique ne travestit pas l'objet: elle le montre. En lui enlevant ses apparences déplaisantes, elle en opère, en un sens, une transfiguration, comme pour Boileau[51]. Plus profondément, cependant, l'art révèle l'objet tel qu'il est, et tel qu'il est digne (même dans les formes animales « les plus indignes »[52]) d'être connu — une fois que, grâce à l'art et en attendant la connaissance scientifique, le spectateur aura surmonté sa « répugnance puérile »[53]. L'art, autrement dit, n'imite pas la nature: il l'interprète.

Il y a donc comme une « ruse de l'art » chez Aristote: l'art prend appui sur le plaisir que nous éprouvons à imiter et à voir imiter, mais c'est dans une intention pédagogique: il se sert du plaisir pour nous « apprendre quelque chose »[54]. On pourrait dire que le plaisir assume une double fonction: il naît de la contemplation de l'œuvre et de sa perfection technique, puis il achève, selon la doctrine de l'*Éthique à Nicomaque*, l'*acte* de la connaissance: il sert donc successivement d'appât et de confirmation. Il enrobe le savoir que le poète nous transmet et qui est comme

48. *De Part. animal.*, I, 5, 645 a 10-15.

49. Pascal, *Pensées*, II, 134 (Br.) : « Quelle vanité que la peinture, qui attire l'admiration par la ressemblance des choses dont on n'admire point les originaux ! ».

50. *République*, X, 605 e : « A-t-on raison d'applaudir, quand on voit un homme auquel on refuserait, que dis-je? auquel on rougirait de ressembler, et qu'au lieu d'éprouver du dégoût, on éprouve du plaisir et de l'admiration? » (trad. E. Chambry).

51. « Il n'est point de Serpent, ni de Monstre odieux,
Qui par l'art imité ne puisse plaire aux yeux.
D'un pinceau délicat l'artifice agréable
Du plus affreux objet fait un objet aimable »
(*Art Poétique*, III déb.).

52. *Poétique*, 4, 1448 b 12 ; *De Part. animal.*, I, 5, 645 a 16.

53. *De Part. animal.*, *ibid.*, a 15-16.

54. *Rhétor.*, I, 11, 1371 b 10.

la majeure et le moyen terme, et il accompagne la conclusion que le spectateur en tire; l'art nous livre donc bien la *cause* de l'objet. Ajoutons que la *Rhétorique*, après avoir indiqué le syllogisme esthétique, mentionne comme objets d'agrément « les péripéties et le salut imprévu [55] après les dangers : tout cela entre dans le merveilleux » [56], allusion évidente à la théorie du tragique que le philosophe développera plus loin (chap. 9).

D'où l'on voit aussi l'étroite conjonction des deux causes naturelles, et la nécessaire connivence entre l'artiste et son public : le « syllogisme » étant leur œuvre commune. On comprend ainsi la fréquente intervention du public et de son jugement dans la suite du traité (il y a là, si l'on veut, comme un renouvellement de l'idée platonicienne selon laquelle c'est l'usager qui est compétent pour juger l'artisan [57]).

On voit enfin que la « reconnaissance » dont il sera question plus loin a une portée bien plus large qu'il n'y paraît : c'est l'intelligence même du poème dramatique qui est une reconnaissance de ce qu'on avait « vu auparavant » (*proorân*), mais que l'on n'avait pas compris.

11. Il est possible que la méthode mise en œuvre au début de la *Politique* [58] obéisse, subsidiairement (et, alors, tacitement) à une intention polémique, dirigée contre les auteurs qui, des Sophistes aux Cyniques, avaient attribué à la Cité une origine consensualiste. Il est certain, en tout cas, qu'elle est exigée par la doctrine même d'Aristote ; l'État est naturel au sens le plus fort du terme : il est le résultat d'un processus dirigé par une nécessité interne, lequel, comme la construction hypothétiquement « naturelle » des navires, n'implique aucune « délibération » [59] ; c'est pourquoi Aristote place à son début le seul instinct sexuel. La méthode, ensuite, consiste à montrer le mouvement naturel qui, de la famille, va au village et s'arrête à la Cité où il trouve sa fin : « Car ce qu'est chaque chose, une fois achevée sa genèse, c'est ce que nous appelons sa nature » [60].

Que ce processus soit parfaitement naturel n'empêche pas d'en articuler les étapes et de les commenter par des références à ce

55. Litt. « se sauver tout juste » (*ibid.*, b 11).
56. *Rhétorique*, I, 11, 1371 b 10-12.
57. PLATON, *Cratyle*, 390 b ; *Euthydème*, 289 a, 290 b-c.
58. Sur le lien entre le Ier livre et la suite de l'œuvre, voir R. LAURENTI, *Genesi e formazione della « Politica » di Aristotele*, CEDAM, Padoue, 1965, pp. 128 sqq.
59. *Physique*, II, 8, 199 b 27-28.
60. *Politique*, I, 2, 1252 b 32-33.

que nous appellerions l'histoire, et de citer Hésiode, Charondas, Épiménide, Homère. Peut-être même faudrait-il remonter plus haut dans le temps, à un législateur dont la tradition ne nous a pas conservé le souvenir, et c'est ainsi qu'Aristote peut écrire dans une même phrase : « C'est donc par nature que tous tendent vers une telle communauté, mais le premier qui la constitua fut cause des plus grands biens »[61]. — On pourrait qualifier ce processus d'historico-biologique, mais c'est nous qui mettrions alors une dualité dans un développement qui, pour Aristote, demeure entièrement « naturel ».

De même, l'instinct d'imiter et, plus précisément, à l'aide du rythme et de l'harmonie, suscite des improvisations qui, progressant petit à petit, engendreront la poésie. Cette progression naturelle se scinde, dès le départ, en deux courants selon le *caractère* propre des poètes (selon leur *nature* propre, sera-t-il dit plus loin)[62] : ainsi est fondée en nature la deuxième *différence*, expliquée au chapitre 2 ; de plus, on retrouve ici la conjonction des deux *causes* : le caractère, élevé ou bas, des auteurs spécifie le plaisir qu'ils prennent à imiter, chacun, des actions correspondantes. On aboutit ainsi, comme à un *premier* stade[63], au « blâme », d'un côté et, de l'autre, aux hymnes et éloges (particularisés, encore, pour les uns et les autres, selon l'homme, le dieu ou le héros qui en est l'objet).

Comme la Cité dans la *Politique*, la tragédie (et aussi, sans aucun doute, bien que cela ne soit pas dit expressément, la comédie) est traitée comme une substance naturelle, qui se développe progressivement, jusqu'à ce qu'elle ait atteint (et révélé)[64] sa nature propre. Les étapes de cette progression sont marquées par des auteurs (Eschyle et Sophocle et, pour la comédie, Épicharme, Phormis[65] et Cratès) dont l'intervention, dans ce processus naturel, doit être comparée à l'action de celui qui « le premier, constitua » la communauté politique. Ici encore, donc, on est en face d'une progression historico-biologique.

Cette progression, toutefois, n'est pas l'objet d'un récit continu (d'où les difficultés d'interprétation que le texte suscite à l'his-

61. *Politique*, I, 2, 1253 a 29-31.
62. *Poétique*, 4, 1449 a 4.
63. *Poétique*, 4, 1448 b 27.
64. *Poétique*, 4, 1449 a 14.
65. *Poétique*, 5, 1449 b 6 ; si la syntaxe peut suggérer (mais nullement prouver) qu'il s'agit d'une glose marginale (et, dans cette hypothèse, pourquoi, puisque tous nos mss la présentent, ne serait-elle pas due à l'auteur même, ajoutée lors d'une « révision » de son « manuscrit de cours » chère aux évolutionnistes ?), le parallèle de 1449 a 16, 19 recommande clairement de conserver ces mots.

toire littéraire), à quoi, probablement, il y a plusieurs raisons. D'abord, parce que le centre d'intérêt est formé par les deux genres dramatiques : c'est de leurs « changements » qu'il est précisé que nous les connaissons (ou les ignorons)[66]. Ensuite, parce que la succession chronologique est dès le départ interprétée par l'opposition : élevé-bas (opposition qui, plus loin, s'exprime par la figure logique de l'analogie[67]). Enfin, sans doute, parce que le philosophe n'aime pas relater par le menu ce qu'on peut lire ailleurs : on a noté, au chapitre 3, le raccourci par où il abrège une distinction longuement développée par Platon. Or les trois dernières lignes du chapitre 4 (de même, probablement, l'allusion aux « formes »[68] de la tragédie, ainsi qu'à la *scaenographia*)[69] semblent bien indiquer qu'il y a des prédécesseurs, qu'il ne saurait s'agir de répéter mais seulement, sur certains points, de corriger.

On doit donc penser que ce qu'il y a de neuf dans ce texte, parce que le philosophe y insiste, c'est la genèse naturelle de la poésie, c'est le développement parallèle des genres burlesque et sérieux (sans qu'il soit tenu compte de la difficulté qu'oppose, à cette schématisation, l'origine satyrique, avec son style risible, de la tragédie[70]), et c'est aussi le rôle attribué à Homère.

12. A première vue, on prendrait le passage sur Homère pour une digression, suivie par un retour (introduit par *oûn*[71]) aux « improvisations »[72]. Cette impression se renforcerait du fait qu'entre les poèmes homériques et les deux genres dramatiques, Aristote ne pose pas un rapport génétique, mais seulement d'analogie. Mais cela même semble indiquer que l'apparente digression décrit en réalité un deuxième courant de l'histoire littéraire, et qui ne s'apparente au premier que par parallélisme.

Platon avait appelé Homère le « prince de la tragédie »[73]. Conformément à sa conception de la double origine de la poésie, Aristote va montrer qu'Homère est l'initiateur de la comédie aussi bien (il dramatise les imitations, il utilise le mètre iambique, il universalise déjà[74] la satire individuelle en ridicule).

66. *Poétique*, 4-5, 1449 a 8-b 1.
67. *Poétique*, 4, 1448 b 38.
68. *Ibid.*, 1449 a 8, cf. 18, 1455 b 33 (mais le sens du terme est disputé).
69. *Ibid.*, 1449 a 18 ; cf. J. J. Pollitt, *The Ancient View of Greek Art*, *loc. cit.*, pp. 230 sqq.
70. *Ibid.*, 1449 a 20.
71. Bonitz, *Index*, 540 b 12.
72. *Poétique*, 4, 1448 b 23, 1449 a 9.
73. Platon, *République*, X, 598 d 9.
74. *Poétique*, 5, 1449 b 8.

Étant donné son origine naturelle, on doit admettre que la poésie remonte au-delà d'Homère, et qu'elle atteint, comme son « premier » stade, les blâmes et les éloges (et hymnes). A partir d'Homère, les « anciens » composent en vers héroïques et en vers ïambiques : il y a là comme un nouveau départ, dont Homère est le promoteur, et qui donne naissance à deux genres poétiques, dont le rapport avec les premiers n'est pas défini et qui eux-mêmes n'entrent dans l'histoire des genres dramatiques que pour les avoir préfigurés [75], plutôt que par causalité directe. Celle-ci doit être cherchée, de nouveau, dans les « improvisations » et, s'agissant de poésie dramatique, dans le rôle du soliste [76] tenu, respectivement, dans les dithyrambes et dans les chants phalliques : ici non plus, le rapport n'est pas défini avec l'éloge et le blâme ; quelles que soient les inférences que le texte puisse permettre à l'historien moderne, il paraît assez clair qu'Aristote ne prétend pas écrire l'histoire littéraire, depuis avant Homère jusqu'à Sophocle : tout comme en biologie, il a en vue la *fin* (nous dirions : à titre d'idée directrice), c'est-à-dire la constitution achevée de l'objet [77], et il ne remonte au passé que dans la mesure où, à chaque fois, celui-ci permet d'éclairer le présent. D'où, aux yeux du moderne, des incohérences apparentes et des obscurités, parce que l'objet du récit est seulement l'explication des genres dramatiques actuellement existants, et non pas le cours continu de leur préhistoire, dans lequel l'auteur ne puise que pour éclairer, à chaque fois, tel point particulier.

La comparaison instituée plus loin entre épopée et tragédie ne porte que sur ces genres dans leur état d'achèvement et, à part la dernière phrase [78], ne contient plus aucune référence à l'histoire.

La genèse des deux genres dramatiques ne fait plus mention, explicitement, de ce qui était indiqué au début et où il faut reconnaître, on l'a dit, la *cause finale* de la poésie : le plaisir. Mais ce point n'est pas pour autant perdu de vue, comme cela ressort de la définition de la comédie : celle-ci a pour objet le ridicule qui est « un défaut et une laideur, sans douleur ni destruction [79], à preuve le masque comique, qui est laid et difforme,

75. *Ibid.*, 4, 1448 b 36-37.

76. *Ibid.*, 1449 a 11 ; le rapprochement de ce texte avec Athénée, IV, 145 d, a été effectué, dès 1928, par C. B. Gulick, dans son édition d'Athénée.

77. *De Part. animal.*, I, 1, 640 a 10-12.

78. *Poétique*, 5, 1449 b 14-16.

79. Φθαρτικόν ; le mot est lié à λυπηρόν in *Rhétorique*, I, 11, 1370 a 2 (cf. *Eth. Nic.*, III, 9, 1117 b 5-7).

sans expression de douleur »[80]. Or Platon[81] avait bien défini le ridicule comme une disposition « sans dommage[82] pour autrui », mais avait ajouté aussitôt que le plaisir qu'il provoque (ainsi que, plus généralement, la comédie et la tragédie) est mêlé de douleur[83]. En précisant l' « absence de destruction » par l' « absence de douleur », deux fois formulée, Aristote contredit ici son maître, et affirme que le plaisir esthétique est un plaisir pur.

13. Le chapitre 5 traite de la comédie, d'une part, des rapports de similitude et de différence entre épopée et tragédie, d'autre part. De fait, le bref historique de la comédie opère, de son côté, un rapprochement avec la tragédie (1449 a 36), et l'unité du chapitre consiste, après les analyses précédentes, à conclure sur l'ensemble des trois genres, énumérés dès le début (1447 a 13-14) qui feront l'objet du traité. La seconde partie du chapitre sert en même temps d'introduction à la suite où, avant même d'être étudiée directement, l'épopée fournira souvent un terme de comparaison pour la tragédie. Sur cette comparaison même, qui ne sera développée que plus loin, le texte n'offre qu'un aperçu, dont l'unique indication qui ne semble pas être reprise dans la suite porte sur l'étendue de la tragédie, définie par « une seule révolution du soleil ». On sait la fortune de cette phrase dans la dramaturgie depuis la Renaissance. La recherche récente n'y voit qu'une « observation incidente »[84]. De toute manière, il est raisonnable de chercher le sens de cette formule moins par une exégèse interne que par une comparaison avec ce qui sera dit plus loin de la longueur de la tragédie (et de l'épopée, c'est-à-dire dans les chapitres 7 et 24). Une fois admis cette règle d'interprétation, on souscrira, dans son ensemble, à la lecture proposée par G. F. Else, selon laquelle la « révolution du soleil » ne s'entend pas du « temps dramatique » (le temps dans l'espace duquel est censée se dérouler l'action dramatique), mais le temps requis par la réceptivité du spectateur (« *the maximum length of a single span of uninterrupted attention, and therefore of a single poetic experience* »), ce qui peut s'ex-

80. *Poétique*, 5, 1449 a 33-36.
81. C'est Ed. Poste, dans son commentaire du *Philèbe* (Oxford, 1860) qui, le premier, a rapproché ces deux textes (cf. R. G. Bury, *The Philebus of Pl.*, Cambridge, 1897, p. 112, n. 10).
82. Ἀβλαβῆ ; les mélodies cathartiques (leçon des mss) procurent une « joie sans dommage » (*Politique*, VIII, 7, 1342 a 15-16).
83. Platon, *Philèbe*, 49 e-50 b 4. — Voir déjà *République*, X, 607 a 6-7.
84. G. F. Else, *Aristotle's Poetics : The Argument*, p. 207, n. 87.

primer aussi, plus matériellement, par l' « invariabilité comparée » de l'étendue des pièces de Sophocle et d'Euripide, c'est-à-dire, par le nombre statistique des vers [85]. Les deux points de vue seront conjoints au chapitre 24 (1459 b 18-31).

85. Id., *ibid.*, p. 217.

B. LA TRAGÉDIE

III. — LA DÉFINITION DE LA TRAGÉDIE (chap. 6)

1. Les parties de la tragédie

Après avoir renvoyé à plus tard l'étude des deux autres genres de l'imitation, Aristote va parler de la tragédie, « *en dégageant*[1], *de ce qui vient d'être dit, la définition de son essence qui en résulte. Or, la tragédie est l'imitation d'une action sérieuse, complète et d'une certaine dimension, dans un langage plaisant dont les formes sont réparties séparément sur les parties de la pièce ; avec des personnages agissant directement et non à travers un récit ; procédant par pitié et crainte à la purification de telles émotions. — J'entends par " langage plaisant " celui qui s'accompagne de rythme, de mélodie et de chant, et par " formes réparties séparément " que certaines parties de la pièce procèdent par langage métrique seul, et d'autres, à leur tour, par chant* » (6 déb.).

14. Tous les éléments de cette définition sont pris, en effet, dans ce qui précède, à l'exception de l'ultime indication sur la purification des passions. On remarquera qu'elle n'est assortie d'aucun commentaire.

1. 1449 b 23. — Litt. « en détachant » du système précédent des divisions ce qui se rapporte à la tragédie. — Le verbe ἀπολαμβάνειν est employé avec le même sens plus loin (23, 1459 a 35), ainsi que dans la *Métaph.*, K, 4, 1061 b 21, avec les commentaires de Bonitz (« videtur potius secludendi et secernendi vim habere ») et de Ross (« cutting a part off for separate consideration »). — La « correction » de Bernays, peut-être « littérairement » plus intelligible, banalise le sens du texte.

De cette formule célèbre, il semble que toutes les exégèses possibles aient été proposées, et reviennent périodiquement[2]. La critique est au rouet, et l'on imaginerait une instance académique qui, comme pour la quadrature du cercle, interdirait de revenir à la question[3]. On s'en tiendra ici à quelques remarques.

1° Bien qu'elle n'ait pas rencontré l'accord, au moins de principe, qu'elle méritait, l'explication avancée par G. F. Else[4] nous paraît à la fois la plus novatrice et, dans ses fondements, la plus solide, parce que, comme il l'avait fait pour la « révolution du soleil », Else s'appuie sur la suite de l'œuvre : le mot *catharsis* n'y est sans doute plus prononcé, mais on trouve deux chapitres sur l'émotion tragique (13 et 14) : or la bonne méthode, ici encore, enjoint d'expliquer un texte, sinon par son contexte immédiat (qui, en l'espèce, ne fournit aucune clarté), du moins par un contexte même lointain, à l'intérieur du même traité ;

2° On sait qu'au VIIIe livre de la *Politique*, Aristote écrit : « Ce que nous entendons par purification, pour le moment nous le laissons sans explication, mais nous en reparlerons plus clairement dans notre traité sur la *Poétique* » (7, 1341 b 38). Cette phrase renvoie, comme on l'admet communément, au second livre de la *Poétique*, de quoi il résulte que le sens du terme, dans l'esprit d'Aristote, exigeait une explication — que nous n'avons plus et dont, par conséquent, la restitution, en tout état de cause, ne saurait être que conjecturale ;

3° Il faut rappeler enfin le texte bien connu du *Phèdre* (auquel Aristote se réfère implicitement un peu plus loin, 1450 a 29-31) sur les « tirades apitoyantes ou, au contraire, terrifiantes et menaçantes » (268 c 7) ; il prouve que le couple : crainte — pitié passait alors, même aux yeux des non-« spécialistes », pour le principal objet de la tragédie (cf. aussi Gorgias, 82 B 11, § 9, 3). De quoi l'on pourrait tirer deux indications : a) Si Aristote reprend ces termes sans les avoir « préparés » dans ce qui précède, il n'y a pas à s'en étonner ni à supposer une « lacune » dans le texte : c'est que ces deux mots étaient traditionnels et, dans une définition de la tragédie, allaient de soi. *b*) Le seul point sur lequel le théoricien, à partir de ces données traditionnelles et obligatoires, pouvait innover, c'était leur mise en œuvre,

2. P. ex. W. J. Verdenius, in *Autour d'Aristote*, Louvain, 1955, pp. 367 sqq.

3. « The controversy over catharsis has revolved — for some periods, ' spun ' would be a better term — on its own axis for so long, and with so little determinate result, that one sometimes wonders whether it should not be declared officially closed or debarred » (Else, *A.'s Poetics : The Argument*, p. 225).

4. Id., *ibid.*, pp. 224 sqq., 423 sqq.

comme on le voit chez Platon[5] et comme l'indique ici le mot de *catharsis* (qui est le seul apport proprement aristotélicien à cette formule convenue). Or il faut croire que, dans le Ier livre de la *Poétique* en tout cas, cette innovation n'est pas, en sa formulation verbale, fondamentale, puisque le mot ne revient plus et sera remplacé par l'expression de « plaisir propre à la tragédie » que le « poète procure à partir de la pitié et de la crainte, au moyen de l'imitation » (14, 1453 b 11-13). — On ne contestera certes pas qu'il y ait, au VIIIe livre de la *Politique,* une théorie, ou des éléments d'une théorie, de la « purification », et que cette théorie y soit bien mise en rapport avec la *Poétique.* Mais dans le Ier livre de la *Poétique,* ce mot (et l'idée) apparaît comme un *hapax,* sans aucune vertu exégétique dans le cadre du traité. Si cette théorie est antérieure ou postérieure à la rédaction du Ier livre, si le renvoi de la *Politique* ou la présence du mot dans notre texte sont dus à des additions, des remaniements ou des « strates », ce sont des questions que l'on peut soulever, mais dont la solution, à supposer qu'elle puisse être trouvée, ne semble pas devoir contribuer indispensablement à l'intelligence du Ier livre de la *Poétique*[6].

15. On vient de parler des « éléments » de la définition ; il

5. *Questions platoniciennes*, pp. 130 sqq.

6. On essaiera de montrer plus loin pourquoi la *catharsis*, telle du moins qu'elle est décrite dans la *Politique*, ne pouvait guère trouver une place dans les analyses du Ier livre de la *Poétique* (cf. plus loin, p. 407). — Ajoutons ici seulement que les dernières exégèses proposées ne tiennent plus guère compte du texte de la *Politique* : F. Robert, qui professe un sain scepticisme à l'égard des lectures traditionnelles, rattache la formule d'Aristote aux origines cultuelles de la tragédie : « La formule brillante dont Aristote se servait pour exprimer une pensée personnelle difficile faisait appel chez le lecteur à une notion très claire, familière à quiconque connaissait les pratiques de purification » (« Les origines de la tragédie grecque », in *Le théâtre tragique*, Études ... réunies et présentées par J. Jacquot, Paris, Éditions du C.N.R.S., 1962, p. 17) ; ces remarques jettent un éclairage nouveau sur la formule d'Aristote, et s'accordent entièrement avec ce qu'on vient de dire du caractère traditionnel du couple : crainte-pitié. — Brian Vickers, après avoir récusé les lectures courantes, se borne à réfuter l'interprétation proposée par Else, pour conclure à un *non liquet* (*Towards Greek Tragedy*, Longman, Londres-New York, 1973, pp. 609-615). — Une des solutions les plus originales, appuyée sur la pratique théâtrale (de Sophocle, surtout) et sur les textes plus tardifs (de Cicéron, Plutarque, Olympiodore, Proclus, Clément d'Alexandrie) est exposée dans le livre d'Alexandre Ničev, *L'Énigme de la catharsis tragique dans Aristote*, Éditions de l'Académie Bulgare des Sciences, Sofia, 1970. La théorie d'Aristote y apparaît comme une riposte à la critique platonicienne de la tragédie : lors même que l'on ne se rallierait pas sans réserves à cette thèse, on trouvera dans le livre une foule d'analyses et de remarques pertinentes (dépassant, bien souvent, le cadre de la théorie d'Aristote).

serait plus correct de les appeler des « parties » [7]. Pourtant, ce n'est pas à ces « parties »-là que s'attache la suite du texte, mais aux « parties » de la tragédie [8]. Entre les unes et les autres, il n'y a pas rapport d'identité, mais seulement de « référence », comme le dit très bien Bonitz [9], qui allègue comme (seul ?) exemple comparable, les parties de l'âme [10]. De fait, la question de savoir si les parties de la définition doivent « correspondre » [11] aux parties de la chose [12] (ou, comme il est dit en conclusion : si la définition doit contenir les parties du *definiendum* [13]) est traitée dans deux chapitres du livre Z de la *Métaphysique :* elle s'y complique par des questions connexes concernant la priorité des parties sur le tout, le statut des choses composées de matière et de forme, celui des êtres mathématiques et la matière intelligible. Le texte, en tout cas, pose très clairement le problème épistémologique, dont notre passage est l'illustration. Or, « seules, les parties de la forme sont parties de la définition, puisqu'il n'y a définition que de l'universel » [14] (ou encore : « Dans la définition de l'essence n'entrent pas les parties en tant que matérielles, puisqu'elles sont parties, non de l'essence, mais du composé » [15]). Au fond de ces discussions du livre Z, il y a, bien que non formulé comme tel, le problème du rapport entre le logique et le concret. Comme les « éléments » de la définition sont presque tous empruntés aux divisions des trois premiers chapitres, on pourrait dire qu'entre ces éléments de la définition et les parties réelles de la tragédie, on retrouve le rapport entre les divisions dialectiques et l'enquête physique du chapitre 4. (Il ne serait pas éclairant, en revanche, de commenter le rapport entre les les deux séries de « parties » par la distinction classique entre définition et description).

Sur un autre point encore, les recherches du livre Z apportent un commentaire à notre texte. Dès le début de l'enquête, Aristote, constatant la multiplicité de sens du mot *partie*, exclut celui de « mesure selon la quantité », comme n'étant pas, en l'es-

7. *Métaphysique*, Δ, 25, 1023 b 23.
8. Appelées, soit *merè* (1450 a 8), soit *morion* (1449 b 32).
9. Bonitz, *Index*, 473 b 55, 455 b 40.
10. Id., *ibid.*, 455 b 45.
11. Il ne suffit pas que cette « égalité des membres » (ἰσόκωλος) entre la définition et la « chose composée » se borne à une simple substitution de termes (*Top.*, VI, 11, 148 b 33 sqq.).
12. *Métaphysique*, Z, 10, 1034 b 20-22.
13. *Ibid.*, 11, 1037 a 22-23.
14. *Ibid*,, 10, 1035 b 34.
15. *Ibid.*, 11, 1037 a 24-26.

pèce, c'est-à-dire s'agissant de l'essence, pertinent[16]. On comprend par là, nous y reviendrons plus loin, le peu d'intérêt que présente, aux yeux d'Aristote, la division de la tragédie en parties « selon la quantité » (chap. 12), la seule à laquelle la tradition se soit attachée.

« *Puisque c'est par l'action que procède l'imitation, en premier lieu, nécessairement, sera partie de la tragédie l'ordonnance du spectacle, ensuite, le chant et le style ; car c'est par ces moyens que s'effectue l'imitation. J'entends par style la composition métrique, et par chant quelque chose dont le sens est tout à fait clair.*

Et puisque l'imitation a pour objet une action et que l'action s'accomplit grâce à certains agents qui, nécessairement, sont qualifiés par le caractère et la pensée (car c'est par là que nous qualifions également les actions), il y a deux causes naturelles des actions, la pensée et le caractère, et c'est sous l'effet de ces causes que tous réussissent ou échouent. Or l'imitation de l'action est la fable : j'entends par fable la composition des actions, par caractères ce qui permet de qualifier les agents, et par pensée ce qu'ils expriment par leurs paroles pour démontrer quelque chose ou pour formuler une opinion.

Nécessairement, donc, il y a, dans l'ensemble de la tragédie, six parties, qui constituent la tragédie comme telle : ce sont la fable, les caractères, le style, la pensée, le spectacle et le chant. Car les moyens de l'imitation sont deux parties [le style et le chant], la manière d'imiter en est une [le spectacle] et l'objet de l'imitation trois [la fable, les caractères, la pensée], et, en plus de celles-là, il n'y a rien. On peut bien dire que la plupart des poètes mettent en œuvre ces formes : le spectacle, aussi bien, comprend tout : le caractère, la fable, le style, le chant et la pensée de même. » (1449 b 31 - 1450 a 15).

16. Les parties de la tragédie font ici l'objet d'une déduction qui se prétend contraignante (le mot de *nécessité* revient trois fois) et exhaustive[17]. La démonstration se fait en deux mouvements parallèles : tous deux sont introduits par *puisque*, tous deux prennent leur départ dans l'évidence sensible, c'est-à-dire dans ce qu'on voit sur la scène, à savoir *a*) « des personnages agissants, faisant l'imitation », et *b*) plus abstraitement, l'action même représentée par ces personnages ; les deux mouvements,

16. *Ibid.*, 10, 1034 b 32-34.
17. *Poétique*, 6, 1450 a 12.

enfin, procèdent par triade : *a*) le *spectacle* qui implique, à titre de « moyens », la *mélodie* et le *style ; b*) la *fable* qui présuppose, à titre de « causes naturelles », la *pensée* et le *caractère*. Les triades se présentent donc dans un ordre chiastique : le premier terme requiert les deux suivants (après quoi on donne l'explication : « J'entends par style... »), mais l'imitation de l'action, c'est-à-dire la fable, n'est nommée qu'après la déduction de ses causes [18] (après quoi on explique : « J'entends par fable... »).

L'énumération des parties est exhaustive [19], comme on peut le vérifier de trois manières : 1° L'application des trois critères logiques de l'imitation (les moyens, la manière, l'objet), qui jouent ici le rôle tenu ailleurs par les catégories, fait apparaître qu'il y a six parties, et aucune de plus. — Mais le retour à l'expérience confirme également l'analyse. 2° D'abord, « on peut bien dire que la plupart des poètes mettent en œuvre ces formes ». La double restriction de l'expression (au lieu de « tous les poètes ») s'explique déjà suffisamment par la suite qui mentionne des tragédies sans « caractères » [20] et, plus loin, par les difficultés qu'éprouvent certains poètes à construire la fable ; elle s'explique surtout par la nouveauté de la doctrine d'Aristote et, par là, peut expliquer à son tour la phrase précédente où étaient déduites la fable et ses causes naturelles : pensée et caractère. Platon avait défini la tragédie : « La poésie imitative représente des hommes engagés dans des actions forcées ou volontaires, en raison desquelles ils se croient soit heureux, soit malheureux et se livrent dans chaque cas, soit à la tristesse, soit à la joie » [21]. Aristote retient de cette définition bonheur et malheur, réussite et échec [22]. Mais il la redresse sur deux points : l'imitation ne porte pas sur les personnages qui agissent, mais sur l'action même ; les actions ont deux causes, pensée et caractère, et ce

18. J'adopte la ponctuation et la construction de la phrase données par Hardy (l'apodose commençant par πέφυκεν 1450 a 1, et s'achevant avec πάντες), qui n'impliquent nullement une tautologie.

19. Sur ce procédé, voir plus loin, p. 382.

20. C'est un simple *dictum* que d'affirmer que ἀήθεις (1450 a 25) veut dire « deficient in, not devoid of, ἦθος » (Lucas). Une ligne plus haut (a 23), A. dit expressément qu'il peut y avoir une tragédie « sans caractère » : la phrase est à rapprocher de 50 b 6 où, s'agissant également de la tragédie moderne, A. constate que ses personnages parlent ῥητορικῶς ; ce qui ne signifie pas, est-il vraiment besoin de le dire, que de tels personnages puissent prendre n'importe quelle décision (Lucas, *ad* 50 a 24). Ἀήθεις est fort bien rendu par M. Croiset : « Dans les pièces de la plupart des poètes modernes, écrit-il [A.], les mœurs ne sont rien » (*Hist. de la Littérature grecque*, 3e éd., III, p. 398).

21. PLATON, *République*, X, 603 c ; cf. *Questions platoniciennes*, pp. 122 sqq.

22. *Poétique*, 6, 1450 a 20, a 3.

sont ces causes qui sont à l'origine de la réussite ou de l'échec (d'où l'intérêt à lire la phrase précédente (1450 a 1-3) selon la ponctuation de J. Hardy, qui met en relief ces deux causes, au lieu de les rejeter dans une simple parenthèse et qui, au surplus, met en valeur, comme principal objet de l'imitation, la fable, en l'introduisant par une phrase indépendante). Le point de vue d'Aristote est donc entièrement neuf, tant par l'objet qu'il assigne à l'imitation tragique que par l'exigence d'une recherche des causes, que la définition platonicienne avait laissées dans l'ombre. On comprend donc très bien qu'en revenant, après une analyse des normes du tragique, à la pratique courante des poètes, Aristote s'entoure de quelque précaution rhétorique, à laquelle on peut joindre la substitution, au terme technique (entendons : philosophiquement technique) de *parties*, du vocable plus courant de *formes* : une fois vue l'intention de cette phrase, il n'y a pas là de quoi en critiquer la rédaction. — 3° « En fait, le spectacle comprend tout : caractère, fable, style, mélodie et pensée de même »[23]. Ici encore, le texte a été inutilement suspecté ; il est pourtant assez clair[24]. Après avoir invoqué l'usage de la plupart des poètes, Aristote revient à l'« élément » qui avait fourni le départ de sa déduction, et constate qu'il implique déjà les autres éléments (et la « pensée de même »), ce qui, à la fois, explique l'usage dramatique courant, et confirme la déduction. Or le spectacle est, tout ensemble, l'aspect le plus visible de ce qui se passe sur la scène, et le minimum qu'on puisse se donner quand on veut faire l'anatomie de la tragédie. On voit alors qu'il renferme, bien que globalement, tous les éléments que l'analyse avait fait ressortir. L'argument prendra encore plus de poids (bien loin d'y contredire) par ce qui sera dit à la fin du chapitre : le spectacle est ce qui relève le moins de l'art poétique, et le pouvoir de la tragédie se passe des concours et des acteurs. Mais il est ce qui, dans la représentation, frappe dès l'abord et impressionne (il est « psychagogique »), et il fournit de la tragédie l'image sensible, où le philosophe peut déchiffrer la structure même de ce qu'elle représente.

17. Les trois *différences* ayant servi à constituer le système des imitations par langage, à dégager la définition de la tragédie et à vérifier le nombre de ses parties, on doit se demander si

23. *Poétique*, 6, 1450 a 13-14.

24. On constate avec plaisir que les derniers éditeurs de la *Poétique* ont conservé ici le texte des mss (Aristote, *La Poétique*, texte, trad., notes par R. Dupont-Roc et J. Lallot, éd. du Seuil, 1980).

leur application conduit toujours aux mêmes résultats. Quant aux *moyens* d'abord : ce sont le chant et le style (1449 b 33), et c'est en effet ce qui avait été dit d'emblée (1447 b 25), sauf à préciser maintenant le terme de < langage > métrique, par « style ». — La *manière* d'imiter : c'était, par opposition au récit, la représentation des personnages comme « agissant et en acte », et c'est ce qu'à présent on appelle spectacle. On est fort loin, ici, de la distinction platonicienne entre style indirect et style direct, et c'est plus loin seulement qu'Aristote remarque que, comme l'épopée, une tragédie peut s'apprécier à la simple lecture [25]. — Pour ce qui concerne, enfin, l'*objet* de l'imitation, ce sont sans doute, comme on l'avait dit, des « hommes supérieurs » (dont le « caractère » se distingue par la vertu, chap. 2 déb.) ; on conserve le caractère, auquel on associe la pensée : mais, au juste : « La tragédie est une imitation, non pas des hommes, mais des actions [26] et de la vie : bonheur et malheur résident dans l'action, et la fin est une sorte d'action, non une qualité ; selon leurs caractères, les hommes ont bien telle qualité, mais c'est selon leurs actions qu'ils sont heureux ou non » (1450 a 16-20). Que l'imitation porte, en fin de compte, sur les actions (et, plus précisément, sur cet assemblage des actions qu'est la fable), c'est en propre l'apport d'Aristote [27] ; et elle ne doit pas être séparée de celle du spectacle, les deux termes, on l'a vu, se correspondant exactement dans l'ordre de la déduction des parties. Si la fable est « comme l'âme » de la tragédie, le spectacle en est, non pas certes le corps, mais l'apparition. Et sans doute serait-il « sophistique » de s'en tenir aux apparences, au lieu de rechercher la chose [28] ; toujours est-il que c'est « de la perception que nous vient la connaissance » [29], et que toute recherche doit prendre en compte les « apparences » [30].

La fable ne nous est connue qu'à la fin de la tragédie, alors que le spectacle est donné, et produit son choc, dès l'entrée du chœur ou des personnages du prologue : il est d'une aperception instantanée, alors que la fable a besoin du temps pour se développer. Pourtant, l'impression visuelle que le spectacle suscite

25. *Poétique*, 26, 1462 a 12 ; cf. 14, 1453 b 4-8.
26. En suivant, avec Kassel, la leçon de B : le pluriel fait mieux ressortir l'opposition avec οὐκ ἀνθρώπων.
27. Pour la tragédie comme « imitation de la vie », on pourrait trouver un antécédent, au moins littéral, chez PLATON (*Lois*, VII, 817 b 4-5).
28. *Réfutations Sophistiques*, 11, 171 b 7.
29. *Sec. Analyt.*, II, 2, 90 a 28.
30. Cf. *Physique*, IV, 1, 208 a 33-34 et notre *Théorie aristotélicienne du lieu* pp. 118 sq.

instantanément n'est pas, il s'en faut, absente de la fable qui, elle aussi, est soumise aux exigences de la vision (1451 a 4), et doit être « placée devant les yeux » (chap. 17 déb.). Elle doit produire, par les seules ressources de l'art poétique, ce que l'art du metteur en scène et, plus simplement, la vue même de l'action dramatique produit dès le début de la représentation. C'est pourquoi, si éloigné qu'il soit de la poétique, le spectacle aussi bien que la fable sont qualifiés, dans le même chapitre, de *psychagogiques.*

Par là, nous avons déjà abordé la dernière partie de ce chapitre, où Aristote reprend, dans l'ordre inverse, les six parties déduites auparavant, et les commente. Ce mouvement, préparé par tout ce qui précède, est le plus important : il fait voir en quoi consiste l'essence de la tragédie et, d'autre part, retrouve l'objet même du traité, en reliant la tragédie à l'*art* de la composer.

Avant d'aborder ce texte, jetons encore un regard en arrière. Nous avions parlé, après d'autres, d'une déduction des parties de la tragédie. A présent, et compte tenu de l'ordre inversé dans ces deux passages, on voit qu'il serait plus juste de parler d'une *induction,* au sens où ce mot est pris dans un chapitre des *Seconds Analytiques* (I, 18) dont, à son tour, l'« induction » mise en œuvre dans la *Poétique* fournit une parfaite illustration : le passage de la sensation à la connaissance de l'universel [31].

Ainsi le mouvement commence par les premières impressions sensibles que reçoit le spectateur, quand il contemple la scène : il voit un spectacle, puis discerne le chant et les paroles (« car c'est par ces moyens qu'ils font l'imitation »). Il distingue ensuite les personnages, selon leurs caractères et selon la pensée qu'ils expriment. Après quoi, et avec la progression du spectacle, il comprend que ce qu'il voit, en réalité, ce ne sont, ni les personnages, ni leurs actes individuels, mais une action totale, englobant ces actes, et ayant son moteur en elle-même, action indépendante des projets humains, et dont le spectacle est, non pas le récit autonome, mais seulement un faible contrepoint.

18. Dans la dernière section du chapitre (1450 a 15 sqq.),

31. On peut même se demander si cette démarche de la *Poétique* ne pourrait pas jeter quelque lumière aussi sur le terme d'*aphairesis* (81 b 3), terme qui n'est pas restreint à son usage mathématique (même si c'en est là le « principal », cf. Ross, *A.'s Prior and Posterior Analytics*, p. 566), et qui, plus justement que par « abstraction », se rendrait par « soustraction » (cf. Ph. Merlan, *From Platonism to Neoplatonism*, *loc. cit.*, p. 150), à savoir, de l'essence, à partir des données sensibles.

deux, si ce n'est trois, idées directrices se combinent. La première est d'origine biologique[32] et trouve son emploi également en théorie politique[33] : c'est le souci d'énumérer et de discerner[34] les parties constitutives (« nécessaires »)[35] de l'objet d'étude (animal ou constitution politique). Cette étude peut avoir deux buts : déterminer les organes indispensables communs à tous les animaux[36] ; entreprendre, à l'aide des *différences* entre les variétés possibles de chacun de ces organes, une classification, soit des êtres vivants[37], soit des constitutions[38]. Dans notre texte, c'est la recherche des parties nécessaires (et subsidiaires) qui prédomine. L'idée d'une classification n'en est cependant pas absente : il peut y avoir des tragédies « sans caractères » ; l'usage, politique ou rhétorique, du style permet de séparer les tragédies anciennes et les modernes ; l'absence, admissible, du spectacle pourra servir à distinguer les pièces dont les qualités ressortent à la seule lecture (1462 a 10-18) ; le rôle éminent confié à la fable conduira à définir, par la perfection de celle-ci, la « plus belle tragédie » (1453 a 19, 22-23).

La deuxième préoccupation est de fixer, entre les parties, une hiérarchie, à commencer par la partie la plus importante, celle qui, dans l'être vivant, dans l'organisation politique[39] et dans la composition tragique, doit être considérée comme l'âme (1450 a 38). Or l'établissement de cet ordre est litigieux puisque, parmi les parties en cause, le *caractère* pourrait disputer à la fable le premier rang (comme, dans la classification des sciences théorétiques, la physique paraît concourir pour le titre de philosophie première)[40] ; aussi la moitié du texte est-elle consacrée à débouter le caractère de cette prétention (ce qui montre, comme dans la *Métaphysique*, la nouveauté de la conception d'Aristote, et l'obligation où il se voit de la défendre contre des thèses plus anciennes, mais encore tenaces). — Le texte, à cet égard, le plus comparable, et dont il est difficile de penser qu'Aristote ne se soit pas souvenu, se trouve à la fin du *Philèbe*, où l'on dresse l'échelle des biens. Comme Platon, Aristote pourvoit chaque terme de sa hiérarchie d'un numéro d'ordre, à l'exception du

32. *Hist. animal.*, I, 2, 488 b 29 sqq.
33. *Politique*, IV, 3, 1289 b 27-28.
34. *Politique*, IV, 4, 1290 b 25.
35. *Ibid.*, 1290 b 26.
36. *De Part. animal.*, I, 4, 644 b 1 sqq.
37. *Politique*, IV, 4, 1290 b 25 sqq.
38. *Ibid.*, 1290 b 38 sqq.
39. *Politique*, IV, 4, 1291 a 24.
40. *Métaphysique*, E, 1.

spectacle, rabaissé au dernier rang. (De quoi l'on pourrait tirer une présomption en faveur de la leçon des *recentiores*, à la ligne b 15, dont le πέμπτον, introduisant l'avant-dernier membre : le chant n'est pas nécessairement « coniecturae loco »[41], mais pourrait bien restituer le sens primitif du πέντε du ms. de Paris. Le *Philèbe*, en effet, termine son énumération par le cinquième terme, en citant Orphée : « A la sixième génération, arrêtez l'ordonnance de vos chants »[42] : on peut penser qu'Aristote, obligé par son analyse de mentionner le spectacle, tient cependant à l'exclure du décompte précis, en le privant de son numéro d'ordre).

Une dernière idée directrice, enfin, serait celle qui donne son titre au traité : l'art poétique, et dont l'intervention est sensible surtout dans la première section du morceau : la confrontation entre fable et caractère (mais plus loin aussi, quand la *pensée* est expliquée par la « faculté de dire » ce qui convient à la situation, b 5). On pourrait trouver là le passage à une pensée normative ; mais cette expression ne jetterait sur le texte d'Aristote qu'une lumière artificielle. Comme les êtres vivants peuvent présenter des anomalies, et les constitutions politiques subir des « déviations », de même la *nature* de la tragédie ne met pas celle-ci à l'abri d'imperfections dues à la maladresse des poètes. Décrire l'essence de la tragédie et poser les exigences qui en commandent la production, ce ne sont que deux faces d'un même acte de connaissance ; il n'y a pas là de passage, et les normes que le philosophe est amené à formuler sont puisées à la même source que les traits de la description : la nature de la chose.

2. **Remarques terminologiques**

19. Ajoutons, pour finir, quelques remarques, et tout d'abord sur l'emploi, fréquent tout au long du chapitre, du terme de *qualité*. C'est « selon ces parties que la tragédie est telle » (1450 a 8). La qualité, ici, n'est pas opposée à l'essence[43] ; elle ne

41. Cf. R. Kassel, dans son édition, p. 13.

42. *Philèbe*, 66 c *i.f.* — Avec A. Diès (dans son édition, p. 92, n. 3 et p. LXXXVII), nous comprenons que Platon interprète ce vers comme excluant le « sixième » terme. Il est sans intérêt pour notre propos de discuter la question de savoir si Orphée l'incluait, comme certains l'ont pensé (cf. R. FLACELIÈRE, *Plutarque*, *Sur l'E de Delphes*, « Les Belles Lettres », 1941, p. 87, n. 98).

43. Comme, par exemple, dans *Top.*, IV, 1, 120 b 28 et, souvent, chez PLATON (*Ménon*, 71 b, *Lettre VII*, 343 b 8-c 2 etc.).

signifie pas non plus, comme souvent, la différence spécifique[44] précisant le genre[45], puisque les « parties » ne sont pas celles de la définition, mais de la chose. Elle indique ici l'essence ; l'emploi est le même que dans un texte biologique : les animaux parfaits produisent un petit qui est « achevé selon la qualité (selon la quantité, ce ne serait le cas pour aucun des vivants) »[46]. C'est pourquoi, dans l'opposition établie plus loin avec les parties « selon la quantité », Aristote remplace la qualité par les « formes » (12, 1452 b 14), c'est-à-dire, précisément, les six parties constituant l'essence de la tragédie.

Le terme est employé ensuite pour indiquer que les personnages sont nécessairement qualifiés, et qu'ils le sont « selon le caractère et la pensée », lesquels servent également à qualifier les actions (1449 b 37 - 1450 a 1). Mais plus loin, il sera montré que l'imitation ne porte pas sur les caractères, si ce n'est par surcroît[47], mais sur les actions, non pas sur la qualité des personnages, mais sur leur bonheur et malheur et, au juste, sur la fable qui est l'action englobante. Si bien que « la fin est l'action, non la qualité » (a 18-19). Dans cette phrase qui à la fois exprime le fond de la pensée d'Aristote et contient une critique de Platon, on peut penser que le mot est pris dans deux sens. Pour Platon, la tragédie devrait imiter la *vertu*[48] (terme qui avait servi à distinguer la tragédie de la comédie[49], mais qui n'est pas repris dans ce chapitre) et, en tout état de cause, imite les *caractères*[50]. Et c'est parce que les caractères tragiques sont moralement déficients, que les poètes ne produisent que des « ouvrages de peu de prix »[51]. En réalité, dit Aristote, l'imitation des caractères n'est pas le principal objet de la tragédie : on ne saurait donc, de leur imperfection morale, tirer aucun argument contre la qualité de la tragédie. — De plus, pour Platon, bonheur et malheur n'étaient qu'illusoires[52], et cette illusion faisait encore partie du caractère, et le disqualifiait[53]. Mais Aristote ne s'interroge pas sur le bien-

44. *Métaphysique*, Δ, 14, 1020 a 33, b 14-17.
45. *Eth. Nic.*, III, 4, 1112 a 13 ; *Rhét.*, I, 2, 1356 a 23-24.
46. *De Gen. anim.*, II, 1, 733 b 1-3.
47. *Poétique*, 6, 1450 a 21, où, après Vahlen, on peut se demander s'il ne faut pas écrire συμπαραλαμβάνειν (Bonitz, *Index*, 716 b 50).
48. Platon, *République*, X, 598 e 2 ; 599 d 3 ; 600 e 6.
49. *Poétique*, 2, 1448 a 3.
50. *République*, X, 604 e 2 ; 605 a 5.
51. *République*, X, 605 a 10.
52. *République*, X, 603 c (texte cité plus haut : ... les actions « en raison desquelles *ils se croient* soit heureux, soit malheureux »).
53. *République*, X : la poésie dramatique (605 c-606 d) agit sur la partie de l'âme qui est naturellement livrée aux illusions (602 c-603 a, cf. 606 a).

fondé de cette « croyance » des personnages : il voit dans bonheur et malheur l'objet même de l'imitation tragique, et cet objet a pour cause, non pas la qualité des caractères (ce qui écarte d'emblée toute appréciation moralisante de la poésie), mais l'action résumée dans la fable. Or la fable dépasse la catégorie de la qualité, parce qu'elle est acte *(energeia)*[54].

Ainsi, « sans action, il ne saurait y avoir de tragédie, mais il pourrait y en avoir sans caractères » (1450 a 23-25). On doit noter, parce que l'expression pourrait prêter à malentendu[55], que ce « sans quoi » s'entend ici de la *fin*, alors que, généralement, il désigne, comme un des sens du « nécessaire », la cause « adjuvante »[56], la « nécessité hypothétique »[57], bref, la condition, comme Platon déjà l'avait indiqué, « sans laquelle la cause ne serait pas cause »[58]. L'expression peut même désigner chez Aristote un ingrédient dont la présence est nécessaire dans un tout, sans qu'il faille pour autant lui reconnaître la dignité d'en être une « partie » (ainsi, dans une cité, les esclaves ou les artisans)[59]. De fait, le caractère et les autres composants de la tragédie en sont bien des « parties » : si Aristote réserve ici le « sans quoi » à la fable seule, c'est que l'expression n'est pas prise dans son sens technique, pas plus, par exemple, que dans un texte doxographique où, dans l'esprit de la *Théogonie* d'Hésiode, on s'émerveille de l' « admirable puissance » du *lieu* qui « précède toutes choses : car ce sans quoi nulle autre chose n'existe, mais qui, lui, existe sans les autres choses, est nécessairement premier »[60]. Le véritable pouvoir causal de la fable, qui est « comme l'âme » de la tragédie, est décrit plus précisément — et positivement — dans un passage du traité *De l'Ame* (II, 4, 415 b 8 sqq.). — Quant à l'habileté à « mettre bout à bout des tirades qui expriment un caractère et qui sont bien faites du point de vue du style et de la pensée » (1450 a 29-30), habileté que l'apprenti-tragique acquiert bien avant de savoir composer des fables (a 35-36), c'est ce que le *Phèdre* avait appelé des « connaissances nécessaires préalables » à l'art tragique, non cet art même (268 e 6).

54. Cf. *Eth. Nic.*, I, 1, 1094 a 4.
55. Ainsi l'exégèse d'Alexandre d'Aphrodise de *Métaphysique*, Λ, 1072 b 11-12 (voir le commentaire de D. Ross *ad loc.*).
56. *Métaphysique*, Δ, 5, 1015 a 21.
57. *Physique*, II, 9 (200 a 5, 8, 13).
58. PLATON, *Phédon*, 99 b 3-4.
59. *Politique*, III, 5, 1278 a 3 ; VII, 7, 1328 b 3.
60. *Physique*, IV, 1, 208 b 33-209 a 1.

20. On remarquera, enfin, que, parmi les autres éléments de la tragédie, c'est la *pensée* qui est, ici, le plus longuement traitée, et pour l'explication de laquelle Aristote revient sur le *caractère,* qui avait été classé au « deuxième » rang (a 39), et dont il n'avait guère été parlé que d'une manière négative, dans la série des arguments destinés à établir la primauté de la fable (a 19-38). — Deux points seraient ici à souligner.

1° Dans l'évolution des genres dramatiques, Aristote avait insisté sur le passage de l'individuel à l'universel, passage sensible surtout dans la comédie[61] : les « hymnes » (1448 b 27), homériques par exemple, étant moins étroitement individualisés que les « blâmes » ïambiques, lesquels, plutôt que de la poésie, relèvent, comme à Rome le « malum carmen »[62], du droit pénal[63]. Or la pensée est « ce en quoi < les personnages > démontrent qu'une chose est ou n'est pas, ou énoncent quelque idée générale » (b 12-13).

On ne doit pas prendre prétexte du balancement : *men — dé* (b 7, 12) pour séparer caractère et pensée. Le caractère « manifeste la *décision (proairesis)* qualifiée qui, dans des cas douteux, décide ou rejette (c'est pourquoi ne présentent pas de caractère les discours dans lesquels il n'y a absolument rien qui soit décidé ou rejeté par celui qui parle) » (b 8-11)[64]. Mais de tels « discours » sont encore compris dans ce qui « convient » à la situation (*ta harmottonta,* b 5) et la décision, de son côté, requiert toujours la pensée[65]. Le renvoi à la *Rhétorique* montre précisément que les procédés mis en œuvre par la pensée[66] (c'est-à-dire, l'exemple, la maxime, l'enthymème) suivent nécessairement les procédés qui confèrent au discours un caractère éthique[67]. Encore la maxime (mais non l'enthymème) donne-t-elle au discours un caractère moral[68]. La démonstration, elle, portant sur « ce qui est ou n'est pas »[69] reste liée à la « situation » (*ta enonta,* b 5),

61. *Poétique*, 4, 1448 b 37 ; 5, 1449 b 8.
62. *Loi des XII Tables*, VIII (Cic., *Tusc.*, IV, 2, 4 ; Saint Augustin, *De civ. Dei*, II, 9, etc.).
63. Platon, *Lois*, XI, 935 e sq.
64. Cf. *Eth. Nic.*, III, 4, 1112 a 1-5.
65. *Eth. Nic.*, III, 4, 1112 a 15 (« La décision s'accompagne de raison et de pensée ») ; VI, 2, 1139 a 33-34 (« La décision ne va pas sans intellect et pensée, ni sans disposition morale »).
66. *Rhétorique*, II, 26, 1403 a 31-b 1.
67. *Rhétorique*, II, 18, 1391 b 22-27.
68. *Rhétorique*, III, 17, 1418 a 15-18.
69. Voir, pour plus de précisions, *Rhétorique*, II, 22, 1396 b 22-27, et *Sec. Analyt.*, I, chap. 25-26.

comme on le voit, plus précisément, en matière judiciaire[70]. La *pensée,* autrement dit, sert aussi bien à fonder la *décision* qu'à la rendre universelle ; et c'est ce qui nous amène au second point.

2° Ce sont principalement les *maximes* qu'il faut employer (la maxime, aussi bien, est constituée, soit par la conclusion, soit par les prémisses de l'enthymème, mais sans le syllogisme même[71]), car c'est la maxime qui fait partie, éminemment, des pensées qui « conviennent » (b 5) à la situation : le terme de *convenir* figure une demi-douzaine de fois dans le chapitre qui en traite[72]. Or la maxime est « l'affirmation de l'universel, et les auditeurs ont plaisir à entendre sous une forme universelle ce qu'ils peuvent avoir conçu auparavant dans un cas particulier »[73]. Il était dit, au chapitre 4, que le plaisir du spectateur provenait de ce qu'il apprenait quelque chose, grâce à un « raisonnement », à partir de ce qu'il avait « vu auparavant » (1448 b 15-17). On sait que, pour Aristote, « tout enseignement, donné ou reçu, à l'aide du raisonnement, provient d'une connaissance préexistante »[74]. Les deux verbes : *pro-orân (Poét.)* et *pro-hypolambanein (Rhét.),* en leur formation parallèle, renvoient donc à une même expérience, et l'on comprend que la « pensée » ne sert pas seulement à caractériser les personnages : elle concourt, comme cela sera expliqué à partir du chapitre 9, à universaliser la fable et, par là, à instruire le spectateur.

70. *Rhétorique*, III, 17, 1418 a 4.
71. *Rhétorique*, II, 21, 1394 a 25-28.
72. *Rhétorique*, II, 21.
73. *Rhétorique*, II, 21, 1395 b 5-7.
74. *Sec. Anal.*, déb.

IV. — « L'AGENCEMENT DES ACTIONS » (chap. 7-12)

La section suivante et, conformément à l'importance du sujet [1], la plus étendue, est consacrée à la fable ou, comme Aristote dit aussi, à l' « agencement des actions », dont la fable est l'imitation [2]. Cette section comporte deux parties : bien que la première inclue déjà des conseils et des mises en garde, on peut les distinguer globalement à l'aide de la formule terminale [3] : *a*) « l'agencement des actions » (chap. 7-12) ; *b*) « quelles *doivent être* les fables » (chap. 13-14) [4]. — On notera que le mouvement de division se poursuit : après avoir assigné à la tragédie sa place à l'intérieur du système des arts d'imitation, on avait divisé la tragédie en parties ; or la partie principale, la fable, se divisera elle-même selon des critères divers : la péripétie et la reconnaissance (et l'action « pathétique ») [5], les épisodes [6], les fables simples et complexes [7], les « espèces de tragédie » [8], sans compter l'analyse de la tragédie « selon la quantité » [9].

1. **La fable comme totalité organisée** (chap. 7)

21. « *Nous avons admis que la tragédie est l'imitation d'une action complète et entière ayant une étendue (car il peut y avoir un tout sans étendue). Or un tout, c'est ce qui possède un com-*

1. *Poétique*, 7, 1450 b 24.
2. *Poétique*, 8, 1451 a 31.
3. *Poétique*, 14, 1454 a 13-15.
4. Ces deux aspects, descriptif le premier, le second plus proprement « technique », sont synthétisés au début du traité : « comment il faut composer les fables, si la poésie doit être correcte ».
5. *Poétique*, 11, 1452 b 9-10.
6. *Poétique*, 9, 1451 b 33 sqq.
7. *Poétique*, chap. 10.
8. *Poétique*, 18, 1455 b 33 sqq.
9. *Poétique*, chap. 12.

mencement, un milieu et une fin»[10]. — Comme cette phrase, qui commande toute la suite, au moins jusqu'au chapitre 11, a pu être critiquée par l'érudition, on est obligé de s'y arrêter un instant.

Le rattachement de la phrase à ce qui précède (« Nous avons admis... ») serait injustifié : déjà dans la définition de la tragédie à laquelle cette phrase se réfère (chap. 6), l'expression d' (action) complète « n'est pas préparée, mais plutôt introduite en contrebande » (« smuggled »), et l'idée de *tout (holon)* n'a aucun antécédent. D'où l'on conclurait qu'il y aurait « désaccord *(discrepancy)* entre le schème méthodique de la *Poétique* et ses contenus effectifs » : la méthode, ce serait celle de Platon, mise en œuvre dans les divisions précédentes, alors que les chapitres 7, 8, 9 seraient proprement aristotéliciens, et la « connexion » entre ces deux éléments serait « seulement obtenue par des moyens fort artificiels ». — Cette exégèse accueille d'ailleurs aisément une seconde contestation, toute différente : celle qui voit dans le chapitre 7 une reprise (jusque dans les termes[11]) de la théorie platonicienne du *Phèdre*[12] : en effet, « je n'hésiterais pas à dire que tout le corps de pensée contenu dans les chapitres VII-IX a son origine dans l'application de l'εἶδος platonicien au phénomène de la poésie »[13].

Ces deux critiques, parfaitement opposées, conviennent au moins en ceci : c'est qu'elles tournent autour de l'originalité d'Aristote par rapport à Platon, l'une pour l'exalter, l'autre pour la rabaisser. La première, pour parvenir à ses fins, ne craint pas de prêter à Aristote de l'incohérence et des artifices, l'autre le charge d'une espèce de plagiat. Il y a accord également sur la méthode — si l'on peut dire — d'interprétation : les deux auteurs considèrent visiblement une œuvre philosophique comme étant faite de pièces et de morceaux, et dont la « recherche des sources » doit permettre une meilleure — si ce n'est *la* meilleure compréhension. Il y a une concordance plus étroite encore quand la première critique essaie, comme on vient de le dire, de s'intégrer la seconde, pourtant toute contraire, ce qui, d'emblée, pourrait faire douter de la rigueur de ce genre d'exégèse.

Quand Aristote dit : « Nous avons admis... », il paraît plus

10. *Poétique*, 7, 1450 b 24-27.

11. Cf. *Phèdre*, 264 c (et 268 d).

12. G. Finsler, *Plato und die aristotelische Poetik*, Leipzig, 1900 (en part. p. 50) ; la thèse de Finsler a été critiquée par A. Gudeman, dans son édition de la *Poétique* (Berlin, 1934).

13. F. Solmsen, *The Origins and Methods of A.'s Poetics*, *loc. cit.*, pp. 197 sq.

simple de l'en croire, au lieu de le soupçonner de « fraude ». Et, de fait, dès l'instant que la tragédie a été définie comme l'imitation d'une « action noble et complète » (6 déb.), il est clair que la seule idée d'*action* entraîne déjà, aux yeux d'Aristote, celle de *tout* et d'un tout composé d'un début, d'un milieu et d'une fin, en tant qu'action morale [14] ; d'un point de vue simplement physique, l'action est un mouvement [15] et, en tant que tel, comporte un milieu placé entre deux extrêmes [16]. Il s'agit là d'un rapport analytique, explicité, au début du chapitre 7, sans le moindre artifice. Pour ce qui est des divisions, on croit avoir montré qu'en dépit de leurs origines platoniciennes, elles font partie intégrante de la méthode d'Aristote, et elles ne sont nullement, on vient de le noter, abandonnées dans la suite. Il n'y a donc là aucune « incompatibilité » à mettre en forme, et l'artifice, en l'espèce, n'est pas du côté de l'auteur.

La seconde critique offre apparemment des bases plus solides. Déjà le chapitre précédent pouvait évoquer un texte du *Phèdre* [17], et il est bien certain que l'idée d'un tout comportant début, milieu et fin, ainsi que la comparaison avec un être vivant (1450 b 35) se trouvent dans ce dialogue. Le fait est même tellement patent qu'il n'y a pas là matière à une « découverte » dont on doive se vanter : un commentateur moderne du *Phèdre* se contente de relever la convergence qu'il juge suffisamment expliquée par la vérité commune qui la détermine [18] ; Hermias, pour sa part, sans même prononcer le nom d'Aristote, explique ce passage du *Phèdre* à l'aide de termes aristotéliciens : objet (*prâgma*), beauté (*kallos*) et ordre (*taxis*) [19]. — Mais qu'en résulte-t-il pour l'intelligence du texte d'Aristote?

C'est une chose bien connue que les Anciens n'avaient pas nos conceptions modernes de la propriété littéraire. On est moins attentif au fait que leurs conceptions sont un peu plus subtiles que celles auxquelles se borne une certaine « recherche des sources ». En l'occurrence, il ne suffit pas de s'en tenir à une rencontre de formules, pour se donner le plaisir de trancher une vaine querelle d'originalité. Il y avait à se demander quel emploi

14. P. ex. *Éthique à Eudème*, II, 11, 1227 b 32-40.
15. *Éthique à Eudème*, II, 2, 1220 b 27.
16. *Physique*, V, 5, 229 b 19-21 ; VIII, 8, 262 a 19-20, etc.
17. *Poétique*, 6, 1450 a 20-31, cf. *Phèdre*, 268 c 5-d 5.
18. W. JAEGER, *Paideia*, t. III, trad. angl. Gilbert Highet, Oxford, 1945, p. 332, n. 42.
19. *Hermiae Alexandrini in Plat. Phaedrum Scholia*, éd. P. Couvreur, Paris, 1901, p. 231 (*ad* 264 b).

Aristote fait de cette formule et, tout d'abord, si Platon lui-même la revendique comme « platonicienne ».

La « personnification du Logos » remonte au sophiste Gorgias, et dans le *Phèdre*, 264 c, « l'exigence de la disposition du discours est clairement rattachée par Socrate à Gorgias »[20]. Qu'il ne soit pas « permis de laisser un discours " sans tête " », c'est un proverbe, cité plusieurs fois par Platon[21], proverbe qui contient déjà la comparaison du discours avec un être vivant, et qui implique, comme l'a noté E. R. Dodds, certainement avec raison, une « interdiction religieuse ou superstitieuse »[22]. Dans son dialogue, Platon propose cette idée comme une évidence à laquelle l'interlocuteur ne peut que souscrire (264 c) et, plus loin, la définition de la tragédie, beaucoup plus topique, est formulée, et également comme allant de soi, par le jeune Phèdre (268 d 3-5). Rien n'indique que Platon, dans ces deux passages, ait prétendu enseigner une vérité inédite, en sorte que, si l'érudition veut charger Aristote d'une tentative de plagiat, il faut répondre qu'il s'agirait en l'espèce de ce que les juristes appellent une *infraction impossible*.

Ailleurs, Aristote apporte même sa contribution à cette « recherche des sources » : « Comme le disent aussi les Pythagoriciens, le Tout et l'ensemble des choses sont déterminés par le nombre trois, puisque la fin, le milieu et le commencement présentent le nombre du Tout, c'est-à-dire la Triade », et c'est pourquoi « le corps est la seule des grandeurs qui soit parfaite ; seul, en effet, il est déterminé par le nombre trois, lequel signifie le Tout »[23].

Il est peut-être plus éclairant de constater qu'Aristote applique l'idée de l'organisme vivant à la tragédie, et non pas du tout, sauf exception[24], au discours, comme l'avaient fait les auteurs

20. W. SUESS, *Ethos*, Leipzig, 1910, p. 51 et 74. On n'ignore pas que ce livre, qui reste suggestif et dont les indications mériteraient d'être discutées de nouveau, renferme nombre d'affirmations contestables et souffre, surtout, de l'absence d'une méthode rigoureuse (cf. P. SHOREY, in *Class. Philology*, VI (1911) p. 110.) Quant au point qui nous concerne ici, il est notable qu'A. Diès, qui, dans son compte rendu, favorable dans l'ensemble, lui reproche une surestimation de l'accord entre Gorgias et Platon (p. 104), résume cependant approbativement ses recherches sur le *logos*, assimilé à un organisme vivant (*Autour de Platon*, t. I, Beauchesne, 1927, p. 103).

21. PLATON, *Gorgias*, 505 c 10 ; *Philèbe*, 66 d 1 ; *Timée*, 69 b 1 ; *Lois*, VI, 752 a 3.

22. E. R. DODDS, *Plato, Gorgias*, Oxford, 1959, p. 332 (*ad* c 10).

23. ARISTOTE, *De Caelo*, I, 1, 268 a 10-13, 22-24.

24. *Rhétorique*, III, 14, 1415 b 8-9. — Il s'agit, concernant l'exorde, d'une *concession* : encore n'est-elle amenée que comme par association d'idées *(kephalaiodôs-kephalè)*.

précédents. La raison en est que la *Rhétorique*, sans doute, est une science et qu'en tant que telle, elle porte, comme la *Politique*[25], sur l'universel[26]; mais que le discours, judiciaire et délibératif[27], a toujours pour objet un cas particulier[28]. Or le « tout achevé » que constitue la fable est précisément un universel, et cela résulte de la conception aristotélicienne même du *tout*[29]. Autrement dit, si Aristote reprend ici la comparaison traditionnelle des paroles avec un organisme vivant, c'est pour introduire sa propre doctrine de la poésie, qui est « plus philosophique que l'histoire » ; le chapitre 7 ne peut pas se séparer des deux chapitres suivants, et la doctrine que ces trois chapitres exposent conjointement présuppose, à son tour, ce qui avait été dit au chapitre 4 sur la fonction didactique de l'imitation.

22. L'idée de l'action *complète* et *achevée* [qui sera reprise au sujet de l'épopée (chap. 23 déb.) et qui recevra un complément de précision à la fin du chapitre 8] est conforme en tout point à la doctrine d'Aristote. Est « achevé » ce en dehors de quoi il n'est pas possible de prendre quelque partie, fût-ce une seule, de la chose[30], ce qui recoupe la définition du *tout* : « Ce à quoi ne manque aucune des parties qui sont dites constituer naturellement le tout » ; « ce qui contient les choses contenues, de manière que celles-ci forment une unité »[31] (ce lien entre tout et unité ne sera explicité qu'au chapitre 8). Le tout ainsi conçu (« La chose qui n'a rien en dehors d'elle est achevée et complète »[32]) s'oppose à l'*infini* (qui est « ce en dehors de quoi on peut toujours prendre quelque chose, selon la quantité »[33]) : or c'est précisément parce qu'une infinité d'événements se produisent dans la vie d'un homme que celle-ci ne saurait fournir un sujet unique et unifiant à la tragédie[34]. On doit distinguer, d'autre part, parmi les quantités[35] qui ont un commencement,

25. Aristote, *Politique*, IV déb.
26. *Rhétorique*, I, 1, 1355 b 10-12.
27. Il semble que le discours épidictique soit également considéré par Aristote comme étant particularisé (III, 14, 1415 b 28-32).
28. *Rhétorique*, I, 1, 1355 b 11 ; cf. 1354 b 1 sqq.
29. *Physique*, I, 1, 184 a 23 (« l'universel est une sorte de tout ») ; cf. *Métaphysique*, Δ, 26, 1023 b 29-32.
30. *Métaphysique*, Δ, 16, 1021 b 12-13.
31. *Métaphysique*, Δ, 26, 1023 b 26-28.
32. *Physique*, III, 6, 207 a 8-9.
33. *Physique*, III, 6, 207 a 7-8.
34. *Poétique*, 8, 1451 a 16-19.
35. Or en tant qu'elle a une grandeur (*megethos*, 1450 b 37), la tragédie tombe sous la catégorie de la quantité, et en tant qu'elle est comparable à un corps vivant (b 35 ; 1451 a 2-3), elle participe de la « seule grandeur qui soit parfaite » (cf. le passage du *De Caelo* qui vient d'être cité).

un milieu et une fin, celles où la position *(thesis)* de ces parties est indifférente, et qu'on appelle *ensemble (pân)*, et celles où elle constitue une différence et qu'on appelle *tout (holon)* [36]. Or « il n'y a pas de commencement à l'infini » [37], et c'est parce que la tragédie est un *tout* qu'elle requiert, entre ses parties, un ordre (*taxis*, b 38), et que son commencement est une « cause première » [38] ou encore, comme cela est dit dans un traité de biologie, presque dans les mêmes termes qu'ici (b 28-29), un *principe (archè)* : « Être principe, c'est être la cause d'effets multiples, sans avoir soi-même aucun antécédent » [39]. — On a noté plus haut que la substance, chez Aristote, est toujours comprise et interprétée dans son isolement (et ensuite seulement, quand il y a lieu, rattachée à la causalité universelle ; c'est ce qui se produira plus loin, quand Aristote envisagera les événements « en dehors du drame », *exô toû dramatos*).

Bien que tous les concepts mis en œuvre dans ce texte (ainsi que, dans les deux chapitres suivants, l'*unité* et l'*universalité*) soient solidaires, c'est l'idée de *grandeur (megethos)* qui tient ici un rôle prépondérant et, d'ailleurs, occupe la majeure partie du chapitre. Elle assume trois fonctions : 1° Elle complète celle de *tout* (« en effet, il peut y avoir un tout qui ne possède aucune grandeur », b 26) qui, sans cela, resterait purement formelle, et elle matérialise par avance celle d'universel (1451 b 8) qui, sans cela, ne serait précisément qu'un tout sans grandeur ; 2° Elle sert à préciser l'idée de *beau* [contenue déjà, on vient de le voir, dans celle d'un tout qui, déterminé par la position *(thesis)* ou par l'ordre (*taxis*, b 38), se distingue d'un simple « ensemble »] ; 3° Enfin, elle ramène les considérations précédentes et générales au sujet, en faisant voir que la *mesure* de la fable est l'étendue requise pour représenter, selon le nécessaire ou le vraisemblable, un revirement de fortune.

1) Le premier point, encore qu'il ne soit guère développé, éclaire toute la théorie de l'art d'Aristote et, en particulier, le chapitre 9 : la tragédie est « plus philosophique » que l'histoire puisqu'elle a pour objet l'universel ; mais c'est l'étendue de la fable, c'est-à-dire sa matérialisation spatiale (et temporelle) qui préserve celui-ci de demeurer un universel abstrait, et qui élève l'enseignement poétique au-dessus d'un simple *fabula docet*.

36. *Métaphysique*, Δ, 26, 1024 a 1-3.
37. *De Gen. et Corr.*, II, 11, 337 b 28.
38. *De Gen. et Corr.*, I, 7, 324 a 27-28 ; cf. *Métaphysique*, Δ, 1, 1013 a 17.
39. *De Gen. Anim.*, V, 7, 788 a 13-16 (trad. P. Louis).

Quand Hegel définira le beau comme l'« apparaître sensible de l'idée », il ne fera que formuler une vérité aristotélicienne ;

2) Sans doute l'idée de beauté n'a-t-elle pas ce sens purement « esthétique » auquel prétend être parvenue la philosophie moderne (sans qu'il puisse s'agir ici d'examiner la signification et le bien-fondé de cette prétention)[40] ; elle conserve un import biologique ou, si l'on préfère, fonctionnel, comme on le voit dans le texte de la *Politique* consacré à l'autarcie[41]. Dans ce texte, la taille *optima* d'une Cité est expliquée par les paradigmes d'un être vivant, d'une plante, d'un instrument, dont la grandeur dépend de leur *fonction (dynamis)*[42]. Sur la fonction de la fable, Aristote ne se prononce qu'au paragraphe suivant : il se contente, pour l'instant, d'en expliquer les *limites*[43] par sa perceptibilité.

Entre le Beau et le Bien, Aristote, souvent, ne distingue guère. Mais dans un texte où cette distinction est faite très clairement, et dogmatiquement (et qui, contrairement à ce qu'on croit parfois, n'est pas un texte isolé[44]), il dit que « le bien est toujours dans l'action, alors que le beau se trouve aussi chez les êtres immobiles »[45]. Autrement dit : le bien est toujours tel pour quelqu'un, alors que le beau ne s'épuise pas à être l'objet d'une aspiration[46]. Le Beau, exprimé ici par la grandeur, garde bien ce sens objectif : il n'empêche que ce sens (avant que l'application en soit faite à la tragédie) est commenté d'abord par sa faculté d'être perçu[47]. Ce serait, bien entendu, un contresens que d'y voir un quelconque subjectivisme (que l'on aggraverait, en parlant d'idéalisme). Il n'en est pas moins remarquable que l'excès de taille qui, dans la *Politique*, est illustré par un navire qui, long de deux stades, ne serait plus un navire du tout[48], soit condamné

40. Je pense plus particulièrement à l'esthétique de B. Croce, appliquée d'ailleurs, dans sa *Filosofia dello Spirito*, aux théories de l'art de Platon, de Plotin et d'Aristote. On lira à ce sujet l'appréciation critique, suivie de l'esquisse d'une méthode d'exégèse renouvelée des textes de philosophie antique, de Gabriele GIANNANTONI, « La Storiografia idealistica e gli studi sul pensiero antico », in *Elenchos, Rivista di studi sul pensiero antico*, I, fasc. 1, Naples, 1980, pp. 7-44.

41. ARISTOTE, *Politique*, VII, chap. 4-5 (c'est, jusque dans le détail du vocabulaire, le texte le plus comparable).

42. *Politique*, VII, 4, 1326 a 37.

43. Ὡρισμένον, terme qui dans *Métaph.*, M, 3, 1078 b 1, correspond à μέγεθος de notre texte (D. Ross, *A.'s Metaph.*, *ad loc.*) — Pour ces trois « formes » du beau, cf. déjà *Philèbe*, 65 a 1-2.

44. *De Part. anim.*, I, 5, 645 a 25-26.

45. *Métaphysique*, M, 3, 1078 a 31-32.

46. *Métaphysique*, Λ, 1072 b 1-3.

47. On emploie à dessein cette expression platonicienne (*Rép.*, VI, 508 e sqq.).

48. *Politique*, VII, 4, 1326 a 40-41. — Le navire géant que devait faire construire Ptolémée Philopator mesurait deux cent quatre-vingts coudées (Athénée, V, 203 e).

ici parce qu'il échapperait à la perception, et s'il est exigé de la grandeur d'être « facile à dominer du regard » (1451 a 4), ce n'est pas, comme dans la *Politique*, pour des raisons utilitaires [49], mais uniquement selon les exigences de la perception.

C'est précisément parce qu'il considère ici la beauté comme destituée de toute finalité externe, qu'Aristote mesure la grandeur qui en est l'expression selon les seules normes de l'aisance de la perception (négligeant même, ici, sa négation d'un « temps imperceptible » [50].) Ce critère est encore appliqué ailleurs : le style périodique, ayant commencement et fin, possède une étendue « facile à dominer du regard » [51] ; dans l'enthymème rhétorique, il ne faut pas prendre les choses de trop loin : le procédé « manquerait de clarté, en raison de sa longueur » [52]. Or la grandeur, qui fait partie des sensibles communs, n'est pourtant pas, quand il s'agit de la représentation dramatique, reçue d'un seul coup : Aristote transposera donc ce qu'il vient de dire de la perception dans l'ordre de la mémoire : la longueur de la fable devra, elle aussi, être « facile à dominer par la mémoire » (1451 a 5).

Il ne semble pas toutefois que cette référence à la mémoire introduise une temporalité ou, du moins, le temps des horloges (des clepsydres, comme il sera dit plus loin). Si la beauté est refusée à un objet long de plusieurs stades, c'est parce que sa contemplation ne pourrait pas se faire *ensemble, en même temps (hama)* ; or, le tout devra être perçu dans son unité (a 1-2), et c'est, on l'a vu, parce que le plaisir est un tout achevé qu'il ne saurait se placer dans le temps [53]. — Cette conception de la contemplation esthétique récuserait donc, dans son principe, l'analyse kantienne de l'appréhension de ce qu'il y a de « divers dans le phénomène d'une maison placée devant moi », et qui, nécessairement, est une « appréhension successive » [54].

49. *Politique*, VII, 4, 1326 b 24 ; 5, 1327 a 1-2.

50. *De Sensu*, 7, 448 a 24 sqq. — Il n'y a pas lieu, avec BONITZ (*Aristotelische Studien, Sitz. Wien. Akad.*, I, 1862, p. 96), suivi par ZELLER (*Phil. d. Gr.*, IIe part., 2e sect., Leipzig, 1879, p. 705, n. 5 *i.f.*), de suspecter χρόνου (*Poét.*, 7, 1450 b 40) comme une « réminiscence mal à propos de *Phys.*, IV, 13, 222 b 15 » : ce dernier texte, tout au contraire, suffirait à protéger cette leçon contre toute athétèse ou correction (Tkatsch, Gudeman).

51. *Rhétorique*, III, 9, 1409 b 1.

52. *Rhétorique*, II, 22, 1395 b 26.

53. *Éthique à Nicomaque*, X, 3.

54. KANT, *Critique de la Raison pure*, A 190 (trad. Barni et Archambault, éd. B. Rousset, p. 226).

23. 3) On peut dire qu'une action — or la fable est une action — « est longue, parce que le temps < de son déroulement > est long », par exemple « une année ou quelque indication semblable » ; mais c'est « par accident », car ce n'est pas « selon son essence » qu'une action « est appelée quantité »[55]. Aussi bien n'est-ce pas par une mesure, ici accidentelle, symbolisée par la clepsydre, qu'il faut déterminer la longueur de la fable, mais « selon la nature même de la chose » (a 9-10).

a) Comme la métaphore de l'organisme a été transposée de la rhétorique à l'art dramatique, de même en est-il ici du critère de la longueur. Depuis longtemps, le sage Prodicos avait résolu la question (disant, en riant, que « lui seul avait découvert quels discours exige l'art : ceux qui ne sont ni longs ni courts, mais d'une juste mesure »). Platon avait applaudi à cette solution (« Très fort, Prodicos », répond Phèdre[56]), ainsi qu'Aristote[57]. Ailleurs, Platon contraste, avec les discours, longs ou brefs, ceux qui « atteignent la vérité », et, avec le *loisir* que réclament ceux-ci, l'affairement auquel contraint les orateurs « l'eau qui s'écoule » dans la clepsydre, comme aussi le combat (*agôn*) avec l'adversaire[58].

D'une manière analogue, Aristote oppose, à la *limite de l'étendue* prescrite par la « nature de la chose », celle qui « a rapport aux concours (*agônes*) et à la sensation », pour la renvoyer de l'art (a 6-9).

On pourrait penser que le premier terme, rapproché de l'expression « lutter contre la clepsydre », n'indique pas seulement l'organisation matérielle des concours, mais bien l'esprit de rivalité qui peut fausser l'art du poète[59]. — Quant à la « sensation », on dirait que, là encore, il s'agit d'une idée prise à la rhétorique. Platon avait constaté que l'orateur « est obligé de parler des choses qui sont à ses pieds et sous ses yeux »[60], et Aristote recommande de « compléter » le discours, en suscitant la pitié « par des gestes, par la voix, par la sensation »[61] : plus loin, il conseille de « compléter » les fables « en plaçant le plus

55. *Catégories*, 6, 5 b 2-6.
56. *Phèdre*, 267 b 3-6.
57. *Rhétorique*, III, 16, 1416 b 31-32 (où Prodicos, il est vrai, n'est pas cité nommément) ; cf. *Poétique*, 18, 1456 a 14 (où *prepon* est un terme également courant en rhétorique).
58. *Théétète*, 172 d 4, 9-10 ; e 5.
59. *Poétique*, 9, 1451 b 37.
60. *Théétète*, 174 c 2-3.
61. *Rhétorique*, II, 8, 1386 a 32-33 (en gardant, avec Vahlen, la leçon du Parisinus).

possible les faits sous les yeux »[62], et parle des « sensations qui nécessairement accompagnent l'art du poète »[63].

De fait, les deux expressions ne doivent pas être séparées ; elles se rapportent, conjointement, au *spectacle,* c'est-à-dire à cet élément de la tragédie qu'Aristote avait dit être « tout à fait étranger à l'art » : en effet, « le pouvoir de la tragédie subsiste même sans concours ni acteurs »[64], de même que crainte et pitié, si elles peuvent naître « de la vision », devront résulter des seuls événements mis en œuvre dans la fable, même « sans qu'on les voie »[65]. Or faire dépendre la longueur de la fable de la durée du spectacle, elle-même bornée par l'organisation des concours, c'est limiter l'art par ce qui lui est « tout à fait étranger », et appliquer aux concours dramatiques la règle de la clepsydre[66] : cela ne veut pas dire qu'en fait la durée des représentations ait jamais été chronométrée[67], mais cela implique, de toute évidence, « une allusion à l'usage de la clepsydre dans les tribunaux »[68]. Il s'agit d'une réduction à l'absurde pour prévenir toute confusion de la *sensation,* mesure légitime de l'étendue de la fable, avec le spectacle matériel, l'*opsis,* lequel, assujetti aux exigences contingentes des concours, risquerait d'être aussi embrouillé que l'œil en face d'un animal long d'une myriade de stades.

b) Le bon critère devra être tiré de la « nature de la chose » (de même qu'en biologie, il y a une limite naturelle à l'accroissement des animaux[69]), et Aristote propose deux formules, dont la première (« la limite conforme à la nature de la chose, c'est que la < fable > la plus étendue, jusqu'au point où l'on puisse encore saisir l'ensemble, est, à chaque fois, la plus belle, pour ce qui est de la grandeur ») conserve une portée générale : elle s'accorde presque littéralement avec celle qui définit la « limite de la grandeur » d'une Cité[70] (où le critère devra également être cherché dans « les réalités »[71]) : « la plus grande extension du nombre < des citoyens > compatible avec l'autarcie de la vie, et qui

62. *Poétique,* 17, 1455 a 23-24.
63. *Poétique,* 15, 1454 b 16.
64. *Poétique,* 6, 1450 b 17-20.
65. *Poétique,* 14, 1453 b 1-4.
66. ARISTOTE, *Constitution d'Athènes,* LXVII, 2-3.
67. Cf. LUCAS, *A.'s Poetics, ad* 1451 a 9.
68. *Contra,* Hardy, p. 79 (p. 40, l. 33).
69. Cf. *De Generat. animal.,* II, 6, 745 a 5-9 ; IV, 4, 771 a 33-36.
70. ARISTOTE, *Politique,* VII, 4, 1326 a 34-35.
71. *Politique,* VII, 4, 1326 a 25, b 12 (ἐκ τῶν ἔργων).

puisse être embrassée d'un coup d'œil »[72]; on obtiendra ainsi « la Cité la plus belle »[73].

« ...Pour donner une définition générale[74]: l'étendue requise pour des événements qui, se succédant selon la vraisemblance ou la nécessité, font changer le malheur en bonheur ou le bonheur en malheur, voilà la limite suffisante de l'étendue ». Cette seconde formule ramasse en un raccourci des éléments indiqués dans ce qui précède.

La succession des événements devait être soumise à un *ordre* (*taxis*) et ce qui avait été dit de la *fin* de la fable (1450 b 30-31) est étendu ici à l'ensemble : c'est la règle du nécessaire et du vraisemblable (ce sont ces deux expressions qui seront conservées dans la suite ; auparavant, le second terme était : « ce qui arrive la plupart du temps (b 31) : or, « ce que l'on sait se produire ou ne pas se produire, ou être ou ne pas être la plupart du temps, c'est là le vraisemblable »[75]). L'emploi de ces deux critères est constant dans l'œuvre d'Aristote : parfois, ils se distinguent l'un de l'autre, mais parfois aussi ils se joignent, pour s'opposer à l'*accident*[76]; pris au sens strict, seul le nécessaire est objet de science[77], mais dans un sens plus large, « ce qui se produit la plupart du temps » peut être objet de science également[78], de la physique surtout[79]. — Il est assez clair qu'on retrouve ici, une fois de plus, une indication sur le caractère didactique de la poésie.

On croirait, à première vue, que le passage du bonheur au malheur ou du malheur au bonheur introduise ici un point nouveau. De fait, seul le terme de « changer » pourrait paraître tel (encore qu'il ait déjà été question des péripéties et reconnaissances, 1450 a 34). Le (faux) effet de surprise vient simplement de ce qu'Aristote, reprenant (ici, comme précédemment au sujet de la pitié et de la crainte[80]) un point traditionnel ne se croit pas tenu de l' « introduire » spécialement. La seule nouveauté, ici, consiste à traduire l'expérience humaine du héros tragique, telle

72. *Politique*, VII, 4, 1326 b 23-24 (cf. 5, 1327 a 1-3).
73. *Politique*, VII, 4, 1326 a 35.
74. C'est-à-dire, compte non tenu du détail de chaque tragédie (plutôt que : génériquement, par opposition aux espèces (1455 b 33) de la tragédie).
75. *Pr. Analyt.*, II, 27, 70 a 4-5.
76. *Métaphysique*, Δ, 30, 1025 a 4-5 ; E, 2, 1026 b 31-33.
77. *Éthique à Nicomaque*, VI, 3, 1139 b 22-24.
78. *Pr. Analyt.*, I, 13, 32 b 18-23.
79. *Physique*, II, 7, 198 b 5-6.
80. *Poétique*, 6, 1449 b 27, cf. *Phèdre*, 268 c i.f.

qu'on la trouve, par exemple, chez Platon[81], en une formule qui, tout à la fois, détermine l'étendue de la tragédie et, par l'emploi — aristotélicien — du mot *changer*, la loi qui commande sa structure. L'innovation, autrement dit, porte sur la théorie du tragique, et non sur ses données.

2. **L'unité de la fable** (chap. 8)

Que la fable, devant être un tout, doive, par là même, être *une*, Aristote l'avait déjà indiqué en passant (1451 a 1-2), et cela résulte de son idée même de la « totalité < qui > est une espèce d'unité »[82]. On comprend ainsi *a*) que le développement suivant ne porte pas sur le lien même entre ces deux concepts, mais seulement sur un (faux) procédé d'assurer l'unité de la fable ; *b*) que le véritable procédé soit déduit, précisément, de l'idée de tout, telle qu'elle avait déjà été établie, et qu'Aristote, à la fin du morceau, se contente de préciser d'une phrase. — On peut donc dire que, dans son ensemble, ce chapitre 8 n'enseigne rien de nouveau, mais que, tel le jugement négatif selon Kant, il a une visée surtout pédagogique, se bornant à écarter une erreur.

24. Cette erreur consiste à croire qu'il suffirait du héros de la fable pour unifier celle-ci. Elle est commise par les poètes qui ont composé une *Héracléide* et une *Théséide*. Il est difficile de savoir si ce sont là les seuls auteurs ici visés et si, par « certains » (a 16), Aristote n'a pas en vue également des théoriciens de l'art, ou peut-être même des philosophes : la thèse critiquée n'est pas sans rappeler celle d'Antisthène qui « croyait sottement que rien ne peut s'énoncer d'une chose, si ce n'est son énonciation propre, une seule formule pour un seul sujet »[83].

Or l'unité du héros ne fait pas l'unité de la fable : il arrive une infinité d'événements à un homme, d'où aucune unité ne se dégage ; de même, un seul homme accomplit beaucoup d'actions qui ne forment pas une action unique. C'est ce qu'avait compris

81. « La poésie imitative représente des hommes engagés dans des actions forcées ou volontaires, en raison desquelles ils se croient, soit heureux, soit malheureux, et se livrent dans chaque cas, soit à la tristesse, soit à la joie » (*République*, X, 603 c).
82. *Métaphysique*, Δ, 26, 1023 b 36.
83. *Métaphysique*, Δ, 29, 1024 b 32-33.

Homère, « grâce à son savoir technique ou à son génie »[84] : dans l'*Odyssée*, il ne raconte pas tout ce qui est arrivé à Ulysse, par exemple sa blessure reçue sur le Parnasse ou sa simulation de folie, à Aulis, événements entre lesquels il n'y a aucun lien, ni de nécessité ni de vraisemblance, mais il relate une seule action, de même que dans l'*Iliade*. — Il faut donc prendre exemple sur les autres arts mimétiques, où l'unité de l'imitation résulte de l'unité de l'objet : « ainsi, la fable devra être une et complète, de telle sorte qu'on n'en puisse, ni déplacer, ni retrancher, ni ajouter quelque élément, sans toucher au tout ».

Le problème de l'unité d'un être, d'une science, d'une énonciation est souvent traité par Aristote. Or parmi les êtres qui sont *uns* par essence (et non seulement par accident), il faut compter éminemment la substance, de laquelle toutes les autres catégories (agir, avoir, pâtir) reçoivent leur unité[85]. Pourtant, Aristote écarte ici la substance comme principe unifiant ; de plus, le texte semble condamner implicitement le genre littéraire de la *biographie* que devaient cultiver, au contraire, certains élèves (Héraclide, Aristoxène, Cléarque, Dicéarque, Chaméléon), et dont les origines sont bien plus anciennes (peu importe, ici, que ce genre n'atteigne sa véritable autonomie qu'avec Plutarque ou même, en un sens plus moderne, dans l'autobiographie de saint Augustin).

De fait, le problème de la biographie n'est même pas, ici, posé : il s'agit de la tragédie, et Aristote avait dit expressément que celle-ci imite, « non pas des hommes, mais une action et la vie, le bonheur et le malheur » (1450 a 16). Or le héros, n'étant pas l'objet de l'imitation tragique, n'est même pas le substrat de l'action : l'action est imitée en elle-même et pour elle-même, et non pas en tant que simple détermination catégoriale de la substance. Autrement dit : l'action, ici, fait elle-même fonction de substance. Conçue comme un tout, c'est cette totalité seule qui peut lui conférer son unité, et non pas celui qui l'accomplit (lequel, d'ailleurs, comme on le verra plus loin, n'en est même pas réellement l'acteur).

Ce n'est pas ici le lieu de montrer que la conception aristotélicienne de la substance soumet la substantialité proprement dite à l'acte : s'il est vrai que « l'homme engendre l'homme », c'est

84. *Poétique*, 8, 1451 a 24 (cf. 1, 1447 a 20 ; 4, 1448 b 20, 1449 a 4). Si l'Art peut conseiller ou, à l'occasion, blâmer l'artiste, c'est parce que ses règles n'ont rien d'arbitraire : elles sont déduites de la nature des choses et de l'excellent *naturel* des poètes. Il est donc vrai dans deux sens que l'art imite la nature : le poète les modèles, et le théoricien les poètes.

85. *Métaphysique*, Γ, 2, 1004 a 26, 1005 a 7 ; cf. I, 2, 1054 a 12.

précisément parce que l'acte est au-dessus des êtres singuliers qu'il produit et dont il assure l'éternité spécifique, c'est-à-dire, universelle. Il suffit de remarquer que, si la tradition avait comparé le discours — parlé ou écrit — à un être vivant, ici c'est, non pas la tragédie même, mais son modèle, l'action (a 31), qui obtient ce statut de totalité organique, c'est-à-dire, unifiée, et celle-ci est préalable à la tragédie même qui l'imite.

25. L'exemple de l'*Odyssée,* autant qu'à confirmer ce qui précède, peut servir à illustrer ce qui suit, c'est-à-dire la rigueur dans la composition du tout. Homère n'a pas décrit la vie d'Ulysse (tout ce qui lui « est arrivé », b 17), mais une seule action (qui sera résumée au chapitre 17, où il sera traité aussi de la légitimité des « épisodes » qui, dans l'épopée, peuvent être plus « étendus » que dans le drame). Ici, Aristote se borne à montrer pourquoi les deux événements omis par Homère eussent été inutiles dans l'ensemble : c'est que, l'un s'étant produit, l'autre ne lui aurait succédé, ni par un rapport de nécessité, ni par un rapport de vraisemblance (il ne dit nullement, comme les commentateurs le supposent parfois, que les deux épisodes n'auraient pas contribué à l'action principale). Dans ce texte très succinct, deux idées se joignent : la seconde est la règle de l'enchaînement (nécessaire ou vraisemblable) des épisodes, la première étant celle de la sélection des événements et actions, indiquée au début du chapitre. Mais ces idées sont si intimement liées, aux yeux d'Aristote, que la seconde éclaire la première : plus exactement, la nécessité (ou la vraisemblance) sert de critère à la sélection.

Si Homère est loué d'avoir omis les deux épisodes parce que l'un n'aurait pas entraîné nécessairement (ou selon la vraisemblance) l'autre, cela ne doit pas s'entendre, sans doute, d'une dépendance directe, mais seulement, comme on l'explique au dernier alinéa du chapitre, d'un lien entre eux dans le cadre d'ensemble du poème. — Quant à l'épisode de la chasse qui, en fait, se trouve dans l'*Odyssée,* la question n'est pas de savoir pourquoi Aristote semble dire le contraire, mais si la contradiction n'est pas purement apparente (sans qu'il y ait lieu de recourir à l'argument paresseux d'une interpolation dans le texte d'Homère). Car il est littéralement vrai qu'Homère « n'a pas raconté tous les événements de la vie d'Ulysse, par exemple qu'il fut blessé sur le Parnasse... » : l'événement n'est pas inséré dans une *Vie d'Ulysse,* à sa place chronologique (et contingente[86]), mais rappelé à la suite de la reconnaissance d'Ulysse par Euryclée :

86. Cf. *Poétique,* 23, 1459 a 22-24.

or il y a bien un lien de nécessité entre la blessure et la cicatrice (au point que ce sera là l'exemple privilégié dans la sémiologie stoïcienne[87]) : la reconnaissance du signe amène nécessairement le rappel du signifié. Mais ce rappel n'entre pas pour autant dans l'économie de la fable, il n'est pas un élément exigé par le récit de l'*action* principale du poème : il n'en est pas, au sens aristotélicien, un « épisode »[88]. L'embarras qu'éprouve parfois sur ce point l'érudition moderne est tout à fait comparable à la méconnaissance, par le lecteur — ou l'esthéticien — moderne, de la technique homérique de la narration, telle qu'elle a été mise en lumière par E. Auerbach, et à l'occasion, précisément, de ce même passage du Chant XIX[89].

L'unité de la fable ne peut donc, comme dans les autres arts mimétiques (par où il semble qu'il faille entendre surtout la peinture), être garantie que par l'unité de l'objet, et la totalité ainsi unifiée se constate dans le fait qu'aucune de ses parties ne peut être changée de place ni retranchée, sans que le tout en soit modifié : « car ce qui peut s'ajouter ou ne pas s'ajouter sans différence perceptible ne fait pas partie du tout ».

26. La triade des termes : adjonction, suppression, changement, est traditionnelle (on peut même penser que c'est pour la rajeunir stylistiquement qu'Aristote en détache ici, dans sa conclusion, le premier). Elle remonte probablement aux origines de la « philologie », c'est-à-dire à la Sophistique : un des plus anciens textes où elle apparaît se trouve dans les *Dialexeis,* où elle s'applique aux éléments des mots[90] ; dans le *Cratyle,* elle se présente déjà comme un procédé élaboré et perfectionné pour servir à l'analyse étymologique[91] ; elle sera reprise, avec cette même fonction, par les Stoïciens[92], par Chrysippe en particulier[93] ; Aristote y recourt dans notre traité pour expliquer cette « licence poétique » qui consiste à insérer une syllabe dans un mot[94]. Dans le *Cratyle,* ce procédé est mis en rapport avec une théorie de l'imitation, soit pour exiger, avec Cratyle, que le nom reproduise

87. Sextus Empiricus, *Adv. math.*, VIII, 254.
88. Si ce n'est, précisément, au sens de l'« épisode » épique, dont il sera question plus loin, 24, 1459 b 22 sqq.
89. E. Auerbach, *Mimésis* (1946), trad. fr. Gallimard, 1968, pp. 12 sqq.
90. *Dialexeis*, chap. 5, §§ 11-13. — Cf. *Essai sur le « Cratyle »*, p. 104 et p. 163, n. 1.
91. *Cratyle*, 394 b-c, 414 d ; cf. *Essai...*, pp. 103 sq.
92. R. Reitzenstein, Etymologika, *RE*, vol. 6, col. 808.
93. Cf. aussi Varron, *De lingua latina*, V, 6 ; VI, 2.
94. *Poétique*, 21, 1458 a 1-7.

exactement tous les détails de la chose, soit pour admettre, au contraire, comme le fait Socrate, que l'image conserve sa force imitative, même en cas d'absence d'un des éléments de la chose (ou de présence d'un élément étranger)[95].

Ici, Aristote insiste sur la présence de chaque élément requis, non plus toutefois, comme Cratyle, pour réclamer une conformité littérale de la copie au modèle, mais pour établir la cohérence interne de la « copie » même. Aussi bien la fable, tout en étant définie « imitation de l'action » (a 31), acquiert-elle une autonomie qu'elle tient de la conception biologique qui renouvelle ici l'inspiration initialement mécaniste de ces procédés : « Le changement d'une seule partie essentielle modifie beaucoup, spécifiquement, l'organisme d'un vivant »[96] ; « il faut comprendre que le déplacement du moindre principe entraîne généralement de nombreux changements dans les conséquences qui en dépendent »[97].

Cette conception organique du tout fait comprendre aussi que le lien de nécessité ou de vraisemblance ne joint pas seulement deux épisodes consécutifs, mais en commande l'ensemble.

On notera enfin que cette description de la structure[98] de la fable se rapproche déjà de la conception, telle que nous l'a transmise Cicéron, du système stoïcien[99].

3. **La portée philosophique de la tragédie** (chap. 9)

« *Il est clair aussi, d'après ce qui a été dit, que ce n'est pas le récit d'événements réels qui constitue l'œuvre propre du poète, mais d'événements qui pourraient se produire, c'est-à-dire qui sont possibles, selon le vraisemblable ou le nécessaire* ». — L'allure très simple, on dirait exotérique, de la phrase fait comprendre au lecteur le moins averti comment l'objet du chapitre se rattache à ce qui précède (les « événements réels » faisant partie

95. *Cratyle*, 432 a-d 3.
96. *De Gen. anim.*, IV, 1, 766 a 24-25.
97. *De Gen. anim.*, I, 2, 716 b 3-5.
98. Ce terme pouvant être entendu ici dans son sens le plus moderne : voir J. Bompaire, « Le mythe selon la *Poétique* d'Aristote », in *Formation et survie des mythes*, Colloque de Nanterre, 19-20 Avril 1974, « Les Belles Lettres », 1977, pp. 31-36.
99. Cicéron, *De finibus*, III, xxii, 74 (« ... quid posterius priori non convenit? quid sequitur, quod non respondeat superiori ? quid non sic aliud ex alio nectitur, ut, si ullam litteram moueris, labent omnia? Nec tamen quicquam est, quod moueri possit »), V, xxviii, 83 (« Respondent extrema primis, media utrisque, omnia omnibus »).

de cette « infinité d'événements » dont il était question au début du chapitre précédent). — Mais ce n'est là que la liaison la plus apparente.

27. Après avoir montré que la fable doit être un tout (chap. 7), et un tout *un* (8), Aristote indique à présent qu'elle doit être universelle. Ces deux derniers prédicats sont liés analytiquement au premier. On a déjà vu que la « totalité est une espèce d'unité » ; de même, « l'universel est une espèce de tout »[100]. Reste à savoir ce qu'il faut entendre par *universel.* On pense communément qu'il s'agit aussi bien des caractères que des événements. Mais l'universalité des vicissitudes n'est pas facile à comprendre, et l'on ne voit pas, d'autre part, qu'Aristote ait exigé une « tragédie de caractères ». Pour prendre l'exemple de la « plus belle tragédie » : en quoi Œdipe est-il un personnage « typique », et qu'est-ce que les coups du sort qui l'accablent pouvaient avoir, avant la naissance de Freud, d'universel[101] ? On voit mal, au surplus, qu'Aristote puisse réclamer une sorte d'exemplarité des personnages, d'un côté, et des événements, de l'autre, alors que, par définition, la tragédie n'imite pas des hommes, mais « une action et une vie ».

Dans la phrase où il s'explique sur ce point, Aristote écrit : « Est universel le rapport qualitatif entre un personnage et ses dits et ses faits selon le vraisemblable ou le nécessaire, et c'est cela que vise la poésie, tout en y attachant des noms propres ; est particulier ce qu'Alcibiade a fait ou ce qui lui est arrivé » (1451 b 8-11). Littéralement, le début de la phrase dit : « ...quelles sortes de choses il arrive de dire ou de faire à quelle sorte d'homme ». Cette formule (où souvent le verbe *il arrive* est remplacé plus significativement par *s'adapte, harmottei*) nous renvoie à la technique et à la logique.

Elle a des origines platoniciennes (et, probablement, pythagoriciennes) qu'on doit ici se borner à rappeler. Chaque artisan, dit le Socrate du *Gorgias,* « applique les matériaux qu'il applique, non pas au hasard, mais par choix »[102] ; d'après le *Phèdre,* le médecin et l'orateur « appliquent techniquement, l'un les remèdes au corps, l'autre les discours à l'âme »[103] (*prospherei*) ; et, un peu

100. *Physique,* I, 1, 184 a 25.
101. Cf. J. P. VERNANT, *Œdipe sans complexe,* in J.-P. VERNANT et P. VIDAL-NAQUET, *Mythe et tragédie en Grèce ancienne,* Maspéro, 1973, pp. 77-98.
102. PLATON, *Gorgias,* 503 e 1.
103. *Phèdre,* 270 b 6-7.

plus loin, s'agissant de la correspondance à établir entre tel genre de discours et tel genre d'âme, on trouve la formule qu'on rend ici littéralement : « adapter chaque chose à chaque chose »[104].

« De toutes les techniques et sciences qui ne restent pas fragmentaires, mais portent sur l'ensemble d'un genre déterminé, chacune a pour fonction d'étudier ce qui s'adapte à chaque genre, par exemple quelle sorte d'exercice physique profite à quelle sorte de corps... »[105]. Ainsi la science politique doit exposer « à quelle sorte de peuple s'adapte quelle sorte de constitution »[106] et, après avoir étudié les modalités d'exercice des magistratures, « adapter ensuite, selon leur utilité, telles sortes de magistratures à telles sortes de constitutions »[107].

Ces textes sont tirés du IVe Livre de la *Politique*, qui prélude aux recherches concrètes, aux applications de la théorie ; aucune différence, ici, n'est faite entre « techniques » et « sciences » ; dans la mesure, précisément, où la technique n'est que l'adaptation de l'universel scientifique à des cas d'espèces. Ce qui se distingue des unes et des autres, c'est l'*expérience* (*empeiria*) qui, ignorant la *cause*, sait seulement aller d'un cas particulier à un autre qui lui ressemble[108]. Or le traitement scientifique même d'un cas particulier requiert la connaissance intégrale de l'universel : ainsi, pour légiférer dans sa propre cité, la politique ne se contentera pas de l'étude du droit constitutionnel national ; il lui sera utile de « connaître les constitutions qui existent chez d'autres peuples, et quelles constitutions s'adaptent à quels peuples »[109]. Et cette connaissance ne s'acquiert pas suffisamment par la lecture des recueils de lois et de constitutions, mais seulement par leur étude comparée, capable de juger « ce qui y est bon ou mauvais, c'est-à-dire quelles dispositions s'adaptent à quel cas »[110].

L'universel aristotélicien est un savoir en puissance, lequel, pour s'actualiser, devra se particulariser, c'est-à-dire devenir « une chose déterminée relative à une chose déterminée »[111] ; ainsi le théorème de la somme des angles du triangle résume

104. *Phèdre*, 271 b 3.
105. ARISTOTE, *Politique*, IV, 1, 1288 b 10-14.
106. *Politique*, IV, 13, 1297 b 34.
107. *Politique*, IV, 15, 1299 a 14.
108. *Éthique à Nicomaque*, X, 10, 1180 b 13 sqq. ; *Métaphysique*, A, 1, 981 a 5-b 7.
109. *Rhétorique*, I, 4, 1360 a 30-33.
110. *Éthique à Nicomaque*, X, 10, 1181 b 6-9.
111. *Métaphysique*, M, 10, 1087 a 18.

un savoir universel, mais qui, pour passer à l'acte, devra s'appliquer, dans la démonstration, à tel triangle donné[112].

Si cette dualité de l'universel et du particulier et le nécessaire rapport entre l'un et l'autre existent déjà dans les sciences théorétiques, à plus forte raison en est-il ainsi dans les sciences pratiques : « Il ne suffit pas d'énoncer seulement l'universel, mais il faut encore l'adapter (*epharmottein*) aux instances particulières. Car quand il s'agit d'actions, les énonciations universelles sont plutôt vides[113], alors que les particulières sont plus proches de la vérité ; les actions, en effet, concernent les instances particulières, et c'est à elles que doivent s'accorder les énonciations »[114].

Il est très vrai que la science a pour objet l'universel, et en ce sens il faut dire qu' « aucun art n'examine l'individuel, par exemple la médecine, ce qui est salutaire pour Socrate ou pour Callias, mais ce qui est salutaire pour tel homme ou pour tel groupe d'hommes : ceci, en effet, relève de la technique, alors que le particulier est infini et ne relève pas de la science »[115] (tout comme l' « infinité » des événements qui arrivent dans la vie d'un homme ne forment pas une unité et ne relèvent pas de la poétique[116]). Mais dans cette perspective, admissible quand il s'agit seulement de définir, dans son principe, la science, l'universel et l'individuel sont conçus séparément tandis que, si la science est considérée dans son exercice concret, il faut les mettre en rapport l'un avec l'autre, et alors on dira que « ce n'est pas l'homme que guérit le médecin, si ce n'est par accident[117], mais Callias ou Socrate ou quelque autre individu ainsi dénommé dont c'est un accident d'être homme »[118].

De manière analogue, Aristote peut écrire, dans le même livre d'un même traité, que l'universel, en tant qu'ensemble confus, est plus connaissable pour nous et saisissable par la sensation[119], et que l'universel est connaissable par la raison, et l'individuel par la sensation[120].

Si, dans la logique aristotélicienne, l'induction et le syllogisme

112. *Pr. Analyt.*, II, 21, 67 a 9-26.

113. A suivre la leçon adoptée par Bekker et Susemihl et défendue par Stewart, qui allègue, en particulier, *De Gen. Anim.*, II, 8, 748 a 7 ; Burnet maintient κοινότεροι.

114. *Éthique à Nicomaque*, II, 7, 1107 a 30.

115. *Rhétorique*, I, 2, 1356 b 30-33.

116. *Poétique*, 8, 1451 a 17.

117. Cf. Δ, 30, 1025 a 30.

118. *Métaphysique*, A, 1, 981 a 18-20.

119. *Physique*, I, 1, 184 a 23-26.

120. *Physique*, I, 5, 189 a 5-8.

sont des opérations complémentaires, ce n'est pas parce que l'une se tiendrait au niveau de l'*expérience*[121] et que l'autre atteindrait le plan de la pensée pure, mais parce qu'ils explicitent, conjointement, le rapport entre l'individuel et l'universel, celui-ci présupposant l'instance particulière, à la fois pour en être dégagé (car il y est contenu entièrement, et sans qu'il soit besoin de l'induction dite complète de la tradition[122]) et, en retour, pour y être actualisé. C'est le concept d'*acte* qui permet de surmonter le dualisme du platonisme vulgaire ; or il y a deux manières, pour l'universel, d'être en acte, et les deux requièrent l'instance particulière : par la matière (qui est principe, sans doute, d'individuation, mais, préalablement et plus profondément, de *réalité*), et par la pensée qui, à l'aide du moyen terme, actualise la mortalité, en la rapportant à Socrate où, dès l'abord, elle était présente.

Cette espèce d'échange qui s'établit dans les deux sens[123], entre l'individuel et l'universel, au niveau de la connaissance[124], caractérise, plus précisément, les techniques[125], pratiques et poiétiques, qui consistent à rapporter l'un à l'autre (c'est en pleine conformité à l'aristotélisme que, pour Épictète, toute la technique philosophique se résume à savoir *adapter* les prénotions universelles à des cas d'espèce[126]), à appliquer à Socrate, non plus seulement le prédicat de mortel, mais tel médicament salutaire, en quoi s'actualise le savoir du médecin. Faute de quoi, ce savoir resterait « vide », et Socrate se perdrait dans l' « infinité » des malades qui « ne relèvent pas de la science ». Autrement dit : l'universel en acte, ce n'est, ni la science médicale, ni la maladie de l'individu ; c'est la mise en rapport de l'une avec l'autre : leur *adaptation*.

28. Il fallait rappeler schématiquement ces données élémentaires de la logique (et de la technologie) aristotélicienne pour

121. Au sens de *Métaph.*, A, 1, 981 a 7-9.

122. Cf. *Le Paradigme dqns la dialectique platonicienne*, p. 95 et n. 9.

123. Il y a à cet égard comme une dissociation de la solidarité aristotélicienne de ces deux démarches, quand Épicure et Philodème recommandent d'« adapter les choses aux prénotions », et Épictète d'« adapter les prénotions aux choses » (cf. *Remarques sur l'origine épicurienne de la « prénotion »*, in *Les Stoïciens et leur logique*, Vrin, 1978, p. 166).

124. *Sec. Analyt.*, I, 1, 71 a 5-6.

125. Pas plus qu'au début du IVe livre de la *Politique*, cité plus haut, Aristote, ici, ne distingue entre sciences et techniques : dans le contexte de ces deux passages, c'est cette non-distinction qui importe et qu'il importe de voir plutôt que de rappeler *E.N.*, VI, 3, 1139 b 18 sqq. (ainsi D. Ross, *ad* 71 a 3-4).

126. Cf. *Le Système stoïcien...*, §§ 79-82 (et, sur le rapprochement avec Aristote, *ibid.*, p. 167) et *La Doctrine d'Épicure et le droit*, §§ 93-94.

comprendre pourquoi l'universel poétique est défini par le rapport, vraisemblable ou nécessaire, entre un personnage, d'un côté, ses dits et ses faits, de l'autre. Cette définition même appelle plusieurs remarques.

a) Très généralement, d'abord, puisque le plaisir que fait naître l'imitation provient de ce que les spectateurs « apprennent et déduisent (*syllogizesthai*) ce qu'est chaque chose » (1448 b 16), l'emploi, ici, du mot *universel* et du schème de *l'adaptation* montre la cohérence de la pensée d'Aristote, et l'intégration de la théorie dramatique dans l'ensemble de sa philosophie.

b) L'idée de mise en rapport écarte (et aurait dû faire écarter) la lecture simpliste selon laquelle Aristote exigerait ici une tragédie de « caractères », et annoncerait en quelque sorte un Ménandre tragique. Tout au contraire, il peut y avoir tragédie sans caractères, et si, à cet égard, les poètes « modernes » sont cités en exemple, c'est à titre de confirmation, et non pas du tout de critique (1450 a 25). Et si Alcibiade est opposé aux personnages dramatiques, ce n'est pas en raison de son irrémédiable individualité (il pourrait fort bien figurer le « type » du magnanime [127]), mais parce que l'historiographie ne permet pas de trouver dans sa biographie cette vraisemblance ou cette nécessité requises pour la tragédie.

c) La comparaison avec la comédie confirme cette lecture. Ce qui est contrasté avec les injures personnelles des poètes ïambiques, ce n'est pas l'élaboration de « types » comiques, mais la construction de la fable selon la vraisemblance (1451 b 11-15) ; et Homère était loué pour avoir remplacé, dans le *Margitès*, le « blâme », non pas par une galerie de caricatures, mais par le « ridicule » (1448 a 37), lequel, à son tour, sera expliqué sans la moindre référence à des « caractères » (chap. 5 déb.).

d) Or le « tragique » [128], de même que le « ridicule » dans la comédie, résulte de l'ensemble de la fable (et non pas du caractère du héros) : le drame n'imite pas « des hommes », mais une action dont, d'abord, le « héros » n'est pas l'unique acteur et dont l'initiative, au surplus, lui échappe souvent, comme cela sera indiqué dans la fin du chapitre (où l'érudition n'a voulu voir qu'un « paragraphe isolé »).

D'où les noms propres que reçoivent les personnages sont des noms « quelconques » (1451 b 13), puisque aussi bien, et contrai-

127. *Sec. Analyt.*, II, 13, 97 b 18 ; [Platon], *Sec. Alcib.*, 150 c 8.
128. *Poétique*, 18, 1456 a 21.

rement à la thèse de Cratyle, « aucun des noms n'est un nom par nature, mais seulement quand il devient un symbole »[129]. De plus, les noms de Callias, Socrate ou Coriscus ne prennent un sens que dans le contexte où, à chaque fois, ils doivent illustrer une idée ; les personnages, de même, n'assument une fonction significative que dans l'ensemble de la fable où ils figurent, et la fable, comme on le verra au chapitre 17, peut se résumer sans aucun nom propre et sans la moindre « caractérisation » des personnages.

Sans doute, pour que l'*adaptation* puisse se faire entre tel personnage et tels faits et dits, faut-il que l'un et les autres soient « qualifiés », mais cette qualité n'est pas préexistante : elle résulte de l'adaptation même (1450 a 20-22). (Le concept englobant de fable fait ainsi surmonter la dualité initiale que semble avoir en vue le *Phèdre*, quand il enjoint de coordonner les genres de discours et les genres d'âmes[130].)

Il est très certain qu'il existe dans les *Éthiques* et dans de larges parties de la *Rhétorique* des éléments d'une caractérologie, et il est vrai aussi que l'esthétique péripatéticienne (dont on trouve des traces dans certains *Arguments* des éditions alexandrines des Tragiques, et chez Horace) a pu comprendre la théorie d'Aristote dans ce sens. Mais les vers de l'*Art poétique* qu'on a coutume d'alléguer[131] témoignent à la fois du peu d'intérêt d'une telle lecture (aucun des prédicats mentionnés ne recoupe les descriptions des *Éthiques*) et, bien malgré eux, du sens véritable de la théorie d'Aristote (plutôt que le caractère des personnages, ils indiquent les sentiments que ceux-ci doivent inspirer au spectateur).

e) Il a été rappelé plus haut que l'*adaptation* relève des techniques, et qu'elle résume, d'autre part, les deux opérations complémentaires de la logique. Aristote n'a certes pas la pédanterie d'assimiler, ici, l'activité du poète à celle du médecin ou du politique ; mais s'il est vrai que la technique imite la nature, il faut dire que c'est l'analyse des techniques qui permet de comprendre le moins mal comment procède le génie poétique. L'adaptation que crée le poète entre le personnage et ce qu'il fait ou ce qu'il dit se présente, selon les cas, comme une induction ou un syllogisme vivants, comme un perpétuel va-et-vient

129. *De Interpr.*, 2, 16 a 27-28.
130. Platon, *Phèdre*, 271 b 1-5.
131. Horace, *Art poétique*, 123 sq. :
« Sit Medea ferox inuictaque, flebilis Ino,
perfidus Ixion, Io uaga, tristis Orestes ».

entre le petit terme et un prédicat qui éclaire celui-ci par sa signification plus large [sa *compréhension implicite,* pour préciser, et pour écarter la fausse interprétation extensionnelle de la logique d'Aristote[132] (et de Platon)]. Le « caractère » de l'esthétique péripatéticienne (et moderne) n'est que l'expression superficielle de cette *adaptation.*

29. On a commencé par commenter l' «universel », parce que c'est le terme-clé de tout ce chapitre. De fait, Aristote dit d'abord que le poète conte, non pas « les choses réellement arrivées » (ce qui est la formule même des historiens)[133], mais celles « qui pourraient arriver, c'est-à-dire qui sont possibles selon la vraisemblance ou la nécessité ». On remarquera que le possible, ici comme ailleurs, enveloppe le nécessaire[134]. Parmi les faits du passé, s'il arrive au poète de les relater, rien n'empêche que quelques-uns ne soient conformes à cette définition (1451 b 29-33), sans compter que « ce qui est réellement arrivé est évidemment possible » et, par là, crédible (b 16-18). Pour enlever l'apparence de contradiction entre ces deux phrases, il suffit pour l'instant de constater que le possible n'est pas un sujet convenable pour la tragédie en cela seul qu'il a été réel, sans quoi l'on retomberait dans la contingence de l'histoire dont la différence avec la poésie ne consiste pas dans la seule absence de mètre[135] (et qui par conséquent, bien qu'Aristote ne le dise pas expressément, ne saurait entrer, même versifiée, dans ce genre « anonyme » qui imite par le langage seul[136]).

La formule des « choses qui pourraient arriver » commente le terme précédemment employé d'action (*praxis,* 1450 a 16) par l'idée de possible et (le possible étant déterminé par le vraisemblable ou le nécessaire) par celle d'universalité. Dans ce qu'elle a d'impersonnel, d'autre part, cette même formule fait voir, une fois de plus, que ce qui est « imité », c'est l'action comme telle,

132. Cf. Cl. Imbert, « Sur la méthode en histoire de la logique », in *Lecture Notes in Mathematics*, Springer-Verlag, Berlin-Heidelberg-New York, 1975, p. 366 ; et plus récemment « Histoire et formalisation de la logique », §§ 6-7, (à paraître dans *Manuscrito*, Campinas, vol. VI, 1, 1983). Ajoutons que l'interprétation extensionnelle est aussi considérée avec beaucoup de réserves par G.-G. Granger, *La Théorie aristotélicienne de la science, op. cit.*, p. 116.

133. *Poétique*, 9, 1451 a 36 : τὰ γενόμενα ; cf. Hérodote, *init.* ; Thucyd. I, xxii, 4, 3.

134. Cf. G.-G. Granger, *La Théorie aristotélicienne de la science*, *op. cit.*, pp. 179 sqq.

135. L'hypothèse du livre d'Hérodote mis en vers apparaît comme l'application anticipée de la « méthode des variations ».

136. *Poétique*, 1, 1447 a 28 sqq.

le déroulement des « choses » dont la fable construit la « composition » (1450 a 15), et non pas les personnages qui paraissent en être les agents.

g) Que l'histoire [137] ne soit pas philosophique, il suffit ici d'en donner acte à Aristote. Si des commentateurs ont pu alléguer tel épisode « général » d'Hérodote ou le *ktêma es aei* de Thucydide, il faut répondre qu'Aristote connaissait aussi bien qu'eux ces textes où, plutôt que de chercher de vaines et anachroniques objections contre sa théorie, on devrait en trouver un commentaire. Or il est clair qu'aux yeux d'Aristote (comme, plus tard, de Schopenhauer), l'histoire reste irrémédiablement perdue dans la contingence, parce qu'avant la *Tychè* de Polybe, ni Platon ni Aristote n'ont eu l'idée d'un Dieu-poète, seul capable d'ordonner cette infinité d'événements, qui, comme tels, ne relèvent pas de la science, en une totalité une et universelle, bref de la transformer en *action*. Les parties historiques de la *Politique* ne relèveraient pas, au jugement d'Aristote, de l'histoire mais, tout au plus, de ce que nous appellerions histoire comparée, parce que, précisément, elles entreprennent, tout comme l'histoire naturelle, de dégager des lois universelles.

137. Il n'est ni éclairant ni même exact de dire qu'« Aristote ne fait pas une telle distinction entre mythe et histoire » [le texte de 1451 b 15-18, cité en référence, ne supporte pas cette thèse] et que, pour les Grecs classiques, « les épopées grecques, en dépit de leur distorsion et « arrangement » des faits, étaient néanmoins, dans le fond, une relation d'événements réels — de l'histoire, bien que d'une espèce mythologisante » (ELSE, *A.'s Poetics*..., pp. 303 i.f. sq.), C'est rétablir une confusion qu'Aristote (et déjà Thucydide, cité *ibid.*, p. 304, n. 8) et, plus décidément encore, les historiens de l'époque hellénistique (cf. plus loin, p. 362) s'efforcent de dissiper : dans son traitement de l'épopée, Aristote ne considère que l'affabulation « mythologisante » et non pas du tout le « fond » historique. Et si l'histoire, de son côté, est confrontée dans la *Poétique* avec l'épopée, ce n'est jamais pour sa vérité événementielle, mais uniquement du point de vue de l'« arrangement » (ou plutôt : de l'absence de toute coordination intelligible) des faits (cf. plus loin, p. 344-345).

Sur l'ensemble du problème : Aristote et l'histoire, voir R. WEIL, *Aristote et l'histoire, Essai sur la « Politique »*, Klincksieck, 1960, chap. V, et plus récemment, la dissertation de Renate ZOEPFFEL, *Historia und Geschichte bei Aristoteles* (Heidelberg, Carl Winter Uni[illegible]verlag, 1975), ouvrage bien documenté, suggestif et, par son esprit d'indépendance à l'égard des opinions communes (et des « autorités » universitaires qui les soutiennent), courageux. Il a fait l'objet d'un compte rendu sévère, de la part de K. von FRITZ, in *Gnomon*, 1977, pp. 345-349.

Indiquons, enfin, qu'une enquête sur le sens de l'histoire chez les Grecs, indépendamment même de toute référence à Aristote, aurait intérêt à méditer le problème du *temps* (désencombré, bien entendu, du lieu commun selon lequel les Anciens n'auraient connu qu'un temps « cyclique »). Voir là-dessus l'étude de P. VIDAL-NAQUET, « Temps des dieux et temps des hommes », in *Rev. de l'histoire des religions*, 1960, pp. 55 sqq., recueilli dans *Le Chasseur noir*, Maspéro, 1981, pp. 69-94.

Platon avait admis le mensonge comme utile, en matière de *mythologia,* « parce que, dans l'ignorance du vrai concernant les faits anciens [138], nous rendons le plus possible le mensonge semblable au vrai et, ainsi nous le rendons utile » [139]. Il ne serait pas sans intérêt de comparer cette conception du « mythe » avec la théorie aristotélicienne de la « fable » dramatique [140].

30. Aristote ajoute deux paragraphes (1451 b 33 sqq.) qui, tous deux, complètent la description de la fable comme d'un tout : le premier montre que le vraisemblable et le nécessaire n'en assurent pas seulement l'universalité, mais encore la cohérence interne [étendant ainsi à l'ensemble de la fable ce qui n'avait été explicité que pour sa *fin* (1450 b 30-31)] ; le second précise que cette cohérence n'exclut pas le merveilleux (et fait voir, par là, que les événements relatés ne sont pas seulement, il s'en faut, abandonnés à la seule initiative des personnages).

(Subsidiairement, on remarquera ou, plutôt, les commentateurs ont déjà fait remarquer très suffisamment que ces paragraphes servent aussi de transition vers ce qui suit.)

Les fables « simples » (expression dont le sens technique ne sera expliqué qu'au chapitre prochain) ne doivent pas être « épisodiques », c'est-à-dire ne doivent pas remplacer la vraisemblance et la nécessité par une simple succession, de même qu'il est reproché à certains Platoniciens (à Speusippe, en particulier), de briser la substance cosmique en une série d' « épisodes » discontinus [141]. Une telle succession (*met'allela,* b 35) ne répond qu'au

138. D'où l'« histoire » ne peut être scientifique, c'est-à-dire, fondée sur une audition de témoins, que pour l'époque contemporaine (cf. R. G. Collingwood, *The Idea of History*, Oxford, 1946, pp. 25 sq.).

139. Platon, *République*, II, 382 d 1-3.

140. Quant à l'idée du « mensonge » poétique (que nous avons déjà rencontrée à propos de la conception platonicienne de l'imitation comme art de tromperie, p. 216, note 50), idée traditionnelle en Grèce, J. Barnes a montré que Gorgias la reprend pour en faire le fondement d'une esthétique authentique (*The Presocratic Philosophers*, vol. 2, Routledge & K. Paul, 1979, pp. 160-164). — De son côté, Claude Imbert a montré qu'à l'époque hellénistique, l'*imitation* est opposée à la *phantasia* (stoïcienne), laquelle, mieux que celle-là, atteint la vérité : « Car l'imitation ne peut créer que ce qu'elle a vu, mais la *phantasia* aussi bien ce qu'elle n'a pas vu, car elle le suppose, tout en le référant à la réalité » (Philostrate, *Vie d'Apollonius*, VI, 19). Cf. « Stoic Logic and Alexandrian Poetics », in *Doubt and Dogmatism, Studies in Hellenistic Epistemology*, ed. by M. Schofield, M. Burnyeat and J. Barnes, Oxford, Clarendon Press, 1980, pp. 182 sqq.

141. *Métaphysique*, Λ, 10, 1076 a 1.

premier sens (et au moins significatif) de ce terme à acceptions multiples qu'est : « venir l'un de l'autre » [142]. Il y a, dans cette façon de composer, une source d' « allongement » (ici illégitime [143]) de la fable, et cela par complaisance à l'égard du public [144].

31. Puis, reprenant l'indication qu'il avait donnée dans la définition (1449 b 27), Aristote poursuit : « *Puisque l'imitation ne porte pas seulement sur une action complète, mais aussi sur des faits qui provoquent la crainte et la pitié, cela se produit surtout quand les faits sont contraires à l'attente, tout en s'enchaînant les uns aux autres ; car le merveilleux s'y attache plus que s'ils n'étaient dus qu'au hasard et à la fortune (en effet, même les faits dus au hasard paraissent plus merveilleux quand ils semblent se produire comme à dessein, par exemple la statue de Mitys qui tue le coupable du meurtre de Mitys, en s'abattant sur lui au moment où il la regardait* [145]*, car de tels faits ne semblent pas être l'effet du hasard) ; si bien que de telles fables sont nécessairement les plus belles* » (1452 a 1-10).

Ce n'est pas pour présenter une remarque « isolée » qu'Aristote écrit ce paragraphe, et s'il renoue ici avec l'idée de pitié et de crainte, c'est parce que cette idée fait partie de la définition de la tragédie et, tout d'abord, de la fable. La fable vient d'être décrite, sans presque aucun exemple concret, comme un tout organique et de portée universelle. Cette description, si elle s'enracine profondément dans la logique, la biologie (et, comme l'atteste le paragraphe précédent, dans l'ontologie) aristotéliciennes, pourrait cependant paraître abstraite ou, du moins, trop large pour l'objet à définir. En la rattachant maintenant à l'un des traits spécifiques de la tragédie (susciter pitié et crainte), Aristote la ramène et l'ajuste à son objet : la fable, étant construite selon le vraisemblable ou le nécessaire (c'est-à-dire, selon l'universel, qui est connaissable), s'achève cependant par le merveilleux qui paraît l'effet du hasard (c'est-à-dire, de l'accident qui est infini et qui ne relève d'aucune connaissance [146]). Or c'est cette structure qui permet à la fable de produire pitié et crainte (c'est-à-dire, qui la rend proprement tragique). D'où

142. *De Gener. Anim.*, I, 18, 724 a 20-23.

143. Παρατείνειν (b 38) n'implique pas, de soi, une nuance péjorative, comme on le voit en 17, 1455 b 2.

144. D'où il semble que ἀγωνίσματα soit suffisamment expliqué par le renvoi à Thucydide, I, XXII, 4.

145. Sens, ici, plus vraisemblable, en dépit du récit de Plutarque (*De sera...*, 533 D).

146. *Métaphysique*, E, 2, 1026 b 3-4.

l'on voit d'emblée que ce bref passage, non seulement achève l'analyse de la composition de la fable par un complément indispensable, mais dessine déjà, bien que très sommairement, l'essence même de la tragédie selon Aristote.

Le mot de *merveilleux* (qui apparaît ici, et plus clairement encore en 1460 a 11-18, comme un terme technique) n'est pas sans doute, dans son emploi esthétique, une invention d'Aristote [147]. C'est l'explication qu'il en donne qui n'est qu'à lui, et qui appellerait, dans sa concision et par les nombreux problèmes qu'elle implique, un long commentaire. Disons ici simplement ce qui suit.

Si le vraisemblable est « ce qui arrive la plupart du temps » [148], le hasard ou l'accident est « ce qui appartient à un être et peut en être affirmé avec vérité, mais qui n'est pourtant ni nécessaire ni n'arrive la plupart du temps, par exemple, si quelqu'un qui creuse un trou pour planter un arbre, découvre un trésor » [149]. Dans cet exemple, on parlera, non pas seulement de hasard, mais de bonne (ou, le cas échéant, de mauvaise) fortune. Il s'agit alors de faits dont l'avènement, bien qu'il soit l'effet du hasard, aurait cependant pu être visé par une intention humaine, soit pour le provoquer, soit pour l'écarter. La « fortune », bonne ou mauvaise, est un hasard finalisé après coup : elle seconde nos projets ou les traverse, mais elle arrive sans qu'il y soit de notre fait, parfois aussi « à l'occasion » d'un acte qui ne l'avait pas pour fin, ou encore en dépit (et en raison) d'un acte qui avait pour objet de la conjurer (comme, de la part d'Œdipe, la décision de quitter Corinthe).

Or la tragédie, puisqu'elle imite le bonheur et le malheur (1450 a 17) et, plus exactement, la bonne et la mauvaise fortune (13, 1452 b 35 sqq.), représente de tels faits qui semblent dus au hasard et qui pourtant, si la fable est correctement construite, paraissent se produire par nécessité ou par vraisemblance.

Ce qui est vraisemblable ou nécessaire est universel et, par là, connaissable. Le hasard est de l'ordre de l' « indéterminé » et il est « impénétrable à l'homme » [150] ; il a le statut de l' « être par accident », duquel « il n'y a aucune connaissance » [151].

Qu'est-ce alors que la tragédie ? — C'est l'entreprise de ce

147. Sur la *thaumatopoiia* chez Platon, voir Eva C. KEULS, *Plato and Greek Painting*, Brill, Leyde, 1978, p. 80.
148. *Pr. Analyt.*, II, 27, 70 a 4.
149. *Métaphysique*, Δ, 30, 1025 a 4-6.
150. *Physique*, II, 5, 197 a 9-10.
151. *Métaphysique*, E, 2, 1026 b 3-4.

qu'aucune science n'est capable de réussir : donner une connaissance du hasard, et cela par les instruments même de la science : la recherche de l'universel. La tragédie représente la fortune comme l'effet d'un enchaînement entièrement pénétrable à la raison. On comprend qu'Aristote puisse la considérer comme « plus philosophique » que l'histoire, et que celui que les siècles futurs devaient appeler le Philosophe ait écrit une théorie de la tragédie : c'est qu'en un sens, la tragédie est plus philosophique que la philosophie même : elle parvient à rendre intelligible l'être par accident.

Le hasard comme tel n'est pas aboli pour autant : c'est parce qu'il a pris une portée universelle qu'il peut susciter pitié et crainte.

On distinguera donc : les événements contingents (que l'historiographie traditionnelle ne réussit pas à dominer, mais seulement l'histoire comparée, guidée par la méthode biologique, de la *Politique*) ; les événements liés par nécessité ou par vraisemblance (qui font la trame de la fable tragique) ; l'événement merveilleux (que la physique, même aristotélicienne, doit abandonner au hasard, mais que le dénouement tragique parvient à élever dans la sphère de l'universel).

4. **Divisions préalables** (chap. 10-12)

Il ne reste, pour achever la description de la fable, qu'à développer le paragraphe précédent, avec son expression-clé : des faits « contraires à l'attente, tout en s'enchaînant les uns aux autres » ; pour cela, on lui associe celle de « changement », également contenue (comme celle de pitié et de crainte) dans la définition de la tragédie [152].

32. A vrai dire, ce développement, donné dans les deux prochains chapitres, reste fort schématique : il se borne à des divisions et à des explications de termes ; exhaustif, en tant que sommaire, il reste préalable au véritable développement, qui ne commencera qu'à partir du chapitre 13. De quoi, pour le moment, on peut dégager deux conseils d'exégèse : il n'y a pas lieu de

152. Plus exactement : dans la définition de l'étendue de la fable, qui se détermine, précisément, par son terme (7, 1451 a 13-14) : c'est que bonheur ou malheur résultent de l'action précédente (cf. la définition parallèle de Platon : ... καὶ ἐκ τοῦ πράττειν ἢ εὖ οἰομένους ἢ κακῶς πεπραγέναι..., *Rép.*, X, 603 c 6-7) et, avec la purgation des passions, *achèvent* la fable (1449 b 27).

questionner trop instamment ces brèves indications, ni de les mettre en difficulté en produisant contre elles toute la variété des exemples qu'offrirait aisément au contradicteur le théâtre attique. Et l'on témoignera moins de sévérité, peut-être, à la « rupture » provoquée par le chapitre 12, chapitre qui, d'un seul point de vue formel, *suit* assez bien les deux précédents, puisqu'il procède de la même manière schématique et, tout en l'exténuant à l'extrême, de la même préoccupation terminologique.

La fable présente toujours un changement — on pourrait traduire par « revirement » (*metabasis,* 1452 a 16). Celui-ci, dans les « fables simples », se produit sans « péripétie » ni « reconnaissance », procédés qui caractérisent, soit séparément soit conjointement, les « fables complexes ». Dans tous les cas, le revirement est soumis à la loi qui commande l'ensemble de la fable : il doit résulter des événements précédents selon la nécessité ou la vraisemblance, et non pas seulement en prendre la suite [153].

La différence entre les fables simples et les fables complexes peut, à première vue, paraître purement formelle : de fait, comparable à une distinction faite par Platon en matière de rhétorique [154], elle dérive, comme Aristote le note expressément, de celle que présentent les « actions », imitées par les fables ; car les actions sont *naturellement,* soit simples, soit complexes. La phrase, par l'emploi du mot *euthys* [155] et son mouvement, rappelle un texte de la *Métaphysique,* qui dérive les parties de la philosophie des parties naturelles de l'Être [156]. — Par « action », on doit comprendre ici, non pas le *fait* « historique » (puisqu'elle est soumise à la loi de composition qui régit la fable même, devant être « continue et une » [157]), mais ce que l'on pourrait appeler le « sujet », distinct de la fable, c'est-à-dire l' « universel », tel qu'il sera esquissé au chapitre 17, 1455 b 1 sqq. — Comme exemple d'une « fable simple », on pourrait citer les *Perses,* où le « revirement », préfiguré dès le 10e vers de la *parodos,* se pré-

153. La confusion du *post hoc* avec le *propter hoc* (1452 a 21) peut donner lieu à un enthymème apparent (*Rhét.*, II, 24, 1401 b 30).

154. PLATON, *Phèdre*, 270 d 1-2.

155. Pour le sens de *euthys* (1452 a 14), voir BONITZ, *Index*, 296 a 13 sqq., et son Commentaire sur la *Métaphysique*, p. 178 *i.f.*

156. *Métaphysique*, Γ, 2, 1004 a 4-6. — Il est inutile d'affaiblir le sens de ce texte, en faisant remarquer (*ad* 1003 b 33) « que ἕν et ὄν ne sont pas réellement des genres » (D. Ross) : l'Être, sans doute n'*est* pas un genre, mais il inclut des genres.

157. *Poétique*, 10, 1452 a 15.

senterait, pour user d'un vocabulaire aristotélicien, comme un simple passage de la puissance à l'acte [158].

« La péripétie est le changement vers le contraire des actions, comme on l'a dit, et cela, conformément à notre formule, selon le vraisemblable ou le nécessaire » (11, 1452 a 22-24). — La première incise renvoie, avec toute la précision souhaitable (encore que ce ne soit pas, comme on doit l'accorder aux commentateurs vétilleux, une précision littérale), à la fin du chapitre 7, où la fin de la fable était marquée par le changement du malheur en bonheur, ou inversement. Aristote, ici, ne dit pas expressément que la péripétie *termine* la pièce : au moins, comme dans l'exemple du messager, amorce-t-elle la fin ou, comme cela sera expliqué plus loin, le « dénouement » (chap. 18). — Ce qu'il faut souligner, c'est que le « contraire » naît des « actions » (1452 a 22) : le mot sera répété quelques lignes plus loin (a 29) où, très certainement, il n'est pas l'équivalent d' « événements » (en dépit de la difficulté, dans l'ignorance où nous sommes de la pièce de Théodecte, d'apprécier la valeur précise de cet exemple). Ainsi, dans *Œdipe Roi*, le messager *agit*, par son discours, dans une intention précise : or sa parole produit le résultat contraire à l'effet escompté. On retrouve donc ici la théorie du hasard, lequel fait dévier l'action de sa fin, pour lui faire produire un autre effet, non visé, mais qui, une fois qu'il s'est produit, sera finalisé après coup, soit comme un but à atteindre, soit, dans cet exemple, comme une menace à écarter. Cette théorie permet également de mettre hors conteste la traduction (et le sens) de *prattomena* (ou *pepragmena* ; a 22, 29) : « Nécessairement, le hasard se joue dans la sphère des actions : la preuve, c'est qu'on considère la bonne fortune comme la même chose, ou peu s'en faut, que le bonheur : or le bonheur est une sorte d'action, à savoir l'action réussie » [159]. Cela, bien entendu, est l'opinion commune, celle précisément que présuppose la poésie dramatique ; le philosophe, bien qu'il y souscrive pour une part (personne ne jugera Priam heureux [160]), essaie de mettre le bonheur à l'abri des coups de la fortune [161].

La « reconnaissance » est également un « changement » et, comme l'enseigne la *Physique* [162], un changement vers le contraire :

158. Cette continuité (cf. *Physique*, V, 3, 227 a 10-17) résulte de sa composition comme d'un tout (1450 b 26-32) : les « parties » ne sont donc pas seulement « contiguës » (*Phys.*, 227 a 6-9), mais forment une véritable totalité *une*.
159. *Physique*, II, 6, 197 b 2-5.
160. *Éthique à Nicomaque*, I, 10, 1100 a 5-9.
161. *Éthique à Nicomaque*, I, 10, 1099 b 20 sqq.
162. *Physique*, V, 1, 224 b 28-29.

de l'ignorance à la connaissance, « ou vers l'amitié ou la haine, de ceux qui sont définis en référence à la bonne ou à la mauvaise fortune » (1452 a 31-32). — L' « amitié », ici comme ailleurs, inclut le sens de « parenté »[163] (ou même, comme l'*amicitia* latine, d'alliance politique[164]). — Le point de départ du changement n'est plus (seulement) dans les « actions », mais est rapporté directement aux agents. Il est inutile d'entrer ici dans les controverses qu'a provoquées le mot *horismenoi* (a 32). La traduction par « destinés » ne peut invoquer aucun autre exemple[165] et, au surplus, évoque malencontreusement l'idée de destin, dont il n'y a pas trace ici. Il est beaucoup plus simple de laisser à ce mot le sens qu'il a couramment chez Aristote[166]. Si l'on veut un exemple concret de ce que signifie : « être défini par rapport au bonheur », il suffit de se reporter au prologue d'*Œdipe*, où le roi, peu s'en faut, est égalé aux dieux (v. 31), et où l'on relève même le *secunda alite* d'Horace (52).

Aristote remarque que la reconnaissance (des personnes[167]) peut se faire encore « par rapport à des objets inanimés, et même n'importe lesquels », sans donner plus de détails (il y reviendra au chapitre 16). Il reste que « la reconnaissance la plus importante dans la fable et dans l'action est celle qu'on vient de dire », à savoir celle qui coïncide, comme dans *Œdipe Roi*, avec la péripétie. Car c'est cette conjonction qui engendre crainte ou pitié, et donne lieu à la bonne ou à la mauvaise fortune.

Rappelons[168] que, parmi les situations qui provoquent la pitié,

163. Cf. J.-C. FRAISSE, *Philia, la notion d'amitié dans la philosophie antique*, Vrin, 1974, pp. 61, 129 (au sujet du *Lysis*), 206-207, etc. — Le point est bien indiqué dans le commentaire de R. DUPONT-ROC et J. LALLOT, *op. cit.*, pp. 232 sq.

164. Cf. D. KONSTAN, *Some Aspects of Epicurean Psychology*, Brill, Leyde, 1973, p. 43. — De fait, les actions tragiques se jouent toujours entre membres d'une même famille, et Plutarque nous dit que la parenté par le sang était, traditionnellement, l'une des quatre espèces de la *philia* (*Amatorius*, 16, 758 C). C'est donc à dessein qu'Aristote, ici comme à la p. 1453 b 15, préfère le terme générique, c'est-à-dire le terme qui, par opposition avec *ennemis*, permet de définir, selon 'opinion commune, la justice (et l'injustice) (PLATON, *République*, I, 332 a 9-10).

165. Bonitz, qui traduit par *destinati*, ne donne aucun autre exemple (*Index*, 524 a 59).

166. Pour l'emploi du verbe avec *pros*, cf. *Météorol.*, IV, 4, 382 a 19 ; G. F. ELSE comprend également le texte ainsi.

167. *Poétique*, 11, 1452 a 35. La correction de Spengel paraît la plus satisfaisante. En tout état de cause, la formule ne peut guère indiquer un renvoi (« ainsi que nous l'avons dit »), mais un commentaire aux « autres reconnaissances », à partir desquelles « il se produit ce qui a été dit », à savoir une reconnaissance des personnes.

168. Le rapprochement est fait par M. Dufour, dans son édition de la *Rhétorique*, t. II, p. 83, n. 1.

la *Rhétorique* indique le cas où « ce à partir de quoi devait s'ensuivre un bien, il se produit un mal »[169].

33. « *Ainsi, deux parties de la fable ont pour objet la péripétie et la reconnaissance ; une troisième est l'événement pathétique* (pathos). *On a expliqué la péripétie et la reconnaissance ; l'événement pathétique est une action qui entraîne la mort ou la douleur, par exemple des agonies exposées sur la scène, des douleurs violentes, des blessures et faits semblables* » (1452 b 9-13).

Le ridicule était défini « un défaut et une laideur exempts de douleur et de destruction », et le masque comique est « laid et difforme, sans expression de douleur »[170]. Il serait étonnant que l'art tragique doive recourir à un tel expressionnisme, ou exhibitionnisme, clairement condamné plus loin : « Ceux qui suscitent par le spectacle, non pas la crainte, mais l'horreur, n'ont rien de commun avec la tragédie »[171]. Sans doute, « les faits pénibles et douloureux qui sont destructifs suscitent la pitié »[172], et le mot *pathos* inclut bien les « dommages nuisibles », les « grandes et pénibles infortunes »[173]. Mais leur exposition sur la scène, tout comme le spectacle même, est « ce qu'il y a de plus étranger à l'art »[174] ; Horace, sur ce point, fournit un très bon commentaire : « Quodcumque ostendis mihi sic, incredulus odi »[175].

Comme la péripétie et la reconnaissance, le spectacle produit une *émotion* (il est *psychagogique*)[176]. Mais le pathos donné en spectacle ne peut engendrer que l'*horreur* : or « ce n'est pas toute espèce de plaisir[177] qu'il faut rechercher par la tragédie, mais seulement celui qui lui est propre »[178].

Rien de ce qu'on vient de dire n'est explicité dans notre texte. D'où l'on peut penser qu'Aristote se borne ici à commenter un terme courant, ce qui pourrait suggérer que péripétie et reconnaissance sont également, avec leur valeur technique, des termes traditionnels. Cela s'accorde avec le caractère schématique, on dirait presque scolaire, de ces deux chapitres. Si les trois termes

169. *Rhétorique*, II, 8, 1386 a 11-12.
170. *Poétique*, 5, 1449 a 33-36.
171. *Poétique*, 14, 1453 b 8-10.
172. *Rhétorique*, II, 8, 1386 a 5-6.
173. *Métaphysique*, Δ, 21 1022 b 19-20.
174. *Poétique*, 6, 1450 b 16-17.
175. HORACE, *Art poétique*, 188.
176. *Poétique*, 6, 1450 a 33-35, b 16-17.
177. Aristote écarte ici très discrètement l'espèce de « plaisir » que peut donner ce « beau spectacle », qu'avait décrit Platon (*Rép.*, IV, 439 e 6-440 a 5).
178. *Poétique*, 14, 1453 b 11.

sont dits désigner les « parties de la fable », il n'y a pas à s'en étonner : la fable est composée d'épisodes, et parmi ceux-ci, ceux qui viennent d'être expliqués sont les principaux, ceux qui suscitent éminemment l'*émotion*.

34. Des parties de la fable, Aristote passe aux parties de la tragédie. Il s'agit, non pas des « parties dont à peu près tous les poètes se servent comme d'éléments constitutifs », qui ont déjà été énumérées [179] et dont l'étude se poursuivra jusqu'au chapitre 22, mais de parties « selon la quantité » : prologue, épisode, sortie, chants du chœur (d'arrivée et sur place). Alors que les six parties déduites plus haut sont presque certainement le résultat de l'analyse aristotélicienne, les parties selon la quantité sont traditionnelles et, bien qu'Aristote ne s'en serve aucunement dans ses recherches, ne pouvaient être passées sous silence dans un *Art poétique.* Leur énumération, de toute manière, donc, aurait « interrompu » la structure du traité, et la place qui, effectivement, leur est faite paraît la plus convenable : à la suite de l'énumération, également schématique et également traditionnelle, des « trois parties » de la fable.

Le peu de prix que l'auteur devait attacher à ce genre de division se voit déjà dans un passage de la *Métaphysique,* indiqué plus haut [180]. Il se voit surtout dans le texte, très comparable, de la *Rhétorique* où il écarte (à la suite d'ailleurs de Platon [181]) les divisions « ridicules » que les théoriciens avaient proposées du discours [182]. Il ne va pas, ici, jusqu'à employer cette épithète ; du moins, ne s'agissant pas, en l'espèce, de quantités au sens propre, fait-il comprendre que cette division ne s'applique que « par accident » [183].

179. *Poétique*, 6, 1450 a 12-13.
180. Cf. plus haut, p. 227, n. 16.
181. PLATON, *Phèdre*, 266 d-267 e.
182. *Rhétorique*, III, 13, 1414 a 37 ; cf. I, 1, 1354 b 15-21. Pour une étude systématique de ces « divisions », voir l'*Essai sur la Rhétorique grecque avant Aristote* d'O. NAVARRE (Paris, 1900), Sec. Partie *(Essai de restitution d'une rhétorique grecque du IVe siècle avant J.-C.)*.
183. *Catégories*, 6, 5 a 38-b 10.

V. — « DE QUELLE QUALITÉ DOIVENT ÊTRE LES FABLES » (chap. 13 et 14)

1. **La péripétie** (chap. 13)

35. Ici prend fin (et ce pouvait être une raison supplémentaire de s'acquitter à cet endroit du rappel des parties quantitatives) l'étude descriptive, c'est-à-dire théorique, de la fable. Les deux chapitres suivants sont proprement *techniques* : ils donnent à l'intention du poète, des préceptes sur ce qu'il faut « viser » et sur ce qu'il faut « éviter » (1452 b 28) dans la composition des fables. « ...Comment il faut composer les fables, si le poème doit être correct », avait annoncé le début du traité, ce qui est repris maintenant par : « ...à partir de quoi on fera produire à la tragédie son effet propre » (b 29) (de même que l'art oratoire enseigne l'effet propre du discours)[1].

Cette fin pratique ne commande pas seulement ces deux chapitres (c'est-à-dire l'examen de la fable), mais aussi la suite : l'étude des caractères est introduite par « ce qu'il faut viser » (chap. 15 déb.). Aristote retrouve ainsi l'objet même de l'*art* poétique. Sans doute avait-il déjà, dans ce qui précède, donné des conseils et distribué des blâmes[2] : il n'est pas toujours facile de distinguer l'intention théorique et l'intention technique ; D. Ross dit très bien : « Il est inévitable que l'exposition de tout art doive contenir beaucoup de choses purement théoriques ; car, sans la connaissance théorique du matériel de l'art et des conditions dans lesquelles il fonctionne, il est impossible de fournir à l'artisan les règles de sa conduite pratique »[3].

Les chapitres 13 et 14, liés entre eux, sont expressément reliés

1. *Rhétorique*, I, 2, 1357 a 1.
2. Ainsi les critiques adressées au poème biographique (8, 1451 a 18-22), aux fables « épisodiques » (9, 1451 b 32), le conseil de ne pas s'attacher à tout prix aux fables traditionnelles (9, 1451 b 23-26).
3. D. Ross, *A.'s Prior and Posterior Analytics*, p. 24.

à ce qui précède : ils en prennent la suite (*ephexès*, b 30). Ce double lien confère à leur structure une certaine complexité, qu'on peut analyser ainsi.

Les trois « parties » de la fable, mentionnées au chapitre 11, comme à titre indicatif, vont être étudiées dans le détail : la péripétie au chapitre 13, la reconnaissance au chapitre 14, lequel inclut également, à son début tout au moins, l'événement pathétique. Autant, en effet, que des préceptes à l'usage du poète, ces chapitres contiennent l'interprétation aristotélicienne de ce qui, aux chapitres 10 et 11, était simplement esquissé, comme pour mémoire. — Péripétie et reconnaissance seront, chacune, l'objet d'une division, par où l'on rejoint la méthode appliquée au début du traité, méthode que, même alors, il n'y avait pas intérêt à qualifier de « platonicienne » et qui, à présent, serait plutôt comparable à certains textes de la *Physique*. Ces classifications, d'autre part, obéissent, chacune, à un souci de hiérarchisation, tel qu'on en avait déjà trouvé au chapitre 6. Construites d'une manière en apparence purement formelle, elles s'illustrent par des exemples concrets qui, à leur tour, sont replacés dans l'histoire de la tragédie attique (ce qui nous ramène aux préoccupations du chapitre 4). Ajoutons (et c'est même ce qui a paru comme la principale difficulté du texte) que les divisions ne semblent pas se recouper : *Œdipe Roi*, placé au premier rang dans l'une, étant dégradé au second dans l'autre.

Ce qu'on doit viser et ce qu'on doit éviter dans la constitution des fables, et à partir de quoi on fera produire à la tragédie son effet propre, c'est ce qu'il faut indiquer maintenant, à la suite de ce qui a été dit (13 déb.). — On en est donc toujours à la composition de la fable. Mais celle-ci sera envisagée à présent dans sa *fin*, et cela au double sens de ce mot : dans son épisode, non pas nécessairement ultime, mais décisif pour mettre un terme à la tragédie ; Aristote le souligne plus loin (beaucoup de pièces d'Euripide « se terminent » par l'infortune, a 26), et dans la définition il était déjà dit que la tragédie « achève la purgation de pareilles passions », c'est-à-dire de la pitié et de la crainte, par où l'on rejoint le second sens du mot *fin* : l'effet propre de la tragédie est d'imiter (et de produire) ces passions. Ce sont ces passions comme objet et comme effet de la tragédie (sans qu'il y ait lieu, ici, de mettre une distinction entre ces deux points) qui constituent le thème, clairement indiqué, de ces deux chapitres [4].

4. « Puisque... la tragédie imite des faits terrifiants et pitoyables, il est évident, tout d'abord... » (1452 b 30-34) ; « Quels sont, parmi les faits qui se produisent, ceux qui paraissent susciter crainte ou pitié, essayons de le préciser » (1453 b 14-15).

36. Aux chapitres 7 et 8, la fable était conçue et analysée comme une totalité statique. Mais son « étendue » avait été déterminée d'emblée par les événements requis pour faire « passer du malheur au bonheur ou du bonheur au malheur » (chap. 7 *i.f.*). C'est l'idée de passage, c'est-à-dire le concept aristotélicien de *changement (metabolè)*, qui commande notre texte.

Dans tout changement, on peut distinguer le moteur, le mobile, le point de départ et le point d'arrivée [5]. Ces deux extrêmes sont des contraires (par exemple, le blanc et le noir) ou, le cas échéant, un contraire et un « intermédiaire » (par exemple, le gris) [6]. C'est le terme final qui donne son nom à l'ensemble du changement (par exemple, la destruction qui s'achève par le non-être), et non pas le point de départ (c'est-à-dire, dans cet exemple, l'être) [7].

Selon les termes extrêmes, la fable comporte, comme changements possibles, deux figures : le changement qui va du bonheur au malheur, ou celui qui prend le chemin inverse. Mais on doit tenir compte encore du « mobile » qui, lui aussi, peut recevoir deux qualifications contraires : il peut être bon ou méchant. On obtient alors quatre figures possibles :

1. L'homme de bien [8] tombe de la fortune dans l'adversité ;
2. L'homme méchant passe de l'adversité à la fortune ;
3. L'homme très [9] méchant tombe de la fortune dans l'adversité ;

< 4. L'homme de bien passe de l'adversité à la fortune. >

a) Que cette schématisation soit empruntée à l'étude du mouvement, on le voit dans *Physique*, V, 1, 225 a 3-12.

b) Comme dans le texte de la *Physique*, les figures logiquement possibles ne sont pas toutes recevables. Dans la *Physique*, on applique plusieurs critères d'élimination [10], pour conserver les figures qui « restent » [11]. Ici, ce critère est fourni par la fin de la tragédie, qui est de susciter la pitié et la crainte : il aboutit

5. *Physique*, V, 1, 224 a 34 sqq.
6. *Ibid.*, 224 b 28-35.
7. *Ibid.*, 224 b 7-10 ; 5, 229 a 25-27.
8. Comme tout ce passsage s'oppose à la théorie platonicienne, on doit penser que ἐπιεικής est pris ici au sens qu'il a dans *Rép.*, X, 603 e 4 (avec renvoi à III, 387 d 5).
9. L'adjonction de l'adverbe montre que la démarche n'est pas purement « formelle ».
10. *Physique*, V, 1, 225 a 10-12 ; 2, 226 a 23 sqq. (les catégories).
11. *Ibid.*, V, 2, 226 a 24 ; 5, 229 a 27.

fligera du malheur immérité (1) et se réjouira du bonheur mérité (4); en revanche, il s'indignera du bonheur immérité (2) et prendra plaisir au malheur mérité (3)[26]. Pitié et indignation proviennent, chez lui, du « même caractère »[27]; « est injuste, en effet, ce qui se produit contrairement au mérite, et c'est pourquoi nous attribuons l'indignation aux dieux »[28].

C'est sa situation quasi divine de juge, ayant pour seule mesure la justice et ne prêtant attention qu'au mérite ou au démérite des cas qui lui sont soumis, qui distingue l'auditeur du discours, du spectateur. Or dans les quatre situations faussement tragiques, le spectateur se retrouve juge, puisqu'on lui présente des bons ou des méchants. Pourtant, il assiste à un spectacle, et cela pour cueillir du « plaisir » (1453 a 36), et non pour peser les arguments de l'orateur qui devront motiver son verdict. Il se trouve alors dans une fausse situation, où ni son plaisir, ni son sens de la justice ne trouvent leur compte. De voir le bon tombé dans l'infortune ne lui inspire plus de pitié, mais seulement de la répugnance *(miaron)*; de voir le méchant en liesse ne provoque plus son indignation, mais seulement une absence de toute émotion (le cas est « tout à fait non-tragique », il ne comporte « ni sentiment d'humanité, ni pitié, ni crainte »); le méchant puni ne suscite pas, comme au tribunal, son approbation : plutôt il sympathiserait avec lui, sans éprouver, il est vrai, pitié ni crainte; quant au juste récompensé (cas, on s'en souvient, qu'Aristote ne mentionne même pas), sans doute lui procurerait-il encore ce sentiment d'humanité, mais non pas, puisqu'il n'est pas au tribunal, une satisfaction morale.

En rapprochant les fausses situations tragiques construites au début, de ce qu'Aristote, à la fin de ce même chapitre, dit de la « faiblesse des spectateurs », on voit que le schème du méchant puni et du bon récompensé, s'il est conforme à l'*éthos* du discours, relève, en matière d'art dramatique, de la comédie et qu'à l'inverse, le schème du juste dans l'adversité et de l'injuste dans l'allégresse n'éveille aucun sentiment tragique mais seulement de la répugnance. On ne saurait faire entendre plus clairement que l'application, dans l'*Art poétique,* du critère de justice détruirait proprement l'essence du tragique. Subsidiairement, s'ils interviennent dans les affaires humaines, les dieux ne devront pas davantage exhiber leur « attribut » de l'indignation et jouer les redresseurs de torts : ce serait charger le procédé

26. *Rhétorique*, II, 8, 1386 b 4-7; 9, 8-11, 23-31.
27. *Ibid.*, 1386 b 31.
28. *Ibid.*, 1386 b 13-15.

du *deus ex machina,* condamné plus loin, d'une justification morale qui, bien loin de l'excuser, ne ferait qu'en aggraver la maladresse.

En situant le héros à une place « intermédiaire » entre la vertu et le vice, Aristote écarte donc toute interprétation moralisatrice de la tragédie, et aussi — en dépit des plaidoiries chez Euripide — toute interprétation judiciaire.

Des deux extrêmes entre lesquels se déroule le mouvement tragique, Aristote ne retient, comme terme final, que l'infortune. En effet, d'après l'enseignement de la *Physique,* c'est le point d'arrivée qui donne son nom à l'ensemble du mouvement : or l'adversité seule est « tragique », c'est-à-dire produit une émotion propre à la tragédie (1453 a 35 sqq.), et si Euripide est « le plus tragique des poètes » c'est parce que beaucoup de ses pièces « se terminent par l'infortune » (a 25). On ajoutera, à titre de « signe », que de telles pièces, en cas de succès, se révèlent les plus tragiques (a 26 sqq.). Un autre « signe » peut être tiré de l'histoire de la tragédie : cette forme de la fable ne s'est imposée que tardivement ; au début, les poètes ont recensé *(aparithmein)* pour leurs productions les premières fables venues, alors qu'à présent ils se concentrent sur un nombre restreint de familles dans lesquelles des malheurs terribles se sont produits (a 17-22).

38. Puisque la fable imite, non pas des hommes mais des actions, c'est-à-dire des mouvements, et si l'on considère le héros comme le « sujet du mouvement », quel en sera le « moteur » ? Ce ne seront, et par définition, ni ses vertus ni ses vices (lesquels, aussi bien, on aurait tort d'interpréter comme des mouvements, c'est-à-dire, puisque seule la catégorie de la qualité pourrait être en cause, comme des « altérations »[29]), mais seulement une *faute (hamartèma),* c'est-à-dire elle-même une action qui, dans l'économie de la fable, jouera le rôle de premier moteur.

« Il est possible de commettre une action injuste, sans être pour autant injuste »[30]. De plus, une action peut être injuste « par accident », c'est-à-dire selon la matérialité des faits, mais sans qu'il y ait, de la part de l'agent, une intention coupable[31]. Enfin, la *faute,* au sens technique du terme, est un acte accompli volontairement, mais accompagné d'une « ignorance » (concer-

29. *Physique,* VII, chap. 3.
30. *Éthique à Nicomaque,* V, 10, 1134 a 16-17.
31. *Ibid.,* 1135 a 16-19.

nant, soit la personne de la victime[32], soit la qualification de l'acte[33], soit l'instrument, soit la fin à atteindre). Si les conséquences préjudiciables qui s'ensuivent sont « contraires à l'attente raisonnable »[34], il s'agira même simplement d'une *malchance (atychèma) :* si elles n'y sont pas contraires, alors on parlera de *faute.* Ou encore : il y a faute, si le « principe de l'ignorance » réside en nous-mêmes, malchance, s'il surgit de l'extérieur. Vient ensuite, dans l'échelle des actes injustes (Aristote dit, significativement : des « dommages »[35]), l'acte injuste proprement dit *(adikèma),* commis en connaissance de cause, mais sous l'empire d'une passion et sans préméditation et, en dernier lieu, l'acte injuste avec préméditation qui, seul, est le fait d'un homme « injuste et méchant »[36].

Le mot *hamartia,* dans le texte de la *Poétique,* a été l'objet de nombreuses recherches et controverses, dont aucune, comme on l'a dit avec raison, « ne permet, il est vrai, de trancher de manière décisive entre les diverses interprétations du chapitre 13 de la *Poétique* »[37]. On peut, ici, se borner aux remarques suivantes : *a*) Rien n'indique que le terme présente ici son sens « technique », nettement séparable de la malchance, d'un côté, de l'acte injuste, de l'autre. Un peu plus loin, le mot est pourvu d'une épithète : une « grande faute » (1453 a 16), le chapitre suivant parle d'actes « irréparables » (b 35), et notre passage même met sur le même plan des « malheurs terribles subis ou causés » (a 21). Ces variations seules indiquent que l'auteur ne recherche pas ici une rigueur terminologique. *b*) La classification rigoureuse des actes « dommageables » qu'on vient de rappeler, bien qu'elle s'appuie sur la pratique judiciaire[38], est due à Aristote même, et il n'est pas sûr, il est même invraisemblable qu'elle soit ici sous-entendue dans toute sa rigueur : d'abord, on vient de le voir dans la confrontation avec la *Rhétorique,* parce que la tragédie ne doit pas s'interpréter en termes de procédure ; les exemples mêmes, allégués ici (a 21), entreraient difficilement dans une même figure juridique[39] ; ensuite et surtout, parce que la

32. Par exemple, frapper quelqu'un, tout en ignorant qu'il s'agit de son propre père (1135 a 30).

33. Litt. « ce » qu'on fait.

34. Παράλογον ; la même expression dans le texte parallèle de la *Rhétorique* (I, 13, 1374 b 7) et dans la théorie du hasard (*Physique*, II, 5, 197 a 18).

35. 1135 b 11 (cf. *La Doctrine d'Épicure et le droit*, pp. 37 sqq.).

36. *Éthique à Nicomaque*, V, 10, 1135 b 11-25.

37. S. Saïd, *La Faute tragique*, Maspéro, 1978, p. 22.

38. Cf. O. Navarre, *Essai sur la Rhétorique grecque avant Aristote*, *op. cit.*, p. 269.

39. Sur ces exemples, cf. G. F. Else, *A.'s Poetics : the Argument*, Harvard, 1957, pp. 391 sqq.

tragédie même, qu'il s'agit d'expliquer, hésitait entre l'antique conception de la faute objective et l'idée plus récente de responsabilité. Suzanne Saïd a très bien montré que dans *Œdipe à Colone,* le héros établit son innocence[40], et l'on a pu constater que « le parricide d'Œdipe, s'il faut le ranger dans une des catégories de E.N. v 8[41], n'est pas un *hamartèma* du tout, mais un *atychema* »[42], d'où l'on conclurait plutôt qu'il ne faut pas l'y ranger[43]. *c*) Il semble bien que toutes les tentatives de faire dire à ce texte plus qu'il ne dit posent un faux problème, et imposent au philosophe un pédantisme contraire à sa propre méthode[44]; tout ce qu'il semble permis de dire, c'est que, d'une part, la faute n'est pas liée au caractère (il ne provient, ni du vice, ni de la vertu : encore faut-il ajouter qu'elle peut être due à la passion) et que, d'autre part, elle s'accompagne souvent d'une ignorance (ce qui sera expliqué au chapitre 14) : mais l'action de Médée, bien que selon les catégories de l'*Éthique* elle constitue une *adikia,* n'est pas pour autant exclue de la *faute* tragique; l'analyse de la faute d'Œdipe, à partir de l'une et de l'autre pièce, présente un grand intérêt pour notre connaissance de Sophocle et du droit attique de son temps, mais ne fournit pas de commentaire à l'emploi du mot *hamartia* dans le texte de la *Poétique.* — L'interprétation d'*Œdipe Roi* par E.R. Dodds ne traite pas spécialement du texte de la *Poétique,* mais me paraît la plus conforme à la pensée d'Aristote[45].

2. **La reconnaissance et le** *pathos* (chap. 14)

39. La péripétie est l'une des parties[46] de la fable; il y en a deux autres : la reconnaissance et l'événement pathétique *(pathos).* Les deux feront l'objet du chapitre 14.

40. S. Saïd, *loc. cit.*, p. 217.

41. D'après la division de Zell : il s'agit du chapitre 10 dans l'éd. Bekker.

42. R. Sorabji, *Necessity, Cause and Blame...*, Duckworth, 1980, p. 297.

43. Il est très vrai, comme Jackson l'avait déjà fait remarquer, qu'en 1135 b 12, *hamartèmata* inclut la faute proprement dite et la malchance, conjointement opposées à l'*adikia,* en tant qu'accompagnées d'une ignorance. Cela permet certes au commentateur de se croire, en parlant de l'*atychèma* d'Œdipe, en accord littéral avec Aristote, mais ne prouve nullement que, dans le texte de la *Poétique,* Aristote ait considéré la faute d'Œdipe comme une simple malchance.

44. « On ne doit pas rechercher la rigueur indistinctement dans toutes les discussions » (*Eth. Nic.*, I, 1, 1094 b 13).

45. E. R. Dodds, On Misunderstanding the *Œdipus Rex*, in *The Ancient Concept of Progress*, Oxford, 1973, pp. 64 sqq. (en part. p. 67).

46. Entendons : essentielles, dans la série des épisodes dont se compose l'ensemble de la fable.

Si, comme on vient de le voir, « la plus belle tragédie » se termine par l'adversité *(dystychia)* et même par une mort violente (1453 a 38-39), il pourrait sembler qu'un événement pathétique doive être produit sur la scène, et que l'on puisse même en pousser l'effet jusqu'à l'horrible *(teratôdes)*. De fait, le plaisir que peut procurer une vision d'horreur[47] est tout à fait étranger à la tragédie, et même l'événement pathétique, s'il peut être représenté par le spectacle, devra être l'effet de l'art même : ainsi il suffit de simplement entendre le récit de la fable d'Œdipe[48] pour en frémir[49] et être saisi de pitié[50]. — A partir de quoi, il s'agira de montrer que la composition de la fable peut, sans manquer l'effet tragique, se passer tout à fait de l'événement pathétique — ce qui entraînera un redressement implicite de la formule de la « plus belle tragédie ».

Quels sont les faits propres à susciter pitié et crainte ? A cette question (1452 b 32), le chapitre 13 avait répondu, au terme d'un raisonnement par élimination, que c'était le passage d'un homme, ni bon ni mauvais, mais à la suite d'une faute, de la fortune à l'infortune. Le chapitre 14 traite cette même question (1453 b 14-15), dans le cadre, sans doute, de la réponse précédente, mais en considérant la structure même des faits (*ta sympiptonta*, b 14). Par là : *a*) à la qualité morale du héros, sera substituée son lien de parenté avec la victime ; *b*) l'indication globale de l'infortune sera précisée de manière à faire voir que l'issue malheureuse de la pièce peut rester simplement potentielle, sans qu'il soit besoin de la réaliser.

« De telles actions » (b 16, c'est-à-dire, pouvant provoquer pitié et crainte et incluant, d'autre part, une « faute ») peuvent avoir lieu, soit entre amis, soit entre ennemis, soit entre des personnages qui ne sont ni l'un ni l'autre. Comme au chapitre 13, un procédé d'élimination permet de ne conserver qu'un seul cas, le premier (qui, outre l' « événement pathétique même » (b 18), com-

47. Cf. PLATON, *République*, IV, 440 a, cité plus haut.

48. Puisque l'accent est mis sur l'art dramatique qui « compose la fable » (1453 b 4), il ne peut s'agir de l'histoire d Œdipe, résumée comme un « universel » (chap. 17), ni davantage, puisque le plaisir que peut procurer la lecture d'une pièce ne sera indiqué que plus loin (26, 1462 a 12), d'une espèce de *recitatio* dont feront l'objet, peut-être, les tragédies de Sénèque : il ne peut s'agir que d'un résumé de la fable d'Œdipe, telle qu'elle est « mise en épisodes » (1455 b 1) par Sophocle.

49. Φρίττειν est dans la *République*, III, 387 c 2, pour désigner l'effet de certains mots « horrifiques » chez Homère.

50. Dans la *Rhétorique*, Aristote relève parmi les crimes les plus graves, ceux dont le récit « inspire aux auditeurs la crainte plutôt que la pitié » (I, 14, 1375 a 7-8).

porte pitié et crainte). Mais, alors qu'au chapitre précédent, le raisonnement avait atteint son terme, ici l'analyse se poursuit. Car s'il est vrai que de « telles actions » ont lieu entre amis, elles peuvent s'accompagner de circonstances différentes, et c'est sur cette différence que l'art poétique a prise : s'il n'est pas libre, en effet, de modifier les fables traditionnelles, le poète peut cependant « en user correctement », c'est-à-dire conformément à l'art. Ce qui fera rebondir la question initiale : « Ce que nous entendons par correctement, nous devons le préciser » (b 26).

En appliquant, ici encore, un double critère de division [51], on obtient quatre cas possibles, et quatre seulement [52] : le héros peut, à partir de son projet, passer ou ne pas passer à l'acte ; il peut, soit ignorer, soit connaître, l'identité de la victime (le rapport d' « amitié »). Ces quatre figures ne présentent pas la même valeur dramatique : on peut, en les reprenant dans un ordre chiastique approximatif [53], établir une hiérarchie, qui va du moins parfait au plus parfait et qui s'appuie, négativement, sur deux critères : le « répugnant » [54] et l' « absence de pathos » (*apathes*, b 39). On obtient ainsi la gradation que voici :

1. Projet conçu en connaissance de cause [55], sans passer à l'acte (Hémon contre Créon) : répugnant et exempt de pathos.

2. Projet conçu en connaissance de cause, et passant à l'acte *(Médée) :* < répugnant [56] et > pathétique.

3. Projet conçu dans l'ignorance, et passant à l'acte, avec reconnaissance subséquente *(Œdipe Roi) :* pathétique.

4. Projet conçu dans l'ignorance, qu'une reconnaissance prévenante empêche de passer à l'acte *(Iphigénie en Tauride) :* (pathétique ?).

51. Cf. pp. 195 sq.

52. Que la division soit exhaustive (b 36), est affirmé avec le même accent péremptoire qu'en 6, 1450 a 12. Il est assez clair, après cela, que le « quatrième » cas (l'exemple d'*Antigone*), d'ailleurs aussitôt envisagé ensuite, n'est nullement « omis », pas plus qu'au chapitre précédent, la figure de l'homme vertueux passant du malheur au bonheur.

53. Au départ tout au moins, puisqu'on commence par le quatrième cas, « le plus mauvais ». Mais ensuite, on reprend les cas dans l'ordre de leur première présentation, ordre qui suggère une évolution historique, puisqu'il débute par la pratique des « anciens » poètes.

54. Τὸ μιαρόν, terme déjà employé au chapitre 13, 1452 b 36.

55. L'acte injuste, selon la *Rhétorique*, est accompli volontairement, c'est-à-dire, « en connaissance de cause et sans contrainte » (I, 10, 1368 b 9-10).

56. De fait, Aristote s'abstient de qualifier explicitement l'action de Médée.

a) Ce que l'ensemble de cette classification retient, à titre de fil conducteur, d'*Œdipe Roi*, analysé au chapitre précédent, c'est le lien entre l'acte (la « faute ») et un savoir (ou une ignorance), encore qu'elle en diversifie les modalités, puisque le savoir peut, soit précéder l'acte, soit le suivre. La « faute », à chaque fois, n'est pas l'acte même, pris en sa matérialité nue, mais l'élément « terrible » (b 30) qui s'y attache, qui en fait un cas d'espèce, et le rend « irréparable » (b 35)[57].

b) Cet élément provient d'un lien d' « amitié » entre le héros et la victime. On a noté plus haut le sens très large où ce mot est pris aux Livres VIII et IX de l'*Éthique à Nicomaque*, et qui permet de l'étendre sans difficulté aux rapports de parenté, les seuls, d'ailleurs, énumérés dans le texte (b 19-21). Mais rien n'indique qu'il faille faire intervenir ici les théories morales de l'auteur. Il semble bien, au contraire, que le mot soit pris ici dans le sens le plus traditionnel, selon lequel la justice consiste à faire du bien à ses amis et du mal à ses ennemis[58] : en sorte que la « faute » est d'abord un manquement à la justice, c'est-à-dire, depuis Théognis, à la vertu cardinale.

c) La figure qu'Aristote considère comme la meilleure ne semble s'être imposée, bien que cela ne soit pas dit expressément, qu'à une date tardive : en effet, elle est inconnue des « anciens » poètes (b 27), et les deux[59] pièces citées pour en fournir une illustration sont dues à Euripide. Ce n'est pas toutefois sur cette seule figure, mais sur l'ensemble de la classification que porte la remarque historique qui termine le chapitre : « C'est pourquoi[60], ainsi qu'on l'a déjà dit (13, 1453 a 17-22), les tragédies ne traitent que d'un petit nombre de familles. Car ce n'est pas leur connaissance technique, mais simplement le hasard qui a fait découvrir aux poètes le moyen d'agencer de telles situations dans leurs fables : ils sont obligés ainsi de recourir aux seules familles où de tels événements pathétiques se sont produits ».

L'absence de connaissances techniques rend compte des tâtonnements qui ont précédé la découverte des fables appropriées.

57. La gravité d'un crime se juge d'après le dommage causé : « Celui pour lequel il n'y a pas de peine équivalente, parce que toute peine resterait en deçà. Et le crime pour lequel il n'y a pas de remède : toute réparation étant difficile et même impossible » (*Rhétorique*, I, 14, 1374 b 29-32).

58. Cf. PLATON, *Ménon*, 71 e 4-5 ; *République*, I, 332 b.

59. En négligeant ici *Hellé*, dont même l'auteur nous est inconnu.

60. C'est-à-dire, parce qu'« il faut rechercher » les quelques cas, peu nombreux, énumérés en 1453 b 19-22 (la reprise du même verbe en 1454 a 10 rend ce renvoi indubitable).

L'idée de progrès ou, plus précisément, d'un progrès dans l'évolution de l'art dramatique avait déjà été indiquée[61]. L'idée de hasard n'y contredit nullement (aussi est-elle déjà présente dans le texte cité par Aristote en référence[62]), et cela d'autant moins que ce hasard est comme gouverné par la nécessité (« ils sont obligés ainsi... »). Il en est, à cet égard, comme en histoire de la philosophie. Ainsi, les premiers philosophes, Empédocle en particulier et Anaxagore, sont bien parvenus à la connaissance de ces deux causes physiques : la matière et le principe du mouvement, « mais d'une façon vague et imprécise ; ils ressemblent à des soldats qui se battent sans entraînement, mais qui, courant çà et là, frappent souvent de beaux coups, sans que la science y soit pour rien : eux, de même, ne semblent pas comprendre leurs propres thèses, puisque, de toute évidence, ils ne les appliquent, autant dire, jamais »[63]. Il n'en est pas moins vrai que, s'agissant de la découverte de la cause motrice, « la réalité elle-même fraya un chemin, et les obligea à pousser leurs recherches plus loin »[64].

40. Il reste à considérer les deux derniers membres de la hiérarchie établie dans ce chapitre. On a remarqué depuis longtemps (depuis l'édition de P. Vettori, 1560, comme le note Dacier)[65] que cette hiérarchie ne s'accorde pas avec l'enseignement du chapitre précédent, puisque *Œdipe Roi,* qui y était donné comme exemple de « la plus belle tragédie », paraît déclassé maintenant en faveur d'*Iphigénie en Tauride* (et de *Cresphonte*). Si l'on écarte les explications qui, au lieu de résoudre le problème, reviennent, en fait, à le supprimer (recours à une hypothétique « évolution » d'Aristote, combiné avec l'inévitable hypothèse des différentes « strates» dont se composerait le traité ; l'hypothèse, avancée par Lessing, selon laquelle il ne s'agirait pas, au chapitre 14, de l'ensemble de la fable, mais d'une simple scène destinée à produire le maximum de *pathos ;* enfin, plus récemment proposée, l'explication d'*Iphigénie* par la quatrième figure de la division posée au chapitre 13, figure non formulée, on l'a vu, mais très clairement rejetée avec l'ensemble de cette division), on semble se trouver devant une difficulté insurmontable.

61. Au chapitre 4, mais aussi plus loin (p. ex. 6, 1450 a 35-38).
62. *Poétique*, 13, 1453 a 17 : « Au début, les poètes ont recensé les premières fables venues (τοὺς τυχόντας)... ».
63. *Métaphysique*, A, 4, 985 a 10-18.
64. *Métaphysique*, A, 3, 984 a 18-19.
65. A. Dacier, *La Poétique d'Aristote, traduite en français avec des remarques critiques sur tout l'ouvrage*, Paris, 1692.

Dacier (que Lessing cite avec pitié, bien qu'en fait il lui emprunte son principe d'explication) a très bien vu que l'objet des deux chapitres n'est pas le même : au chapitre 14, Aristote ne parlerait pas de la fable en général, mais seulement des diverses manières dont les poètes peuvent traiter les fables traditionnelles, sans toucher à l'essentiel (cf. 1453 b 22-26). Tel paraît effectivement être le programme annoncé par le philosophe, mais, à l'exécution, on s'aperçoit que ce qu'il entend par « user correctement des fables traditionnelles » (b 25) ne concerne pas des variations épisodiques d'un seul et même sujet (mis à part l'épisode d'Hémon et, plus loin, mais dans un autre contexte, l'épisode de la reconnaissance d'Oreste [66]), mais une classification des fables mêmes, prises en leur structure essentielle, c'est-à-dire, consacrée par la tradition. A cet égard, l'explication tourne court, mais elle fournira à Lessing ce principe selon lequel les deux chapitres ne traitent pas du même problème.

De son côté, Lessing [67], mieux inspiré que bien des commentateurs après lui, a parfaitement compris la portée, pour l'intelligence du chapitre, de sa « première partie », celle qui porte sur le *pathos*. Mais, suivant implicitement (ou inconsciemment) le schème d'interprétation de Dacier, il a pensé qu'Aristote n'aurait en vue qu'une scène isolée, simple partie de l'ensemble de la fable : or « la perfection d'une partie est-elle aussi [identique à] la perfection du tout » ?

Le chapitre 13 avait montré que crainte et pitié s'attachent à l'histoire d'un homme d'une moralité moyenne (a) qui, par suite d'une faute (b), tombe du bonheur dans l'adversité (c). Le premier point reste acquis. Le second sera à la fois précisé et varié, à l'aide de la théorie de la reconnaissance. Le troisième point, enfin, et c'est là le principal objet du chapitre, sera soumis à un nouvel examen, au terme duquel il semble être contredit, mais en réalité ne sera qu'affirmé et perfectionné.

Puisque « la plus belle tragédie » se termine mal et, souvent, par un homicide, on pourrait croire que son principal effet consisterait dans l'exposition, sur la scène, de « faits pathétiques » (« agonies, douleurs violentes, blessures et faits semblables » ; 11, 1452 b 11-13). A ce compte, on n'aurait que faire de l'art poétique : la simple organisation du « spectacle » pourrait suffire. Aristote va donc montrer que le *pathos*, indépendamment de tout effet scénique, doit s'ensuivre de la seule construction de la fable. D'où la reprise de l'enquête sur l'agencement des faits

66. *Poétique*, 17, 1455 b 9-11.
67. LESSING, *Dramaturgie de Hambourg*, chap. 37 et 38.

propres à susciter pitié et crainte (b 14-15) : ce sont ceux où la « faute » a lieu entre « amis ». Après quoi l'on passe en revue les fables de la tradition, pour constater que le lien d'amitié peut soit être connu d'avance, soit faire l'objet d'une reconnaissance, et que la « faute » peut soit être réellement commise, soit rester à l'état de projet. Il est clair que les figures qui résultent du jeu de ces deux critères varient le schème général, illustré auparavant par *Œdipe Roi,* tout en en respectant le cadre général. En examinant ces quatre figures sur la capacité de produire un *pathos,* Aristote constate que la plus belle est celle où une reconnaissance antécédente prévient le fait matériel de la faute. Le refus, au début du chapitre, du pathétique exhibé sur la scène, est ici transposé à l'intérieur même de la construction de la fable : crainte et pitié sont suscitées par le simple projet de la « faute », sans qu'il soit besoin de le pousser jusqu'à son terme, de le matérialiser ou, selon le vocabulaire aristotélicien, sans qu'il doive passer à l'acte. De cette manière, la fable atteint parfaitement son effet tragique, elle reste aussi conforme à l'exigence du passage à l'adversité, à la *dystychia :* seulement, ce passage, ici, n'est pas effectué pour de bon, comme si, sur le plan même de la fable, le poète repoussait ce procédé drastique, grossier mais plaisant à la foule, de l'exhibitionnisme scénique du *pathos.* Il paraît assez clair, à voir les choses ainsi, qu'*Iphigénie,* pour Aristote, témoignait d'un art plus consommé, plus intériorisé et plus mûr qu'*Œdipe*[68]. Mais c'est bien le même schème fondamental, dégagé au chapitre précédent, qu'Aristote retrouve chez Euripide, et c'est pourquoi à ses yeux, en tout cas, la contradiction entre les deux textes est inexistante. On ajoutera qu'au cours même de la *Poétique, Iphigénie* non moins qu'*Œdipe Roi*

68. H. D. F. Kitto, après avoir reconnu cependant qu'Aristote « suggère que dans le drame de son temps un certain appel aux émotions fortes, ce que nous appelons le goût de la sensation, commença à prévaloir », écrit au sujet d'*Iphigénie* : « Un frisson délicieux nous parcourt et cependant, à la fin, tout est bien qui finit bien. C'est la solution de facilité. Rien ne saurait montrer plus clairement qu'Aristote avait perdu tout contact avec l'esprit et la signification véritables de sa propre tragédie classique » (« Le déclin de la tragédie à Athènes et en Angleterre », in *Le théâtre tragique*, Études... réunies et présentées par J. Jacquot, Paris, Éditions du C.N.R.S., 1962, pp. 67, 68). — Aristote n'ignorait pas sans doute ce qu'on appelle vulgairement un *happy end* (1453 a 30 sqq.) - il n'aurait certainement pas compris qu'on puisse en trouver un dans le dénouement d'*Iphigénie*.

Rappelons, au surplus, qu'Aristote cite dans ce contexte *Cresphonte*, mais non pas (en dépit de la parenté de l'intrigue) *Ion*, premier des « drames romanesques de reconnaissance » ; ce n'est pas parce que dans *Ion* le procédé de la reconnaissance est sujet à critique (cf. 16, 1454 b 24), puisque le même argument aurait dû faire écarter *Iphigénie* (*ibid.*, b 31-34).

est citée fréquemment, et considérée comme une pièce exemplaire [69].

Il semble que l'interprétation même du texte puisse s'en tenir là. Mais la place du passage dans l'ensemble du traité invite à ajouter deux remarques (dont la seconde serait plutôt une question).

1. La différence entre *Iphigénie* et *Œdipe* peut encore se formuler autrement : c'est qu'Euripide, dans cette pièce, met en œuvre le *merveilleux*. Ce mot, tel qu'il est employé dans la *Poétique*, indique surtout un effet de surprise [70] ; on aura l'occasion d'y revenir ; rappelons seulement que dès la première fois où ce mot est introduit, il est dit que « nécessairement, telles seront les plus belles fables » [71]. Mais un sens plus spécifique de ce terme est fourni par la *Rhétorique*, où la conjonction du mot avec celui de péripétie paraît bien autoriser une application à la poésie : parmi les choses agréables, il faut compter « les péripéties et le fait d'échapper de peu aux dangers : tout cela relève du merveilleux » [72].

2. La deuxième remarque ne peut être que conjecturale. Il sera question plus loin, à deux reprises, d'une classification des tragédies (et des épopées) en *pathétiques* et *éthiques*. On peut se demander si les premières ne sont pas celles, précisément, qui vont jusqu'au bout de l'action (c'est-à-dire, selon la gradation établie au chapitre 14, les figures 2 et 3), d'où l'on conclurait que la quatrième figure, celle qui est illustrée par *Iphigénie* et *Cresphonte*, définit les pièces éthiques.

69. Ce point est fort bien mis en évidence par H. Grégoire, dans sa *Notice* à l'*Iphigénie*, *Euripide*, t. IV, C.U.F., 1942, pp. 106-110.
70. *Poétique*, 9, 1452 a 4 ; 18, 1456 a 20 (-τῶν) ; 24, 1460 a 12-14.
71. *Poétique*, 9, 9, 1452 a 11.
72. *Rhétorique*, I, 11, 1371 b 10-12.

V bis. — LES CARACTÈRES (chap. 15)

Aristote indique, comme on y a insisté très justement, « qu'il en a fini avec le *mythos* »[1] (sans qu'il faille s'étonner pour autant, comme on l'ajoutera avec autant de pertinence, que la fable, étant l'« âme » de la tragédie, ne soit pas perdue de vue dans la suite du traité : on s'en rendra compte dès le chapitre suivant).

41. En ce qui concerne les caractères, « il faut viser »[2] quatre points. 1) Ils doivent être bons. « Comme il a été dit », il y a caractère, quand le discours ou l'action manifestent un choix réfléchi : si ce choix est bon, le caractère lui aussi est tel. — Cela avait été dit en effet[3], mais le chapitre précédent nous a enseigné, en plus, que ce « choix » peut rester à l'état de simple projet. Or cette bonté existe pour chaque genre de personnages, même dans le cas d'une femme ou d'un esclave. — On peut trouver un bon commentaire de ces remarques dans les deux derniers chapitres du Ier livre de la *Politique,* encore qu'il ne soit pas sûr du tout qu'il faille faire intervenir ici la doctrine morale du philosophe, lequel pourrait fort bien, comme nous l'avions noté au sujet de la *philia,* s'en tenir à une opinion commune. — 2) Ils doivent être « conformes» ou « adaptés » : ainsi le courage prêté à une femme n'est pas celui qui convient à un homme. — Ici encore, on peut citer en référence un texte de la *Politique*[4], mais il importe autant de constater que la différence des sexes transposée dans le domaine littéraire est traditionnelle, et avait donné lieu, par exemple, à la distinction des mimes en masculins et féminins[5]. — On rappellera surtout que

1. F. Solmsen, *The Origins and Methods...*, *loc. cit.*, p. 193.
2. On a souligné plus haut (p. 271) l'intention plus proprement technique du traité, à partir du chapitre 13.
3. *Poétique*, 6, 1450 b 8-9 ; cf. *Rhétorique*, II, 21, 1395 b 13-14.
4. *Politique*, III, 4, 1277 b 20-21 ; I, 13, 1260 a 24 sqq.
5. Cf. Suidas, *Sophron*, et pour une distinction analogue chez Platon, *Questions platoniciennes*, pp. 139 sq. ; *Lois*, II, 669 c.

l'idée de « conformité » ou de « convenance » avait déjà été établie au chapitre 9 [6], et Aristote y reviendra dans la suite immédiate [7]. — 3) Ils doivent être « ressemblants », ce qui, d'une manière toute négative, est dit être différent des deux points qui viennent d'être définis. — 4) Ils doivent être « uniformes » [8], même quand il s'agit de représenter un personnage inconstant. — Suivent alors des exemples explicatifs : 1) Comme exemple d'une bassesse non-nécessaire [9], on peut citer le rôle de Ménélas dans *Oreste ;* 2) d'une non-convenance, celui d'Ulysse dans un dithyrambe (de Timothée) ; 4) d'une rupture d'uniformité, celui d'Iphigénie à Aulis.

Après ces indications sommaires et manifestement incomplètes (puisque la ressemblance (3) n'est, ni définie, ni illustrée par un paradigme), Aristote constate, comme le seul point fondamental et vraiment pertinent, que les caractères, tout comme l'agencement des faits dont se compose la fable, doivent obéir au vraisemblable ou au nécessaire, et qu'on ne doit pas, dans leur description, substituer le *post hoc* au *propter hoc* [10] : en effet, la tragédie imitant une action, et non des hommes, la fonction, la *dynamis* des caractères, n'est pas de prêter à une description statique, mais de contribuer, par le « choix réfléchi » qu'ils manifestent dans leurs actes et dans leurs paroles, à la logique de l'action ; aussi bien, deux des traits jusqu'ici expliqués [la conformité (2) et l'uniformité (4)] se rapportent directement à la cohérence de la fable.

Or les « trois parties » de la fable (11, 1452 b 9-10) qu'on vient d'étudier étant celles qui terminent (ou servent à terminer) la fable, il n'est pas étonnant que l'auteur passe maintenant au dénouement [11], pour dire que celui-ci aussi doit résulter de la fable [12] même, et non pas de l'artifice du *deux ex machina,* comme dans *Médée* ou dans le deuxième chant de l'*Iliade.*

6. *Poétique,* 9, 1451 b 8-9.
7. *Poétique,* 15, 1454 a 35.
8. Le terme paraît être emprunté à la physique ; il est possible qu'il vise à redresser (et à interpréter) ce que Platon avait dit du « caractère multiforme » (ποικίλον ἦθος, *Rép.,* X, 605 a 5).
9. *Poétique,* 15, 1454 a 29 (en adoptant la conjecture de Thurot).
10. *Poétique,* 15, 1454 a 36, cf. 10, 1452 a 21.
11. Le mot (1454 a 37) ne sera expliqué que plus loin (chap. 18) ; mais l'expression de « fable simple » (1451 b 32) avait bien été employée aussi avant son explication formelle (chap. 10).
12. *Poétique,* 15, 1454 b 1 (la « correction » en ἤθους, inacceptable en sa platitude, n'est d'ailleurs plus guère acceptée).

42. Ce mouvement de pensée est-il vraiment si difficile à comprendre ? — On vient de soumettre le déroulement de la fable à la nécessité (et à la vraisemblance) ; or celle-ci appelle directement, comme son opposé, l'artifice de la « machine » : « Anaxagore se sert de son Intelligence comme d'un *deus ex machina* pour construire l'Univers, et quand il est dans l'embarras pour expliquer tel point par une cause due à la nécessité, il traîne l'Intelligence sur la scène »[13]. — Sommes-nous pour autant hors du sujet ? — Pas du tout : les dieux mis en scène par le poète sont bien, eux aussi, des personnages et des caractères ; or il ne faut pas, comme dans cet artifice, tirer prétexte de leur pouvoir surhumain pour ruiner la cohérence de la fable : il ne faut les faire intervenir que dans les événements situés « en dehors du drame » (façon de concilier leur pouvoir et l'autonomie de la fable) ou bien, dans la pièce même, pour des prédictions et pour des révélations, concernant des faits que l'homme ne peut savoir, mais dont « nous attribuons » la connaissance aux dieux [procédé qui, à la fois, ménage la cohérence de la fable, et soumet les « caractères » divins aux deux critères de la conformité (2) et de l'uniformité (4)].

Ayant parlé des dieux, on passe, à l'exemple de Platon[14], aux enfants des dieux, c'est-à-dire aux héros ou, comme cela avait été dit dès le début, aux hommes « supérieurs à la réalité »[15]. Aristote rejoint ainsi le troisième trait, exigible des caractères, dont rien de précis n'avait encore été dit, et qu'il réserve visiblement, comme le plus important, pour la fin du chapitre (le plus important, parce que, les autres traits étant subordonnés à la cohérence de la fable à laquelle ils contribuent, on aborde maintenant le problème, posé dès le second chapitre, mais non pas encore traité : comment les héros, véritables personnages du drame, peuvent-ils cependant présenter un caractère humain ?).

Il faut, imitant les bons peintres, allier la ressemblance avec la beauté : la ressemblance avec les hommes réels, et la beauté, de manière à représenter des hommes qui soient « comme il convient »[16]. Et que veut dire : « comme il convient » ? De manière à transposer le caractère (des hommes tels qu'ils sont dans la réalité) pour le rendre exemplaire ; techniquement par-

13. *Métaphysique*, A, 4, 985 a 18-20.

14. Platon, *République*, III, 392 a déb. (cf. 386 a, 388 a 6).

15. *Poétique*, 2, 1448 a 16-17.

16. *Poétique*, 15, 1454 b 13. Le terme, qui n'est certainement pas pris ici dans le même sens qu'en 1452 b 34 (ainsi, avec raison, Lucas) explique, par rétroaction, le *chrestos* de 1454 a 16-18.

lant : passer de l'observation (inductive) au paradigme [17], peu importe qu'il s'agisse, pour ce qui est du « caractère », d'un trait permanent ou seulement d'un « mode transitoire » de sa pensée [18]. C'est ce qu'indique ici l'exemple d'Achille, qui caractérise, non pas le héros comme tel, mais (s'agissant, on l'a dit, de la fin de la fable, et l'*Iliade* étant qualifiée plus loin de *pathétique*) son attitude au début du dernier chant. Cela, il est vrai, Aristote ne le dit pas expressément. Mais ce qu'il dit, c'est « paradigme de dureté » [19], et ce serait dépouiller le texte de son terme-clé que de supprimer l'expression comme une glose (selon un procédé philologique usé) qui aurait pénétré dans le texte. Le passage complète celui où est employé le même terme, et à très bon escient, puisqu'il commande, même grammaticalement, les trois exemples qui suivent (1454 a 28-33). Mais alors, le paradigme illustrait une faute poétique, une faute contre l'exigence à laquelle doit se plier le caractère ; ici, il propose l'exemple d'une réussite poétique et, en même temps, formule la règle suprême qui doit régir la peinture des caractères : être exemplaire. — Le passage terminal du chapitre ne sert donc pas seulement à combler une lacune (dont on s'étonne que les commentateurs ne semblent pas s'être avisés) : traiter de la « ressemblance ». Il aborde de front le problème posé au chapitre 2 : l'imitation des hommes « meilleurs que nous » : ce sont bien toujours des hommes « semblables » à des hommes, mais dont les traits, permanents ou fugitifs, sont rendus paradigmatiques, c'est-à-dire, selon la doctrine exposée dans ce qui précède, élevés dans la sphère de l'universel (selon la vraisemblance ou la nécessité). C'est en cela qu'ils sont « meilleurs » que nous, et attestent leur origine et leur statut d' « enfants des dieux ». Aussi, fallait-il d'abord parler du caractère des dieux — ce qu'Aristote a fait.

On a essayé de suivre (c'est-à-dire de penser à la suite de l'auteur) le mouvement du chapitre. De savantes discussions se sont instituées sur son incohérence : elles nous semblent plus difficiles à comprendre que le texte d'Aristote.

On voit enfin que les caractères ne sont pas l'objet d'une étude autonome qui les situerait, à titre de « partie » de la tragédie, sur le même plan que la fable. Bien au contraire, ils ne sont traités que dans le cadre de la fable et soumis aux exigences

17. *Rhétorique*, II, 20, 1393 a 26-27.
18. Cf. Eva C. Keuls, *Plato and Greek Painting*, Leyde, 1978, p. 99.
19. *Poétique*, 15, 1454 b 14 (en adoptant le texte de Lobel, *Class. Quart.*, 23, 1929, p. 76).

de cohérence de celle-ci, et cela plus particulièrement, en tant tant qu'ils peuvent concourir au dénouement (lequel avait fourni son thème au chapitre précédent et qui justifie, ici, les conseils pour un bon usage du *deus ex machina*). De quoi il résulte que, pas plus qu'auparavant, on n'est ici en face du programme d'une « tragédie de caractères », et que le véritable objet du chapitre 15 est toujours la fable.

VI. — LES « AUTRES QUESTIONS QUI RELÈVENT DE LA MÊME RECHERCHE » (chap. 16-18)

43. « *Voilà*[1] *ce qu'il faut surveiller et, en outre, les*[2] *images qui offusquent*[3] *celles qui accompagnent nécessairement la poésie*[4], *car sur ce point aussi on peut commettre bien des fautes. Mais il en a été parlé suffisamment dans les traités publiés.*

(16) *De l'essence de la reconnaissance, il a été parlé précédemment ; quant à ses espèces, la première est la moins technique et la plus usitée, par incompétence : celle qui se fait par signes...* » (1454 b 15-21).

On peut penser qu'aux yeux du lecteur antique, la transition est assurée par ce que H. Cherniss a appelé des « séquences de pensée et association d'idées »[5], et, tout d'abord, par l'expression : « il a été parlé... » : suffisamment, en ce qui concerne les impressions sensibles et l'essence de la reconnaissance, mais non pas encore pour ce qui est de ses espèces. De plus, à partir du chapitre 13, on l'a noté plus haut, le traité se fait plus « technique », c'est-à-dire qu'à l'analyse descriptive du poème dramatique, il joint des règles, positives ou négatives. Or, le dernier paragraphe est commandé par : « il faut » (b 9), sous-entendu encore dans la conclusion (b 15) ; les espèces de la reconnaissance sont présentées dans un ordre didactique : de ce qu'il faut « éviter » on va

1. La référence est directement aux règles présidant à la « ressemblance » des caractères ; mais il n'est pas interdit non plus d'y englober la défense de l'*alogon* (b 6), qui retrouvera son emploi au sujet, précisément, des images (24, 1460 a 13).

2. En lisant τὰς (b 15) qui, outre le sens, a pour lui l'autorité du Parisinus.

3. Παρὰ, au sens de « contraire » (ainsi Rostagni, Dupont-Roc et Lallot) : on voit mal comment surveiller des images « nécessaires » ; l'expression est équivalente de παρεμφαίνειν, étudié plus haut.

4. Il ne semble pas qu'il puisse s'agir ici de l'art poétique.

5. H. Cherniss, *Plutarch's Moralia*, XIII, Part II, *L.C.L.*, 1976, p. 396. — On a eu l'occasion ailleurs d'attirer l'attention sur l'importance de cette remarque (et règle) d'interprétation (*La doctrine d'Épicure et le droit*, p. 285).

vers ce qu'il faut « viser » (pour reprendre les deux termes du début du chapitre 13) ; or ce qu'il faut viser, en l'occurrence, c'est la reconnaissance qui découle « des faits mêmes » (1455 a 18), de même que le dénouement de la fable doit résulter, comme on vient de le dire, « de la fable même » (1454 a 37). Enfin, la mention des « images » ou impressions sensibles[6], bien qu'elle puisse annoncer déjà le début du chapitre 17, n'en suggère pas moins la suite immédiate du texte : la première espèce de la reconnaissance s'effectuant, précisément, comme on le montrera plus loin, par la sensation.

Pourquoi le chapitre 16 (et les deux autres qui lui font suite) est-il placé après l'étude des caractères, et non pas plutôt avant le chapitre 12 ou après le chapitre 14, ce qui serait pourtant sa « place logique », comme l'ont dit des commentateurs (sans toutefois aller jusqu'au bout de leur courage ni proposer, au nom de cette « logique », le transfert effectif du chapitre) ? C'est que le terme tout formel de reconnaissance ne permet nullement de juger des exigences de composition du traité. Placé aux endroits imaginés par la critique, le chapitre eût rompu l'économie de la séquence 10-15, qui porte uniquement sur la structure de la fable ; 16-18 apporte des compléments à cette séquence, que l'auteur n'a pas voulu intégrer dans ce qui précède, pour des raisons de composition, aussi contraignantes, mais sans doute moins apparentes, que celle de la « logique ».

Si ces compléments sont placés après l'étude du caractère, c'est parce que celle-ci se subordonne à celle de la fable, et fait corps avec elle. Pour le dire autrement : les six parties de la tragédie ne sont pas, comme on pourrait s'y attendre d'après une « logique » élémentaire exigible d'un bon écolier, traitées sagement les unes après les autres. Musique et spectacle ne sont pas étudiées du tout. La pensée sera renvoyée dans la *Rhétorique*. Restent alors deux grands massifs, seuls objets de la recherche aristotélicienne ; la stylistique (20-22), et la fable, à quoi se lie étroitement le caractère : il eût été absurde de séparer l'une de l'autre par ces « compléments ».

Mais cette idée même de compléments ou, comme a pu dire, d'*afterthoughts*, n'est-elle pas le signe d'une maladresse de composition ou l'indice d'une rédaction plus tardive, d'une « strate » plus récente ? D'autant, on l'a souligné, qu'Aristote conclut formellement, à la fin du chapitre 14, l'enquête sur la fable, com-

6. On peut hésiter sur la traduction des « sensations » : l'idée qu'elles « accompagnent nécessairement la poésie » semble impliquer la doctrine aristotélicienne selon laquelle l'âme ne pense pas sans images. On y reviendra.

mencée au chapitre 7. — De fait, ce dernier argument est plus spécieux que péremptoire et, quant à sa profondeur exégétique, se situe au même niveau que la « logique » élémentaire qui critique la « place » du chapitre 16. Ce qui est dit être terminé, à la fin de 14, c'est la fable, en tant que partie de la tragédie. Les considérations suivantes, là même où elles reviennent à ce sujet, ne touchent plus à la structure objective de la fable, mais proposent des règles pratiques qui n'auraient pu, sans artifice, être noyées dans l'analyse précédente.

Au reste, il est vain de disputer de la cohérence du traité, aussi longtemps qu'on en reste à nos standards d'appréciation — que ce soit la « logique », l' « afterthought » ou même le terme de « complément », plus neutre sans doute, mais risquant lui aussi de prêter à des anachronismes stylistiques. Heureusement, on peut faire l'économie, en l'occurrence, de cette dispute, puisque l'auteur lui-même a pris soin de marquer, ne serait-ce que d'une manière toute formelle, l'objet et la place des trois chapitres litigieux, annonçant, dès le début, un exposé « ...sur la manière de composer les fables si le poème doit être correct, puis sur le nombre et la qualité de ses parties, de même que *sur les autres questions qui relèvent de la même recherche* » (1447 a 11), et introduisant le chapitre 19 par : « Des autres questions [7], on vient de traiter ; il reste à parler du style et de la pensée ». — Le sens et même l'établissement de ce dernier texte sont controversés ; on ne s'interroge guère sur le sens de la proposition précédente, mise en très bonne place, pourtant, au début du traité : il est difficile d'admettre qu'à l'intérieur du sommaire initial, d'une extrême densité, elle n'ait que ce sens vague et inassignable que les commentateurs lui trouvent généralement. Il semble bien que, rapprochés l'un de l'autre, les deux textes s'éclairent mutuellement et, par là même, jettent quelque lumière, concernant le point en question, sur la cohérence — aristotélicienne, et que le moderne reste libre de critiquer — de la composition du traité.

1. **Les espèces de reconnaissance** (chap. 16)

44. La reconnaissance, selon son essence, avait été définie au chapitre 11 par rapport à l'agencement des faits et, en tant que

7. « Sous-entendre » ici *merôn* (a 33) serait aussi arbitraire que d'admettre, en adoptant la leçon du Riccardianus, l'équivalence entre « parties » et « espèces » : dans les deux cas, on « interprète » le texte, au lieu de le lire ; A représente clairement la *lectio difficilior*, qu'il faut essayer de comprendre, au lieu de la banaliser.

changement (*metabolè*), étroitement associée à la péripétie ; au chapitre 14, elle intervenait, dans la gradation des situations pathétiques, dans les deux derniers degrés (qui n'en étaient pourtant pas considérés comme des « espèces »). Dans les « espèces » dont il sera question maintenant, on fait abstraction, au départ en tout cas, de la fable et de son organisation, ainsi que de la finalité de la tragédie (susciter pitié et crainte). Il s'agit d'inventorier les procédés où se spécifie l'acte intellectuel de la reconnaissance, et non plus d'intégrer cet acte même dans la puissance émotive de la fable. Ces procédés prennent donc, par rapport à celle-ci, une certaine indépendance, ce qui permet de choisir les exemples chez Homère aussi bien que chez les tragiques, et même de citer le sophiste Polyidos (sans qu'il soit possible de décider si c'est à titre de théoricien ou d'auteur de dithyrambes).

Les procédés de reconnaissance sont rangés, ici encore, selon une gradation (dont les origines remontent à la conception platonicienne de la *division ascendante*). Ils ne sont pas le résultat d'une division du genre, mais seulement l'objet d'une énumération (comparable, à première vue, aux recherches aristotéliciennes sur les « termes à acceptions multiples », qui, elles aussi, n'atteignent souvent le sens fondamental, *kyriôs,* qu'à leur fin). Cette énumération est commandée par plusieurs critères qui se coordonnent et même se joignent, et qui confèrent à ce texte une grande complexité.

a) Le premier critère est celui de *l'art :* on remonte des procédés les moins « techniques » à celui qui, seul, s'accorde pleinement aux exigences de l'art poétique. — *b*) Le second critère est fourni par la théorie aristotélicienne de la formation du savoir, telle qu'elle est exposée au début de la *Métaphysique* [8] et à la fin des *Seconds Analytiques* : sensation - mémoire - raisonnement, à quoi s'ajoute même le « paralogisme », en sorte que la gamme renferme comme un résumé de l'ensemble de l'*Organon.* Or le « raisonnement » n'est pas, d'après l'exposé des *Seconds Analytiques,* la forme la plus haute du savoir. Il faut placer au-dessus l'intellect qui saisit directement les « principes » [9] et qui, lui, ne se trompe jamais [10], parce qu'il parvient à un « contact »

8. Je tiens à préciser que ce rapprochement (avec ses implications dans les domaines de l'esthétique aussi bien que de la logique) a été effectué par Claude Imbert dans sa thèse d'État.

9. *Sec. Analyt.*, II, 19, 100 b 8-13 (cf. *Eth. Nic.*, VI, 6, 1141 a 1-8).

10. Non plus, il est vrai, que le « raisonnement » scientifique ; reste qu'à côté du syllogisme, il y a le paralogisme, alors qu'à défaut de l'intuition, on ne peut avoir que l'ignorance (*Métaph.*, Θ, 10, 1052 a 2).

avec la réalité [11]. A cette forme suprême du savoir correspond, dans l'ordre de la « reconnaissance », l'ultime procédé, celui qui résulte « des faits eux-mêmes » (1455 a 18). — *c*) Les « faits eux-mêmes », c'est-à-dire l'agencement des faits, ne sont rien d'autre que la *fable* ; le raisonnement avait été attribué à la *pensée* où se manifestent les *caractères* (1450 b 8-13) ; la reconnaissance par signes, c'est-à-dire par la sensation, reçoit le même qualificatif de « tout à fait dépourvue d'art » (1454 b 20) que le *spectacle* (1450 b 18) : la séquence des procédés obéit donc, dans le même ordre ascendant qu'au chapitre 6 (1449 b 31-1450 a 7), à la déduction des parties de la tragédie. — Le chapitre coordonne ainsi les procédés de la reconnaissance, les degrés du savoir et les parties de la tragédie.

Je laisse ici de côté l'intérêt, considérable, de ce texte pour une étude des *séries correspondantes,* dont le plus ancien exemple se trouve dans le récit hésiodique des races, puis chez Platon, en particulier dans la Ligne de la *République,* où il s'agit également des niveaux de la connaissance [12]. La concision du chapitre 16 peut indiquer qu'Aristote, à cet égard, se sait l'héritier d'une tradition, qui lui permet de ne pas expliciter davantage.

Quant à la portée du texte à l'intérieur du traité : on sait que le plaisir esthétique repose sur une connaissance qui, pour s'achever, pour conclure le « syllogisme », suppose un savoir préexistant (au sens littéral du terme : une « pré-vision », *prooràn,* 1448 b 17), et qui est, au juste, une re-connaissance. Ce que nous apprenons maintenant, c'est que la reconnaissance, dans une pièce, n'est pas seulement celle qui se joue entre les *dramatis personae,* mais encore celle qu'effectue le spectateur (ce n'est pas par hasard que le texte mentionne le « public », a 13) ; et celle-ci accompagne toutes les parties de la tragédie, du spectacle à la fable. Si, dans la récapitulation, seul, le raisonnement est « classé », en seconde place, après la reconnaissance qui résulte des « faits eux-mêmes », c'est parce que, d'une manière générale, l'*anamnèsis* aristotélicienne est « comparable à une espèce de syllogisme » [13]. Mais à son plus haut niveau, la reconnaissance résulte de l'agencement des faits, par où le spectateur (non pas celui qui souffre de « faiblesse » [14], car comme il y a de mauvais

11. *Métaphysique,* Θ, 10, 1051 b 25. — Voir, sur ce texte, Ph. MERLAN, *From Platonism to Neoplatonism,* Nijhoff, 1953, p. 159.
12. Je me permets de renvoyer ici à mes *Questions platoniciennes,* Vrin, 1970, pp. 155 (et n. 103) sq., 211 sq.
13. *De Mem.,* 2, 453 a 10.
14. *Poëtique,* 13, 1453 a 34.

poètes, il y a de mauvais spectateurs [15], et la gradation du savoir, au chapitre 16 comme dans la Ligne de la *République* et dans l'Allégorie de la caverne qui s'y coordonne, relate une « genèse idéale », et non un processus psychologique [16]) accède au degré équivalent à la connaissance — et à la joie — que procure au philosophe la saisie des principes.

On n'insistera pas davantage sur les perspectives ouvertes par ce texte et sur sa fonction de conclusion, et de dépassement, de la section de la *Poétique* consacrée à la fable et au caractère : on voit assez que d'en envisager le « transfert » avant le chapitre 12 ou après le chapitre 14 ne serait guère une idée heureuse.

2. **Traitement technique des fables : images et épisodes** (chap. 17)

Plusieurs « associations d'idées » peuvent assurer la transition : la reconnaissance qui résulte « des faits eux-mêmes » appelle la « composition des fables » [17] ; la reconnaissance par signes, les « gestes » (les deux termes pouvant être équivalents [18]) ; l'émotion provoquée par des événements « vraisemblables » (1455 a 19), l'idée de « convenance » (a 26).

De fait, ce qui donne son armature à ce chapitre, ce sont, comme au chapitre précédent, les parties de la tragédie : style-spectacle (les « gestes ») - fable - caractères ; et ce qui lui donne son unité, c'est l'idée, indiquée au chapitre 9, de convenance, d'adaptation (*prepon*) : convenance entre la fable, le style, les images ; entre le contour général de la fable et les épisodes « propres » (b 13).

Dans le chapitre précédent, la phrase peut-être la plus étonnante était : « En second lieu viennent les reconnaissances arrangées par le poète et qui, en raison de cela, sont dépourvues d'art ». L'absence d'art, de fait, n'est que le signe d'un art malhabile ; dans le traité sur le style, la *Rhétorique* dit que l'art doit « se cacher » pour mieux « ravir » l'auditeur [19]. Notre chapitre doit montrer, en commençant précisément par le style, comment le poète doit procéder pour captiver, pour « ravir » le

15. Voir surtout *Politique*, VIII, 7, 1342 a 18-28.
16. *Questions platoniciennes*, p. 211.
17. Et, plus précisément, τὰ πραττόμενα (1455 a 26, cf. a 18).
18. *Poétique*, 26, 1462 a 3, 6.
19. *Rhétorique*, III, 2, 1404 b 18, 24 ; 7, 1408 b 5.

spectateur. On observe, à cet égard, deux mouvements parallèles qui, tous deux, prennent leur départ dans la fable et qui divisent le chapitre : 1° la composition des fables doit s'achever à l'aide du style et des gestes ; 2° le schème général de la fable doit s'individualiser grâce aux noms propres et aux épisodes.

a. **Images et gestes**

45. « *Il faut composer les fables et leur donner leur achèvement par le style en les plaçant le plus possible devant ses yeux* [...] *; autant qu'il est possible en leur donnant leur achèvement aussi par les gestes* » (1455 a 23-31).

L'idée de « placer devant les yeux » de l'auditeur un récit ou une expression est courante dans la *Rhétorique*, où l'on trouve aussi cette définition : « J'entends par expressions qui placent devant les yeux, celles qui désignent les choses en acte ; ainsi, dire que l'homme de bien est carré, c'est faire une métaphore, car les deux sont parfaits, mais l'expression ne signifie pas l'acte ; alors que dire " un homme d'une vigueur en fleur ", voilà l'acte » [20].

Sans doute, pour faire voir à l'interlocuteur, faut-il voir, ou avoir vu, soi-même : toujours est-il que c'est ce dernier point qui est ici souligné : le poète doit placer la fable « devant *ses* yeux ». Acte volontaire, donc, et qui, en tant que tel, ne relève, ni de la sensation, ni de la pensée, mais de l'imagination : « Cet état, en effet, dépend de nous, quand nous le voulons (car on peut placer quelque chose devant ses yeux, comme font ceux qui rangent des idées dans un ordre mnémonique et y ajoutent des images) » [21].

L'âme ne pense pas sans images [22]. Mais l'image peut induire la pensée en erreur, et c'est ce qui se produit dans des songes, des illusions et des hallucinations [23], ou encore quand l'image est confondue avec ce qu'elle représente [24]. Il y a aussi des images qui « offusquent » vision et pensée [25] ; il y a enfin, comme l'indique notre texte, des images « obscures », insuffisamment clarifiées, qui entraînent (ou provoquent) des images (ou pensées) « contraires » (a 27).

Or le poète doit placer devant ses yeux la fable, c'est-à-dire les événements, comme s'il y assistait lui-même : c'est ainsi qu'il

20. *Rhétorique*, III, 11, 1411 b 24-28.
21. *De Anima*, III, 3, 427 b 16-20.
22. *De Anima*, III, 7, 431 a 16-17 ; *De Mem.*, 1, 449 b 31.
23. *De Insomn.*, 1, 458 b 10-33.
24. *De Mem.*, 1, 451 a 2-8.
25. *Physique*, IV, 4, 212 a 8.

découvrira « ce qui convient », c'est-à-dire les expressions convenables (la « convenance », on l'a vu au chapitre 9, doit commander le rapport entre les personnages, leurs dits et leurs faits : ici il n'est question que de « convenance » stylistique, longuement expliquée au chapitre 7 du IIIe Livre de la *Rhétorique*). De cette manière, il saura éviter les images (ou pensées) « contraires sous-jacentes »[26], qui pourraient bien, de la part de l'usager, échapper à une simple lecture[27], mais qui surgiraient lors de la représentation, et risqueraient de détruire l'effet visé, mais insuffisamment préparé. La représentation théâtrale (qui est bien « tout à fait étrangère » à l'art poétique, 1450 b 18) assume ici la fonction d'une mise à l'épreuve : elle est inutile, cependant, pour le bon poète, celui qui a placé les événements si vivement devant ses yeux que son style, selon l'indication de la *Rhétorique*, les a fait passer « à l'acte » : l'actualisation théâtrale, alors, n'en est plus que la traduction qui, jusque dans le détail de ce qu'elle « représente », ne fait que se conformer à la vérité[28] contenue déjà dans le poème et son expression verbale.

Les « gestes »[29] (*schèmata*) par où il faut, dans la mesure du possible, donner son achèvement aux fables, ne peuvent guère s'entendre que de ceux des acteurs, dont cependant l'influence parfois néfaste sur les poètes avait été dénoncée précédemment[30], dont l'art, de toute manière, est distinct de celui du poète[31], et desquels, au surplus, l'œuvre n'a « nul besoin »[32] ; aussi bien l'ensemble du *spectacle* est-il « tout à fait étranger » à l'art poétique[33].

26. *Poétique*, 17, 1455 a 27 : ὑπεναντία (ou « virtuelles », « clandestines » ; le préfixe, en tout cas, a ici tout son sens).

27. En lisant, avec Vahlen : ὃ μὴ ὁρῶντ' ἄν, et en conservant τὸν θεατήν.

28. Cf. 1455 a 33.

29. Comprendre l'expression comme « formes du style » (cf. 1456 b 9), comme le propose G. F. Else, est parfaitement possible : rien, dans le mouvement de la phrase, ne s'y oppose. Il serait plus satisfaisant, cependant, puisqu'il s'agirait alors du style, d'entendre l'expression dans les différents sens de *Rhét.*, II, 24, 1401 a 8 ; III, 8, 1408 b 21, 28 ; 10, 1410 b 29 ; sinon, c'est-à-dire si l'on se borne à 1456 b 9, on se prive du principal bénéfice de cette exégèse, en laissant retomber l'expression dans le voisinage de l'« art de l'acteur », rejoignant ainsi l'exégèse adverse. — Cependant, le texte comparable (bien que nullement « parallèle ») de *Rhét.*, II, 8, 1386 a 32, est en faveur de « gestes » ; l'idée de l'imitation par voix et par geste est traditionnelle (Platon, *Rép.*, III, 393 c 4-5 ; 397 b 1, cf. *Crat.*, 423 a 6 ; *Lois*, II, 654 e 3, 669 c 5) ; cf. plus loin, 1462 a 3.

30. *Poétique*, 9, 1451 b 37.

31. *Poétique*, 26, 1462 a 4-5.

32. *Poétique*, 26, 1462 a 3, à comp. avec 1450 b 19-20.

33. *Poétique*, 6, 1450 b 18.

D'autre part, l'idée récemment avancée que le poète lui-même, par des gesticulations appropriées, doive se mettre en état de créativité et forcer, en quelque sorte, l'inspiration, outre qu'elle paraît passablement anachronique[34] (elle supposerait la théorie des émotions de W. James[35]), ne s'accorde pas avec le mouvement de la phrase et prend implicitement le verbe *synapergazesthai* (a 23, 30) dans deux sens différents : les « gestes », par rapport à la *finition* du poème dramatique, doivent assumer une fonction comparable à celle du style, c'est-à-dire désigner un élément objectif qui concoure à l'achèvement de l'œuvre (ce qui certes ne saurait s'entendre des mimiques ou pantomimes auxquelles l'auteur se livrerait en privé). De manière correspondante, le verbe : « donner (ou contribuer à donner) son achèvement » doit avoir son même sens objectif dans les deux membres de phrase : or, à suivre cette exégèse, il serait pris, en son second emploi, dans le sens subjectif de « s'aider de, s'évertuer, faire concourir à » — bref, il désignerait, non plus le travail poétique envisagé dans son résultat tangible, mais des exercices préparatoires, faits dans le secret du cabinet, et dont aucun terme comparable (et, d'abord, par le parallélisme grammatical) à *lexis* (a 23) n'indiquerait le résultat effectif[36].

Il paraît donc plus naturel de laisser à *schèmata* son sens obvie, et de comprendre que le poète, ayant placé devant ses yeux les événements « comme s'il y assistait lui-même », est capable, par là, de donner aux expressions une justesse, une « vérité » telles que sa vision se communique jusqu'au jeu de l'acteur qui, lui aussi, « croit assister aux événements mêmes »[37] et, selon le caractère pitoyable ou terrifiant des tirades qu'il récite, adopte spontanément les attitudes correspondantes[38]. Il en est donc ici comme de la « convenance » en matière de style : le jeu des acteurs est comme une mise à l'épreuve, manifestant aux yeux de tous la vérité de la vision poétique. A cet égard, on peut dire que le spectacle complète et achève le poème, mais c'est à la manière de la chaîne magnétique décrite dans l'*Ion* de

34. Les références à Aristophane (*Acharn.*, 412 ; *Thesm.*, 148-52) ne supportent pas cette hypothèse.

35. W. James, *Précis de psychologie*, trad. fr., Rivière, 1927, chap. XXIV, p. 497 (« Nous sommes affligés parce que nous pleurons, fâchés parce que nous frappons, effrayés parce que nous tremblons »).

36. Le glissement de sens paraît facilité du fait que le verbe, la seconde fois, est mis au participe, ce qui peut suggérer un parallèle avec τιθέμενον qui, lui, en effet ne désigne que l'effort subjectif.

37. Platon, *Ion*, 535 c 1.

38. *Ion*, 535 c 5-8.

Platon. Ce n'est donc pas du tout la fonction de « metteur en scène » du poète qui est en question, ni, bien moins encore, d'acteur (on sait que Sophocle montait fort rarement en scène, et Euripide pas du tout) : c'est le pouvoir poétique d'influencer jusqu'aux gestes des acteurs.

La phrase suivante explique ce pouvoir de « persuasion » (à l'égard du public, sans doute, mais, d'abord, des acteurs) par la faculté d'éprouver les passions qu'il s'agit, à chaque fois, de communiquer : or ce sont les pièces « pathétiques » que recherchent les acteurs [39], parce qu'ils y trouvent les indications mêmes de leur jeu. Cette idée de la traduction gestuelle du texte est bien indiquée dans des fragments transmis par Athénée [40] ; tout ce qu'il faut souligner, ici, c'est que, s'agissant de l'art poétique, l'achèvement que le jeu des acteurs apporte au poème est prescrit, est exigé par le poète même, et c'est pourquoi ce « complément » qui vérifie et, en un sens, actualise la cohérence du texte, n'est cependant pas indispensable [41].

46. En recommandant de placer l'action devant le regard intérieur, Aristote applique à l'art dramatique sa théorie de l'imagination et, en retour, approfondit et redresse cette théorie. L'imagination, cette faculté qui « dépend de nous », n'était jusqu'alors illustrée techniquement que par les procédés de mnémotechnie [42]. Elle prend, dans notre texte, le sens déjà moderne [43] de spontanéité de la création artistique. Par là, elle dépasse le cadre où elle était enfermée dans le traité *De l'âme*. Les produits de l'imagination manquent de « précision » et de « clarté » [44] (or le poète « voit les choses avec un maximum de clarté » [45]) ; ils ne relèvent pas du vrai et du faux [46], et même « l'imagination peut aussi bien être fausse » [47] (mais le poète transmet ses passions « de la

39. *Rhétorique*, III, 12, 1413 b 10-11.

40. Athénée, I, 21 e-22 a (en part. 21 f : « Télésis ou Télestèes, le maître à danser, a inventé beaucoup de figures, par où il indiquait parfaitement, à l'aide de ses mains, le sens des paroles »).

41. *Poétique*, 26, 1462 a 3.

42. *De Anima*, III, 3, 427 b 18-20 (avec le commentaire de D. Ross).

43. Dont l'origine, face à l'« objectivisme classique », peut être retracée jusqu'à Shaftesbury ; je renvoie sur ce point à l'exposé fondamental de E. Cassirer, *Die Philosophie der Aufklärung*, Tübingen, 1932 (tr. fr., Fayard, 1966), chap. VII. — Bien entendu, on ne signale ici qu'un rapprochement doctrinal, et nullement une « influence » (que, bien au contraire, tout ce que nous savons des lectures antiques de Shaftesbury exclut).

44. *De Anima*, III, 3, 428 a 13-15.

45. *Poétique*, 17, 1455 a 25.

46. *De Anima*, III, 3, 427 b 21, 428 a 18-b 10.

47. *De Anima*, III, 3, 428 a 18 (12).

manière la plus vraie »[48]). De plus, « quand nous jugeons [par la *doxa*] une chose terrifiante ou redoutable, aussitôt nous éprouvons une émotion correspondante (*sympaschomen*), de même, quand il s'agit d'une chose rassurante[49] ; mais quand ces choses se présentent à l'imagination, nous réagissons comme si nous contemplions les choses terrifiantes et rassurantes en peinture »[50]. Or le poète, par sa passion, suscite une passion correspondante[51] et l' « auditeur, à chaque fois, partage la passion (*synomopathei*) de celui qui parle avec passion »[52]. On est bien loin, ici, du *Ut pictura poesis*[53]. — L'imagination fait donc passer à l'acte les faits de la fable (tout comme l'intellect, dans la démonstration géométrique, fait passer à l'acte le théorème[54]) et, par l'achèvement stylistique qu'elle leur donne, élimine toutes les images « virtuellement contraires » (a 27). — On a noté plus haut qu'il y a deux manières, dans l'aristotélisme, de passer à l'acte : par l'intellect et par la matière. De même, la fable est actualisée aussi bien par la vision intérieure du poète que par la représentation matérielle : celle-ci, on l'a dit, ne faisant que redoubler celle-là.

La vérité (a 33) à laquelle accède l'imagination n'est pas seulement formelle, c'est-à-dire exempte de contradiction (a 27). Elle est matérielle aussi bien, parce que le poète, *malléable* (*euplastos*), communique à l'œuvre ses propres passions[55]. Platon avait bien constaté aussi que la tragédie a besoin de « formes de toute sorte »[56], mais c'est en cela même que se trahissait, non seulement sa déficience morale, mais l'anthropologie tout à fait erronée sur laquelle elle repose ; l' « imitation » n'est pas un genre unitaire dont il puisse y avoir un seul spécialiste : ainsi, tragédie et comédie ne sont pas jouées par les même acteurs, « et il semble même que la nature humaine est fragmentée en des pièces encore plus menues, en sorte qu'il est impossible d'imiter correctement plusieurs emplois ou de pratiquer correctement les

48. *Poétique*, 17, 1455 a 33,
49. Cf. PLATON, *Lachès*, 194 e *i.f.*
50. *De Anima*, III, 3, 427 b 21-24.
51. *Poétique*, 17, 1455 a 31-33.
52. *Rhétorique*, III, 7, 1408 a 23-24.
53. Au sens traditionnel, du moins, où ce vers est encore parfois entendu.
54. *Métaphysique*, M, 10, 1087 a 15-21.
55. Pour la distinction des deux formes de l'activité poétique (a 30-34), je renvoie aux commentaires de Lucas et d'Else (ce dernier invoque très justement un texte des *Problèmes*, 30, 954 a 32-34, pour montrer que cette distinction est conforme à celle des caractères, selon la théorie des humeurs).
56. PLATON, *République*, III, 397 c 5.

actions que ces imitations reproduisent »[57]. Pour Aristote, « la même nature » (a 31) peut, grâce à la plasticité du poète, éprouver des passions très différentes (et cela, véridiquement, de manière à enseigner cette même vérité au spectateur, conformément à la doctrine du chapitre 4) : sa « bonne nature », capable de « se façonner aisément », s'oppose[58] donc directement à la nécessaire spécialisation que Platon voit, naturellement, prescrite à la nature humaine.

b. **Arguments et épisodes**

47. « *Les sujets, qu'ils aient déjà été composés ou qu'on les compose soi-même, il faut les disposer sous une forme universelle, et ensuite seulement les articuler en épisodes et les développer* » (1455 a 35 - b 2).

On doit lire cette phrase en correspondance avec celle qui ouvre le chapitre : de même qu'il faut « poser les fables devant ses yeux », pour leur donner ensuite leur achèvement stylistique, de même il faut, préalablement, les « disposer sous une forme universelle », pour leur donner ensuite leur développement en épisodes.

Le mot *sujet* (ou : *argument*) présente un import intellectuel qui l'apparente à *universel* ; il n'est pas exactement l'équivalent de *fable* (a 23), puisque la fable, avant même d'être définie avec précision, est expliquée d'emblée comme l' « agencement des actions » (6, 1450 a 15, 32). Sans doute le mot peut désigner aussi les mythes transmis par la tradition (1451 b 24, 1453 b 25), c'est-à-dire (comme en 1453 a 18, 1454 a 12) sans encore avoir fait l'objet d'une élaboration dramatique. Mais ici, il s'agit d'arguments déjà « composés », ou dont le poète invente lui-même la composition — ce qui peut s'entendre, soit des pièces « historiques » de Phrynichos ou d'Eschyle, soit, plus vraisemblablement, de sujets entièrement inventés, comme l'*Anthée* d'Agathon (1451 b 21). — Ce qui semble indiquer, puisque aussi bien toutes les fables, peu nombreuses, qui se prêtent à un traitement dramatique ont déjà été « recensées »[59], que le poète, aux prises avec un « sujet », effectuera son travail de réduction à l'universel à partir des pièces qui l'ont traité avant lui, et non pas seulement

57. *République*, III, 395 b.

58. Le mot *euplastos* est bien aussi employé, et sans nuance péjorative, dans les *Lois*, II, 666 c 2, mais il s'oppose alors à *dureté* et ne prépare en rien le sens où il sera pris chez Aristote.

59. *Poétique*, 13, 1453 a 18.

à partir de la tradition brute, telle qu'elle s'est présentée aux « premiers poètes » (1453 a 17).

Le poète, à cet égard, serait donc dans une situation comparable à celle du philosophe. Les premiers philosophes ou mythologues [60] ont spéculé déjà sur les principes, mais confusément, sans entraînement suffisant [61], tout comme les premiers poètes sont tombés sur les premières fables venues (1453 a 18), et ont été guidés par le hasard plutôt que par la technique (1454 a 10). Il n'empêche que, actuellement, le philosophe a tout intérêt à connaître les efforts de ses prédécesseurs qui, eux aussi, « ont philosophé sur la vérité » [62] : c'est même une exigence de méthode, car on ne peut résoudre une difficulté sans en avoir exploré toutes les issues, ni « défaire un nœud sans le connaître » [63]. Le poète, de même, doit d'abord, face à un sujet à traiter, connaître les efforts faits avant lui : or quand il s'agit de la construction de la fable, l'établissement de l'argument et son développement en épisodes n'est rien d'autre précisément que la position d'un problème à résoudre : le nœud et le dénouement [64], au-delà de l'identité de la métaphore, indiquent assez combien l'office du poète est comparable à celui du philosophe et font voir la nécessité interne qui lie le début du chapitre 18 à la seconde partie du chapitre précédent.

Le mot *ekthesis* (et le verbe correspondant) (1455 b 1) est un terme technique, dans les *Analytiques* [65] [(*a*) disposer en forme de syllogisme des termes qui ne l'étaient pas auparavant ; (*b*) disposer des instances particulières de manière à confirmer une conclusion ou, selon l'heureuse expression de G. Granger : « mettre en évidence un modèle partiel » [66]] et dans la critique des idées platoniciennes [67] (disposer à part, séparer à titre d'unité substantielle ce qui s'attribue universellement [68]). Ailleurs, le mot indique simplement qu'une chose est mise à part pour être l'objet d'une opération logique [69] ou d'un examen séparé [70]. C'est ce dernier sens qui, de prime abord, convient ici, mais sans

60. Cf. *Questions platoniciennes*, pp. 141 sqq.
61. *Métaphysique*, A, 4, 985 a 13-14.
62. *Métaphysique*, A, 3, 983 b 2-3.
63. *Métaphysique*, B, 1, 995 a 27-30.
64. Litt. « solution » (*Poét.*, 18, 1455 b 24, *Métaph.*, B, 1, 995 a 29).
65. Cf. D. Ross, *A.'s Metaphysics*, t. I, p. 208 ; *A.'s ... Analytics*, p. 311.
66. G. Granger, *La Théorie aristotélicienne de la science*, p. 132.
67. L. Robin, *La Théorie platonicienne des Idées...*, p. 29, n. 25.
68. *Métaphysique*, M, 9, 1086 b 9-11.
69. *Prem. Analyt.*, I, 10, 30 b 31.
70. *Physique*, VI, 4, 235 a 28.

exclure pour autant les harmoniques logiques du mot et, en particulier, son lien avec l'universel qui, chez les Platoniciens, est simplement mis à part pour être érigé en substance autonome, alors qu'il est ici le résultat d'une démarche logique (la construction, aussi bien, est prédicative : non plus, comme le font les Platoniciens, disposer à part les universels, mais disposer l'argument comme universel, de manière à le rendre universel). Il y a donc bien l'idée de l'élaboration d'un modèle, dégagé de ses traitements antérieurs (dans l'exemple proposé, la reconnaissance fait partie du *logos,* mais non pas la forme particulière qu'elle revêt, soit chez Euripide, soit chez Polyidos), dégagé aussi de ce qui est « en dehors du drame » (et, en tant que tel, « en dehors de l'universel »[71]). Ce modèle se laisse « regarder » (b 2), tout comme la fable, une fois construite (a 24), mais il reste universel, aussi bien parce qu'il a été obtenu par un procédé d'*ecthesis* que parce qu'il demande ensuite à être individualisé, par l'emploi des noms propres et des épisodes. — Il n'y a pas lieu de construire ici une opposition avec l'emploi du mot *universel* au chapitre 9 : comme la poésie, le modèle obéit aux lois de la « vraisemblance »[72], et l'individualisation qu'il subira ensuite conserve, comme la poésie au chapitre 9, sa vérité universelle, parce qu'il ne tombe jamais au niveau de la contingence inconnaissable du particulier, du καθ' ἕκαστον (1451 b 10).

48. Il y a un contraste matériel, voulu et même souligné (b 17), entre les 10 lignes dont il est besoin pour établir le *logos* de la pièce d'Euripide, et les six qui suffisent pour résumer les vingt-quatre chants de l'*Odyssée.* — La question de la longueur, c'est-à-dire de la beauté de la tragédie « sous le rapport de son étendue » avait été posée plus haut : « ...pour donner une définition générale : l'étendue requise pour les événements qui, se succédant selon la vraisemblance ou la nécessité, font changer le malheur en bonheur ou le bonheur en malheur, voilà la limite suffisante de l'étendue » (7, 1451 a 11-15). Cette définition se rapportait à la « nature de la chose » (a 9), à quoi correspondent, dans notre texte, les données *essentielles*[73] de l'argument. Ces données, on vient de le dire, peuvent être plus circonstanciées dans un argument tragique que dans un argument épique, sans qu'il en résulte encore rien pour l'étendue effective de l'œuvre.

71. *Poétique*, 17, 1455 b 7-8 (en conservant le texte des mss).
72. *Poétique*, 17, 1455 b 10, cf. 1451 b 9.
73. Ἴδιον (b 23) peut désigner l'essence (*Top.*, I, 4, 101 b 19), c'est-à-dire, ici, celle de l'universalité du *logos*.

Sans doute, dans ces deux genres poétiques, il faut, conformément à la loi de *convenance* qui, esquissée au chapitre 9, domine tout le chapitre 17, *approprier*[74] les épisodes à l'argument. Mais le développement[75] dramatique exige de la *concision* (terme rhétorique qui peut même impliquer un excès[76]), c'est-à-dire, comme cela sera expliqué au chapitre suivant, doit être étroitement subordonné au *dénouement* (l'introduction, ici, du concept d'*argument* permet ainsi de préciser la prescription générale sur l'étendue, formulée au chapitre 7), alors que le développement épique peut se permettre d'*allonger* (terme également emprunté à la rhétorique[77]), et c'est même ce qui contribue, comme on le dira plus loin, à son *ampleur*[78].

Le mot *épisode* (et ses dérivés) peut avoir un sens nettement péjoratif[79] ; le verbe, d'autre part, peut désigner, sans nuance critique, une addition, « introduite » sans être strictement exigée par le sujet, mais destinée à le varier et à l'amplifier[80] : on peut admettre ce dernier sens, quand il s'agit de l'épopée. Mais, appliqué, ici, à la tragédie, et distingué de (mais nullement : opposé à) l'argument, le verbe indique seulement le développement, la mise en forme dramatique de l'argument, c'est-à-dire sa résolution en « épisodes », liés par vraisemblance ou par nécessité (1451 b 34-35), et articulés en « parties de la fable » (1452 b 8). L'établissement préalable de l'argument comprend bien, lui aussi, des parties successives et liées, mais non pas sous forme d'épisodes dramatiques, d'abord parce qu'il inclut des actions qui, ensuite, resteront « en dehors du drame », et surtout parce qu'il ne préjuge en rien de la dramatisation définitive (sans quoi deux poètes ne pourraient jamais traiter le même sujet). « Développer en épisodes »[81] signifie donc : mettre en forme dramatique, et non pas du tout : inventer des épisodes adventices pour agrémenter l'argument. — La convenance (b 13) s'établit entre cette

74. Οἰκεῖα (b 13), qui n'est pas clairement, ici, l'équivalent de ἴδιον (ce qui peut être le cas ailleurs, Bonitz, *Index*, 339 b 10), se rapporte, par opposition à un ἀλλότρια sous-entendu, à λόγος, et indique la convenance des épisodes par rapport à l'essence du *logos*.

75. *Poétique*, 17, 1455 b 2.

76. Σύντομα (b 16) ; cf. *Rhétorique*, III, 12, 1414 a 25 ; 15, 1416 b 5 ; 18, 1419 a 21.

77. Μηκύνειν (b 16) ; cf. *Rhétor. à Alex.*, 22, 1434 b 1 ; 37, 1445 b 13.

78. *Poétique*, 24, 1459 b 28.

79. Dans la *Poétique* même : 9, 1451 b 33 ; *Métaphysique*, Λ, 10, 1076 a 1.

80. *Rhétorique*, III, 17, 1418 a 33.

81. *Poétique*, 17, 1455 b 1-2 (il est permis de comprendre l'expression comme un hendiadyn).

forme dramatique et la fable (qui reste bien l'« âme » de la tragédie), et non pas, comme on a pu le penser, les personnages.

Ce chapitre, avec son universalisation de l' « argument », est sans doute le premier antécédent de ce que la philologie alexandrine devait appeler *hypothesis,* et placer en tête des éditions antiques. Peut-être, toutefois, Aristote s'est-il souvenu d'un texte de la *République* où, à des fins toutes différentes, Platon avait transcrit en récit prosaïque, non pas l'ensemble du poème, mais tout le début de l'*Iliade*[82]. D'un simple point de vue stylistique, il ne serait pas sans intérêt de comparer l'*argument* de l'*Iphigénie* avec cette page de Platon.

3. Traitement technique des fables : nœud et dénouement (chap. 18)

49. Le dernier chapitre consacré à la tragédie reprend plusieurs thèmes à celui qui précède : le terme de « convenance » (*prepon,* 1456 a 14), la confrontation entre tragédie et épopée, la notion de ce qui est « propre » au sujet (1455 b 23, précisée par ce qui fait l' « identité » de la pièce, 1456 a 8) ; la transition (non explicitée) est assurée par l'idée d'*argument* qui, au chapitre 17, était établie dans sa généralité (et son universalité) et qui, à présent, sera considérée dans sa structure concrète.

a. Nœud et dénouement

Cela dit, l'unité la plus apparente du chapitre 18 est fournie par le terme de *partie*[83] qui s'y rencontre une demi-douzaine de fois, mais avec des sens différents, puisque aussi bien c'est un terme « à acceptions multiples »[84].

Dès son premier emploi le mot est pris dans son sens fondamental[85], qui indique en même temps le thème véritable du chapitre : la partie extrême du nœud et le début du dénouement. Le rapport (et le contraste) est assez clair avec ce qui précède : il y a un argument général et propre à la pièce, au prix duquel tout le reste n'est qu' « épisodes ». Or ce carac-

82. Platon, *République*, III, 393 d sqq.
83. Cette idée même était déjà présente dans les deux chapitres précédents : cf. p. 297.
84. *Métaphysique*, Δ, 25.
85. Au sens aristotélicien de ce mot qui désigne l'acception fondamentale d'un terme plurivoque (p. ex. *Métaph.*, Δ, 12, 1020 a 4 ; *Phys.*, IV, 3, 210 a 24).

tère propre à l'argument tout entier se concentre cependant dans une seule partie, laquelle, comparable à l'instant dans l'analyse du temps, relie et divise tout ensemble et, tout ensemble, est fin et commencement [86]. L'instant, sans doute, ainsi que le point dans la ligne, ne divisent qu' « en puissance » et ne sont pas des « parties », à moins d' « en user comme d'une dualité » [87], ce qui se produit, précisément, ici : la « partie extrême » du nœud est en même temps ce « à partir de quoi » se fait le « passage » à l'adversité (ou au bonheur), c'est-à-dire le « début » du dénouement. Cette partie, fin à la fois et commencement, divise elle-même la pièce en deux parties : nœud et dénouement, et ces parties, à leur tour, en dépit de la diversité de leurs épisodes (de leurs « parties ») respectifs, n'en peuvent pas moins être considérées, chacune, comme homogènes, par rapport à cette partie unique et privilégiée qui, terminant la première et inaugurant la seconde, concentre en elle ce qui fait l'essence même du tragique : le passage à l'adversité.

La parenté de cette conception avec les analyses plus « abstraites » de la *Physique* est trop évidente pour qu'il soit besoin d'y insister. Rappelons seulement que la tragédie avait été définie comme un tout, ayant un commencement, un milieu et une fin (1450 b 27). La partie qui sépare le nœud et le dénouement constitue précisément le milieu, puisque « le milieu devient commencement et fin, commencement de la ligne postérieure et fin de la première » [88].

« *Les événements extérieurs à la pièce et une partie des événements intérieurs constituent souvent le nœud, le reste est le dénouement. J'appelle nœud ce qui est compris entre le début et cette partie extrême à partir de laquelle s'opère le passage au bonheur ou à l'adversité...* » (1455 b 25-28). Il est malaisé de décider si le « souvent » porte sur l'ensemble de la phrase ou seulement sur « une partie des événements intérieurs » (traduction qui paraît plus naturelle). La difficulté, apparente, de la phrase resterait la même, puisqu'elle semble dire que le nœud pourrait se situer tout à fait en dehors de la pièce. Or une telle assertion serait irrecevable : elle contredirait ce qui sera dit plus loin de l'art de « nouer » (1456 a 9), et elle contredirait surtout ce qui suit immédiatement, où le nœud est situé au *début* [89] de la pièce.

86. *Physique*, IV, 13, 222 a 10-20.
87. *Physique*, IV, 11, 220 a 12.
88. *Physique*, VIII, 8, 262 a 25-26.
89. 1455 b 26-27. Or « le début est ce qui ne succède pas nécessairement à autre chose » (7, 1450 b 28-9).

Il faut donc comprendre que le nœud, en tant qu'il désigne la matérialité des événements, en tant qu'il figure la cause matérielle, peut en effet être situé en dehors du drame ; mais en tant qu'il indique la cause formelle, seule envisagée dans la définition (« J'appelle nœud... »), il ne commence qu'avec la pièce même. Plusieurs conséquences résultent de là :

50. *a*) Il faut distinguer la matière de la fable (telle que, sous des affabulations diverses, la mythologie l'a transmise) de son traitement par le poète. Cela était déjà vrai, au chapitre précédent, de la transformation de la fable en un argument « universel »[90], et cela est vrai encore de la formation du nœud ;

b) Ce qui est « en dehors du drame », tout comme cette « infinité » d'événements qui arrivent dans la vie d'un homme (8, 1451 a 17), et qui relèvent de l'historiographie plutôt que de la poésie, devra être soumis à une sélection, devra être incorporé au drame et, proprement « intériorisé », changé en « événements intérieurs », que ce soit par le procédé du *deus ex machina*[91], ou en rendant « rationnels » des événements dont l'irrationalité n'est acceptable qu' « en dehors du drame »[92], ou encore (et c'est en cela précisément que consiste l'art de nouer) en transformant les événements bruts, reçus de la tradition, en un nœud dont le poète est l'unique artisan ;

c) Nous avons eu l'occasion de noter que, dans son étude des substances physiques, Aristote, la plupart du temps, envisage celles-ci indépendamment de leur environnement, et conformément à son concept d'autarcie : les choses « extérieures » sont ainsi mises entre parenthèses, et Aristote se borne à en rappeler, parfois, l'existence : ainsi, la Cité la meilleure se réalisera, « à condition que rien, de l'extérieur, ne survienne pour y faire obstacle »[93]. La fable, elle, est prise dans un enchaînement historique dont il est moins aisé de faire abstraction : il faut donc prendre en compte, au moins partiellement, la causalité antécédente, et l'art poétique qui, lui aussi a pour objet une totalité organique et substantielle, consiste à y intégrer de son mieux les « événements en dehors du drame ». Et, en effet, ces « événements extérieurs », par rapport à la pièce achevée, ne lui demeurent pas « extérieurs » à la lettre : la préhistoire qu'ils constituent par

90. Qui peut déjà exclure des « événements en dehors de la fable » (1455 b 8).
91. *Poétique*, 15, 1454 b 3.
92. *Poétique*, 15, 1454 b 6-7, cf. 24, 1460 a 29.
93. *Politique*, IV, 1, 1288 b 24 ; cf. *Physique*, II, 8, 199 a 11, b 17-18 ; *Métaphysique*, Θ, 5, 1048 a 16-20.

rapport à la fable n'existe et n'est actualisée que dans la mesure où, par un récit ou par la mémoire, elle sera convertie, au cours de l'action dramatique, en « événement intérieur » et, en ce sens, intériorisée. Or l'actualisation, on l'avait noté également, n'existe pas comme donnée « objective » et inerte : c'est l'esprit qui l'effectue, c'est-à-dire, en l'espèce, l'esprit du poète : parler, par conséquent, d'événements « en dehors du drame » implique que ceux-ci seront relatés et intériorisés dans la pièce même, et il serait absurde d'admettre que ces événements puissent suffire, à eux seuls et avant même le prologue ou la parodos, à nouer le nœud ;

d) On ne suivra donc pas les commentateurs qui allèguent *Œdipe Roi* comme exemple d'une tragédie sans nœud — étrange interprétation, tant au regard de la pièce même (car qu'est-ce que le dialogue initial entre Œdipe et le prêtre, si ce n'est le début du nœud ?) que compte tenu de ce que dit Aristote, quand, pour expliquer ce qu'est une péripétie, il indique précisément le *milieu* de la pièce, où se situe le « passage à l'adversité » (1452 a 24-26). A s'en tenir à la définition d'Aristote (1455 b 26-29), aucune tragédie n'est dépourvue d'un nœud (situé à l'intérieur de la pièce), bien qu'il puisse y en avoir sans péripétie, comme cela sera rappelé au paragraphe suivant.

La notion *nœud - dénouement* complète, englobe et dépasse les diverses divisions du drame et des situations tragiques proposées précédemment (chap. 7, 11-14). Conformément à la finalité didactique de l'art, définie au chapitre 4, cette notion interprète la tragédie selon la conception aristotélicienne de l'acte de philosopher : savoir nouer le nœud, puis le dénouer[93 bis] ; le même schème bipartite commande la *Rhétorique*, puisque tout discours, quoi qu'il en soit de ses divisions proprement oratoires, exige essentiellement deux parties : le problème et la démonstration[94].

b. **Les quatre espèces de tragédies**

51. « *Il y a quatre espèces de tragédies (car tel est aussi, nous l'avons dit, le nombre des parties) : la tragédie complexe, dont la totalité est faite de péripétie et de reconnaissance, la tragédie pathétique, par exemple les* Ajax *et les* Ixion, *la tragédie éthique, par exemple les* Femmes de Phthie *et* Pélée, *enfin la quatrième espèce qui consiste dans < la totalité de la tragédie >, par*

93 bis. *Métaphysique*, B, 1, 995 a 25-b 3.
94. *Rhétorique*, III, 13, 1414 a 36-37.

exemple les Phorcides, Prométhée *et les fables qui se passent dans l'Hadès* » (1455 b 33 - 1456 a 3).

Ces quelques lignes, tant du point de vue paléographique que pour le sens général, semblent constituer comme un *locus desperatus :* on ne voit pas pourquoi Aristote passe maintenant à une classification des tragédies, ni quelles sont les « quatre parties » auxquelles il fait référence, quel est au juste le sens de *pathétique* et d'*éthique*, quel était le texte authentique qui formule la « quatrième » division ; à quoi l'on peut ajouter que la plupart des pièces citées en exemples nous sont inconnues, et que même la mention du *Prométhée* pourrait fort bien se rapporter aux deux pièces de la trilogie qui, justement, ne nous sont pas parvenues.

Le passage à la tragédie « complexe » (premier membre de la quadripartition) pourrait s'expliquer, ici encore, par une « association d'idées » : le terme de *nœud (desis)*, employé dans ce qui précède, peut être remplacé par un homonyme, indiqué quelques lignes plus loin (*plokè*, a 9), qui présente la même origine étymologique que le participe *complexe*. De plus, la distinction *nœud - dénouement* avait divisé la tragédie en deux sections, séparées par une *partie* médiane : or l'idée de *partie*, quel qu'en soit, ici, le sens précis, est au centre du passage. Pour savoir si, entre ces deux paragraphes, il n'y a pas un rapport plus étroit, il faut considérer la classification, et d'abord en elle-même, puisque le fondement qu'elle invoque (« car tel est aussi, nous l'avons dit, le nombre des parties ») ne paraît pas offrir, à première vue, un fil conducteur assuré.

La classification comprend quatre termes, présentés par chiasme : le texte parallèle du début du chapitre 24 ne permet guère de douter que le quatrième terme ne désigne bien la tragédie « simple ». Sans prétendre restituer le texte primitif, on peut comprendre : τὸ δὲ τέταρτον ὅλης <τραγῳδίας>[95] : « la quatrième espèce consistant dans la totalité de la tragédie », par opposition avec le premier terme, où cette totalité (τὸ ὅλον, b 33) est diversifiée par péripétie et reconnaissance. On doit distinguer, en effet, les fables « simples » des « complexes », distinction qui se fonde sur celle des « actions » dont les fables sont des « imitations » : or l'action est simple, « quand elle est, conformé-

95. Bien entendu, il serait plus satisfaisant, en ce qui concerne la construction, d'écrire carrément <ἡ ἁπλῆ>, ce qui est pourtant bien loin du texte, ou encore, avec Else, <ἡ δὲ ἐπεισοδιώ>δης : dans les deux cas, il s'agirait bien de la tragédie simple. — Mais ὄψις (Bywater) est à écarter (cf. ELSE, *op. cit.*, p. 525 déb.) et τερατῶδες (Schrader) paraît arbitraire et ne cadre, ni avec le début du chapitre 24, ni avec la structure de notre texte.

ment à notre définition, continue et une et que le changement se produit sans péripétie ou reconnaissance »[96] : la « définition » alléguée est celle de l'action tragique comme d'une « totalité » (ὅλον) « ayant commencement, milieu et fin »[97]. — Cette distinction, (qui, au chapitre 10, ne concernait que la fable) est étendue ici à la tragédie même et, comme on vient de le rappeler, se fonde sur la structure, immédiatement donnée *(euthys)*, des actions[98].

Cette première division est d'ordre matériel ou, si l'on préfère, quantitatif. La seconde, qui oppose *éthique* et *pathétique*, est d'ordre qualitatif. Quelle que soit la dénomination qu'on choisisse, il est clair que les deux critères de distinction ne sont pas du même ordre, et que les divisions qu'ils déterminent ne sont pas homogènes. Les deux critères, aussi bien, peuvent très bien fonctionner séparément l'un de l'autre : le premier, on l'a vu, intervient au chapitre 10 ; le second, dans la *Rhétorique*, pour séparer les compositions écrites (et aussi les tragédies) en éthiques et en pathétiques[99]. Il faut donc, selon la méthode appliquée dès le début du traité[100], joindre les deux critères, et comprendre les quatre subdivisions, non pas comme exclusives les unes des autres, mais tout au contraire comme participant la seconde à la première : la tragédie, qu'elle soit simple ou complexe, pouvant, à chaque fois, être, soit éthique, soit pathétique (ainsi qu'Aristote l'indiquera clairement, au sujet de l'épopée, au chapitre 24).

Le mot *éthique* peut avoir des sens variés, et variables d'après le contexte : ainsi, quand il qualifie les *Dialogues socratiques*, opposés aux traités de mathématiques[101]. Le renvoi qui est fait ici (1455 b 34) oblige à chercher le sens dans ce qui précède, et comme ce sens est mis en rapport, et en opposition, avec *pathétique*, il ne peut guère s'entendre que de la fin de l'action dramatique, définie au chapitre 14. Les deux meilleurs procédés pour susciter pitié et crainte (1453 b 12) sont, d'une part, la reconnaissance subséquente à l'action (qualifiée d'*ekplèktikon* que l'on peut traduire, en gardant à ce mot son sens classique, par « étonnante », 1454 a 4) et, d'autre part, la reconnaissance antécédente et prévenant l'action (non qualifiée, il est vrai, mais où

96. *Poétique*, 10, 1452 a 14-16.
97. *Poétique*, 7, 1450 b 27.
98. *Poétique*, 10, 1452 a 14.
99. *Rhétorique*, III, 12, 1413 b 10.
100. Cf. plus haut, pp. 194-195.
101. *Rhétorique*, III, 16, 1417 a 16-22.

il semble bien qu'il faille voir un dénouement « éthique », c'est-à-dire dû au seul caractère des personnages, et non pas, comme dans le cas précédent, à une « erreur tragique » qui impose aux personnages, comme malgré eux, une action dont ils ne comprennent le sens « pathétique » qu'après coup). Or ces deux procédés, ainsi qu'on l'a marqué plus haut, se trouvent dans le chapitre dont l'objet est le *pathos*[102].

Les deux divisions prennent donc appui sur la doctrine antérieure ; elles se complètent, et elles permettent, conjointement, de classer, non seulement les tragédies, mais encore, comme cela sera indiqué au chapitre 24, les poèmes épiques. De plus, elles sont étroitement liées à ce qui précède immédiatement.

52. Que toute tragédie comporte un nœud n'empêche pas que certaines soient particulièrement *complexes* (sans pour autant que celles qui sont *simples* en soient dépourvues). Et quant au dénouement, il peut atteindre la fin tragique, soit en allant jusqu'au *pathos* en acte et irrémédiable, soit en en restant à l'intention, en sorte que ce sont les caractères seuls qui en sont les artisans.

Il reste à nous demander comment ces *espèces* de tragédies sont rattachées aux *parties*.

Ce rapport ne saurait être purement formel, au sens où le nombre quatre fournirait le seul lien entre ces deux séries. A la rigueur, en effet, on pourrait soutenir que, parmi les six parties de la tragédie, les quatre premières seraient les plus importantes : le chapitre 6 en avait arrêté l'étude à la « quatrième » (1450 b 13), et le chapitre 24 n'en retiendra également que les quatre premières, puisque, seules, elles sont communes à la tragédie et à l'épopée (1459 b 10). On ne s'attardera pas, cependant, à cette explication : le nombre quatre, « de par sa qualité naturelle »[103], ne rend compte, ni des espèces ni des parties, et l'on tomberait dans les spéculations des Pythagoriciens qui semblent lier, par le nombre sept, les voyelles, l'âge où certains animaux perdent leurs dents et les Sept contre Thèbes[104].

On pourrait s'étonner que les parties d'une chose puissent correspondre à ses espèces, comme si les parties ne devaient pas être présentes dans chacune des espèces. Mais dans le cas, par exemple, des constitutions politiques, il y a bien un lien, et un lien « nécessaire », entre les formes et les parties, ce qui

102. Cf. plus haut, pp. 284-286.
103. Cf. *Métaphysique*, N, 6, 1093 a 16.
104. *Métaphysique*, N, 6, 1093 a 13-16.

signifie seulement que telle forme constitutionnelle se définit par la « prédominance » de telle partie, et par les « différences » qui, dans chaque espèce de constitution, peuvent exister entre les parties [105].

Il faut noter aussi que toutes les parties d'une chose ne sont pas également constitutives de celle-ci. Et bien que la *privation* ne fournisse pas, dans une division, une différence spécifique légitime [106], Aristote recourt parfois à ce procédé : ainsi il y a quatre espèces de *maximes*, puisque, en particulier, une maxime peut, soit s'accompagner, soit manquer d'*épilogue* [107].

Il faut rappeler enfin que la classification des tragédies obéit à deux critères conjoints (peu importe qu'on appelle quantitatif le premier, et le second qualitatif), ce qui fait comprendre d'emblée pourquoi il ne saurait y avoir une correspondance quasi mécanique entre la classification et l'une des divisions en parties établies plus haut.

Cela étant, si l'on cherche les parties dont il est question ici, on est renvoyé, par notre texte même (b 35), à la série qui comprend péripétie et reconnaissance. Mais il faut apporter à ce parallèle des précisions, sinon des correctifs :

a) Les parties, rigoureusement parlant, sont celles de la fable (chap. 10 déb.), ce qui ne saurait étonner, la fable même étant la partie essentielle de la tragédie ;

b) à la première espèce de la tragédie correspondent deux parties, reconnaissance et péripétie (qui avaient été comptées pour deux, la « troisième» étant le *pathos*, 1452 b 9-10) ; mais « la plus belle reconnaissance est celle qui se produit en même temps que la péripétie » (1452 a 32-33), tout comme les trois causes non-matérielles « se résument souvent à une seule » [108] ;

c) en revanche, la « troisième partie » est dédoublée, puisque le *pathos* peut, soit être présent en acte, soit, après s'être esquissé comme intention, faire place à l'*éthos ;*

d) à la quatrième espèce, enfin, la tragédie simple, correspond, non pas une « partie » à proprement parler, mais la privation de péripétie et de reconnaissance ou, pour reprendre le terme même d'Aristote, la « totalité » de la fable, non différenciée par l'une ou par l'autre.

105. *Politique*, IV, 3, 1289 b 5-13.
106. *De Part. anim.*, I, 3, 642 b 21-22.
107. *Rhétorique*, II, 21, 1394 b 7-8.
108. *Physique*, II, 7, 198 a 24-25.

Sans entrer ici dans les discussions savantes qu'a provoquées ce texte, notons seulement qu'il est caractéristique de la méthode d'Aristote, en cela même qu'il résiste à toute explication mécanique, et qui serait inspirée d'un dogmatisme scolaire, très loin de la démarche concrète du philosophe.

c. **Conseils**

53. Les « parties » dont il vient d'être question étaient celles de la fable et, par là seulement, celles de la tragédie. C'est que la fable est elle-même la partie la plus importante de la tragédie : on l'avait dit dès le chapitre 6, et la suite du chapitre 18 va le préciser, à partir des notions de nœud et de dénouement, et sous forme de conseils, à l'intention du poète.

Le premier conseil peut se comprendre comme la réponse à une objection, formulée par un « sycophante », c'est-à-dire un critique chicaneur et de mauvaise foi[109]. — Aristote concède d'abord que (outre les « parties » qui viennent de déterminer la classification des tragédies) le poète, sans doute, doit « s'efforcer d'avoir toutes les parties et, à défaut, les plus importantes et en plus grand nombre » : par « parties », il faut entendre ici indifféremment, tout comme au début du chapitre 24, les six parties de la tragédie (chap. 6) et les trois parties de la fable (11, 1452 b 9-10) ; surtout, ajoute-t-il, « étant donné la manière dont on critique aujourd'hui les poètes : car sous prétexte qu'il y a eu de bons poètes eu égard à chaque partie, on exige qu'un seul l'emporte sur chacun d'eux[110] dans leur spécialité respective ». [Or cette exigence est déraisonnable : d'abord, le public n'est pas toujours bon juge (13, 1453 a 33-35) ; ensuite, à susciter un esprit de rivalité, on provoque souvent des « pièces à concours » *(agônismata)*, contraires aux règles de l'art (9, 1451 b 37) ; enfin et surtout, on perd de vue l'essentiel : il peut fort bien y avoir des tragédies sans caractères (6, 1450 a 24) ; Euripide, par exemple, prête le flanc à bien des critiques, ce qui ne l'empêche pas d'être « le plus grand des tragiques », puisqu'il excelle dans ce qui, seul, importe : la *fin* de la pièce (13, 1453 a 23-29) ou, comme nous pouvons préciser maintenant : le dénouement]. — « Or il est juste d'apprécier la différence et l'identité de la tragédie *aussi* selon rien d'autre, *sans doute*, que selon la fable, c'est-à-dire < de considérer comme identiques > celles qui ont le même nœud et le même dénouement. Or beaucoup de poètes

109. Cf. *Topiques*, VI, 2, 139 b 26, et déjà Platon, *Rép.*, I, 340 d 3.
110. En lisant ἕκαστόν.

réussissent le nœud et manquent le dénouement ; mais il faut *maîtriser* les deux. »

La réponse correspond presque terme à terme à l'objection. Au lieu de *critiquer* les poètes à partir d'une exigence exorbitante, il est *juste* de ne comparer que ce qui est comparable et, si l'on veut juger de l'identité et de la différence (donc aussi du mérite) de deux pièces, de ne prendre en considération que l'élément le plus important, c'est-à-dire la fable. Cette phrase procède par brachylogie : il est juste, dans le cas de la tragédie *aussi (kai)* < de ne tenir compte que de l'identité *formelle*[111] ; or la forme de la tragédie > est *sans doute* la fable (que l'on adopte la correction de Tyrwhitt ou celle de Bonitz, cet ἴσως *modestiae* est indispensable : il porte à la fois sur l'application tacite de la théorie aristotélicienne de l'identité par la forme et sur la définition, en l'espèce, de la forme par la fable). — Or nœud et dénouement constituent cette identité (et fournissent un critère plus adéquat pour départager les poètes que l'exigence de l'emporter dans toutes les parties). On peut alors juger, conformément aux règles de l'art (et non plus, en recourant à un critère « sycophantique »), que les uns réussissent sur un point, mais échouent dans le second. En conclusion : au lieu d'exiger qu'un seul poète l'emporte dans toutes les spécialités sur ses rivaux, il suffit qu'il « maîtrise » les deux points les plus importants — par où une règle objective, qui place le poète en face de deux difficultés internes, inhérentes à l'objet, est substituée à une exigence déraisonnable de rivalité[112].

54. Le développement suivant présente également une structure binaire, et doit se comprendre, à l'inverse de ce qui vient d'être dit (« Beaucoup de poètes réussissent le nœud et manquent le dénouement »), comme une mise en garde contre une exposition fautive, suivie de l'éloge motivé d'un dénouement réussi.

« Il faut se souvenir de ce qui a été dit plusieurs fois auparavant, et ne pas construire l'action dramatique comme une épopée », c'est-à-dire comme une « fable multiple » (b 10-12). Dans l'ensemble de l'*Iliade*, par exemple, dont on se gardera de tirer une fable unique, chaque « partie », vu les dimensions du

111. *Métaphysique*, Δ, 9, 1018 a 6 ; *Politique*, III, 3, 1276 b 2-3, 7.

112. Cette antithèse impose, en a 10, la très légère correction de Vahlen, approuvée par Bonitz et Hardy ; la leçon des mss, et même la conjecture d'Immisch, représentent certes une *lectio difficilior* mais qui, dans le contexte, ne me paraît pas offrir de sens acceptable.

tout, prend l'étendue « qui convient », alors que « dans les drames, le résultat est souvent contraire à l'attente », et un argument trop abondamment développé peut faire tomber la pièce.

De la différence d'étendue entre tragédie et épopée, il a été question au chapitre 5, et le chapitre précédent (17) avait considéré cette différence à partir des épisodes qui « allongent » le poème épique. Si la structure épique est caractérisée ici comme une « fable multiple », cela ne contredit pas la thèse de l'*unité d'action* de chacun des poèmes homériques, thèse soutenue dans ce qui précède (8, 1451 a 27) et réaffirmée plus loin (23, 1459 a 30-36, b 2-4). On comprendra plutôt « fable multiple » (a 12) comme un terme général qui englobe ce qui ne sera distingué qu'à la fin du chapitre 23, à savoir : *a*) une action unique, mais « entrecoupée » d' « épisodes multiples », comme l'*Iliade ; b*) une « action unique à parties multiples » (1459 b 1), comme les *Chants Cypriens* ou la *Petite Iliade*. Dans le premier cas, l'épopée ne fournirait la matière qu'à une ou deux tragédies, alors que, dans le second, on pourrait en tirer bien plus : par exemple, de la *Petite Iliade*, entre autres, *Le Sac d'Ilion* (1459 b 6) : mais, dans notre texte, même ce dernier sujet est encore considéré comme trop étendu, comme trop « épique », et Euripide a été bien inspiré en n'en traitant qu'une « partie » (plutôt que des *Troyennes*, il s'agit ici d'*Hécube* dont un des thèmes figurait dans le poème du *Sac de Troie* d'Arctinos). — On notera au passage que le terme de *partie* (du poème épique) est étendu à l'ensemble de la tragédie, ce qui contribue à sa plurivocité et lui donne une fonction dynamique dans l'ensemble de l'enquête.

Si Aristote, ailleurs, insiste sur la parenté, même de structure, entre tragédie et épopée, la différence qu'il souligne ici doit se comprendre principalement à la lumière de la théorie du nœud et du dénouement : la correspondance rigoureuse exigée entre l'un et l'autre risque de se relâcher et de s'affaiblir dans l'étendue du récit épique et dans la tragédie qui prendrait modèle sur lui. Or nœud et dénouement qui sont analogues, on l'a dit, à problème et démonstration, supposent, dans la tragédie, un effet de surprise. Tout se passe comme si, dans la tragédie « épique », l'économie des parties décevait l'attente du poète ; et la surprise, ici, joue contre l'auteur (a 15). En revanche, quand il s'agit de péripéties (ou même de tragédies « simples »), les poètes réalisent, conformément à leur projet, le merveilleux, et l'effet de surprise. En quoi, à la fois, ils atteignent la fin tragique (pour *philanthrôpon*, cf. 13, 1453 a 2-3), et respectent la règle, maintes fois enseignée, du nécessaire ou du vraisemblable : on ajoute simplement, pour y faire entrer le merveilleux, qu'il est vraisemblable que beaucoup de choses se produisent contrairement à la vraisemblance.

Les « péripéties » (et les « actions simples », c'est-à-dire les « tragédies simples », définies au chapitre 10 et rappelées, si notre interprétation est admise, en 1456 a 2) sont clairement opposées ici à la longueur, faussement épique et maladroite, qui vient d'être critiquée, et doivent s'entendre, non pas de n'importe quelle péripétie, mais de celle qui détermine (ou inaugure) le dénouement (l'explication : « Car c'est là l'effet tragique et humain » impose cette lecture). — Le membre de phrase exclu par Susemihl (1456 a 19-20) montre que même les « tragédies simples », si elles sont dépourvues de péripéties, comportent un dénouement ; elles sont exposées, au surplus, à la tentation des épisodes abusifs (9, 1451 b 33-39).

55. Il y a plus qu'une correspondance formelle entre la disposition des « parties », où « le résultat est souvent contraire à l'attente » (de l'auteur), et les péripéties où les poètes [113] « atteignent leur but » : le but étant le merveilleux [114] qui, précisément, se produit « contrairement à notre attente » (9, 1452 a 4).

Dans l'étude des situations tragiques (chap. 13), le terme de *philanthrôpon* était employé pour écarter le cas d'un homme « tout à fait méchant » qui, du bonheur, tombe dans l'adversité : « une telle composition peut bien emporter un sentiment d'humanité, mais non pas de pitié ni de crainte » (1453 a 2-4). De fait, ni Sisyphe ni le héros « brave mais injuste » ne sont « tout à fait méchants » : ils ne sont, pour user d'un néologisme forgé par Aristote, que « méchants à moitié », tel l'intempérant selon l'*Éthique* [115] ou le despote éclairé selon la *Politique* [116]. D'ailleurs, la méchanceté totale est rare : Platon déjà avait montré, en anticipant la terminologie d'Aristote, qu'un groupe de malandrins, réunis pour commettre quelque mauvais coup, devront au

113. Il est possible que le sujet de στοχάζονται (a 20) soit le ὅσοι de la l. 16 ; mais ce n'est ni certain ni nécessaire, ni même souhaitable ; puisque cela réserverait la réussite du dénouement aux poètes qui auraient manqué le nœud, excluant ainsi Euripide et Eschyle.

114. Θαυμαστῶν (a 20). La correction semble s'imposer, non pas tellement parce que θαυμαστῶς est « sans parallèle » (*scil.* chez Aristote ; il se trouve, par exemple dans la *Septième Lettre* de Platon, 330 a 2), mais parce qu'on comprendrait mal cette expression hyperbolique, alors que le mot, dès le chapitre 9, est introduit comme un terme technique (1452 a 4), et sera rendu plus loin solidaire de la tragédie comme telle (24, 1460 a 12), sans compter qu'en effet, comme Lucas le fait remarquer, le mot est lié à celui de péripétie dans un texte de la *Rhétorique* (I, 11, 1371 b 10-11), commenté plus haut (p. 286).

115. *Éthique à Nicomaque*, VII, 7, 1152 a 18.

116. *Politique*, V, 11, 1315 b 10.

moins observer la justice les uns à l'égard des autres, sous peine de manquer leur propos ; si bien qu'ils ne sont que « pervers à moitié », et non pas « tout à fait méchants »[117]. — On n'entrera pas ici dans l'étude de ces textes, importants surtout pour résoudre le problème disputé du « bon tyran » de la *Politique* : ils suffisent en tout cas à supprimer toute contradiction avec le chapitre 13, et à rendre inutile l'hypothèse selon laquelle, dans de telles pièces, ce ne seraient pas Sisyphe ni le « courageux injuste » les véritables « héros ».

Au chapitre 9, il était dit que crainte et pitié sons suscitées « principalement » « lorsque les faits se produisent contrairement à notre attente, tout en naissant les uns des autres » : de cette manière, ils auront le caractère du « merveilleux » ; plus loin, il sera dit plus généralement que « dans les tragédies, il faut ménager le merveilleux » (24, 1460 a 12). Même les faits qui semblent se produire par hasard doivent procéder comme d'une « intention », comme dans l'exemple de la statue de Mitys d'Argos qui s'abat sur le meurtrier de Mitys (9 *i.f.*). Dans notre texte, les épithètes opposées rendent compte, si l'on peut dire, du mécanisme du dénouement : la première explique l'effet de surprise (à voir l'ingénieux trompé et le courageux vaincu), la seconde dissipe l'étonnement (l'un étant méchant, l'autre injuste). Par où l'on retrouve le schème de la causalité (selon le nécessaire ou le vraisemblable), mais seulement à titre de solution, de dénouement, précisément, alors que le nœud avait fait attendre une tout autre issue. Le merveilleux, tout en s'accordant, mais après coup seulement et d'une façon imprévue, avec la vraisemblance, semble corriger celle-ci, l'assouplir et l'étendre sur ce qui, à première vue, paraissait tout à fait invraisemblable. Mouvement parallèle à celui qui fait rentrer sous la loi de la causalité un hasard apparent et finalisé après coup.

De fait, c'est un raisonnement éristique qui conclurait à la vraisemblance de l'invraisemblable. Les vers d'Agathon ne sont pas vrais absolument, parce qu'il faut distinguer la vraisemblance absolue et la vraisemblance dans des cas d'espèces[118]. Si ces vers sont ici cités approbativement, c'est parce que la tragédie n'est pas construite à la manière de l'enthymème éristique, en usage dans l'Art oratoire[119]. Le dénouement, invraisemblable au sens absolu, est compris après coup comme vraisemblable en l'espèce (et c'est ce dont rendent compte les secondes épithètes).

117. *République*, I, 352 c 7.
118. *Rhétorique*, II, 24, 1402 a 10 sqq.
119. *Ibid.*, 1400 b 37-40, et la suite du texte cité dans la note précédente.

Ces épithètes, ainsi que l'exemple de la statue de Mitys, paraissent impliquer une leçon de morale, et la punition des méchants. Il ne paraît pas toutefois qu'Aristote eût approuvé cette interprétation : Œdipe n'est pas châtié pour une méchanceté, et dans ce même chapitre 13, Aristote écarte les tragédies qui tendraient à imiter la double moralité que l'on pourrait trouver dans le dénouement de l'*Odyssée* (1453 a 30 sqq.). Les deux caractères de « méchant » et d' « injuste » ne figurent ici que comme des causes, destinées à rendre compte d'un dénouement imprévu comme de leur effet. Rien, ici, n'indique quelque croyance à une « justice immanente ».

Il est inutile de souligner, une fois de plus, combien, par ce dénouement, imprévu d'abord, rendu vraisemblable ensuite, la tragédie réalise sa finalité didactique, à l'intention du spectateur, comme cela avait été indiqué dès le chapitre 4.

d. Le rôle du chœur et les chants intercalaires

56. Le rôle du chœur, objet du dernier paragraphe de ce chapitre, est présenté selon la même structure binaire que les deux développements précédents, structure ici renforcée par le schème historique : le précepte (« il faut concevoir le chœur comme l'un des acteurs »), appliqué chez Sophocle, mais non plus dans les < dernières > pièces d'Euripide, est suivi d'une critique des « chants intercalaires », pratique qui commence avec le théâtre d'Agathon. — La notion de « partie », dont on a vu les sens variés et qui, dans ce qui précède, avait servi surtout à commenter ces parties privilégiées que sont le nœud et le dénouement, retrouve son sens plus général d'élément d'un tout (rapport commandé par l'idée de convenance : a 14). Il est clair alors que, le chœur étant une « partie du tout » (a 26), il faut condamner les chants qui s'adaptent à telle pièce aussi bien qu'à telle autre ; il y aurait là une faute contre le principe même de la tragédie conçue comme un tout : en effet, « ce dont la présence ou l'absence ne fait pas de différence perceptible ne fait pas partie du tout » (8, 1451 a 34-35).

Deux procédés d'argumentation se joignent ici : *a*) Ces chants « n'ont *pas plus* de rapport avec la fable qu'avec une autre tragédie » (a 28-29). — Dans son bel article Οὐ μᾶλλον *et les antécédents de l'Ancien Scepticisme*[120], Philip De Lacy a montré les

120. Ph. De Lacy, « Οὐ μᾶλλον and the Antecedents of Ancient Scepticism », in *Phronesis*, III (1958), pp. 59-71 ; réimpr. in *Essays in Ancient Greek Philosophy*, ed. by John P. Anton with George L. Kustas, State University of New York Press, 1971, pp. 593-606.

origines aristotéliciennes (et déjà platoniciennes) de cet argument, qui devait occuper une place d'honneur (bien qu'avec des fonctions diverses) dans les philosophies hellénistiques. Dans les textes de la *Métaphysique*, cet argument sert à réfuter des positions sceptiques (présocratiques ou sophistiques) qui, donnant lieu à deux propositions incompatibles, montrent par là qu'elles ne touchent pas à la nature des choses. Ici, l'argument est employé hors de tout contexte métaphysique, mais avec une intention comparable : de tels chants restent extérieurs à l'essence de la fable ; et l'on ne peut guère douter qu'il ne présente bien un caractère « technique » [121] ; *b*) l'argument terminal : à ce compte, on transposerait aussi bien, d'une pièce à une autre, non seulement des chants, mais des tirades [122], voire des épisodes entiers, illustre un procédé analysé dans la *Rhétorique*, qui conclut du moins au plus : « S'il a le moins, il a aussi le plus » [123].

Quant au terme même d'*intercalaire* qui, chez Aristote, ne se rencontre qu'ici, il s'emploie dans les réformes solonienne et égyptienne du calendrier, telles que nous les rapporte Hérodote [124] ; il n'est pas impossible qu'en reprenant ici ce mot, Aristote ait voulu faire ressortir, jusque dans l'expression verbale, l'artifice de l'innovation d'Agathon. Il n'est pas sans intérêt, à cet égard, de noter qu'une autre innovation du « bel Agathon », le chromatisme, est présenté chez Plutarque par le verbe ἐμϐαλεῖν (plutôt que par εἰσάγειν ou εἰσφέρειν) [125].

121. Cf. De Lacy, *loc. cit.*, p. 597.
122. On se souvient que les « tirades » ne font pas la tragédie (6, 1450 29-33).
123. *Rhétorique*, II, 23, 1397 b 16-21.
124. Hérodote, I, 32, 11, 15 ; II, 4, 16.
125. Plutarque, *Quaest. Conv.*, III, 1, 645 E 2 (avec le commentaire de F. Fuhrmann, C.U.F., vol. I, 1972. p. 193).

VII. — LE STYLE

1. La pensée et les « modes du style » (chap. 19)

« Des autres questions[1] *on vient de traiter ; il reste*[2] *à parler du style et*[3] *de la pensée. »*

De fait, c'est uniquement le style qui relève de la *Poétique,* et encore en partie seulement. Le chapitre 19, rigoureusement construit, se résume en deux propositions, coordonnées jusque dans le choix des particules[4] et suivies chacune de leur preuve : la première renvoie l'étude de la pensée dans la *Rhétorique,* la seconde attribue l'étude des « modes du style » à l'art de l'acteur.

57. 1° Aristote rappelle d'abord quel est le traitement de la pensée dans la *Rhétorique : a*) C'est en gros, un résumé du traité, encore que le mot *dianoia* n'y présente pas le sens technique qu'il a dans la *Poétique :* il sert surtout, entre autres, à désigner globalement tout ce qui relève de la démonstration et de la réfutation (II, 26, 1403 b 1). Cela dit, Aristote distingue comme « parties » de ce qu'il faut « promouvoir » par le discours :

1. C'est-à-dire les questions qui font l'objet des chapitres 16-18, et qui avaient été annoncées, avec la même expression, dès le début du traité (1447 a 11) ; il faut donc garder τῶν ἄλλων, sans aucune adjonction (cf. plus haut, p. 294).

2. C'est-à-dire, compte tenu des « six » parties de la tragédie (et du fait que ni le chant, ni le spectacle, ne relèvent de l'art poétique, 1450 b 16 sqq.) ; l'expression est fréquente chez Aristote : elle indique, comme déjà chez Platon (*Rép.*, IV, 430 d 1, 432 b 4), ce que, par rapport à un cadre tracé d'avance, il faut encore examiner pour que le traitement du sujet soit exhaustif.

3. En suivant la conjecture, unanimement reçue, de Hermann. Mais la leçon des mss se comprendrait parfaitement et même, en un sens, est plus conforme à la suite réelle du texte : « Il reste à parler du style [ce qui se produira effectivement] ou même <pour être complet> de la pensée [mais dont on va prouver qu'il n'y a pas lieu, précisément, de parler] ». — La particule se comprendrait alors comme un ἤ de « correction » (Bonitz, *Index*, 313 b 25).

4. Il semble bien qu'il y ait correspondance entre le μέν de 1456 a 34 et le δέ de b 8.

démonstration et réfutation (c'est-à-dire ce qui est compris dans le livre I et dans II, 18 et suiv.), les passions (c'est-à-dire, II, 1-17), à quoi il joint l'amplification et la dépréciation, lesquelles, à vrai dire, formellement considérées, entrent dans la démonstration (1403 a 15 sqq.), mais qui, d'après leur contenu et selon les trois genres de l'art oratoire, se rattachent aux valeurs propres à chacun de ces genres (le juste, l'utile, le beau ; I, 3, 1359 a 22-23 ; II, 19, 1393 a 9-17).

b) Or « *il est clair que dans les actions dramatiques*[5] *aussi, il faut mettre en œuvre la pensée à partir des mêmes principes*[6], *quand il s'agit de promouvoir des effets de pitié, de terreur, de grandeur ou de vraisemblance. Il y a cette seule différence que, ici, ces effets doivent apparaître sans l'aide d'un enseignement*[7], *alors que, dans le discours, ils doivent être promus par l'orateur, et résulter du discours. Quel serait en effet l'office de l'orateur si son* caractère[8] *apparaissait même sans le truchement du discours ?* ».

Dans la poésie tragique, la mise en œuvre de la pensée se fait « à partir des mêmes principes » que ceux exposés dans la *Rhétorique*, c'est-à-dire, en ce qui concerne les passions, au livre II, chapitres 2-11 et, pour ce qui est des caractères qualifiés selon les passions, aux chapitres 12-17.

Est-ce à dire que la poésie n'est qu'une application de l'art oratoire ? Question peu compréhensive, ne serait-ce que parce que le traitement des passions suppose une disposition naturelle

5. Il n'est même pas besoin de résoudre l'expression, avec Else, en πραγμάτων συστάσει. Πράγματα s'entend de l'action dramatique en 14, 1453 b 5, en 16, 1455 a 18, sans compter la phrase, presque immédiatement antécédente (et suspectée à tort) de 18, 1456 a 20.

6. Cf. BONITZ, *Index*, 338 b 49.

7. Pour des raisons qu'on indiquera dans le texte, on garde ici la traduction littérale de διδασκαλίας. Mais on serait sans doute plus près du sens que le mot a ici, en le rendant par « sans l'aide d'un commentaire ».

8. Le texte des mss, défendu d'abord par Vahlen, pourrait à la rigueur se comprendre : l'idée de plaisir étant commune à la poésie (chap. 4 ; et à la musique : *Polit.*, VIII, 5, 1339 a 18 et *ibid.*, *passim*) et à la rhétorique, principalement en ce qui concerne le style (III, 2, 1405 a 8 ; 9, 1409 b 1 et, surtout, 12, 1414 a 20-25) dont il va être question dans la suite. Mais on voit mal pourquoi Aristote introduirait cette idée ici. — Parmi les conjectures proposées, toutes explicables (et pour cause), la plus satisfaisante, pour le sens, est sans doute celle de Spengel (διάνοια), adoptée par Hardy, mais elle est bien loin du texte. — En proposant de lire ἦθος, on rétablit le lien entre pensée et caractère (6, 1450 b 4-13) et l'on peut invoquer, surtout, un texte très comparable, tant pour l'idée que par son mouvement, de la *Rhétorique* (I, 2, 1356 a 8-13).

(17, 1455 a 31-38), nullement exigible de l'orateur[9]. Mais la question est proprement absurde, puisqu'elle méconnaît l'essence même de la tragédie : l'effet dramatique, pas plus qu'il n'est suspendu au spectacle, ne dépend de quelques procédés oratoires : le seul récit des malheurs d'Œdipe suffirait à le provoquer, parce qu'il résulte de l'agencement de l'action (14, 1453 b 2, 5). La meilleure reconnaissance est celle qui se produit « à partir des faits mêmes » (16, 1455 a 18), alors qu'une des plus mauvaises est celle qui se fait grâce à l'intervention du poète, c'est-à-dire celle où le personnage « dit ce que veut le poète, et non ce que veut la fable » (1454 b 33-34) ; or « le poète lui-même doit parler le moins possible, car ce n'est pas par là qu'il est imitateur » (24, 1460 a 7-8). C'est ce qu'exprime cette phrase : les effets « doivent apparaître sans l'aide d'un enseignement », c'est-à-dire sans commentaire, et surgir des faits mêmes, non des explications de l'auteur.

Le mot *didascalia* désigne, au sens le plus général, l'enseignement[10], qui peut manquer de technicité[11], mais qui, le plus souvent, est le « discours conforme à la science »[12], c'est-à-dire qui procède de prémisses propres à chaque discipline[13]. En ce sens, si les traités de rhétorique et de dialectique relèvent de la science, le discours de l'orateur ni la discussion dialectique ne sont proprement scientifiques[14]. Cependant, tout enseignement, en cela même qu'il s'adresse à un auditeur, suppose nécessairement, ne serait-ce que « pour une petite part », un souci du style, c'est-à-dire de la manière de parler[15]. Entendu ainsi, le mot désigne, non plus seulement l'enseignement théorique (auquel il était réservé au début de la *Rhétorique*[16]) mais celui aussi bien que l'orateur dispense à son auditoire. — Et c'est en ce sens que le mot est pris dans notre texte : dans le drame, les effets à produire « doivent apparaître sans l'aide d'un enseignement », résulter des actions seules, sans rien devoir, comme en matière de rhétorique, à l'habileté de l'orateur.

De cette opposition fondamentale, il s'ensuit que, si l'art dramatique, qui consiste tout entier dans l' « agencement des

9. Il est vrai qu'il y a une disposition naturelle pour l'*action*, qui assimile l'orateur à l'acteur (*Rhét.*, III, 1, 1404 a 15).

10. *Sec. Analyt.*, I, 1, 71 a 1.

11. *Réf. Soph.*, 34, 184 a 1-2.

12. *Rhét.*, I, 1, 1355 a 26.

13. *Réf. Soph.*, 1, 165 b 1.

14. *Rhétorique*, déb., 1355 b 8-9 (il va sans dire que, ici comme en 1355 a 26, Aristote se souvient du *Gorgias*, p. ex. 454 e).

15. *Rhét.*, III, 1, 1404 a 8-9.

16. *Rhét.*, I, 1, 1355 a 26.

actions », se passe de tout « enseignement » explicite, en revanche, l'art oratoire, qui procède tout entier par discours, doit donner son « enseignement » à l'aide de ceux-ci, c'est-à-dire, surtout, à l'aide de la démonstration [17]. Ce qui peut s'illustrer au moins sur deux points. D'une part, en effet, c'est seulement la « perversion de l'auditeur » qui amène l'orateur à adjoindre, à l'exposé des faits et à l'argumentation, l'« action » [18]. D'autre part, et c'est ce point surtout qu'Aristote semble avoir en vue ici, « on persuade par le caractère, quand le discours est prononcé de manière à rendre l'orateur digne de confiance » : il faut donc que le caractère honnête propre à mettre l'auditoire en confiance soit « lui aussi, l'effet du discours, et non pas d'une prévention favorable » < sur laquelle l'orateur ferait fond, sans l'établir lui-même par sa parole >, comme l'enseignent à tort certains auteurs de *Techniques :* le caractère de l'orateur contribue à la persuasion, et ce caractère, comme dit la *Poétique,* n'apparaît pas tout seul, mais doit se manifester par le truchement du discours [19].

On peut trouver dans ce texte, avec Else, un commentaire (et une critique implicite) de la tendance des « modernes » à faire parler des personnages « en orateurs » (6, 1450 b 8). Mais le contraste est bien plus radical, et touche à l'essence même des deux *Arts.* Le texte explique aussi le sens du renvoi à la *Rhétorique.* Non seulement il est inutile de redire dans la *Poétique* ce qui est déjà exposé dans la *Rhétorique,* mais c'est dans ce dernier traité que la « pensée » trouve sa place véritable. Pour le poète, l'étude de ce dernier n'est profitable qu'en ce qui concerne les « principes » (b 3), mais non pas les procédés proprement dits, par où l'orateur « enseigne » ce que le poète doit faire voir, faire « apparaître », ou, comme il a été dit, « placer devant les yeux ». On a noté plus haut que la « reconnaissance à partir des faits mêmes » correspond, analogiquement, au degré suprême du savoir, c'est-à-dire à la saisie des principes [20].

58. 2° Aristote passe maintenant à la deuxième proposition :

a) « *Parmi les questions stylistiques, d'autre part, un domaine de recherche concerne les figures du style* [21] *(dont la connaissance*

17. *Rhét.*, III, 1, 1404 a 6.
18. *Rhét.*, III, 1, 1404 a 7-19.
19. *Rhét.*, I, 1, 1356 a 4-13.
20. Cf. plus haut, pp. 296-297.
21. L'expression a bien d'autres sens encore chez Aristote (cf. Bonitz, *Index*, s.v. *lexis*) ; l'acception où elle est prise ici se déduit clairement des exemples donnés, pour la désignation desquels il semble bien qu'elle ait eu alors un sens technique qu'A. accepte ici, bien que ce ne soit pas du tout celui où il emploie l'expression dans sa propre doctrine.

relève de l'art de l'acteur et du spécialiste qui commande à cet art[22]*), comme de savoir ce qu'est l'ordre, ce qu'est la prière*[23]*, le récit*[24]*, la menace, l'interrogation, la réponse et ce qu'il peut y avoir d'autre de ce genre*[25]*.* »

b) Rien de tout cela n'intéresse la poétique, et en voici la preuve :

« *En effet, la connaissance ou l'ignorance de ces questions ne comporte rien d'où l'on puisse tirer, à l'intention du poète, une critique*[26] *digne de mention. Car qui admettrait de trouver une faute dans le passage critiqué par Protagoras, où le poète aurait confondu l'ordre avec la prière, quand il dit : " Chante, déesse, la colère... ", puisque enjoindre de faire ou de ne pas faire serait un ordre ? — C'est pourquoi cette enquête est à renvoyer comme relevant d'un autre art, et non de l'art poétique* » (1456 b 8-19).

C'est Protagoras qui, le premier, a distingué les quatre « racines des discours » (ou : « formes fondamentales », comme on traduit parfois) : prière, interrogation, réponse, ordre. Cette liste a été ensuite modifiée et complétée (comme c'est justement le cas dans notre texte) — sans bonheur, peut-on penser, puisque toutes ces « corrections » méconnaissent l'intention même de la découverte de Protagoras qui était de distinguer ce que nous appelons les modes verbaux[27]. C'est une question de savoir si cette distinction, ainsi que celle des genres du substantif[28], la

22. Cf. *Éthique à Nicomaque*, I, 1, 1094 a 14 et, surtout, *Physique*, II, 2, 194 a 35-b 7. — On doit penser que le spécialiste, c'est-à-dire, l'usager, ici, est l'orateur (*Rhét.*, III, 1). — Pour le rapport entre le « fabricant » et l'usager, cf. Platon, *Euthydème*, 290 c ; *Cratyle*, 390 b 1-3 ; *République*, X, 601 c et, pour le terme d'architectonique, *Politique*, 259 e 8.

23. Le τί n'est indiqué que devant ἐντολή et εὐχή, soulignant ainsi les deux termes qui vont servir dans l'exemple de Protagoras allégué plus loin.

24. Bien que *diégésis*, avec son sens technique de *narration*, se trouve déjà chez Platon (« Sur l'emploi de deux termes de rhétorique dans la *République* de Platon », in *Permanence de la philosophie, Mélanges offerts à Joseph Moreau*, La Baconnière-Payot, 1977, pp. 31 sqq.), le contexte semble suggérer qu'il s'agit ici simplement d'assertions mises à l'*indicatif*.

25. L'énumération ne se veut donc pas exhaustive (on dirait aussi bien : ne daigne pas l'être), alors que Diogène Laërce, dans les trois séries qu'il rapporte, insiste, au contraire, en le plaçant à chaque fois en tête de liste, sur le nombre exact des termes (IX, 53 i.f. - 54, 23, Long).

26. *Epitimèsis* (*Poét.*, 26, 1462 b 17) ou *épitimèma* (25, 1460 b 22, 1461 b 22) est un terme technique de « critique » littéraire. Si Protagoras est ici débouté, ce n'est donc pas parce qu'il ferait le Zoïle avant la lettre, mais parce que son grief est, en tant que tel, irrecevable.

27. Diogène Laërce, IX, 54.

28. Aristote, *Rhétorique*, III, 5, 1407 b 6-9.

théorie de la « rectitude du langage »[29], (de même que les recherches grammaticales et linguistiques de Prodicos, d'Hippias et de Gorgias, où l'historien moderne reconnaît l'origine de la grammaire et de la théorie du langage), avaient ou non des rapports avec l'art oratoire[30]. Bien que la question, sous cette forme alternative, soit probablement mal posée (parce qu'elle sépare ce qui, pour les Anciens, n'était pas encore distingué, sans compter qu'il faudrait tenir compte aussi de la critique homérique, qui commence à cette époque, ainsi que, plus généralement, du cadre : *nomos* et *physis* qui commande la pensée sophistique), il faut sans doute répondre par l'affirmative. C'est ce que semblent suggérer déjà les « corrections » apportées à la liste primitive, et c'est ce qu'Aristote a fait clairement entendre ici, en renvoyant ce genre de recherche à l'art de l'acteur. Cet art, selon la *Rhétorique*, portait sur l'adaptation de la voix à chaque passion, et comportait des exercices de volume, d'intonation[31] et de rythme[32] ; à quoi s'ajoutaient comme « deuxième » mode d'expression, « les gestes du corps », selon une source il est vrai plus tardive[33]. Cette bipartition, *Voyce and Gesture*, se transmettra jusqu'au théâtre élisabéthain, et les « gestes rhétoriques » sont bien illustrés dans les deux traités de John Bulwer, *Chirologia* et *Chironomia* (1644)[34]. — En quoi l'étude des modes verbaux pouvait contribuer à l'art de l'acteur, on le voit dans une scolie homérique, portant sur le message que le héraut troyen Idée prononce devant les Achéens : parlant de Pâris, il ajoute, en incise : « Que n'est-il mort avant ! » : selon Démocrite, cette phrase devait être dite « en aparté et à voix basse » ; or elle produit précisément, par rapport à l'indicatif du discours, une rupture modale[35].

29. Platon, *Phèdre*, 267 c 6.

30. Ces rapports sont contestés par F. Blass (*Die attische Beredsamkeit*, t. I, Leipzig, 1868, pp. 24, 29-30), de même que, implicitement, par Th. Gomperz (*Griechische Denker*, t. I, 1922, Berlin/Leipzig, pp. 366 sq.) et par M. Untersteiner (*The Sophists*, tr. angl., Oxford, 1954, p. 64). Ils ont été reconnus, en revanche, par H. Steinthal (*Geschichte d. Sprachwissenschaft...*, t. I, Berlin, 1890, p. 136) et, plus récemment, par W. K. C. Guthrie (*A History of Greek Philosophy*, t. III, Cambridge, 1969, p. 219 *i.f.*). Cf. aussi, dans le même sens, notre *Essai sur le « Cratyle »*, p. 12.

31. Ἁρμονία (nous empruntons l'interprétation de ce mot à M. Dufour, éd. Dufour-Wartelle, t. III, p. 99, n. 3).

32. *Rhétorique*, III, 1, 1403 b 31.

33. Denys d'Halicarnasse, *Sur Démosthène*, 53 (Démétrius de Phalère, Wehrli, fr. 165, 16-17).

34. Voir la belle étude de B. L. Joseph, *Elisabethan Acting*, Oxford University Press, 1951 (avec de nombreuses illustrations).

35. Démocrite, 68 B 23 (*Iliade*, VII, 390).

Aristote ne précise pas quel est l'art qui serait « directif » par rapport à l'art de l'acteur : sans doute faut-il entendre l'art oratoire (encore que la *Rhétorique*, qui ne témoigne guère d'estime à l'égard de l'action, ne contienne guère d'indication à ce sujet) : il s'agit surtout de montrer que cet art, en tout cas, n'est pas la poétique.

Et, en effet, l'action est aussi « étrangère à l'art poétique » que le spectacle (6, 1450 b 18), sans compter que la simple lecture d'une pièce suffit à en découvrir toutes les qualités (26, 1462 a 12).

Le nerf de l'argumentation est l'affirmation selon laquelle ces recherches sur les modes verbaux ne présentent aucun intérêt scientifique (contrairement, par exemple, aux divisions sur lesquelles s'ouvre le chapitre 20).

Puisque ce premier paragraphe (1456 b 8-13), outre la proposition (de telles recherches ne relèvent pas de l'art poétique), contient déjà implicitement la preuve, on pourrait s'étonner qu'Aristote se croie obligé d'ajouter encore une preuve en règle, où Protagoras est nommément pris à partie. On peut se demander si, derrière la réfutation du sophiste, il n'y a pas autre chose. Dans la *Rhétorique,* Aristote distingue le style écrit et le style agonistique[36]. Nous savons que les discours d'Isocrate étaient critiqués, et par un membre même de l'École d'Aristote[37], parce que « les déclamer en public, à haute et intelligible voix, les prononcer dans leur mise en œuvre actuelle, avec les gestes qu'il faut, serait rigoureusement impossible »[38]. Or Aristote avait censuré dans ce qui précède l'influence abusive que les acteurs prennent sur les auteurs[39]. Il n'est donc pas interdit de penser qu'il vise ici la complaisance que, dans leur style même, les poètes témoignent à leurs futurs acteurs.

L'ensemble du chapitre a donc pour objet de délimiter l'art poétique face à d'autres disciplines, et d'en affirmer l'autonomie quant aux dernières « parties » du poème tragique : la *pensée* a bien sa place dans l'art oratoire, mais le poète n'est pas pour autant tributaire de cet art, puisque sa mise en œuvre de la pensée est toute différente. Et pour ce qui est du *style,* il comporte bien un ordre de recherche qui relève de l'art du comédien (lui-même subordonné à un spécialiste dont il n'y a pas lieu ici

36. *Rhétorique*, III, 12, 1413 b 8 sqq.

37. Hiéronymos de Rhodes, Wehrli fr. 52 b (DENYS d'HALICARNASSE, *Sur Isocrate*, 13).

38. J'emprunte cette traduction à l'édition de G. Aujac, DENYS d'HALICARNASSE, *Opuscules rhétoriques*, t. I, 1978, p. 130.

39. *Poétique*, 9, 1451 b 35-37 ; cf. *Rhét.*, III, 1413 b 11-12.

de préciser la compétence ni même le titre) mais les règles de cet art ne sauraient servir, ni à guider la production poétique, ni à la critiquer.

Le tranchant de ces deux propositions négatives est modéré beaucoup dans le traité sur la *Rhétorique* : l'étude du style y est introduite conjointement avec l'art de l'acteur ; on souligne l'importance des acteurs dans les concours dramatiques[40] ; plus loin, les deux « espèces » de la tragédie, l'éthique et la pathétique (cf. 18, 1455 b 35), entrent dans le genre de la composition agonistique, celle « qui se prête le mieux à l'action », et sont opposées aux œuvres poétiques « qui se prêtent à la lecture »[41], alors que, dans la *Poétique,* la lecture, sans du tout déterminer une espèce poétique particulière, était un instrument suffisant pour révéler la qualité d'une pièce (26, 1462 a 12) qui, en tout état de cause, peut se passer de la représentation matérielle (14, 1453 b 4). — Sans doute n'y a-t-il pas, sur ces points, de contradiction entre les deux traités. Mais il y a bien, au IIIe Livre de la *Rhétorique,* une prise en compte des conditions et des servitudes de la représentation effective (et des déclamations oratoires). La « faiblesse du public », déjà déplorée dans la *Poétique* (13, 1453 a 34), devient maintenant la « dépravation » des constitutions et des auditeurs[42] qu'il ne suffit plus de condamner, mais dont l'*Art* doit tenir compte.

Sans soulever ici les problèmes rédactionnels posés par le IIIe Livre[43], on peut se demander s'il n'y a pas là un indice en faveur de l'antériorité de la *Poétique,* indice qui se renforcera à la lecture des chapitres 20-22 et qui doit inviter à donner au renvoi à la *Rhétorique* [fait au début du chapitre (où il s'agit de la *pensée,* c'est-à-dire des deux premiers livres) : « Que le traitement de la pensée soit laissé à la *Rhétorique*... »] le sens du futur.

2. **Le style** (chap. 20-22)

Le très grand intérêt que présentent les chapitres 20-22 de la *Poétique* pour l'histoire de la grammaire et de la philologie antiques les fait considérer souvent comme un corps étranger à l'intérieur du traité. Si l'on ne va plus, comme au XIXe siècle, jusqu'à contester l'authenticité, soit du chapitre 20 (Ritter), soit

40. *Rhétorique,* III, 1, 1404 a 12-19.
41. *Rhétorique,* III, 12, 1413 b 8-16.
42. *Rhétorique,* III, 1, 1403 b 34 ; 1404 a 8.
43. Cf. M. Dufour et A. Wartelle, éd. de la *Rhétorique,* t. III, pp. 5 sqq.

des deux suivants (Steinthal)[44], on s'accorde généralement, soit pour les exclure du commentaire proprement dit (Else), soit pour en « réduire au minimum » l'explication (Lucas). — On se bornera ici à en justifier la place dans l'ensemble de l'œuvre et à en restituer le mouvement.

59. On a vu précédemment qu'au lieu d'expliquer à la file, à la manière d'un maître d'école, les « six » parties de la tragédie, Aristote, ayant déjà renvoyé hors de l'Art, le spectacle et le chant, concentre tout son effort sur ce qu'il juge essentiel : la fable (où sont intégrés les caractères) et, des deux parties restantes, n'étudie que le style (*lexis*) : l'étendue matérielle de cette étude indique assez la portée qu'il lui reconnaît ; autrement dit : le style est, avec la fable, la seule partie qui relève véritablement de l'Art poétique.

Le style n'est pas seulement un des six éléments qui se déduisent de la définition de la tragédie (chap. 6) ; il est lié à l'origine même de ce genre littéraire, et intervient pour en caractériser la naissance ; le passage de la pièce satyrique à la tragédie se fait par un triple changement : la fable prend plus d'ampleur ; le style, de risible qu'il était, acquiert de l'*élévation* ; au tétramètre se substitue le trimètre iambique, plus proche du style de la conversation (4, 1449 a 19-28). — C'est précisément à concilier l'élévation avec le langage courant, sans tomber dans la vulgarité, que consistera la qualité du style (22, 1458 a 18-21). Quant à la métrique, Aristote n'en traite pas expressément (Platon déjà l'avait abandonnée à Damon[45]), si ce n'est, justement, en rapport avec le style. C'est ainsi que le style sera successivement défini : « l'assemblage des vers » (6, 1449 b 35) et, « ainsi qu'on l'a dit plus haut, l'expression à l'aide des noms qui, dans le langage métrique ou prosaïque, a la même fonction » (6, 1450 b 14-16). Le renvoi est à 1447 a 28 sqq., où un même genre enveloppait l'imitation par la parole (métrique ou en prose) et où, dans la suite, le mètre était déclaré insuffisant pour distinguer les genres poétiques. De même, cependant, qu'il existe des rythmes prosaïques[46], de même le mètre, lié au style (ou à la danse[47]), peut contribuer à définir les formes poétiques : on vient de le voir pour la pièce satyrique, et la conclusion de l'étude sur le

44. H. Steinthal, *Geschichte d. Sprachwissenschaft*, 1890 (réimpr. 1961, G. Olms éd.), t. I, p. 270.
45. Platon, *République*, III, 400 b 1.
46. *Rhétorique*, III, 8.
47. *Poétique*, 4, 1449 a 23.

style englobera, avec la tragédie, le dithyrambe et l'épopée (22, 1459 a 8-10). — Cela dit, il n'est pas inconnu à Aristote que « le style de la prose diffère de celui de la poésie »[48] ; il se trouve seulement qu'au cours de l'histoire, le style des tragiques s'est de plus en plus rapproché de la prose[49], et tend à l'imiter[50].

On ne peut se dispenser de résumer, très schématiquement, le texte. — Les parties du style sont la lettre, la syllabe, la conjonction, l'article, le nom, le verbe, le cas (avec les temps et les modes verbaux), la phrase (qui ne comporte pas nécessairement un verbe) (chap. 20). — Les espèces du nom sont le nom simple et le nom composé. Tout nom est, ou bien courant, ou dialectal, ou métaphorique, ou d'ornement, ou forgé, ou allongé, ou raccourci, ou modifié. La métaphore est le transport à une chose d'un nom qui en désigne une autre ; ce transport se fait : *a*) du genre à l'espèce ; *b*) de l'espèce au genre ; *c*) de l'espèce à l'espèce ; *d*) par analogie (chap. 21).

La *vertu* du style est d'être clair sans être bas. La clarté s'obtient par les noms courants, mais elle risque d'être basse. L'élévation s'obtient par les noms éloignés de l'usage, mais elle risque de tomber dans l'énigme ou le barbarisme. Il faut donc doser les uns et les autres, selon le critère de la *convenance* (1458 b 12, 14, 15). Le plus important est la faculté d'inventer des métaphores : c'est le signe d'un don naturel (1459 a 7, cf. 17, 1455 a 33) et, comme il est dit ailleurs, d'un esprit philosophique[50 bis]. — Les noms doubles conviennent aux dithyrambes ; les noms dialectaux, aux poèmes héroïques ; les métaphores, aux poèmes iambiques. Dans ces derniers, en effet, on imite le langage courant, auquel ne conviennent (pour le relever) que la métaphore et le nom d'ornement. — « Sur la tragédie et sur l'imitation par l'action, ce qui vient d'être dit doit suffire » (chap. 22).

Le début abrupt du passage, l'absence de toute référence explicite à ce qui précède, le détail des précisions techniques ont pu donner l'illusion d'une enquête autonome qui, dans l'économie du traité, ferait hors-d'œuvre ou digression. — On y verra plus justement des indices de l'importance qu'Aristote attache à ce texte, et le nouveau départ que prend cette recherche trouve son équivalent dans le début même de la *Poétique*. Plus exactement : le retour à la méthode de division met entre les cinq premiers

48. *Rhétorique*, III, 1, 1404 a 28-29.
49. *Rhétorique*, III, 1, 1404 a 29-35.
50. *Poétique*, 22, 1459 a 12.
50 bis. *Rhétorique*, III, 11, 1412 a 10-13.

chapitres et les chapitres 20-22 une parenté formelle d'autant plus remarquable qu'elle détache le style de la série des autres « parties » de la tragédie pour le placer au même rang, du point de vue de la méthode, que la tragédie même.

60. La première chose à comprendre, c'est qu'en dépit des apparences, le véritable objet des chapitres 20-22 est, non pas le style en général, mais le *nom* (*onoma*) et, plus particulièrement, la métaphore.

On peut alors préciser la parenté méthodologique entre les deux textes. Il s'agit, dans les deux cas, de définir par le genre et la différence, là la tragédie (chap. 1-5), ici ce qui fait l'essence du style tragique, c'est-à-dire le nom. A chaque fois, on conclut en situant tragédie et style tragique par rapport aux autres formes poétiques, considérées dans leur caractéristique métrique [51].

De même que la tragédie est classée d'abord dans le genre *mimétique* qui sera subdivisé ensuite, de même le nom est étudié d'abord en tant que partie du genre *style* (chap. 20), puis dans ses propres espèces (21) ; à quoi correspond l'historique du développement qu'a suivi la tragédie avant de trouver sa « nature propre » (1449 a 15), à laquelle, de l'autre côté, « s'adaptent », parmi les espèces du nom (outre le nom courant), la métaphore et le nom d'ornement (1459 a 14).

Cette parenté structurale et méthodologique doit inviter d'emblée à rattacher le texte à l'ensemble du traité, et à reconnaître le rôle éminent du style dans la *Poétique*.

On a montré plus haut que la définition de la tragédie à l'intérieur du genre de l'imitation (chap. 1 sqq.) devait se comprendre comme une application de la méthode décrite dans les *Seconds Analytiques*, II, 13. La même remarque vaudrait pour la définition du *nom* (*onoma*), à l'intérieur du genre de la *lexis*. Mais l'on peut se demander si, plus précisément, le chapitre 20 ne tient pas compte, tacitement, de l'exigence de Speusippe (rapportée allusivement dans ce même texte des *Analytiques*), selon laquelle une définition suppose connues toutes les choses semblables au *definiendum*, mais différentes de lui ; celui-ci devrait, autrement dit, être englobé avec celles-là dans une classification exhaustive [52]. On explique ainsi l'énumération complète

51. *Poétique*, 4, 1449 a 21-25 ; 1449 b 10 ; 22, 1459 a 6-14.

52. Zeller a déjà critiqué l'interprétation des commentateurs antiques qui avaient compris cette thèse de Speusippe dans un sens sceptique (*Phil. d. Gr.*, II, 1, 1889, p. 996, n. 2). — Pour le commentaire du texte d'Aristote, voir H. Cherniss, *A.'s Criticism of Plato and the Academy*, pp. 59-64, et pour la restitution, sur ce point, de la doctrine de Speusippe, M. Isnardi Parente, *Speusippo, Frammenti*, Bibliopolis éd., Napoli, 1980, pp. 256 sqq.

des « parties » du style, alors que l'objet de la recherche, comme le montrent clairement les chapitres 21 et 22, est seulement cette *espèce* du style qu'est le *nom.* (Il est vrai qu'Aristote ne se sert pas ici de la division dichotomique, recommandée dans le passage des *Analytiques* : mais Platon avait déjà dit, et Aristote le répétera à sa suite[53], que la dichotomie n'était pas applicable partout et qu'il fallait, selon la nature du sujet, lui substituer parfois une division moins rigoureuse[54]). Dans notre texte, la démarche génétique qui, à partir de *l'élément* (la lettre), s'élève vers des espèces de plus en plus *signifiantes* du style respecte parfaitement le schème de l' « actualisation du genre », processus dont les « différences » sont les « stades » successifs[55].

Ajoutons quatre remarques subsidiaires : 1) L'embarras de traduction que suscite le mot *lexis* vient de ce qu'il désigne, tantôt l'expression verbale en général (comme au chapitre 25), tantôt le langage courant[56], tantôt enfin, spécifiquement, le style[57]. — 2) Dans l'explication des « cas » du verbe, Aristote mentionne, à titre d'exemples, l'interrogation et l'ordre, « selon les exigences de l'action » (*kata ta hypokritika,* 1457 a 21). Il n'y a pas lieu de donner à ce mot un sens différent de celui qu'il avait au chapitre 19, quand les distinctions faites par Protagoras étaient renvoyées à l'art de l'action : il est clair, en effet, que la *lexis* (courante ou poétique) recourt à de tels « modes », sans que, pour autant, on doive en tirer un argument de chicane contre le poète. — 3) Au sujet du *logos* que, faute de mieux, nous avons rendu par *phrase,* il est dit que « toute phrase ne se compose pas de verbes et de noms » (1457 a 24-25), alors que, selon la *Rhétorique,* la phrase est composée de noms et de verbes[58], et que, selon le *De Interpretatione,* reprenant la doctrine du *Sophiste*[59], il n'y a, sans verbe, ni affirmation ni négation[60], et toute phrase déclarative (*apophantique*) comporte nécessairement un verbe[61]. — On doit penser que la formulation plus large de notre texte (qui, pour l'instant, n'est illustrée que par la définition de l'homme) réserve l'analyse de la métaphore qui, dans le cas de l'énigme, se compose de noms « impossibles à joindre »

53. *De Part. animal.*, I, 3, 643 b 26 sqq.
54. PLATON, *Politique*, 287 c.
55. Cf. H. CHERNISS, *loc. cit.*, pp. 60 *i.f.*-61.
56. *Poétique*, 22, 1459 a 12.
57. *Rhétorique*, III, 1, 1404 a 26, 28-29.
58. *Rhétorique*, III, 2, 1404 b 26.
59. PLATON, *Sophiste*, 262 b-c.
60. *De Interpretatione*, 10, 19 b 12.
61. *De Interpretatione*, 5, 17 a 10-18.

et qui, pourtant, a valeur de vérité (1458 a 26-28). — 4) Notons enfin que toute la démarche doit se comprendre comme un raisonnement par « élimination » ; il s'agit de trouver une espèce « signifiante » (*sèmantikè*) du style : ce qui permet d'éliminer comme non-signifiants (*asèmos*) la syllabe (b 35), la conjonction (b 38), l'article (1457 a 6) ; ne reste alors en compétition avec le *nom* que le verbe (a 14), mais lui aussi sera écarté, puisque la phrase peut se composer uniquement de noms. — Avec l'ensemble du chapitre 20, on comparera la Xe des *Questions platoniciennes* de Plutarque, éd. H. Cherniss, *Pl. 's Moralia*, XIII, p. 104 sqq.

L'exigence, formulée comme on vient de le dire par Speusippe, d'une « énumération complète » des attributs [62] permet d'écarter la critique de Steinthal, selon laquelle « le vingtième chapitre est sans aucune influence sur les deux points suivants » [63] : il est indispensable, au contraire, puisqu'il fallait énumérer l'ensemble des parties du style, pour y assigner sa place au *nom*. Et si, au chapitre 21, on divise le nom en espèces, en indiquant successivement trois critères de division (simple - composé ; nom courant - nom hors de l'usage commun ; genre), on peut bien juger que le dernier, celui du genre, est indiqué « inutilement » [64] : il n'en est pas moins nécessaire, pour déférer à cette exigence d'exhaustivité.

Le caractère systématique de l'enquête n'empêche nullement la progression : après avoir isolé le nom dans le réseau des parties du style, on en analyse longuement les espèces et, plus particulièrement (la moitié du chapitre 21 y est consacrée), l'espèce du nom qui jouera le rôle le plus éminent dans le style tragique : la métaphore ; et, parmi les procédés [65] qui contribuent à la formation de celle-ci, l'analogie qui en est le plus réputé [66] et qui permet de reconnaître les ressemblances dans l'altérité [67].

61. Le chapitre 22 examine le style dans sa fonction ou, comme dit Aristote, sa *vertu*.

On vient de considérer le matériel verbal du style. S'interroger

62. *Sec. Analyt.*, II, 13, 97 b 35.

63. Steinthal, *Geschichte...*, *op. cit.*, I, p. 270.

64. Id., *ibid.* — On ne peut guère dire, d'ailleurs, que la distinction des genres « trouve son application dans la *Rhétorique* (chap. 6) » (il faut lire : chap. 5, 1407 b 6-9) (Id., *ibid.*), car cette « application », fort banale, pourrait se sous-entendre dans la *Poétique* aussi bien ; il fallait renvoyer aux *Réfutations Sophistiques*, chap. 14.

65. Plus exactement : les « espèces de la métaphore », comme le dit, avec référence à notre passage, la *Rhétorique* (III, 2, 1405 a 3).

66. *Rhétorique*, III, 10, 1411 a 1-2.

67. *Métaphysique*, Δ, 6, 1016 b 34 ; cf. *De Gen. animal.*, I, 1, 715 b 20.

maintenant sur sa vertu, c'est en rechercher la cause formelle et *finale*[68], laquelle, avec la cause motrice, « revient souvent à une seule »[69]. — A cet égard, le chapitre 22, par rapport aux deux précédents, peut être comparé au chapitre 4, par rapport aux trois chapitres initiaux.

Cependant, le chapitre 22 applique encore, comme le début de la *Poétique,* la méthode des *Seconds Analytiques,* en combinant deux différences dont aucune, séparément, ne suffirait à définir la vertu du style : la clarté (qui risque d'être banale) et l'élévation (qui risque de tomber dans le barbarisme ou l'énigme). Il faut donc, dans la sélection des noms, joindre ces deux qualités ou, comme il est dit, les « mélanger ».

Le style uniquement composé de métaphores produit l'énigme (1458 a 25) ; d'après la *Rhétorique,* « les métaphores procèdent par énigme »[70], ce qui n'empêche que la « clarté » est une des qualités de la métaphore[71]. Or l'énigme joint des « prédicats inconciliables » (1458 a 27) et, par là, produit cet « étonnement » qui, d'après la *Métaphysique,* est à l'origine de la philosophie. C'est pourquoi l'invention des métaphores est un « don naturel »[72] ; la *Rhétorique* dira : « Il faut tirer ses métaphores de choses apparentées et non apparentes, de même qu'en philosophie aussi, percevoir l'élément semblable dans des choses très distantes est un signe de sagacité »[73]. Autrement dit : le bon usage de cette figure stylistique requiert la qualité que Platon avait reconnue au dialecticien : savoir discerner les ressemblances et les dissemblances[74].

C'est dans les « poèmes ïambiques » surtout que la métaphore trouve son emploi (1459 a 14). Par où l'on voit, une fois de plus, la signification philosophique de la poésie, et combien il est vrai de dire que la métaphore *s'adapte* (a 9-10) au poème tragique, dont la fable est construite comme une *énigme.*

62. Rappelons, en effet, l'enseignement que l'on peut dégager du chapitre 18. — La notion de *nœud-dénouement* (1455 b 24) complète, englobe et dépasse les diverses divisions du drame et des situations tragiques proposées précédemment (chap. 7, 11-14).

68. *Métaphysique,* Δ, 16, 1021 b 20-30.
69. *Physique,* II, 7, 198 a 24 sqq,
70. *Rhétorique,* III, 2, 1405 b 4-5.
71. *Rhétorique,* III, 2, 1405 a 8.
72. *Poétique,* 22, 1459 a 7 (pour l'expression, cf. 17, 1455 a 33).
73. *Rhétorique,* III, 11, 1412 a 11-13.
74. Cf. V. Goldschmidt, *Le Paradigme dans la dialectique platonicienne,* P.U.F. 1947, p. 108 (n. 5 et 6).

Conformément à la finalité didactique de l'art, définie au chapitre 4, cette notion interprète la tragédie selon la conception aristotélicienne de l'acte de philosopher : savoir nouer le nœud, puis le dénouer [75]. Ce même schème bipartite commande la rhétorique, puisque tout discours, quoi qu'il en soit de ses divisions proprement oratoires, exige essentiellement deux parties : le problème et la démonstration [76].

A partir de là, on peut se demander si la tragédie, bien qu'Aristote ne le dise pas explicitement, n'est pas conçue à la manière de *l'énigme.* Le style tragique comporte surtout des métaphores et, en général, le mot contraire à l'usage [77]. Or, la métaphore procède par énigme [78], et l'énigme, qui a la forme de la métaphore, est « agréable, parce qu'elle nous apprend quelque chose » [79], tout comme la poésie [80]. Les mots inédits, à leur tour, sont « para-doxaux » [81], de même que l'effet tragique se produit « contrairement à l'attente » (παρὰ τὴν δόξαν) et, par là, atteint le *merveilleux* [82], dont il sera précisément question, de nouveau, à la fin du chapitre 18.

La métaphore « procède par illusion préalable : il devient plus manifeste que l'auditeur a appris que la réalité est tout à l'opposé de ce qu'il pensait, et il semble dire par devers lui : " Comme c'est vrai, mais je m'étais trompé " » [83]. Voilà l'effet produit par la métaphore, l'effet aussi qu'à partir de l'*étonnement* ignorant, la connaissance produit sur celui qui l'acquiert [84], et c'est également l'effet tragique qu'à partir du nœud et de l'illusion initiale, le dénouement merveilleux opère dans l'âme du spectateur.

On voit dès lors que l'étude stylistique contribue d'une manière décisive à la compréhension du poème tragique : le style manifeste concrètement l'essence de la tragédie et concourt, pour employer l'expression hégélienne, à l' « apparaître sensible de l'idée ». — La conclusion, associant à la tragédie l' « imitation par l'action » (1459 a 15), contient une référence très claire au début de la *Poétique* (chap. 3) et, par là, intègre formellement l'étude du style dans l'ensemble du traité.

75. *Métaphysique*, B, 1, 995 a 25-b 3.
76. *Rhétorique*, III, 13, 1414 a 36-37.
77. *Poétique*, 22, 1458 a 22-23.
78. *Rhétorique*, III, 2, 1405 b 3-5.
79. *Rhétorique*, III, 11, 1412 a 25.
80. *Poétique*, 4, 1448 b 13.
81. *Rhétorique*, III, 11, 1412 a 26-27.
82. *Poétique*, 9, 1452 a 4-5.
83. *Rhétorique*, III, 11, 1412 a 19-22.
84. *Métaphysique*, A, 2, 983 a 12-21.

On a remarqué depuis longtemps que ces trois chapitres ne citent nulle part la *Rhétorique,* dont la première partie du IIIe Livre, par des renvois répétés à notre texte, se présente comme un prolongement, comme une élaboration plus détaillée du texte de la *Poétique*. Celui-ci, pour autant, ne doit pas être considéré comme une simple esquisse, une pierre d'attente ou, au gré des interprètes, comme un résumé maladroit des chapitres de la *Rhétorique.* Tout au contraire, notre texte, une fois qu'on aura rétabli l'exigence méthodologique à laquelle il obéit, apparaîtra d'une linéarité parfaite et, comparé aux remarques foisonnantes de la *Rhétorique,* d'une économie classique. Il atteint exactement, et, à moindres frais, le but qu'il s'est fixé : non pas, comme dans la *Rhétorique,* l'explication du style en général, mais seulement du style tragique, c'est-à-dire l'emploi du nom, et du nom métaphorique, comme le procédé le plus *adapté* à l'essence même de la fable tragique.

C. L'ÉPOPÉE

63. La fin de la *Poétique* est consacrée à l'étude de l'épopée, selon l'annonce faite au début du chapitre 6. Cette étude procède par comparaison avec la tragédie, ce qui peut se justifier au moins par deux raisons. D'abord, parce que, historiquement, la tragédie constitue une forme littéraire « plus importante et plus considérée » que l'épopée, dont elle a pris la suite (4, 1449 a 6) et surtout, parce que, selon les critères établis au départ, l'épopée s'apparente à la tragédie : comme celle-ci, elle représente des hommes valeureux, et se sert du mètre (5, 1449 b 10). La première raison peut, à son tour, justifier *a posteriori* que l'étude sur la poésie imitative ait commencé par la tragédie : conformément à la méthode biologique, il faut considérer d'abord les êtres parfaits, pris dans leur état d'achèvement [1]. Elle peut expliquer encore, comme cela avait été dit plus haut, que la tragédie puisse servir à juger des mérites de l'épopée, puisque celle-ci est un genre moins complexe que celle-là (5, 1449 b 15-20). — La comparaison n'est élaborée que du seul point de vue systématique, tout comme c'était ce point de vue seul qui avait guidé l'étude de la tragédie, à partir du chapitre 6 : on doit donc penser que le chapitre 4 suffit à rendre compte tout ensemble de la genèse de l'épopée et de celle de la tragédie.

La fin de la *Poétique* se divise clairement en trois parties : 1° l'étude de l'épopée (chap. 23-24), qui correspond à celle de la tragédie et s'y réfère ; 2° problèmes homériques et solutions (chap. 25), que certains commentateurs considèrent comme une « insertion » et qui correspondent aux chapitres 16-18 (où la même exégèse avait vu, assez conséquemment, des additions tardives) ; 3° enfin, couronnant l'étude comparative précédente, la rivalité entre ces deux genres, véritable *agôn* qui s'achève par la victoire de la tragédie (chap. 26).

1. Cf. *Politique* I, 5, 1254 a 36-37 ; *De Part. anim.*, I, 1, 640 a 13-26.

L'étude de l'épopée est ordonnée, formellement en tout cas, selon les quatre parties qui lui sont communes avec la tragédie (24, 1459 b 10), c'est-à-dire : 1° la fable (1459 a 17-1460 a 5) ; 2° le caractère (a 5-11) ; 3° la pensée (a 11 - b 2) ; 4° le style (b 2-5). — La disproportion matérielle entre ces parties ne contredit en rien l'intention systématique de l'exposé [2].

2. Cf. *La Doctrine d'Épicure*..., p. 283.

VIII. — LA FABLE ÉPIQUE (chap. 23)

1. L'imitation narrative

64. *L'* « *imitation narrative* et par mètre » (a 17) — l'expression qui revient encore plus loin (b 33, 36) n'avait pas encore été employée : se substituant à celle de *récit* (ἀπαγγελία) qui, auparavant, avait servi à distinguer la tragédie de l'épopée (3, 1448 a 21 ; 6, 1449 b 26-27), elle contredit implicitement [1] la conception platonicienne.

Platon avait distingué la narration simple (dithyrambe), la narration par imitation (tragédie et comédie), la narration mixte (épopée) [2]. Aristote avait déjà modifié ce schème (chap. 3), en remplaçant la tripartition par une bipartition plus fondamentale : le premier terme, le récit, étant simplement subdivisé en récit confié à un personnage et récit fait par le poète même. A présent, il fait voir plus clairement que le genre commun n'est pas la narration, mais l'imitation (qui englobe, par conséquent, le dithyrambe aussi bien, du moins à partir d'un certain point de son développement [3]). Le terme de narration, d'autre part, est d'un emploi plus large, puisqu'il inclut les trois modes du temps, alors que le récit ne s'applique qu'aux événements du passé [4].

Il est donc « évident » (a 21) que l'imitation narrative doit construire ses fables de la même manière que la tragédie, c'est-à-dire qu'elle doit les rendre « dramatiques » : cela est *évident*, parce que la parenté générique entre ces deux poèmes l'emporte sur leur différence spécifique, seule envisagée par Platon, manifestée dans le *style (lexis)* [5], direct ou indirect ; au reste, l'emploi

1. Mais sans doute très consciemment, comme on peut le conjecturer d'après 1460 a 7-8, qui corrige *Rép.*, III, 393 b-c.
2. *République*, III, 394 b-c.
3. [*Problèmes*], XIX, 15, 918 b 19.
4. *Rhétorique à Alexandre*, 30, 1438 b 11 ; cf. *Sur l'emploi de deux termes de rhétorique dans la* « *République* » *de Platon*, *loc. cit.*, pp. 31-33.
5. *République*, III, 392 c 6.

du style direct est fréquent chez Homère aussi bien, et avait autorisé, auparavant, à parler de ses « imitations dramatiques » (1448 b 35-37). Ce n'est donc pas cette différence qui fait problème (et Aristote s'en expliquera clairement plus loin)[6]. La véritable différence entre ces deux genres poétiques, la plus apparente aussi, c'est, outre celle du mètre, celle de l'étendue[7], et c'est elle qui pourrait faire problème. Et même soulever un problème vital, puisqu'il toucherait à ce qui est l'essence même de l'imitation verbale : la fable. Aristote avait posé cette question à partir de la fable tragique[8] : il la traite maintenant, et à deux reprises[9], à partir de la fable épique.

Avant que le rôle déterminant de la fable soit reconnu et établi, la différence d'étendue avait été définie par le fait que la tragédie s'efforce de se borner à une seule révolution du soleil, alors que l'épopée est « non-limitée dans le temps » (5, 1449 b 14). Mais dès la découverte de l'unité d'action, l'épopée homérique était rapprochée de la tragédie, alors que les auteurs médiocres de l'*Héracléide* et de la *Théséide* semblent abuser de cette non-limitation pour faire entrer dans leurs poèmes cette « infinité » d'événements qui arrivent dans la vie d'un seul homme (8, 1451 a 17).

Aristote va montrer maintenant que l'unité d'action, telle qu'elle avait été définie pour la tragédie, demeure exemplaire pour l'imitation narrative : à preuve qu'Homère s'y conforme, et que les auteurs, inférieurs, des poèmes cycliques s'y essaient, même sans y parvenir. — On peut résumer ainsi les trois mouvements du chapitre 23.

La fable épique doit, comme la dramatique, être composée autour d'une seule action, totale et achevée, comporter un commencement, un milieu et une fin, pour que, unifiée comme un être vivant, elle puisse procurer le plaisir propre < à de telles imitations >, et ne pas ressembler aux histoires qui, nécessairement, manifestent, non pas une seule action, mais un seul temps, avec les événements qui arrivent à un seul homme ou à plusieurs.

Homère, on l'a déjà dit[10], prouve sa supériorité sur les autres poètes en ce qu'il n'a traité qu'une partie de la guerre de Troie (bien que celle-ci ait bien un commencement et une fin) : il ne-

6. *Poétique*, 24, 1460 a 5-11.
7. *Poétique*, 5, 1449 b 12 ; 24, 1459 b 17.
8. *Poétique*, chap. 8, chap. 18, 1456 a 10 sqq.
9. *Poétique*, 23, 1459 a 30-36 ; 24, 1459 b 18-31.
10. Renvoi à 8, 1451 a 23.

s'est servi des autres parties [11] qu'à titre d'épisodes, pour agrémenter son poème.

En revanche, les autres auteurs, par exemple des *Chants Cypriens* ou de la *Petite Iliade,* prennent comme principe d'unité un héros et un temps, ou encore une action mais alors à parties multiples. Et c'est pourquoi, alors que des deux poèmes homériques, on ne tirerait la matière, à chaque fois, que d'une ou, tout au plus, de deux tragédies, les *Chants Cypriens* fourniraient la matière à beaucoup et la *Petite Iliade* à plus de huit [12].

65. On peut faire deux remarques préliminaires : 1° outre le renvoi, expressément marqué par Aristote (1459 a 30), le texte reprend plusieurs idées déjà indiquées auparavant ; il n'en constitue pas moins une approche nouvelle du problème de l'unité d'action ; 2° l'éloge hyperbolique d'Homère [13] montre que l'épopée, à la différence de la tragédie, n'a pas été l'objet d'un développement historique continu. Sans doute, pour concilier ce fait avec le schématisme aristotélicien, pourrait-on soutenir qu'Homère a eu des prédécesseurs [14] et qu'à partir de lui, l'épopée, ayant atteint son point de maturité, a été soumise à la loi naturelle de la corruption. Mais il ne semble pas que tel soit l'avis d'Aristote : la réussite homérique n'est pas l'aboutissement d'un processus naturel, et les poètes épiques après lui témoignent, non pas d'un déclin, mais simplement d'un échec et, manque de *technique* ou de *don naturel* [15], d'une infériorité.

L'unité d'action [16], exigible de l'épopée comme de la tragédie, puisque les deux doivent procurer le même « plaisir propre » (a 21) [17], ne saurait être assurée si la fable était construite comme une histoire [18]. Cette comparaison avec l'histoire, ici, s'impose :

11. *Poétique*, 1459 a 35 : c'est bien μερῶν qu'il faut sous-entendre.
12. Les possibles corrections du texte, à partir de b 5, ne présentent aucune nécessité et, de toute manière, ne contribuent guère à sa compréhension.
13. Θεσπέσιος (a 30), qui est déjà dans Homère, et que Platon emploie presque toujours avec une nuance d'ironie (*Euthyd.*, 289 e 4 ; *Rép.*, II, 365 c 1, VIII, 558 a 2 ; *Théét.*, 151 b 5) est un hapax chez Aristote et, pour le *sens*, pourrait presque faire évoquer le texte du *Philèbe*, 18 c 7-8.
14. *Poétique*, 4, 1448 b 28-29.
15. Cf. *Poétique*, 8, 1451 a 24.
16. Décrite ici selon un résumé du chapitre 7.
17. Sur cette exigence, cf. 14, 1453 b 12, et sur le plaisir propre aux deux genres poétiques, 26, 1462 b 11-13 : on voit bien, dans ce dernier texte, qu'il s'agit du plaisir que procure l'imitation (cf. chap. 4), et il n'y a pas à s'étonner de l'absence (à la fin de 26 et au début de 23) de toute référence à la purgation des passions, ni même, puisque Aristote ne pose pas la question, à se demander si l'épopée y pourvoit aussi.
18. Avec la conjecture (a 21) de Dacier.

il ne s'agit pas, comme au chapitre 9, de contraster avec celle-ci l'universalité, donc le caractère philosophique, de la poésie, mais simplement de montrer, s'agissant de l'imitation narrative, que l'histoire, qui est bien elle aussi une narration, diffère entièrement de l'épopée, parce qu'elle n'est pas une *imitation*. On ne saurait faire voir plus clairement que la fable est un instrument d'imitation, et que l'imitation qu'elle opère n'est pas, comme Platon l'avait enseigné, fonction du « modèle » (bon ou mauvais), mais qu'elle transpose, « interprète », avions-nous dit [19], les données empiriques, lesquelles, loin de mériter le nom même de modèle, se perdent dans la contingence pure : la fable, qui les en arrache pour les transporter dans la sphère de l'universel, prend ainsi sa pleine indépendance par rapport à ce qu'elle « imite ».

Or l'unité de temps (qui est celle de l'histoire) ne garantit pas l'unité d'action, parce qu'elle recouvre, et cela nécessairement, tout ce qui arrive (l' « infinité de ce qui arrive », avait précisé le chap. 8, 1451 a 17), soit à un seul, soit à plusieurs personnes. Et, par un raisonnement *a fortiori :* si déjà la simultanéité peut inclure des événements qui n'ont aucun rapport les uns avec les autres, à plus forte raison la succession temporelle englobe des événements entre lesquels il peut n'y avoir de rapport, ni de causalité [20] ni, bien moins encore, de finalité [21].

L'exemple proposé de faits simultanés qui ne tendent cependant pas vers une même fin n'est guère plus, précisément, qu'un exemple : pas plus qu'ailleurs (ainsi dans les *Topiques*), il ne semble qu'il faille y chercher une intention doctrinale, c'est-à-dire, comme on a pu le dire, une critique de l'historien Ephore. Le synchronisme entre les batailles de Salamine et d'Himère était traditionnel (encore qu'Hérodote ne l'indique pas sans précautions : « On dit que... », VII, 166 déb.), et le symbolisme qu'il enveloppe est déjà dans la *Ire Pythique*, bien avant qu'Ephore lui ait cherché comme fondement historique un plan concerté entre les Perses et les Carthaginois. C'est le synchronisme seul que retient ici Aristote, et l'absence de lien entre les deux combats est affirmée comme une évidence (et non par une implicite polémique, laquelle n'aurait pu qu'affaiblir la portée de l'exemple).

L'exemple doit plutôt se comprendre à la lumière de la *Physique*, où il est montré qu'un « même temps » peut loger des mouvements tout à fait différents, rapides ou lents, de transport ou d'altération [22].

19. Cf. plus haut, p. 216.
20. Cf. 9, 1451 b 35.
21. « La fin visée est une sorte d'action » (6, 1450 a 18).
22. *Physique*, IV, 14, 223 b 8-10.

2. Unité de temps et synchronisme historique

66. 1) L'unité de l'action tragique, faite d'un commencement, d'un milieu et d'une fin, et semblable à la beauté d'un être vivant (cf. chap. 7), est celle-là même qui convient à l'action épique. — Après quoi l'on s'attendrait à une spécification de l'action épique. Au lieu de cela, Aristote oppose à l'action (indistinctement tragique ou épique) le décousu des événements décrits par la narration historique, et constate que la plupart des poètes (épiques) prennent modèle sur celle-ci. — A suivre ce premier mouvement qui traite de l'épopée sans cependant l'aborder en elle-même, il semble que le poème épique ne puisse se définir que par ce qui n'est pas lui : le drame tragique où il tend et la narration historique où il s'enlise.

La comparaison avec l'histoire[23] peut s'expliquer, d'abord, du point de vue littéraire. On sait que le manque de « composition » dans l'œuvre d'Hérodote a pu être attribué à l'influence, non seulement des logographes, mais encore des poètes épiques[24], et Denys d'Halicarnasse compare explicitement la « variété »[25] de son récit avec celle d'Homère. — La confrontation permet surtout de mieux dégager l'exigence de l'unité d'action. En opposant à celle-ci l'unité de temps, Aristote prend en compte la conception historiographique de Thucydide qui avait substitué, à la chronologie selon les archontes ou les magistrats, celle « selon les temps »[26], c'est-à-dire, selon l'été et l'hiver qui permet de distribuer « à la suite »[27] la succession des événements. Or la *Physique* distingue la simple « consécution » de la « continuité »[28] qui, elle, est exigible de l'action tragique[29]. L'unité de temps oblige, en outre, à rompre la consécution par des synchronismes non-signifiants (comme celui, reproché à Hérodote, entre les batailles de Salamine et d'Himère), par exemple les affaires de Thrace par la mention de la prise de Panacton par les Béotiens,

23. Cf. plus haut, p. 261, n. 137.

24. Cf. Ph.-E. Legrand, *Hérodote, Introduction, C.U.F.*, 1932, p. 233.

25. Denys d'Halicarnasse, *Ad Pomp.*, 3, cité *ibid.*, p. 234, n. 1 ; pour ποικιλία, cf. *Poétique*, 23, 1459 a 34.

26. Κατὰ τοὺς αὐτοὺς χρόνους (*Poétique*, 23, 1459 a 25), Thucydide, V, xx, 2.

27. Thucydide, II, 1 ; V, xxvi, 1 (ἑξῆς) ; *Poét.*, 23, 1459 a 27 (ἐφεξῆς).

28. *Physique*, V, 3, 226 b 34 sqq.

29. *Poétique*, 10, 1452 a 15.

qui se situe « vers le même temps »[30]. — Or le temps est le « nombre du mouvement » et, en l'espèce, les saisons (auxquelles leur périodicité assure une identité spécifique[31]) sont le nombre du mouvement solaire, et non pas des actions militaires auxquelles elles ne peuvent fournir qu'un nombre (et un cadre) artificiel, c'est-à-dire « par accident ».

Ce qu'on a appelé « unité de temps » ne préexiste pas à l'action, mais en dérive, comme le temps dérive du mouvement dont il est le nombre. La fameuse indication (négligée dans toute la suite du traité) sur la révolution du soleil[32] ne prétend pas décrire la temporalité tragique qui a ses mesures propres et dépendantes de l'unité d'action (dont il n'a pas encore été question) ; elle sert simplement à distinguer l' « étendue » de la tragédie de celle du poème épique. — On comprend, d'autre part, que, pour dresser ses listes des vainqueurs olympiques et pythiques, ainsi que les listes didascaliques, Aristote ait suivi la chronologie traditionnelle, en désignant chaque année par le nom de l'archonte[33].

3. **L'unité du poème épique et ses épisodes**

67. 2) Le divin Homère n'a pas entrepris de traiter la guerre de Troie comme un tout (bien qu'elle comporte un commencement et une fin) : la fable, en effet, aurait présenté deux défauts alternatifs incompatibles avec la beauté : elle aurait été trop étendue et difficile à embrasser du regard ; ou alors, d'une étendue modérée, elle aurait été confuse à force de complexité. Il s'est donc borné à ne traiter qu'une partie de la guerre, et à donner à bien d'autres parties la forme de simples épisodes qui interrompent l'action principale.

a) Les deux défauts évités (grandeur ou petitesse excessives) avaient servi à déterminer négativement la beauté d'un être vivant, donc aussi celle de la fable tragique (7, 1450 b 37 sqq.) et, par conséquent, celle de la fable épique. Ce sont donc les conditions de la sensibilité [difficile à embrasser du regard ou « imperceptible » parce que « confus » (1450 b 39-40)] qui définissent l'étendue admissible de la fable, sans qu'il y ait lieu, à cet égard, de faire la moindre distinction entre tragédie et épopée.

30. Thucydide, V, iii, 5.
31. *Physique*, IV, 12, 220 b 12-14.
32. *Poétique*, 5, 1449 b 12-14.
33. Cf. P. Moraux, *Les Listes anciennes des ouvrages d'Aristote*, Louvain, 1951, pp. 122-128.

b) Mais ces conditions apparemment subjectives définissent en même temps le *tout :* or d'avoir commencement et fin ne suffit pas à constituer une guerre en une totalité ; c'est le poète qui aurait pu « essayer d'en faire un tout » (a 32) : mais il y a renoncé, et avec raison (ce qui écarte implicitement une objection possible : les guerres médiques et la guerre du Péloponnèse ont bien eu, elles aussi, un commencement et une fin, sans que, pour autant, les histoires qui les ont prises pour objet constituent une totalité).

c) Si l'*Iliade* satisfait ainsi aux exigences de la fable tragique, toujours est-il qu'elle est d'une plus grande étendue qu'un drame tragique. C'est à rendre compte de cette différence que sert, ici, la notion d'*épisode.* Cette notion, pour l'instant [34], paraît assez accidentelle : elle désigne, ici, ce qui, comme par définition, ne contribue en rien à l'action principale, et ne fait qu'interrompre (*dialambanein,* a 36) celle-ci. Il n'y a donc pas le moindre rapprochement à faire avec la tragédie « épisodique » (9, 1451 b 33), où ce sont les épisodes, mis à la file sans vraisemblance ni nécessité, qui constituent, au contraire, la fable. Aussi l'exemple choisi, le *Catalogue des vaisseaux,* fait-il voir clairement qu'il s'agit d'une véritable rupture de l'action, rupture qui ne présente aucun élément narratif, et c'est certainement à bon escient qu'est écarté un exemple comme la *Dolonie* dont le *Rhésos* avait montré qu'elle contient bien une action tragique.

d) Visiblement, Aristote ne pense pas que ces « interruptions » compromettent l'unité ni la continuité de l'action. Il n'est pas sans intérêt de noter que sur ce point, comme sur d'autres, l'analyse des phénomènes l'emporte sur l'esprit de système. Dans la *Physique,* Aristote examine longuement l'unité et la continuité du mouvement : or, dans le mouvement physique, ces deux caractères sont solidaires, et n'admettent pas d'interruption (avec le même verbe, V, 4, 228 b 6). Ce n'est qu'au prix d'absurdités évidentes que l'on concevrait l'unité d'une altération dans des temps différents (et discontinus) [35], ou l'unité d'habitudes ou d'affections chez un même sujet, si elles subissent des interruptions temporaires [36].

34. Voir plus loin, 24, 1459 b 28-31.
35. *Physique,* V, 4, 228 a 3-6.
36. *Physique,* V, 4, 228 a 6-19.

4. « Parties multiples » et Un-Mesure

68. 3) L'unité d'action, dans le premier mouvement, avait permis de rapprocher l'épopée de la tragédie, jusqu'à l'en rendre indiscernable. Le second mouvement avait confirmé cette identité profonde entre les deux genres, la notion d'épisode prenant en charge la différence que, malgré tout, les poèmes homériques présentent par rapport à la tragédie. Le troisième mouvement est destiné, à la fois à maintenir le critère de l'unité d'action, et à expliquer les poèmes épiques qui, n'ayant plus pour père le divin Homère, paraissent contredire ce critère, au point que l'on peut se demander si leurs auteurs ne sont pas ceux précisément qui succombent à l'attrait de l'historiographie (a 29-30).

Et en effet, ces auteurs s'attachent à l'unité de temps et à la (fausse)[37] unité du héros[38]. Accordons cependant qu'ils aient bien en vue une « action unique » : ce sera alors une action « à parties multiples » (b 1), et c'est ce qui distingue leurs productions des poèmes homériques, de chacun desquels on ne peut tirer qu'une seule ou tout au plus deux tragédies, alors que les poèmes cycliques fourniraient la matière à plus de huit.

a) Quand il s'était agi de recommander au poète tragique de resserrer l'ordonnance de la fable et de ne pas la surcharger de détails inutiles, Aristote avait opposé tragédie et épopée, cette dernière étant définie comme étant « à fables multiples » (18, 1456 a 12), expression qui, expliquée ensuite par l'exemple de l'*Iliade*, inclut sans aucun doute ce que notre texte appelle *épisodes*. Mais à présent, il s'agit de montrer que l'unité d'action se trouve même dans les épopées défectueuses (dans les « déviations », avait dit la *Politique*, parlant des constitutions imparfaites) ; il faut donc faire voir, tout ensemble, la validité du critère et, de la part des poètes, la tentative, même impuissante, de s'y conformer. Le concept de « fables multiples », parfaitement admissible quand il marque globalement la différence avec la tragédie, sera donc transformé en celui d'action « à parties multiples », par où l'on rejoint l'intention des poètes. On a vu, en effet, que la guerre de Troie comporte bien un commencement et une fin : encore devait-on comprendre, comme Homère, qu'il fallait ensuite en *faire* (et, au juste : qu'on ne pouvait pas en

37. Cf. *Poétique*, 8, 1451 a 16-22.
38. *Poétique*, 23, 1459 a 37-b 1 ; cf. a 23.

faire) un *tout*. Tout se passe comme si les poètes cycliques considéraient le tout comme inhérent aux données objectives de la tradition qu'ils prétendent traiter : en ce sens, en effet, c'est bien une seule action qu'ils visent (que ce soit, à partir de la mort d'Achille, la prise de Troie jusqu'au partage du butin, dans la *Petite Iliade* ou, dans les *Chants Cypriens*, le dessein de Zeus de porter remède à la surpopulation, et son accomplissement, jusqu'au début de l'*Iliade*).

b) Cette action qu'il est loisible de considérer comme *une* ne s'en décompose pas moins en des parties multiples. — Au premier chapitre du livre *Iôta* de la *Métaphysique*, Aristote montre que l'Un est à la fois indivisible, principe et mesure, et que, de l'ordre de la quantité, il a été transposé dans les autres catégories aussi bien. Or la fable, avec son unité d'action à laquelle, comme à la mesure proprement dite, on ne peut rien ajouter ni rien retrancher[39], est la mesure des poèmes tragique et épique. Dans le drame tragique, la fable une et unique constitue le poème, au point que mesure et mesuré coïncident parfaitement, et c'est là ce qui fait l'unité de la pièce. Il en est encore de même (réserve faite des « épisodes ») des poèmes homériques. Mais aux poèmes cycliques, l'unité de mesure peut être appliquée plusieurs fois, ce qui sert à les connaître[40] et à en distinguer les « parties multiples » qui ne sont rien d'autre, précisément, que la pluralité, mesurée par la fable, des réitérations de cette mesure. De même donc que l'Un est le principe des nombres, on pourrait dire que la fable est le principe des « fables multiples » que contient l'épopée. On voit ainsi que le décompte des tragédies que renferme virtuellement le poème épique n'a rien d'un procédé heuristique : c'est l'application, aussi rigoureuse que l'objet le comporte, de la théorie aristotélicienne de l'Un-mesure.

39. *Poétique*, 8, 1451 a 33-35 ; *Métaphysique*, I, 1, 1053 b 36.
40. *Métaphysique*, I, 1, 1053 a 32.

IX. — LA FABLE ÉPIQUE (suite) ET LES AUTRES PARTIES DE L'ÉPOPÉE (chap. 24)

La fonction exemplaire de la tragédie[1] s'étend plus loin[2] : l'épopée devra comporter les mêmes *espèces* que la tragédie (être ou simple, ou complexe, ou éthique, ou pathétique) et les mêmes *parties* (c'est-à-dire, chant et spectacle[3] étant ici hors de cause, des péripéties, des reconnaissances et des événements pathétiques), à quoi s'ajoutent pensée et style. — A ces exigences, énoncées d'une façon théorique, la pratique homérique[4] se conforme parfaitement : l'*Iliade* est un poème simple et pathétique, l'Odyssée, un poème complexe et éthique. Et quant au style et à la pensée, Homère dépasse tous les poètes[5].

1. La fable

69. *a*) La division en espèces et la division en parties étaient déjà liées en 18, 1455 b 33-34. On a vu alors que les « parties »

1. Fonction formulée, comme déjà en 23, 1459 a 18, par δεῖ :24, 1459 b 8, 11.

2. Les autres points sont introduits, comme souvent dans une énumération chez Aristote, par ἔτι, mais l'emploi de cet adverbe est ici différencié (comme cela semble aussi être le cas dans *Politique*, IV, 3, 1289 b 34, 40 ; cf. Bonitz, *Index*, 357 b 34-35) : le mot introduit d'abord la similitude des « espèces » (a 8), mais celle des « parties » (qui en indique le fondement : 1455 b 33-34) est coordonnée par καί (b 10), et le second ἔτι (b 12) ne fait qu'ajouter *pensée* et *style* : il n'est donc pas, grammaticalement, sur le même plan que le premier, et complète seulement l'idée introduite par καί.

3. Aristote néglige ici le côté « enthousiaste » de la récitation qui assimile le rhapsode à l'acteur (cf. Platon, *Ion*, 535 b) ; mais le « spectacle » rhapsodique s'introduira plus loin, 26, 1462 a 1-4.

4. Il ne sera plus question des poètes cycliques.

5. Les constants éloges décernés à Homère (dès le chapitre 4 et, plus précisément, dans ce qui précède immédiatement, 1459 b 13 et ce qui suit, 1460 a 5), ainsi que le sens même du verbe rendent préférable de donner pour sujet à ὑπερβέβληκεν Homère, plutôt que les poèmes (Bonitz avait compris le texte ainsi : *Index*, 791 a 37) ; du seul point de vue grammatical, il est impossible de trancher, πάντας étant aussi bien attesté (B) que πάντα (A).

dont il s'agissait étaient celles de la fable, c'est-à-dire la péripétie, la reconnaissance et le *pathos* (11, 1452 b 9). Notre texte confirme cette liste, et y ajoute[6] la pensée et le style. Il semble confirmer aussi l'interprétation qu'on a proposée du chapitre 18[7] : si, dans l'énumération des « parties » communes à la tragédie et à l'épopée, liste qui se veut exhaustive (puisque Aristote écarte expressément le chant et le spectacle), les *caractères* sont passés sous silence, c'est parce que, dans la classification des espèces, le *pathos* est dédoublé en *pathos* en acte et en *pathos* ne s'exprimant que dans les caractères (comme c'est le cas dans *l'Odyssée*). Mais si, en regard de la classification des espèces, le caractère peut être omis, il reprendra sa place dans le traitement plus détaillé des parties, c'est-à-dire en 1460 a 5-11. — On notera aussi que la *fable* ne figure ici que par ses trois parties, lesquelles, de ce fait, paraissent être mises sur le même plan que les parties de la tragédie.

b) Ne sont donc énumérées, comme parties de la tragédie, que la fable (dans ses trois parties), la pensée et le style. Or « tout cela[8], Homère l'a mis en œuvre le premier et d'une manière achevée ». — Vient alors la preuve : « et de fait[9] », chacun de ses poèmes se laisse ranger sous l'une des espèces de la tragédie (ce qui, à la fois, satisfait à la première exigence et à la seconde ; les poèmes, par là même, incluent aussi les parties de la fable : soit le *pathos*, soit, comme l'*Odyssée,* la reconnaissance et aussi, sans doute, la péripétie, parties dont l'*Iliade,* au contraire, est dépourvue, puisque la tragédie simple se définit par l'absence de l'une et de l'autre[10]) ; « et parce que, avec cela[11], il a dépassé tous les poètes par le style et par la pensée » (b 13-17).

6. Ἔτι, cf. note 2.

7. Cf. plus haut, pp. 313-314.

8. Οἷς ἅπασιν (b 12-13). Il semble plus naturel de traduire ainsi ; mais l'expression renvoie bien à μέρη (b 10) aussi bien qu'à εἴδη (b 8).

9. Cf. DENNISTON, *The Greek Particles*², p. 108, qui indique aussi (p. 109) un texte d'Hérodote (VI, 108, 1) avec καὶ γὰρ καί, expression qui se trouve aussi dans les *Météorologiques*, II, 3, 358 b 31. Il n'y a donc aucune raison de ne pas conserver la leçon de A.

10. *Poétique*, 10, 1452 a 15-16.

11. Πρὸς γὰρ τούτοις (b 16). La confirmation des exigences théoriques a d'abord été conduite pour les parties de la fable et la classification à laquelle elles donnent lieu (b 13-16) : c'est donc à elles que renvoie τούτοις, après quoi l'on étend la confirmation aux deux autres parties de la tragédie, *style* et *pensée* ; il n'y a donc là ni obscurité ni superflu (Lucas) : Aristote détaille maintenant sur le plan de la pratique homérique ce qu'il avait détaillé d'abord du point de vue théorique (et la phrase de b 12-13 n'est que la conclusion anticipée de cette double confirmation). Le parallélisme des deux moitiés de la

c) Ce paragraphe très condensé a deux objets : étendre la ressemblance avec la tragédie au-delà de ce qui a été dit, au chapitre précédent, de la fable ; préparer la suite, c'est-à-dire, par contraste, l'examen des différences (b 17 - 1460 à 5) et, par l'annonce (implicite pour l'*éthos*) des autres parties de la tragédie, l'étude de celles-ci (a 5 - b 5). — L'examen des différences, au lieu de terminer le chapitre, fait suite aux remarques sur la fable, puisque la première différence, et la plus importante, porte précisément sur le traitement de la fable.

70. Toutes les similitudes jusqu'ici indiquées ne doivent cependant pas cacher les différences entre tragédie et épopée ; or il y en a deux : la longueur et le mètre. Ces deux points avaient été notés dès le début (5, 1449 b 11-12). Il y en avait un troisième : la différence entre récit et imitation en acte (1449 b 11) ; il faut souligner que, désireux de rapprocher le plus possible ces deux genres poétiques, Aristote ne mentionne plus expressément ce troisième point : il le prendra en compte cependant dans la suite immédiate (1459 b 26) ; et, de plus, ce n'est pas une différence vraiment essentielle : la preuve, c'est qu'Homère intervient le moins possible dans ses poèmes (1460 a 5-11) et, par là, compose déjà des « imitations dramatiques » (4, 1448 b 35). — Quant à la longueur de l'épopée, on l'avait d'abord, très globalement et négativement, caractérisée comme « illimitée dans le temps » (1449 b 14), puis expliquée par les épisodes (17, 1455 b 15-16) et les « fables multiples » (18, 1456 a 10-15). On essaiera maintenant de lui appliquer la norme définie pour la tragédie.

« *En ce qui concerne la longueur, la bonne limite*[12] *est celle qu'on a dite : il faut que l'on puisse embrasser du regard le commencement et la fin. Il en serait ainsi si les compositions étaient de moindre étendue que les anciennes*[13], *sans dépasser le nombre des tragédies proposées à une même audition* » (1459 b 18-22).

La détermination scientifique[14] de la longueur de la tragédie s'était faite en deux mouvements (7, 1451 a 5-15). Le premier,

confirmation doit recommander de conserver, ici encore (b 16), la leçon de A : l'emploi réitéré de la particule γάρ marque la coordination logique des deux phrases.

12. Ἱκανός est épithète, non prédicat.

13. Il paraît plus naturel de comprendre ἀρχαίων, avec la majorité des commentateurs, comme un génitif de comparaison.

14. Qui ne peut être donnée qu'après la définition de la fable : la célèbre indication de 5, 1449 b 12-13 n'est que préliminaire, et ne prétend pas à cette validité absolue que la tradition devait lui octroyer.

relatif aux concours et à la capacité d'attention du spectateur[15], relève, non pas de l'art (poétique), mais des horloges (c'est-à-dire de l'organisation matérielle des concours) ; le second mouvement seul définit les limites de la tragédie « selon la nature de la chose » (a 9-10) : c'est l'étendue requise pour faire passer, conformément à la vraisemblance ou à la nécessité, du malheur au bonheur, ou inversement, et c'est là « la bonne limite » (a 14-15)[16]. Ces deux mouvements se rapportent, peut-on dire, l'un à la matière, l'autre à la forme, ou encore l'un à l'accident[17], l'autre à l'essence ; les deux sont parfaitement « objectifs »[18].

Dans notre chapitre 24, Aristote se réfère explicitement à la définition qu'il avait donnée de la « bonne limite ». Mais l'application qui en sera faite à l'épopée n'en procède pas moins par deux mouvements tout à fait analogues à ceux qu'on vient de rappeler. Le second (à partir du récit d'événements simultanés) se rapporte, sinon à l'essence, au *propre* (1459 b 23) de l'épopée. Le premier se tient au niveau de l'organisation des concours, mais ce n'est plus pour écarter la question chronométrique comme non pertinente, mais au contraire pour y trouver l'équivalent matériel de la « bonne limite ».

De la définition de celle-ci, on retient maintenant (non plus le contenu de la fable : passage du bonheur au malheur, mais seulement) l'étendue optima qui permet de tenir sous le regard le commencement et la fin.

De même que l' « action à parties multiples » de l'épopée était mesurée par le nombre des fables tragiques qu'elle renferme, de même la *longueur* (*mèkos*) la meilleure de l'épopée se détermine maintenant par la *pluralité* (*plèthos*) de tragédies offertes à une seule *audition*[19], c'est-à-dire pendant une matinée, c'est-à-dire encore pendant un espace de temps mesurable par les clep-

15. Encore Aristote dit-il simplement πρὸς ... τὴν αἴσθησιν (1451 a 6-7). Le problème psychologique de l'*attention* n'est pas posé comme tel, même pas dans le petit traité *De la sensation et des sensibles* ; tout au plus, mais dans des contextes tout à fait différents, pourrait-on citer *E.N.*, VII, 15, 1154 b 30 et *Métaph.*, Λ, 7, 1072 b 15.

16. *Poétique*, 7, 1451 a 14-15 : c'est à cette définition (qui confirme d'ailleurs la valeur de ἱκανός comme épithète) que se réfère notre texte (1459 b 18-19), dont la formule, d'autre part (b 19-20), résume le développement de 1450 b 35-1451 a 6, lui-même résumé par εὐσύνοπτον (1451 a 4).

17. Cf. *Catégories*, 6, 5 a 38-b 3.

18. Il serait parfaitement anachronique d'interpréter, soit αἴσθησις (1451 a 7), soit εὐσύνοπτον (a 4) dans un sens « idéaliste ».

19. Le fait qu'Aristote ne mentionne que les *tragédies* rend sans objet la question de savoir s'il faut tenir compte de ce qu'au ve siècle, chaque trilogie était suivie d'une pièce satyrique.

sydres, ce qui revient à dire que l'*action* épique peut être considérée, *par accident*, comme une *quantité* et, en tant que telle, être mesurée par le *temps*[20].

On pourrait dire que le discontinu (la pluralité) n'est introduit que pour servir d'intermédiaire entre deux continus : la longueur (de l'épopée) et le temps de l'audition (des tragédies) et que, de toutes manières, nous restons dans le domaine (et la catégorie) du quantitatif. Mais il n'en est rien. La quantité elle-même ne sert qu'à déterminer du qualitatif, à savoir les conditions requises pour « pouvoir tenir sous le regard le commencement et la fin ». Et le nombre (non explicité[21]) des tragédies n'est pas seulement signifiant en tant que succession nombrable, en tant que portions additionnables dont seule importerait la somme exprimée par l'espace temporel de l'audition : chacune de ces portions présente elle-même un commencement et une fin ; et ce que mesure, au juste, la *matinée* théâtrale, ce n'est pas un temps arbitrairement délimité par le nombre des pièces, mais la durée (maximale ou optimale) où puisse s'exercer la « faculté de tenir sous le regard le commencement et la fin ».

Cette traduction de l'intensité d'un état de conscience en termes quantitatifs semble se heurter, avant la lettre, à une objection de type bergsonien. Elle paraît entraîner une difficulté supplémentaire : les trois représentations, faisant succéder trois fables ayant, chacune, son commencement et sa fin, sont séparées par des pauses et diversifiées selon leurs sujets et, par là, soulagent l'attention des spectateurs et la reposent. Comment transposer cette faculté à l'audition de l'épopée, ce qui revient à tendre, du commencement à la fin de l'action épique, une attention qui, face aux trois tragédies, pouvait, en cours de route, se détendre et se recréer ? On pourrait s'étonner, enfin, que, s'agissant de délimiter la longueur de l'épopée, la *Poétique* ait recours aux représentations théâtrales, alors que les poèmes homériques étaient récités, tous les quatre ans, aux Grandes Panathénées[22] et que, d'une manière générale, les récitations des rhapsodes étaient courantes à Athènes[23] et ailleurs.

Peu importe ici l'organisation de ces séances de déclamation

20. *Catégories*, 6, 5 b 2-3.

21. Parce qu'il était connu de tous, dira-t-on. Mais l'on dirait aussi bien que cette omission volontaire indique que ce n'est pas le détail qui préoccupe l'auteur, ni même la somme arithmétique, mais une totalité comme telle, rapportée à l'« audition » (ou, comme il était dit en 1451 a 7, à la « sensation »).

22. Cf. LYCURGUE, *Contre Léocrate*, 102 ; [PLATON], *Hipparque*, 228 b.

23. Cf. XÉNOPHON, *Banquet*, III, 6.

sur laquelle nous sommes mal renseignés, ou du nombre des vers à chaque fois récités. Comme c'est la tragédie, avec sa structure interne, qui, aux yeux d'Aristote, demeure exemplaire, il est clair que les récitations rhapsodiques ne pouvaient pas fournir la moindre indication sur la mesure idéale de l'épopée. Aussi n'est-ce pas l'étendue matérielle des poèmes épiques qui, comme telle, le préoccupe ici, et il n'est pas sûr du tout qu'en multipliant par trois le nombre statistique des vers d'une tragédie, comme on a coutume de le faire, on saisisse bien sa pensée. Les règles qui commandent la composition du poème tragique sont tout à fait indépendantes de sa représentation effective[24] et, pour l'épopée, de sa récitation[25]. Et la règle qui vient d'être posée : « pouvoir dominer du regard le commencement et la fin » (règle dont il ne convient pas de séparer les indications sur la « longueur » approximative, lesquelles n'en formulent que l'équivalent matériel) s'entend de l'aperception intellectuelle, appuyée sur la mémoire, du recueillement au sens propre du terme, et non de l'effort d'adaptation motrice et physiologique qui, lui, pourrait se mesurer par l'eau qui s'écoule et par le nombre des vers débités.

71. Il reste que l'effort de recueillement appliqué à une seule et même totalité épique ne saurait, sans plus, être assimilé à celui que l'on consacre successivement à trois totalités tragiques différentes. C'est là la seule objection recevable, mais sa pertinence s'accroîtrait encore si on la considérait, non pas comme une objection, mais comme un adjuvant d'interprétation. Il suffit, en effet, de parcourir le second mouvement pour voir qu'il explique le premier, et lève entièrement la difficulté qu'on vient de proposer.

« *Pour agrandir*[26] *sa dimension*[27], *l'épopée présente une propriété importante : dans la tragédie, il n'est pas possible d'imiter plusieurs parties < de l'action > qui se passent en même temps, mais seulement la partie que les acteurs jouent sur la scène ;*

24. *Poetique*, 6, 1450 b 17-19 ; 14, 1453 b 3-8 ; 26, 1462 a 12.
25. *Poétique*, 26, 1462 a 10-11.
26. Ἐπεκτείνεσθαι (1459 b 23) ; cf. παρατείνειν (17, 1455 b 2) et μηκύνειν (*ibid.*, b 16).
27. L'emploi, dans ce qui précède, de termes techniques (μῆκος, b 18 ; πλῆθος, b 21) interdit de tenir μέγεθος pour équivalent de μῆκος (c'est-à-dire la grandeur selon une dimension) : en employant ici le terme général de grandeur (cf. *Métaphysique*, Δ, 13, 1020 a 11), on peut penser qu'Aristote se dégage très consciemment de l'image trop « linéaire » de la longueur, pour préparer celle de « volume » (b 28).

tandis que dans l'épopée, qui procède par récit, on peut décrire plusieurs parties qui s'accomplissent en même temps et grâce auxquelles, si elle sont propres à l'argument[28]*, on augmente le volume*[29] *du poème. L'épopée présente ainsi un avantage qui lui permet d'atteindre le grandiose*[30] *et de procurer à l'auditeur du changement en diversifiant les épisodes : or c'est l'uniformité qui, rassasiant vite, fait tomber les tragédies* » (1459 b 22-31).

1) On voit aisément que les deux mouvements forment un tout, et que le second est indispensable pour interpréter le premier. Le terme de *grandiose* (ou, peut-être, plus simplement, d'*imposant, megaloprepeia*) traduit d'une manière décidément qualitative les indications apparemment quantitatives qui précèdent, et l'on rappellera que, déjà au chapitre 18, la « longueur » de l'épopée avait été définie par la *convenance* (1456 a 14). L'idée de *changement* explique que l'étendue du poème épique puisse légitimement être comparée à celle de plusieurs tragédies, et cela eu égard à la « faculté de tenir sous le regard le commencement et la fin ». Ce n'est pas à dire que le poème doive renfermer la matière de nombreuses tragédies (défaut, au contraire, dont Homère vient d'être acquitté[31]), mais les épisodes (qu'il pouvait sembler que le poète pût accumuler à plaisir[32], du seul fait que la structure épique est « à fables multiples »[33]) peuvent être requis par la logique interne de la fable, laquelle demeure unique et cependant comporte, par le récit de faits contemporains, des variétés qui délassent l'auditeur (et, à cet égard, peuvent être assimilées à l'interruption qui, à chaque fois, sépare les trois pièces tragiques).

2) L'introduction faite ici d'événements simultanés s'explique sans doute (et, à son tour, permet de l'expliquer) par la critique

28. Ici encore (cf. n. 26), c'est le chapitre 17 qui fournit un commentaire : à partir de l'*argument* universel, il faut construire les épisodes (1455 b 1), et ceux-ci devront être « propres » à l'argument (1455 b 13).

29. Pour l'emploi métaphorique de ὄγκος, voir l'*Index* de Bonitz, 495 b 5-10. On ne forcera pas trop, cependant, la métaphore (en traduisant par « ampleur ») : la μεγαλοπρέπεια n'est introduite qu'à la ligne suivante, et le mot reste, ici, encore près de son sens physique ; on pourrait comparer Plotin, III, vii, 8, 44, où ὄγκος se dit du « volume » du temps écoulé.

30. Μεγαλοπρέπεια : « grandeur » est clairement insuffisant (à moins d'entendre le sens que le mot a en anglais) ; le texte le plus comparable est probablement *E.N.*, IV, 4, 1122 b 18 : καὶ ἔστιν ἔργου ἀρετὴ μεγαλοπρέπεια ἐν μεγέθει (Burnet, il est vrai, considère μ. comme une glose), où Zeller rend ce mot par « grandiose » (*Ph. d. Gr.*, II², 3ᵉ éd., p. 638, n. 4).

31. *Poétique*, 23, 1459 b 2-4.

32. *Poétique*, 17, 1455 b 16.

33. *Poétique*, 18, 1456 a 12.

de l'historiographie qui précède, critique à laquelle s'exposent « beaucoup de poètes » (23, 1459 a 29). Il reste vrai que la poésie épique est à l'opposé de l'histoire, qui, elle, est asservie à l'« unité de temps ». Mais la simultanéité des événements n'est pas toujours contingente, elle peut joindre des événements qui concourent à une même fin (1459 a 27) et il y aura là une véritable, parce qu'essentielle, unité de temps, à laquelle l'épopée peut satisfaire, mais non la tragédie : à cet égard, c'est sa parenté avec l'histoire (en tant que les deux sont narratives) qui lui vaut cet « avantage » sur la tragédie.

Aristote ne propose pas d'exemples, mais, plutôt que les récits des combats singuliers pendant une bataille, on évoquerait la *Télémachie* dont le rapport avec « l'action d'Ulysse » a été très bien décrite par H. Fränkel comme une « action double qui se déroule en deux portions parallèles »[34].

La technique des « récits des messagers » ne fournit, est-il besoin de le dire, aucune objection sérieuse contre la distinction que fait Aristote. Non seulement parce que c'est un procédé emprunté à l'épopée, mais surtout parce que le temps épique (Else[35] l'a parfaitement exposé dans des analyses qui recoupent celles de Fränkel et d'E. Auerbach[36]) est un présent intemporel, alors que le présent tragique est situé dans le temps, et ne peut relater des faits « contemporains » que dans le mode du passé.

3) « L'uniformité rassasiant vite... » (b 30-31). — « En tout, le changement est agréable »[37], mais c'est « par suite d'une imperfection de notre nature ; car de même que l'homme pervers est versatile, de même en est-il de notre nature qui a besoin de changement : elle n'est ni simple ni bonne »[38]. Or la tragédie, on l'a vu, peut être comparée à la connaissance philosophique, celle dont Dieu jouit toujours, mais qui « ne nous est accessible que pour peu de temps »[39]. — A voir les choses ainsi, la poésie épique est pleinement accordée à la nature humaine, et en ménage la faiblesse. Et la tragédie reprend l'avantage : concentrée sur la fable et resserrant les épisodes[40], elle manque de variété (et,

34. H. Fränkel, *Wege u. Formen frühgriechischen Denkens*, Munich, 1968, pp. 3-4.
35. G. F. Else, *A.'s Poetics*, pp. 607-609.
36. E. Auerbach, *Mimésis*, chap. I.
37. *Rhétorique*, I, 11, 1371 a 28.
38. *Éthique à Nicomaque*, VII, 15, 1154 b 28-31.
39. *Métaphysique*, Λ, 7, 1072 b 15.
40. *Poétique*, 17, 1455 b 15-16.

entre les mains de mauvais poètes, engendre l'ennui), mais c'est dans le refus du « changement » et du divertissement que réside, aux yeux du philosophe, sa supériorité.

72. Nous avons noté que l'examen des *différences* entre épopée et tragédie (la longueur et le mètre), au lieu d'être placé à la fin du chapitre 24 (qui, tout au long, a pour objet d'étudier la parenté entre ces deux genres poétiques), est situé immédiatement après l'étude de la fable : c'est parce que la première différence, et la plus importante, se rattache précisément au traitement de la fable[41]. Si, à présent, Aristote enchaîne immédiatement sur le problème métrique[42], ce n'est pas seulement dans l'intention toute formelle de ne pas séparer les deux différences, c'est parce qu'il y a un lien fondamental entre le mètre héroïque et le *volume* (et l'intemporalité) de l'épopée qu'il vient de mettre au jour.

« *Quant au mètre héroïque, sa convenance au genre épique est résultée de l'expérience. Car si quelqu'un composait une imitation narrative dans un autre mètre ou dans plusieurs, le résultat paraîtrait choquant. C'est que le mètre héroïque comporte, de tous les mètres, le plus de stabilité et de volume (c'est aussi pourquoi il admet parfaitement des mots dialectaux et des métaphores*[43] ; *c'est que*[44] *l'imitation narrative, par rapport aux autres, est hors du commun*[45]). *Au contraire, le* < *trimètre* > *ïambique*

41. Cf. plus haut, p. 352.

42. On peut admettre que le lien entre ces deux problèmes est marqué grammaticalement par la correspondance μέν (b 18) - δέ (b 31) (le δέ de b 20 n'y contredit pas).

43. On peut, en s'appuyant sur *Rhétorique*, III, 4, 1406 b 20-21 (où la comparaison est illustrée par un exemple homérique), comprendre : « comparaison » ; mais la métaphore, si elle convient particulièrement à la tragédie, ne lui est pas réservée, et on avait dit que, « dans les vers héroïques, toutes les expressions que nous avons analysées peuvent être employées » (22, 1459 a 10-11).

44. Je reprends littéralement la traduction du γάρ de la l. 34 (pour la succession de deux γάρ, cf. Denniston, *The Greek Particles*², p. 64-65), et j'inclus cette phrase dans la parenthèse (qui, au juste, n'est qu'un développement et une preuve), parce qu'il me semble qu'elle formule la preuve, non pas de la convenance du mètre héroïque (comme le pense Else, qui s'oblige d'ailleurs à modifier le texte, p. 617), mais de l'aptitude de ce mètre à recevoir des mots et des expressions « hors du commun ».

45. Pour ce sens de περιττή, cf. *Rhétorique*, II, 13, 1389 b 26. C'est donc, ici, l'exact antonyme de ce qu'on avait appelé τὸ κύριον (21, 1457 b 3 ; 22, 1458 a 23) ; or « les mots dialectaux sont très utiles aux poètes épiques, car c'est < un genre poétique (restitution approximative, si du moins on admet ici, avec A. Roemer, une lacune) > majestueux et emphatique » : σεμνὸν γὰρ καὶ αὔθαδες (*Rhétorique*, III, 3, 1406 b 3).

et le tétramètre < trochaïque > sont mouvementés et propres, l'un à la danse[46]*, l'autre à l'action*[47]*. Il serait encore plus absurde de mélanger ces mètres, comme l'a fait Chérémon*[48]*. C'est pourquoi personne n'a composé un poème étendu*[49] *dans un autre vers que l'héroïque, mais on vient de le dire*[50]*, la nature elle-même*[51] *enseigne à choisir le mètre qui convient* » (1459 b 31-1460 a 5).

On n'insistera pas sur la parfaite structure circulaire de l'ensemble du passage. — La référence aux « mots dialectaux » et aux métaphores apporte une preuve supplémentaire en faveur de l'intégration des chapitres stylistiques (20-22) dans l'économie du traité. — La convenance des deux caractères attribués au vers héroïque (stabilité et volume) par rapport à l'épopée ne fait pas problème pour le second (où elle est soulignée par le lien étymologique, b 28), et s'explique, pour le premier, par ce qu'on vient d'appeler l' « intemporalité » de l'épopée, c'est-à-dire sa capacité, grâce au procédé du *récit*, de revenir sur ses pas pour relater des faits contemporains et, plus généralement, d'entrecouper le récit de la fable par des épisodes (23, 1459 a 35-37).

2. Les caractères

73. Après en avoir fini avec la fable, Aristote passe, très logiquement (comme au chapitre 15), aux *caractères*. — C'est parce que cette liaison a été méconnue[52] que le mot ἦθος (a 11) a pu être suspecté, alors que c'est, dans tout ce passage, le mot-clef,

46. Cf. *Poétique*, 4, 1449 a 23.

47. Le trimètre ïambique, étant proche du ton de la conversation (22, 1459 a 12), convient par là même à l'action (Else a fort bien précisé ce point, p. 618 i.f.sq.).

48. Cf. *Poétique*, 1, 1447 b 21.

49. Il n'est pas sûr que cette expression soit équivalente à « poème narratif »: bien qu'il n'y ait rien de commun entre Homère et Empédocle, si ce n'est, précisément, le mètre (1, 1447 b 16-17), on peut penser que l'expression englobe aussi bien la poésie didactique.

50. Il est tout à fait possible, comme on l'admet généralement, que le renvoi soit à 4, 1449 a 24 (où il n'est cependant question que du trimètre ïambique) ; mais Lucas fait observer avec raison que la référence « peut être seulement au début du passage, ἀπὸ τῆς πειρᾶς » : la composition circulaire du texte recommande cette interprétation.

51. L'expression est si peu incompatible avec celle d'*expérience* du début (b 32) que, tout au contraire, la structure circulaire du texte invite, selon l'intention même de l'auteur, à rapporter l'une à l'autre.

52. P. Lucas, p. 226 : « the passage stands in isolation ».

renforcé par « aucun personnage sans caractère », et répété dans la même ligne avec insistance.

Ce qui est digne d'éloge, c'est qu'Homère est le seul des poètes épiques à avoir compris que « le poète doit dire le moins de choses possibles, car ce n'est pas en cela qu'il est imitateur ». — Platon (Aristote y avait déjà fait une allusion au chapitre 3) avait opposé le *récit* (« dit » par le poète et rapportant les paroles des personnages au style indirect) et l'*imitation* (pure, dans la poésie dramatique, mélangée au récit dans l'épopée où l'auteur, tantôt parle en son propre nom et tantôt fait parler, en style direct, ses personnages). Pour Aristote, c'est la poésie épique tout entière qui relève de l'imitation, mais il convient avec Platon que cette imitation se manifeste principalement dans les discours directs, et non dans le récit à proprement parler : (« ce n'est pas en cela que le poète est imitateur »).

Le signe de l'imitation, selon Platon, est que le poète « se cache »[53] derrière les personnages, alors que, dans le récit, il parle en son propre nom. Dire, avec Aristote, que le poète doit intervenir « le moins possible », c'est donc exiger qu'il « se cache ». Or si Homère est loué d'avoir compris cela, ce n'est pas seulement parce que ses poèmes, de cette manière, préfigurent déjà la tragédie, ce n'est même pas seulement pour avoir imité ainsi des « caractères » (comme cela sera dit plus loin) : c'est pour avoir évité ainsi une faute que le poète épique est sans doute le plus aisément tenté de commettre, mais dans laquelle peut tomber aussi bien le poète tragique. On se souvient, en effet, qu'Euripide était blâmé d'avoir fait dire à Oreste « ce que veut le poète, mais non ce que veut la fable » (16, 1454 b 33-34). « Le poète doit dire le moins de choses possibles » : cela ne réduit pas seulement la part du « récit », cela soumet le poète à la contrainte de la fable, à laquelle les caractères, précisément, devaient eux aussi se plier.

On ajoutera que, plus loin, Platon, négligeant la part du récit dans les poèmes épiques, avait placé Homère sur la même ligne que « quelque autre compositeur de tragédies », leur avait attribué, tout uniment, la fonction d'imitation[54], et avait désigné comme objet de l'imitation le « caractère », non pas en général, mais le « caractère passionné et varié, facile à imiter »[55]. Derrière une appréciation divergente, les deux philosophes visent bien le même phénomène.

53. PLATON, *République*, III, 393 c 11.
54. *République*, X, 605 d 1-2.
55. *République*, X, 605 a 5-6 (cf. 604 e 2).

Il faut ajouter qu'en matière de rhétorique, même la *narration* doit présenter une qualité morale, c'est-à-dire, révéler un caractère[56]. Cette règle est illustrée tant par des citations homériques que par des *Dialogues socratiques*[57]. Or la qualité éthique de la narration ne résulte pas seulement des traits *caractéristiques* des personnages qui en font l'objet[58] : l'orateur lui-même doit, dans la narration, « se mettre en scène » avec un caractère déterminé[59] : ce verbe s'emploie dans notre texte même pour indiquer qu'Homère « introduit » ses personnages (1460 a 10), et l'application en est faite aussitôt aux « messagers »[60]. Par où l'on voit que le procédé du *récit*, lors même qu'il serait emprunté à l'épopée, est entièrement assimilé par la tragédie : le messager même jouant un personnage et manifestant son caractère. Et l'on voit, à l'inverse, comment les exigences dramatiques envahissent, jusque dans la narration, l'*Art rhétorique.*

3. **La pensée** (1460 a 11 - 1460 b 2)

74. Le troisième élément commun à l'épopée et à la tragédie est la *pensée* (cf. 24, 1459 b 12). Le mot n'est pas prononcé au début du passage, mais il se supplée aisément, après le traitement des deux premiers (fable et caractères), et il est rappelé expressément dans la conclusion du chapitre où, après avoir indiqué le quatrième élément (le style), on mentionne, en guise de résumé, « les caractères et les pensées » (1460 b 5).

S'il faut insister sur cette constatation en apparence purement formelle, dont les commentateurs ne semblent pas s'être souciés, c'est parce qu'elle donne accès à l'interprétation du passage.

« *Il est clair que dans les actions dramatiques aussi, il faut mettre en œuvre la pensée à partir des mêmes principes* [*que dans la* Rhétorique], *quand il s'agit de promouvoir des effets de pitié, de terreur, de grandeur ou de vraisemblance. Il y a cette seule différence que, ici, ces effets doivent apparaître sans l'aide d'un enseignement, alors que, dans le discours, ils doivent être promus par l'orateur, et résulter du discours* » (19, 1456 b 2-8).

56. *Rhétorique*, III, 16, 1417 a 15-16.
57. *Rhétorique*, III, 16, 1417 a 21, b 5.
58. P. ex. *Rhétorique*, III, 16, 1417 a 22-28, b 1-3.
59. *Rhétorique*, III, 16, 1417 b 7.
60. *Rhétorique*, III, 16, 1417 b 9.

Le présent passage envisage précisément la pensée « sans enseignement », c'est-à-dire intégrée dans l'action et produisant ses effets sur celle-ci. Parmi les effets, c'est surtout celui de la « vraisemblance » qui est mis en relief, parce qu'il n'est pas, dans l'imitation narrative, de même nature que dans l'imitation dramatique. On constate enfin, bien que moins nettement marqué qu'au début du chapitre 13, comme un passage de la description à la prescription, celle-ci étant formulée par δεῖ (1460 a 11, 19, 22, 26, 34).

Les historiens grecs qui s'efforceront de bannir de leurs récits le *merveilleux* et le fabuleux, ne distingueront guère, en opposant à la « représentation pragmatique » la « licence de forger des mythes », entre Homère et les tragiques[61]. Mais Aristote, ayant proscrit, au chapitre 15, le recours au *deus ex machina,* sépare clairement, selon le genre poétique où il est mis en œuvre, deux emplois de ce mot.

La notion de merveilleux avait servi à caractériser les « fables les plus belles » ; elle avait été mise en rapport avec celle de hasard (d'un hasard apparent), parce qu'elle inclut des faits qui se produisent « contrairement à notre attente » ; enfin, le merveilleux convient éminemment à susciter des émotions de pitié et de crainte (par où il s'apparente à la *pensée* qui, elle aussi, doit faire naître de telles émotions et d'autres semblables (19, 1456 a 38 - b 1). — On a essayé de montrer plus haut que la fin du chapitre 9 est un des textes les plus importants pour comprendre la théorie aristotélicienne de la tragédie.

Rien de tout cela n'est évoqué ici : la mention du merveilleux tragique ne sert qu'à introduire (et à différencier) le merveilleux dans l'épopée : celui-ci inclut l'*irrationnel* (que répudie, au contraire, la tragédie, 15, 1454 b 6) ; suit l'exemple de la poursuite d'Hector par Achille qui, « sur la scène, paraîtrait ridicule, mais dans l'épopée, on ne le remarque pas. Or le merveilleux est agréable ; on en a un indice dans le fait que tous ceux qui racontent une histoire y ajoutent, dans l'idée de faire plaisir » (1460 a 15-18).

a) L'imitation dramatique étant en acte, elle n'a pas besoin sans doute du spectacle matériel (la simple lecture peut suffire, 26, 1462 a 12) ; mais elle doit « placer l'action devant les yeux »,

61. Je renvoie ici à l'étude synthétique sur « la question du merveilleux » de P. Pédech, dans sa thèse sur *La méthode historique de Polybe*, « Les Belles Lettres », 1964, pp. 391 sqq. et, pour le commentaire de ces deux notions, opposées par Agatharchidès de Cnide, *ibid.*, p. 393.

et la représentation scénique fournira à cet égard une utile mise à l'épreuve qui, souvent, révèle les maladresses, c'est-à-dire les « contradictions » qui auraient pu « échapper » au poète (17, 1455 a 23-31). L'imitation narrative, elle, n'encourt ni ne requiert cette épreuve du *regard* : le récit épique peut peindre le merveilleux sans aucune base rationnelle ; l'épreuve, ici, ce n'est même pas le « vraisemblable », mais tout au plus, comme Aristote le dira plus loin, le « supportable » (a 36) ou, plus simplement, le talent du poète et son habileté à nous « réjouir » (a 17, b 2). — Il est permis de regretter qu'Aristote, qui découvre ici, et comme en marge de sa théorie du tragique, la fonction fabulatrice et la « vérité » poétique, n'ait pas rattaché cette découverte à sa théorie de l'imagination[62].

b) Dans l'épopée, le merveilleux peut faire une place à l'irrationnel, « source principale du merveilleux, à cause qu'on ne voit pas l'agent ». Le mécanisme, en effet, dans le merveilleux épique, ressemble à celui qui, à partir de l'*étonnement*, fait naître la recherche philosophique (« c'est pourquoi celui qui aime les fables est en quelque sorte philosophe, car la fable est composée de choses merveilleuses »[63]) : c'est l'ignorance de la cause d'un phénomène qui provoque l'étonnement, tout comme les marionnettes émerveillent les spectateurs, parce qu'ils ne voient pas les fils qui les font mouvoir[64]. Pareillement, le « merveilleux » de la scène homérique (toute une armée lancée à la poursuite du Troyen, et cependant en arrêt et, en face d'elle, Achille qui, d'un signe, l'immobilise) vient de ce que l'on ne *visualise* pas la scène (« à cause qu'on ne voit pas l'agent ») : dès que l'on aura percé ce qu'elle contient d' « irrationnel » (qui « reste caché dans l'épopée »), le merveilleux fera place au ridicule, tout comme la connaissance de la cause fera cesser l' « étonnement »[65].

c) « Le merveilleux est agréable ; on en a un indice dans le fait que ceux qui racontent une histoire y ajoutent, dans l'idée de faire plaisir » (a 17-18). — Si l'étonnement, dans le texte de la *Métaphysique* qu'on vient de rappeler, est à l'origine de la philosophie, on comprend que, dans la *Rhétorique,* « apprendre et s'étonner » soient conjointement déclarés « agréables »[66] (et le

62. Cf. plus haut, p. 302 (en particulier le texte du *De Anima*, cité dans la note 50).
63. *Métaphysique*, A, 2, 982 b 18-19.
64. *Métaphysique*, A, 2, 983 a 14 ; cf. *De Gen. animal.*, II, 1, 734 a 10 ; II, 5, 741 b 8.
65. *Métaphysique*, A, 2, 983 a 19-21.
66. *Rhétorique*, I, 11, 1371 a 31 (cf. III, 2, 1404 b 11-12).

4e chapitre de la *Poétique* avait montré que, par son effet didactique, l'art nous donne du plaisir). Or l'art nous instruit, aussi bien quand il nous engage à « faire un syllogisme »[67] que quand il nous fait voir des choses hors du commun : péripéties et sauvetages imprévus[68]. De même, le narrateur qui magnifie son histoire en l'agrémentant de détails extraordinaires (alors qu'avant même de l'entendre, « nous nous en faisons cependant déjà quelque idée »[69]) nous charme, parce qu'il nous « apprend » du nouveau, de l'inédit, du non-prévu, même si son exagération est « irrationnelle ». Dans les fables des poètes, dira très bien Strabon, « on trouve de l'agrément à la nouveauté, à ce qu'on ignorait jusque-là »[70]. On ne confondra certes pas l'*étonnement* qui est à l'origine de la philosophie avec l'ébahissement que nous inspire une gasconnade ; cependant, « tous les hommes recherchent par nature le savoir »[71], et le plaisir que nous procure l' « enseignement » même « irrationnel » de la mythologie et de la poésie épique s'enracine dans cette tendance naturelle.

75. « *Mais*[72] *c'est surtout Homère qui a enseigné aux autres aussi l'art de faire admettre des faussetés. Or c'est en cela que consiste le paralogisme. Les gens, en effet, se figurent, parce que tel fait existant ou se produisant, tel autre existe ou se produit, que, si le conséquent existe, l'antécédent aussi existe ou se produit ; en quoi ils sont dans l'erreur. C'est pourquoi l'on doit*[73], *si l'antécédent est faux mais que son existence entraînerait nécessairement l'existence ou la production d'un autre fait, ajouter*[74] *celui-ci : ainsi, sachant que ce fait est vrai, notre âme conclut par paralogisme que l'antécédent existe aussi. On en a un exemple dans l'épisode du* Bain » (a 18-26).

67. *Rhétorique*, I, 11, 1371 b 9 (cf. *Poétique*, 4, 1448 b 16).
68. *Rhétorique*, I, 11, 1371 b 10-11.
69. *Rhétorique*, III, 16, 1417 b 8-9 (où le verbe ἀπαγγέλλεσθαι doit s'entendre aussi bien des « récits des messagers »).
70. Strabon, I, 11, 8 (trad. G. Aujac).
71. *Métaphysique*, A, 1, 980 a 21.
72. Le sens adversatif de la particule résulte de l'opposition avec la phrase précédente : tous les narrateurs embellissent spontanément leurs histoires, mais c'est Homère qui a montré comment il fallait s'y prendre techniquement (ὡς δεῖ).
73. Il ne faut pas corriger le texte en un infinitif dont le sujet serait *les hommes* (Else) : c'est bien Aristote qui formule ce procédé de *mentir artistement*.
74. On méconnaît tout le sens du texte en rendant, comme la plupart des traducteurs, προστιθέναι par un autre verbe qu'à la ligne a 18 : il s'agit, dans les deux passages, de *faire passer* un récit, en l'agrémentant d'*additions*, spontanées dans le premier cas, « techniques » dans l'autre.

Le merveilleux homérique tient tout entier à la forme narrative de l'épopée (« ...à cause qu'on ne voit pas l'agent »), et au génie poétique qui sait rendre « supportables » (a 36) des « choses irrationnelles ». Aristote ne commet certes pas la pédanterie (et la faute de goût) qui consisterait à le réduire à l'art du paralogisme. Le présent passage se borne à montrer, sur un point précis, comment les « additions » (a 18) dont tout narrateur embellit spontanément son récit peuvent prendre chez Homère la forme d'un procédé conscient, en quoi le poète a été suivi par d' « autres » (a 19), terme volontairement imprécis, qui englobe aussi bien les poètes tragiques [75] que les orateurs [76]. En félicitant Homère d'avoir « enseigné » à « mentir comme il faut », Aristote contredit directement Platon, qui avait reproché au poète d'avoir « menti de vilaine façon » [77], et avait déclaré usurpée sa renommée d' « instruire les hommes » [78]. Quant au thème d'Ulysse « aux mille tours et menteur », il devait faire partie de la critique homérique traditionnelle (Hippias oppose, à Ulysse, Achille « véridique et simple » [79]), et Platon avait, tout le premier, consacré un dialogue, d'ailleurs combattu par Aristote [80], au problème du « mensonge intelligent » [81].

On sait que le paralogisme ici en question est analysé encore au chapitre 5 des *Réfutations sophistiques*, sous diverses formes d'ailleurs (auxquelles renvoie un texte des *Premiers Analytiques*) [82], dont la première, celle du paralogisme *par le conséquent* [83] rejoint, jusque dans les termes, la formule de la *Poétique*. C'est aussi ce texte des *Réfutations* qui montre le large champ d'application de ce raisonnement vicieux, que l'on retrouve dans les illusions qui naissent d'une fausse interprétation des données des sens, dans l'usage que les orateurs font du signe [84] et même, comme chez Mélissos [85], dans les raisonnements philo-

75. Cf. *Poétique*, 16, 1455 a 12-17.
76. *Rhétorique*, II, 23, 1399 b 5 ; 24, 1401 b 20-24, 29-34.
77. PLATON, *République*, II, 377 b *i.f.* : ... ἐάν τις μὴ καλῶς ψεύδηται (καλῶς ayant ici le double sens de « bellement » et « d'une manière techniquement correcte »).
78. *République*, X, 600 c 3.
79. PLATON, *Hippias Mineur*, 365 b 4-5.
80. *Métaphysique*, Δ, 29, 1025 a 6 sqq.
81. *Hippias Mineur*, 365 e 13 sqq.
82. *Pr. Analyt.*, II, 17, 65 b 15-16.
83. *Réfutations sophistiques*, 5, 167 b 1-3.
84. *Réfutations sophistiques*, 167 b 8-10 (le même exemple dans la *Rhétorique*, II, 24, 1401 b 20-24).
85. *Réf. soph.*, 167 b 13 (cf. *Physique*, I, 3, 186 a 6-13).

sophiques. (On doit remarquer, par parenthèse, que l'intérêt de ce type de paralogisme, dans la réflexion d'Aristote, dépasse de beaucoup ces applications pratiques : il est lié au problème de la « nécessité hypothétique »[86] et, dans son principe, paraît plus légitime que le raisonnement inverse qui, de l'existence de l'antécédent, conclurait à celle du conséquent[87].)

Quant à l'illustration de ce paralogisme, autant le renvoi au chapitre 16 (1455 a 12-17) reste conjectural, dans l'ignorance totale où nous sommes de l'*Ulysse le faux Messager*, autant l'exemple cité par Aristote même paraît clair, et l'on ne voit aucune raison solide de le suspecter (étant entendu que le « mensonge » s'adresse uniquement à Pénélope, et non pas du tout aux auditeurs)[88].

Si Aristote a tenu à analyser ici ce paralogisme, on peut en voir la raison profonde dans le fait qu'il n'y a là que la transposition, dans le domaine de la *pensée*, de la faute reprochée plus haut aux fables défectueuses qui, dans la succession des faits, remplacent le *propter hoc* par un simple *post hoc*[89].

On remarquera enfin que le texte a parfaitement sa place dans un *Art* poétique : il s'agit moins, comme dans les *Réfutations sophistiques*, de démonter le mécanisme d'un raisonnement non valide, que de montrer comment on *doit* s'y prendre (a 22) pour fabriquer des menteries persuasives et d'autant plus irrésistibles qu'elles s'appuient sur une croyance quasi universelle (« Les gens se figurent, en effet... »).

76. « *Il faut préférer l'impossible vraisemblable au possible improbable, mais*[90] *il ne faut pas faire entrer dans la composition des fables des parties irrationnelles : on s'efforcera, au contraire, d'en écarter tout élément irrationnel, à moins que ce ne soit en dehors de l'affabulation*[91], *comme Œdipe ignorant les circonstances de la mort de Laïus, mais non pas à l'intérieur de la pièce, comme dans* Electre, *les gens*[92] *qui racontent les jeux*

86. *Physique*, II, 9, 200 a 5 sqq.

87. *De Gen. et corr.*, II, 11, 337 b 14 sqq.

88. Comme cela ressort suffisamment du seul vers (XIX), 203 : Ἴσκε ψεύδεα πόλλα λέγων ἐτύμοισιν ὁμοῖα, lequel, d'autre part, se présente clairement comme le texte dont le passage de la *Poétique* entreprend le commentaire.

89. P. ex. *Poétique*, 10, 1452 a 21, faute qui, dans les *Réfutations sophistiques*, est analysée, plus précisément, un peu plus loin (167 b 21 sqq.).

90. Cf. les exemples dans Bonitz, *Index*, p. 749 b 31-33.

91. Μύθευμα semble bien devoir désigner ici la fable épique aussi bien que tragique.

92. Il n'y a pas lieu d'épiloguer sur ce pluriel, alors que le récit est fait par le seul pédagogue.

Pythiques, ou dans les Mysiens, *le personnage qui a fait tout le chemin de Tégée en Mysie, sans dire un mot. Soutenir, par conséquent, que sans cela la fable serait détruite, est ridicule : il faut se garder dès le début de composer de telles fables. Une fois l'irrationnel introduit, si le poète arrive à le rendre convaincant, il faut l'accepter, malgré l'absurdité : que, même dans l'*Odyssée, *les faits qui entourent le débarquement d'Ulysse ne seraient pas supportables, on le verrait à l'évidence, s'ils étaient traités par un mauvais poète : mais Homère, grâce à ses autres charmes, rend l'irrationnel agréable et, par là, en détourne notre attention* » (1460 a 26 - b 2).

On a vu que le développement précédent se référait implicitement au thème traditionnel d' « Ulysse menteur ». La phrase : « Soutenir, par conséquent... est ridicule » semble bien faire allusion à des discussions courantes, et le chapitre suivant montre clairement que les termes d'*impossible* (1460 b 22, 1461 b 9) et d'*irrationnel* (1460 b 19-20) étaient utilisés dans les controverses sur les *Problèmes* homériques. — Ces remarques préalables peuvent faire comprendre combien étroitement le chapitre 25 est lié à celui qui le précède. Elles pourraient rendre compte également de la complexité du présent passage qui s'expliquerait mieux, sans doute, si nous pouvions en restituer le contexte historique.

Tel qu'il est, le texte semble présenter deux thèses, ou, plutôt, deux conseils. 1° S'il est légitime de transformer l'irrationnel en merveilleux et de donner au faux des airs de vérité, on ne doit cependant pas introduire l'irrationnel dans la composition même de la fable ; 2° En tout état de cause, le maniement de l'irrationnel est chose délicate, et le poète qui n'a pas la prétention d'égaler Homère, fera bien, avant de s'en servir, d'y regarder à deux fois.

Les termes de *possible* et d'*impossible* n'ont pas, ici, le sens logique qu'ils ont dans le « système des modes »[93]. Il s'agit de faits (ou de choses) qui, pris d'abord dans leur état brut, dans leur *facticité,* sont qualifiés de possibles ou d'impossibles, et qui, ensuite, sont interprétés, soit comme vraisemblables, soit comme invraisemblables. On ne peut guère préciser, cependant, si cette interprétation leur revient *per se* et comme naturellement, ou si c'est le poète qui réussit (ou échoue) à la leur imposer[94]. L'alternative, d'ailleurs, est probablement artificielle (si un fait impossible est rendu convaincant par le poète, c'est qu'il s'y prêtait),

93. Cf. G. GRANGER, *La Théorie aristotélicienne de la science, op. cit.*, pp. 179 sqq.
94. Voir, au contraire, ELSE, *A.'s Poetics*, p. 626.

et l'on peut considérer que cette phrase célèbre du début de notre texte ne fait que généraliser, sous une forme épigrammatique, le mot d'Agathon, cité plus haut (18, 1456 a 24-25).

L'irrationnel ne doit pas entrer dans la composition de la fable. Cette exigence, avec les trois exemples qui l'illustrent, appelle deux remarques. *a*) Ce qui a été dit de l'irrationnel (comme source du merveilleux et dans son emploi para-logique) doit laisser intacte la théorie aristotélicienne de la cohérence interne de la fable. On ajoutera que le merveilleux, tel qu'il a été décrit dans la poursuite d'Hector, requérait le *récit*, propre à l'épopée et, en ce sens, exclu du *drame* en acte. C'est pourquoi l'irrationnel, dans l'exemple d'Œdipe, n'est acceptable que parce que, précisément, il se situe « en dehors du drame »[95]. *b*) L'irrationnel, examiné, non plus dans sa transfiguration épique, mais comme menace pour la cohérence de la fable (tragique), apparaît maintenant comme tel (comme invraisemblance psychologique[96] ou chronologique[97]), sans avoir subi aucune élaboration poétique qui puisse en atténuer le caractère choquant — mais faisant partie cependant, pourrait répliquer le poète, de l'organisation de la fable. A quoi Aristote répond que, justement, il faut éviter de tels sujets, ou alors s'efforcer de rendre l'irrationnel « supportable », ce qui, pourtant, n'est pas chose aisée : de même que, dans l'exemple commenté plus haut de la poursuite d'Hector, le merveilleux avait pour écueil le « ridicule », de même l'irrationnel risque de tomber dans l' « absurde » : il serait besoin de tout le génie d'Homère pour y échapper toujours. Cette allusion au XIIIe chant de l'*Odyssée* est moins pour faire l'éloge d'Homère que pour mettre en garde des poètes de moindre envergure contre des difficultés dont ils ne seraient pas de taille à triompher.

4. Le style

77. « *Quant au style, il faut le soigner dans les morceaux sans action et où il n'y a ni caractère ni pensée : le style trop brillant a pour contrepartie de cacher les caractères et les pensées* » (b 2-5).

95. L'expression avait déjà été employée (14, 1453 b 32 ; 15, 1454 b 3) ; on en a un très bon commentaire dans l'*Éthique à Nicomaque*, I, 11, 1101 a 33.

96. Comme il en va, autant que l'on puisse juger, dans le cas de Télèphe (cf. le fragment du poète comique Amphis, cité par Athénée, VI, 224, e).

97. C'est bien la référence anachronique aux jeux Pythiques qui est visée. — Ailleurs encore, Aristote relève ce genre d'erreur (p. ex., *Polit.*, II, 12, 1274 a 30).

Aristote passe très rapidement sur le quatrième élément commun, dont l'emploi, d'ailleurs, dans les deux genres poétiques, avait déjà fait l'objet d'une remarque à la fin du chapitre 22 (1459 a 9-10). Il se borne ici à l'épopée seule, dans une phrase qui sert, sinon à redresser, du moins à *situer* celle qui précède : le charme[98] du récit homérique avait réussi à détourner notre attention des « absurdités » qui accompagnent le débarquement d'Ulysse à Ithaque ; mais quand il s'agit de décrire des caractères ou de faire voir une pensée, un style trop travaillé risque de cacher ce qu'il prétend montrer. On se souvient qu'une des deux qualités du style est la « clarté » (22, 1458 a 18), exigence qui sera répétée dans la *Rhétorique,* et « en voici un indice : un discours qui ne révèle pas son objet ne remplira pas sa fonction propre »[99]. — De fait, ce que le style épique peut avoir de particulier sera examiné au chapitre suivant.

98. Il n'est pas sûr que *agatha* (b 2) doive s'entendre uniquement du style, au sens aristotélicien du mot.

99. *Rhétorique*, III, 2, 1404 b 1-3.

X. — PROBLÈMES ET SOLUTIONS (chap. 25)

1. Remarques préalables

78. La place et la présence même du chapitre 25, bien loin de pouvoir s'expliquer par une « insertion », sont surdéterminées. Les notions d'irrationnel (*alogon*) et d'impossible (*adynaton*) figuraient déjà au chapitre précédent ; l'étude du paralogisme se référait déjà implicitement aux *Réfutations Sophistiques* (cf. 25, 1461 b 17) ; dans la seconde partie du chapitre 24, les *conseils* donnés au poète avaient pour contrepartie des critiques ; le bref passage terminal sur la *lexis* épique trouve son complément nécessaire au chapitre 25 ; enfin la critique homérique traditionnelle (que l'on peut faire remonter à Xénophane et à Héraclite, mais qui ne se constitue qu'à partir de Théagène de Rhégium, contemporain de Cambyse, et se perfectionne avec les Sophistes et un élève d'Anaxagore, Métrodore de Lampsaque, pour culminer plus tard dans l'exégèse allégorique de Chrysippe et dans la philologie alexandrine [1]) exigeait impérativement cette enquête sur les *problèmes,* à laquelle Aristote même avait fourni une contribution importante dans ses *Difficultés homériques* [2]. Que notre chapitre soit placé à la fin de l'étude de l'épopée n'appelle guère de justification ; dans la structure d'ensemble du traité, il correspond, comme on l'a noté plus haut, aux problèmes de la tragédie, développés dans les chapitres 16-18 [3].

Cela dit, il ne s'agit pour Aristote, ni de donner un extrait des *Difficultés homériques,* ni de les pourvoir d'un complément

1. On a remarqué avec raison qu'à la suite de Platon) Aristote rejette (implicitement) tout recours à l'interprétation « allégorique » (*Rép.*, II, 378 d : ὑπόνοια), encore que ce soit dans une intention toute différente : Platon écarte un procédé de sauvetage de l'immoralité des récits homériques, alors qu'aux yeux d'Aristote, une telle exégèse détruirait l'essence même de la poésie (cf. plus haut, pp. 243-244).
2. Cf. les *fragments* 142-179 de l'édition V. Rose.
3. Cf. plus haut, p. 339.

(l'incertitude où nous laissent les fragments de cette œuvre quant à sa composition ne permet aucune comparaison précise avec le chapitre 25), mais de résoudre une question très précise, en accord avec l'inspiration générale du traité : « En ce qui concerne les problèmes et les solutions, à savoir de combien et de quelles espèces ils procèdent, c'est ce qui deviendra clair à partir des considérations que voici. » C'est la formule même qui avait défini le problème de la poésie : « de combien et de quelles parties » elle est faite (1, 1447 a 10, cf. 26, 1462 b 16), la formule aussi qui introduit la partie technique des *Parties des Animaux* (II, 1, 646 a 8), ou encore l'étude des syllogismes judiciaires (*Rhét.*, I, 10, 1368 b 1-2) ; la question ainsi énoncée reçoit sa réponse formelle à la fin du chapitre. En dépit donc de la profusion, apparente[4], des exemples, on est en face d'une enquête systématique, et conduite selon la méthode de division appliquée dès le début du traité.

79. A lire la formulation de la question : « En ce qui concerne les problèmes et les solutions, à savoir de combien et de quelles espèces ils procèdent... », il semblerait qu'entre « problèmes » et « solutions », il y ait un rapport symétrique, que les uns et les autres doivent être puisés aux mêmes sources, et qu'il en soit ici comme dans la dialectique où, de surcroît, la même formule se retrouve : « < On vient d'expliquer > de combien et de quelles espèces sont les paralogismes dans la discussion et comment nous pouvons démontrer que notre partenaire a commis une erreur et l'amener à dire des paradoxes »[5] ; c'est qu'en effet, « si nous possédons les lieux d'où se tirent les syllogismes probables concernant n'importe quel sujet, nous possédons aussi ceux d'où se tirent les réfutations, car la réfutation est le syllogisme de la contradiction... Nous possédons donc les lieux d'où dépendent toutes les réfutations de ce genre. Mais si nous les possédons, nous possédons aussi les solutions, puisque les objections à ces réfutations sont les solutions »[6].

Cependant, et en dépit de la référence aux réfutations dialectiques (1461 b 17), il n'y a, ici, aucune symétrie entre les problèmes et les solutions : les deux groupes comprennent un nombre différent et procèdent de sources différentes.

4. C'est l'impression, en effet, qu'on peut éprouver à une toute première lecture ; il est remarquable, au contraire, combien Aristote en est économe, et en propose juste ce qu'il faut pour illustrer chacune des catégories envisagées.

5. *Réfutations Sophistiques*, 34, 183 a 27-29.

6. *Réfutations Sophistiques*, 9, 170 a 39-b 5.

D'autre part, si l'on veut établir, en matière de dialectique, combien il y a de réfutations (et de fautes correspondantes) dépendant de l'expression verbale (*lexis*), on peut procéder, soit par induction, soit par syllogisme (lequel, il est vrai, ne fait que s'appuyer sur une induction antécédente)[7]. Or, dans notre texte, les solutions qui tiennent à la *lexis* sont bien l'objet d'une induction ; mais celles qui relèvent de l' « art même » sont indiquées au terme d'une démarche déductive, qui ne doit rien à l'induction ; quant aux problèmes, ils ne sont énumérés inductivement que tout à fait à la fin du chapitre.

Plus généralement, par conséquent, entre les problèmes (qui sont des critiques, *epitimèmata*) et les solutions, il n'y a pas, comme dans la rhétorique ou dans la dialectique[8], ce rapport de réciprocité qui en ferait l'objet d'une seule et même science : la science, en l'espèce, est entièrement du côté des solutions, et c'est à en fournir un arsenal logiquement déduit que consiste, ici, la découverte d'Aristote ; les problèmes, au contraire, sont proposés sans art[9] (et, parfois, à partir de « présupposés » qui en font des « erreurs »[10]) : on peut bien, selon la prescription de Platon[11] (qui est aussi celle d'Aristote), les réduire à un nombre, mais non pas à un système.

Il n'y a donc pas lieu de s'étonner, avec certains érudits, qu'Homère, dans ce texte, soit acquitté de toute faute (les seuls reproches finalement admis atteignent Euripide) : l'objet du chapitre, bien loin d'être de la « critique littéraire », serait plutôt une critique de la « critique littéraire ».

A la différence encore de ce qui se passe en métaphysique, il n'y a pas, ici, une science des problèmes, il n'y en a une que des solutions. Aussi bien, ce qui se cache derrière le nom honnête de problèmes, ce ne sont que des reproches (*epitimèmata*)[12] : or les censures de Zoïle ne procèdent d'aucune technique (auparavant déjà, Aristote avait écarté comme dérisoire la critique contre Homère formulée par Protagoras). Les critiques, la plupart du temps, proviennent de l'ignorance, et c'est

7. *Réfutations Sophistiques*, 4, 165 b 27-28.

8. *Rhétorique*, I, 1, 1355 a 29-36.

9. Et par des auteurs anonymes (les seuls noms mentionnés, Hippias de Thasos et l'inidentifiable Glaucon, sont ceux d'auteurs ayant proposé, non des problèmes, mais des solutions) : il est notable que, dans la conclusion, le verbe : « ils proposent » (φέρουσιν, 1461 b 22) ne soit même pas pourvu d'un sujet.

10. *Poétique*, 25, 1461 b 1, 8-9.

11. Platon, *Philèbe*, 16 d.

12. Aussi bien, dans un renvoi à ce chapitre, le mot de reproche est-il substitué à celui de problème (26, 1462 b 17).

pourquoi la *Poétique* se borne à établir les distinctions qu'« il faut avoir sous les yeux pour lever les critiques que renferment les problèmes » (1460 b 22-23).

80. De ces distinctions, au nombre de trois, la première se déduit de l'essence même de la poésie qui est un art d'imitation, et elle porte sur son *objet* ; mais à la distinction faite au chapitre 2, Aristote ajoute maintenant un troisième terme : la poésie peut représenter son objet tel qu'il est, tel qu'il doit être, ou encore tel qu'il est ou apparaît selon l'opinion commune.

La seconde distinction porte, comme au chapitre 1, sur le *moyen* d'imiter : mais on ne prend ici en considération que le style (*lexis*) poétique, avec ses « nombreux modes » (*pathè*), c'est-à-dire la « licence » poétique (1460 b 13) de remplacer un mot courant par un des termes étudiés au chapitre 21.

La troisième distinction, enfin, concerne la *rectitude*, expression platonicienne plutôt qu'aristotélicienne. Elle prend en compte la critique de Platon contre la poésie, homérique et tragique, critique qui elle-même se réfère à une tradition : « Certaines gens prétendent que < Homère et les poètes tragiques > connaissent toutes les techniques, toutes les choses humaines relatives à la vertu et au vice... »[13]. Cette thèse traditionnelle enveloppe déjà la distinction entre les techniques proprement dites et la « politique », distinction qui fournira son cadre à la critique platonicienne, étant entendu que c'est surtout l'ignorance (et la connaissance prétendue) de la politique qui, jusque dans les *Lois*, sera reprochée aux poètes[14]. — Aristote se contente d'affirmer ici la spécificité de l'art poétique, auquel il oppose globalement les autres techniques dont le poète ne parle que « par accident » (b 16). On distinguera donc les fautes contre l'art poétique même, et celles, bien plus excusables, qui relèvent de quelque technique particulière. — On doit penser que l'art poétique se borne à examiner les fautes contre l'art même : il n'a pas à statuer sur les manquements à telle technique spécialisée, car cela supposerait « une science de toutes choses. Or une telle science ne peut être l'objet d'aucun art, car les sciences sont sans doute en nombre infini »[15].

13. PLATON, *République*, X, 598 e déb.

14. Déjà dans l'*Ion*, l'examen des techniques banausiques est suivi de celui des connaissances nobles (540 a 9, cf. *Questions platoniciennes*, p. 109, n. 43) ; de même dans la *République*, X, 599 b 9 sqq. (avec une référence explicite à la politique, 599 d-e) ; dans les *Lois*, les poètes tragiques apparaissent proprement comme les rivaux du Législateur (VII, 817 b-d).

15. *Réfutations Sophistiques*, 9, 170 a 21-22.

On peut diviser les solutions en trois groupes : le premier joint les première et troisième distinctions (1460 b 23-1461 a 9) ; le second comprend les solutions qui se tirent de l'expression verbale (1461 a 9 - b 9) ; le troisième, enfin, préparé par la fin de la section précédente (b 3-9), revient, en les généralisant et en les complétant, aux solutions du premier groupe (b 9-21). — On n'aura pas la pédanterie de trop presser (et de critiquer) la correspondance exacte entre ces groupes, et d'exiger du texte une rigueur (*akribeia*) que, visiblement, l'auteur n'y a pas mise, parce que l'objet n'en comporte pas [16] ; on sera attentif plutôt au mouvement qui s'y trouve.

2. Les fautes contre l'art même

81. I. 1. Le premier et le troisième critère se complètent : la rectitude, en effet, de l'art poétique même (distinguée de celle des techniques particulières) enveloppe la distinction des *objets* imités. Elle implique également, comme Aristote ne l'indique qu'à présent, la *fin* (cf. chap. 4) de la poésie, et cette fin justifiera, comme dans l'exemple de la poursuite d'Hector, ce qu'il pourrait y avoir d'*impossible* [17] dans le récit épique (1460 b 25).

2. On distinguera les fautes, « moindres », contre un savoir technique (« moindres », parce qu' « accidentelles » par rapport à l'art poétique même) de celles qui relèvent de l'art même et, pour juger de la *vérité,* on prendra en compte l'objet, qui n'est pas toujours le même, de l'imitation (le réel, le mieux, le convenu) ; à quoi Aristote, ici encore, ajoute un nouveau point de vue : il se peut qu'une imitation soit vraie si on la rapporte à un passé historique (et parfois encore survivant, comme chez les Illyriens) [18].

3. Pour juger si telle parole ou telle action est correctement (*kalôs*) attribuée à un personnage, il ne suffit pas d'examiner si ce personnage est bon ou mauvais (cf. 2, 1448 a 2), il faut encore tenir compte des circonstances. — Ce n'est nullement, comme on a pu le dire, un « nouveau type de problème » qui est introduit ainsi, mais c'est, ici encore, une précision ajoutée à ce qui pré-

16. Cf. *Éthique à Nicomaque*, I, 7, 1098 a 27.
17. Ainsi la poésie (et la vérité poétique) justifie l'impossible, mais l'impossible met une borne à l'utopie politique (*Polit.*, II, 6, 1265 a 17-18).
18. Pour ce recours à des coutumes anciennes qui, par endroits, survivent encore, cf. *Polit.*, II, 8, 1268 b 40 sqq.

cède : on ne doit pas se borner à rapporter, comme on vient de le dire, un passage litigieux à l'un des objets (réel ou idéal) de l'imitation ; il faut voir encore si le personnage, à cet endroit, parle ou agit « selon le nécessaire ou le vraisemblable » (15, 1454 a 35), compte tenu des circonstances.

a) On voit ici encore la complémentarité du premier critère (l'objet de l'art) et du troisième (sa rectitude) : la *correction* de l'imitation des paroles et des actions faisant partie, précisément, de la rectitude de l'art.

Quant aux circonstances (à qui le personnage s'adresse, quand, par quel moyen, dans quelle intention, c'est-à-dire si c'est pour produire un plus grand bien ou pour écarter un plus grand mal), on remarquera :

b) que ce sont celles à l'aide desquelles le juge apprécie le caractère volontaire ou involontaire d'un acte injuste [19], c'est-à-dire « nuisible » [20], problème que rencontre également l'orateur [21] ; on comprend par là que le *nuisible* soit mentionné dans la conclusion (1461 b 23) : le mauvais (*phaûlon*) étant traditionnellement associé à l'*injuste* et au *dommage* [22] ; notre texte recommande un examen quasi judiciaire, avant de juger si le comportement de tel personnage est vraiment celui d'un « mauvais » ou si les circonstances et l'intention ne font pas apparaître qu'il s'agit en réalité d'un homme « bon », simplement victime d'une erreur (par exemple, d'Œdipe tuant Laïos). — D'où l'on voit aussi que le critère du « nuisible » [dont, d'après la conclusion (1461 b 23), les censeurs tirent argument contre le poète] est un faux critère, parce qu' « objectiviste », et proprement archaïque, alors que, selon le droit contemporain, la nocivité d'un acte ne suffit pas à rendre celui-ci injuste : « l'acte injuste et l'acte juste se définissent par le volontaire et l'involontaire » [23] ;

c) que l'analyse exacte des circonstances servira encore à lever les prétendues contradictions où certains censeurs s'amusent à embarrasser le poète, et alors on fera appel, non plus (seulement) à l'analyse judiciaire, mais aux distinctions dialectiques (1461 b 16-19) [24].

19. *Éthique à Nicomaque*, V, 10, 1135 a 25.
20. *Éthique à Nicomaque*, V, 11, 1136 a 31.
21. *Rhétorique*, I, 6, 1362 b 30-1363 a 1.
22. *Rhétorique*, I, 13, 1374 a 10-16.
23. *Éthique à Nicomaque*, V, 10, 1135 a 19-20.
24. *Réfutations Sophistiques*, 5, 167 a 26.

3. Les fautes qui tiennent à l'expression verbale

82. II. L'exposé des solutions qui tiennent à l'expression verbale (à savoir au style[25], avec ses modes multiples, qui exprime ou traduit[26] l'imitation poétique) tranche avec le développement précédent, en ce qu'il affecte la forme d'une simple énumération, suivie d'exemples, des différents modes. Il rappelle par là, du point de vue stylistique, certaines parties des chapitres 21 et 22 ou encore des *Topiques*.

1° Toutes ces expressions ont en commun de se distinguer du « nom courant » (21, 1457 b 3) : celui-ci a pour qualité dominante d'être « parfaitement clair » (22, 1458 a 18-19), alors que ces expressions, allant « contre l'usage courant » (*ibid.*, a 23) risquent de tomber dans l'énigme ou le barbarisme (a 24). Aristote, aussi bien, ne détaille pas, ici, des problèmes, c'est-à-dire des reproches : il se contente de faire voir les *solutions*, lesquelles, à chaque fois, consistent à ramener l'expression poétique à un sens « courant ». — Par où, bien entendu, il ne s'agit pas, comme pour Platon[27] (ou pour Isocrate[28]), de dépouiller les poèmes de leurs ornements pour mettre à nu la pauvreté de pensée, mais, bien au contraire, de montrer que les procédés poétiques conservent pleinement leur *sens*, puisque celui-ci survit à sa traduction en langue vulgaire.

2° On peut confronter cette liste avec, d'une part, celle des espèces de noms donnée au chapitre 21 et avec celle, d'autre part, des procédés sophistiques qui tiennent à l'expression verbale (*lexis*)[29]. Il va de soi que, chacune de ces énumérations (inductives) étant établie dans une intention différente, on ne devra pas s'attendre à une coïncidence parfaite entre les membres

25. On a noté plus haut les difficultés de traduction qu'offre le mot *lexis* ; dans le présent contexte, *expression verbale* paraît bien être la moins mauvaise.

26. Ἐξαγγέλλεται (25, 1460 b 11). Il n'est pas impossible qu'il y ait ici une réminiscence (polémique) de la *République*, où ce mot était employé dans un sens technique, pour indiquer les instructions que l'usager fournit à l'imitateur (X, 601 e 1, 4).

27. Platon, *République*, X, 601 b.

28. Isocrate, *Evagoras*, 9.

29. *Réfutations Sophistiques*, 4, 165 b 24 sqq.

qui les constituent[30]. Sans entrer ici dans une interprétation détaillée, on peut se borner aux remarques suivantes :

a) Parmi les sept espèces de noms (le « nom commun » étant ici hors de cause), qu'il « faut prendre en considération pour les solutions » (1461 a 10), Aristote choisit : le nom dialectal, la métaphore, ainsi que les trois dernières espèces (les noms allongé, raccourci, ou modifié) réunies sous le titre de *prosodie*, c'est-à-dire relevant de l'accentuation ou de la quantité métrique ;

b) le « nom d'ornement » (qui, au chapitre 21, était simplement mentionné, sans faire l'objet d'une explication proprement dite) et le « nom forgé » sont laissés de côté, sans doute parce qu'ils ne posent pas de problèmes d'exégèse et, de ce fait, ne sauraient servir à des « solutions » ;

c) les quatre derniers termes sont nouveaux : ils ne se rapportent plus, comme les trois précédents, à ce qu'on pourrait appeler le matériel verbal, mais à la forme qui peut affecter n'importe quel nom ;

d) par là, l'ambiguïté naturelle que ces quatre procédés essaient d'éclairer peut se rapprocher de l'ambiguïté volontaire des procédés sophistiques (lesquels pourraient déjà tirer parti de la *prosodie* ; de fait, un tel procédé est rare en prose, et le sophiste n'a ici à sa disposition que des exemples poétiques, ceux-là mêmes que propose notre texte[31] : de quoi l'on conclurait que les « problèmes » homériques pouvaient être proposés par des sophistes aussi bien que par des exégètes), c'est-à-dire la *division* (d'un mot ou d'un groupe de mots), (mais non la « composition ») et l'*amphibolie*. L' « usage (*ethos*) de l'expression » n'est pas sans parenté avec la « forme (*schêma*) de l'expression », c'est-à-dire d'une expression qui « traduit ce qui n'est pas la même chose par une même forme, par exemple le masculin par le féminin... »[32]. — Les genres nominaux avaient été envisagés à la

30.

Modes de la lexis (chap. 25)	*Espèces de noms* (chap. 21)	*Sophismes tenant à la lexis* (*Réf. soph.*, 4)
1. Nom dialectal (*glôtta*)	1. Nom dialectal	1. Homonymie
2. Métaphore	2. Métaphore	2. Amphibolie
3. *Prosodie*	3. Nom d'ornement	3. Composition
4. Division	4. Nom forgé	4. Division
5. Amphibolie	5. Nom allongé	5. Prosodie
6. Usage (*ethos*) linguistique	6. Nom raccourci	6. Forme (*schêma*) linguistique
7. Sens multiples	7. Nom modifié	

31. *Réfutations Sophistiques*, 4, 166 b 1-9.

32. *Réfutations Sophistiques*, 4, 166 b 10 sqq.

fin du chapitre 21, et l'on sait que Protagoras s'était appuyé sur leur distinction pour définir le *solécisme*[33]. Dans la dialectique, cette « forme » est d'un emploi beaucoup plus large et plus varié, sans compter qu'elle prend appui, à chaque fois, sur la structure même de la langue, alors que dans la *Poétique*, l'*usage* se justifie seulement par un emploi conventionnel qui, en l'espèce, appartient déjà au passé (il est vrai que, dans son examen de l'amphibolie dialectique, Aristote mentionne aussi un usage présent[34]) ;

e) rien n'empêche, enfin, de rapprocher le septième mode d'expression : les « acceptions multiples » (*posachôs*, 1461 a 32) de l'*homonymie* à usage sophistique. Encore faut-il préciser que les « termes à acceptions multiples », dont le Livre Δ de la *Métaphysique* nous donne l'illustration exemplaire, ne sont des « homonymes » que dans un sens très restreint de ce mot : leur multiplicité de sens ne tient pas à la seule communauté, qui pourrait être due au hasard[35], de la dénomination ; cette communauté, de nom est chez eux fondée en nature, et provient d'une essence commune dont cette multiplicité d'acceptions n'est que la traduction variée mais unifiée par ce qu'Aristote appelle leur sens « fondamental ».

3° Rien n'indique sans doute — et surtout pas l'exemple choisi du bouclier d'Achille — que l'expression d' « acceptions multiples » soit prise ici dans son sens proprement aristotélicien. L'emploi de cette expression technique (qui trouve son application également dans l'art oratoire et dans la dialectique[36]) n'en est pas moins significatif : ce septième[37] procédé, contrastant en cela avec l'énumération précédente, introduit un développement général sur la méthode et il répond, lui, à une censure expressément formulée : celle de se contredire [ou, comme cela sera

33. Protagoras, 80 A 27, 28.

34. *Réfutations Sophistiques*, 4, 166 a 17.

35. Comme dans l'exemple de *clé* qui signifie aussi *clavicule* (*Eth. Nic.*, V, 1, 1129 a 30). — On trouve chez les commentateurs antiques unec lassification des homonymes, où une classe inclut les homonymes « provenant du hasard » (cf. L. Robin, *La Théorie platonicienne des Idées et des Nombres d'après Aristote*, p. 162, n. 19).

36. *Rhétorique*, II, 23, 1398 a 29 ; *Topiques*, I, 10, 105 a 23 ; I, 18, 108 a 18-37.

37. Que les modes d'expression étudiés par Aristote soient bien au nombre de sept paraît l'évidence même (G. F. Else pourvoit expressément le dernier terme d'un « 7. », dans sa traduction, *A.'s Poetics*, Ann Arbor, The Univers. of Michigan Press, 1967, p. 71 déb.) ; des commentateurs, incompréhensiblement, n'en continuent pas moins de ne pas dépasser, dans leur calcul, le nombre *six*, après quoi, embarrassés par le « douze » de la conclusion (1461 b 25), ils incriminent l'incohérence d'Aristote ou s'en prennent à la « tradition » manuscrite.

indiqué plus loin, de dire des choses « absurdes » (b 5)]. Aristote pose une règle, qui peut bien servir de conclusion à l'ensemble, non seulement de la partie « stylistique », mais à toute cette recherche des « solutions » (la règle est illustrée par l'exemple d'Icarios, où il n'est plus question des obscurités de la *lexis*) : essayer d'expliquer ce qu'a voulu dire le poète, au lieu de le censurer « irrationnellement [38] à partir de ses propres idées préconçues » (b 1). — Le passage fait ainsi transition.

4. Réponse systématique aux « reproches »

83. III. L' « irrationnel » dont font preuve les censures énoncées à partir d'opinions « préconçues », la présentation de ces censures sous formes de problèmes qui, selon toute apparence, reposent sur une « erreur » (b 8-9), font assez comprendre qu'Aristote, *généralisant* [39] maintenant son examen des solutions, délaisse les reproches de détail pour revenir aux distinctions qu'il avait posées au début : elles permettent de répondre aux critiques qui, dans la section précédente, étaient restées implicites et dont il dégage à présent les principaux chefs qui seront énumérés ensuite dans la conclusion (b 23-24) :

1° Quant aux reproches de dire (ou de représenter) des choses *impossibles* ou *irrationnelles,* Aristote ne se contente pas de renvoyer aux critères du paradigme et de l'opinion commune ; il renforce ces critères de deux principes indiqués déjà dans un autre contexte : celui de l'impossible convaincant (1460 a 27) et celui, repris à Agathon, de la vraisemblance de l'invraisemblable (1456 a 24-25).

2° Quant aux *contradictions,* la solution se rattache à ce qui avait été conseillé pour juger si telle parole ou telle action a été correctement attribuée à tel personnage : il faut tenir compte des circonstances (1461 a 4-9) ; mais ici encore, Aristote précise et complète ce critère : « Il faut examiner les contradictions verbales comme on fait des réfutations dialectiques, à savoir s'il est question de la même chose, relativement à la même chose et de la même manière, examiner donc le personnage par rapport à ce

38. *alogôs* : le reproche d'« irrationnel » (1461 b 23) énoncé par les censeurs leur est ainsi retourné.

39. Ὅλως (b 9), cf. Bonitz, *Index*, 505 b 55-57.

qu'il dit lui-même ou par rapport à ce qu'on peut attendre d'un homme prudent »[40] (1461 b 16-19).

3° Le renvoi à l'examen dialectique[41] est préparé par le procédé des « acceptions multiples » (1461 a 32), mais ici, pas plus qu'à la p. 1461 a 6-8, il ne s'agit de chercher dans Homère un prétexte à des exercices logiques : l'examen devra être subordonné au caractère et à la pensée des personnages. Ceux-ci, précédemment, étaient qualifiés de « bons ou mauvais » (1461 a 6) : à quoi l'on ajoute maintenant l' « homme prudent ». Il semble qu'il y ait deux raisons à cela.

4° Le prudent est précisément l'homme qui est « capable de délibérer correctement sur ce qui est bon et avantageux pour lui-même » ; cette faculté porte sur la conduite de la vie et, par là, n'est ni une science ni une technique, mais une « disposition pratique accompagnée de raisonnement vrai » : la contingence des affaires humaines exige justement la prise en compte des circonstances toujours changeantes[42].

5° Mais le prudent est aussi un *personnage :* il possède, sinon un *caractère,* du moins une *pensée,* qu'il peut révéler par ses paroles. Il est vrai qu'il faut « parler, non pas, comme on le fait maintenant[43], comme si l'on avait agi par suite d'une pensée < calculée >, mais par suite d'une intention < morale >... L'un est le fait de l'homme prudent, l'autre de l'homme de bien : le propre de l'homme prudent est de poursuivre l'avantageux, celui de l'homme de bien, le beau. Si < cette dernière conduite > est incroyable *(apiston),* alors il faut ajouter le motif, comme le fait Sophocle : on en a un exemple dans *Antigone,* où celle-ci explique pourquoi elle s'est davantage souciée de son frère qu'elle ne l'aurait fait d'un mari ou de ses enfants... Si vous n'avez pas de motifs à indiquer, dites au moins que vous savez bien que vos paroles sont incroyables, mais que telle est votre nature. Car les auditeurs ne croient guère qu'un acte volontaire puisse avoir un autre motif que la recherche de l'avantageux »[44].

40. Il ne semble pas nécessaire de corriger le texte : l'accusatif αὐτόν dépend soit de σκοπεῖν directement, soit d'un verbe sous-entendu d'un sens voisin ; οὕτω paraît bien être l'antécédent, non seulement de ὥσπερ, mais encore de ὥστε ; quant au sens de αὐτόν, il est possible sans doute que ce mot désigne le poète; le φρόνιμος suivant suggère plutôt : « le personnage ».

41. *Réfutations Sophistiques*, 5, 167 a 26.

42. *Éthique à Nicomaque*, VI, 5, 1140 a 25-26, b 4-6.

43. Cf. *Poétique*, 6, 1450 a 25.

44. *Rhétorique*, III, 16, 1417 a 24-36.

L'« incroyable », sans doute, n'est pas exactement le « contradictoire » : le rapprochement de ce texte avec le nôtre ne s'en impose pas moins. L'homme de bien et l'homme prudent, par leur comportement et les explications qu'ils en donnent, peuvent servir de critère pour apprécier les prétendues contradictions que l'auditeur (ou le lecteur) serait tenté de trouver dans l'attitude des personnages tragiques (ou épiques). Et si, dans le texte de la *Rhétorique*, le prudent se distingue de l'homme de bien (lequel agit par intention, c'est-à-dire par son *caractère*, plutôt que par calcul, c'est-à-dire par sa *pensée*), on se souvient que « la plupart des tragédies des auteurs modernes sont dépourvues de caractères » (1450 a 25), constatation que la *Rhétorique* applique aux orateurs, dont on sait l'influence sur la tragédie après Euripide.

On notera enfin le lien entre la *pensée* de l'homme prudent et l'avantageux ; d'où l'on voit assez que l'effet nuisible d'une parole ou d'un acte puisse être compté au poète comme une faute, parce qu'incompatible avec le caractère, soit bon[45], soit prudent, du personnage.

5. **Les reproches justifiés**

84. 6° « *Est fondé, en revanche*[46], *le reproche d'irrationalité et de méchanceté* < *des caractères* >, *lorsque c'est sans nécessité aucune que le poète recourt à l'irrationnel, comme Euripide au sujet d'Egée, ou à la bassesse, comme, dans* Oreste, *celle de Ménélas* » (1461 b 19-21).

Le tour adversatif de la phrase montre que, dans ce qui précède, Aristote s'était appliqué à *résoudre des problèmes*, c'est-à-dire à repousser des critiques : il introduit ici comme deux exceptions, mais qui nous font sortir du cadre des problèmes « homériques », et qui confirment seulement le jugement selon lequel Euripide « pour le reste, est fautif dans l'économie » de ses pièces (13, 1453 a 29). — La phrase, d'autre part, apporte un complément aux deux griefs qu'on vient d'examiner : le second, la bassesse inutile de Ménélas (déjà critiquée dans le chapitre sur les caractères, 1454 a 29) répond à ce qui a été dit de la poésie et du paradigme (1461 b 11-14) ; le premier, l'entrée en

45. Cf. plus haut, pp. 374-375.

46. La mise en relief de ὀρθή semble bien indiquer que δέ est ici « a strong adversative », en dépit de la rareté de cet emploi en prose (cf. DENNISTON, *The Greek Particles*^{2}, p. 167).

scène non-motivée d'Egée[47] répond à l'irrationnel qui pourrait bien cependant être vraisemblable (b 14-15), mais qui, en l'espèce, ne l'est pas. — La formule « sans nécessité » (à rapprocher de 1460 b 27-29) ne fait qu'ériger en critère la règle qui enjoint de construire la fable selon « le vraisemblable ou le nécessaire » (7, 1451 a 13).

La conclusion satisfait exactement à la question telle qu'elle avait été formulée au début du chapitre : « en ce qui concerne les problèmes et les solutions, savoir de combien et de quelles espèces elles procèdent » ; elle tient compte également, jusque dans l'expression verbale, de la méthode suivie : les problèmes, c'est-à-dire au juste, les reproches, « *on les propose (pherousin)*[48] à partir de cinq[49] espèces » (c'est une enquête inductive qui a permis de ramener ces griefs, proposés par les critiques en ordre dispersé, à un nombre précis) ; quant aux solutions, « *il faut les examiner (skepteai)* à partir des nombres qui ont été indiqués » (déductivement et systématiquement). — Ces nombres, en effet, ont été « indiqués », explicitement d'abord : il y en a trois, selon l'objet de l'imitation (1460 b 9), et deux (b 15), selon que le reproche porte sur l'art poétique même ou, par accident, sur une technique particulière. A quoi l'on doit ajouter le nombre des « modes nombreux de la *lexis* » (b 12), nombre non énoncé expressément, mais qui, on l'a vu, est de sept.

Ce qui fait bien un total de *douze*, comme a su le calculer correctement le glossateur qui a ajouté cette indication à la fin du chapitre. Il nous paraît assez vraisemblable, en effet, que cette mention ne remonte pas à Aristote[50], non pas parce qu'elle ferait difficulté, mais, tout au contraire, parce qu'elle s'apparente à une *lectio facilior*, et ne semble pas être dans la manière d'Aristote, qui, dans une énumération de ce genre, ou bien place le nombre au début[51], ou bien n'en met aucun

47. La critique peut paraître bien sévère. Mais qu'elle porte bien sur ce point précis, on le voit, par contraste, dans un fragment de Néophron (peu importent ici les multiples problèmes que pose ce nom et la question de savoir s'il ne s'agit pas en réalité d'une « contrefaçon » de la pièce d'Euripide), où l'arrivée d'Egée, au lieu de se produire comme par hasard, est motivée par son désir de consulter Médée sur le sens de l'oracle (cf. L. Méridier dans son édition de *Médée*, pp. 114 et 111).

48. Cf. plus haut, p. 372, n. 9.

49. Il est inutile de revenir sur *blabera* (b 23), où l'on a cru devoir trouver des difficultés et qui, de fait, est préparé par plusieurs passages du chapitre (cf. plus haut, pp. 375, 381).

50. Thucker a exclu ces trois mots du texte.

51. P. ex., *Réfutations Sophistiques*, 4, 165 b 25 ; 166 b 22.

à la fin[52]. — Mais il y aurait là matière à une recherche monographique.

Ajoutons que le procédé des énumérations exhaustives est sans doute la trace d'un héritage platonicien (p. ex. *Phil.*, 16 d 6-7), mais il est constant dans la méthode d'Aristote (dans la recherche du nombre exact des catégories, des substances, des espèces du mouvement etc.), et nous en avons rencontré l'emploi dans la *Poétique* pour déterminer le nombre des situations tragiques ou celui des parties de la tragédie[53].

Le dernier chapitre de la *Poétique* soulève, sous forme d'*aporie,* la question de savoir lequel des deux genres, épopée ou tragédie, est supérieur à l'autre. Il expose successivement les arguments que l'on fait valoir contre la tragédie, puis ceux qui doivent faire conclure à sa prééminence.

Il suffit pour l'instant de rappeler que cette question avait été, sinon annoncée, du moins réservée dès le chapitre 4[54], et que Platon l'avait tranchée en faveur de l'épopée.

52. P. ex. *Rhétorique*, II, 23, 1397 a 7 sqq.

53. Cf. p. 226.

54. *Poétique*, 4, 1449 a 5-9 ; cf. J. Hardy, éd. citée, p. 34, n. 2, et G. F. Else, *A.'s Poetics : The Argument*, p. 634.

XI. — **LA COMPÉTITION ENTRE ÉPOPÉE ET TRAGÉDIE** (chap. 26)

« *Quelle imitation est supérieure, l'épique ou la tragique, voilà une question que l'on peut débattre*[1]*. Si, en effet, l'imitation la moins vulgaire est supérieure et que c'est le cas de celle qui s'adresse toujours à des spectateurs supérieurs, alors il est très*[2] *évident que celle qui imite* < *absolument* >[3] *tout est vulgaire. Car c'est dans l'idée que le public ne comprend pas si l'on n'y met pas lourdement du sien, que les acteurs outrent leurs mouvements, comme les mauvais joueurs de flûte se contorsionnent quand il leur faut imiter un lancement de disque, et entraînent de force le chef du chœur quand ils jouent* Scylla. *Or, telle est la tragédie : elle correspond à l'opinion que les anciens acteurs se faisaient de leurs successeurs (c'est à cause de ses exagérations que Mynniscos qualifiait Callipidès de « singe », et un jugement semblable courait sur Pindaros) ; ainsi, ce que ceux-ci sont par rap-*

1. *diaporeîn.* — Cette formule, dans la *Poétique*, ne se rencontre qu'ici, mais elle est des plus courantes dans les traités « acroamatiques » souvent jugés postérieurs : sa présence ici peut au moins incliner à la prudence en face du problème chronologique. — Vu l'élaboration très précise de l'*aporie*, il est raisonnable de laisser ici au préverbe son sens fort (cf. Bonitz, *Index*, 187 b 11). — Sur l'emploi de ce terme dans l'ensemble de la méthode dialectique d'Aristote, voir maintenant J. Barnes, « Aristotle and the Methods of Ethics », in *Revue Internationale de Philosophie*, 133-134, 1980, pp. 490 sqq.

2. A suivre la conjecture de Vahlen, généralement admise (Else préfère lire : *dèlon an eiè*, trad. citée, n. 176).

3. En face de la perplexité que cette phrase a pu susciter chez certains lecteurs, on est obligé, dans la traduction, d'imiter les mauvais acteurs dont parle le texte. Elle n'a rien cependant qui doive étonner : l'art théâtral imite tout et n'importe quoi (Platon, *République*, III, 395 e-396 b), semblable en cela à ce thaumaturge qui « produit tout » (*Rép.*, X, 596 c 5 sqq.), en présentant un miroir à la ronde. L'homme bien élevé, lui, choisit ses modèles : Platon l'avait dit (*Rép.*, III, 396 c *i.f.*), mais Aristote le dira aussi bien et en référence, précisément, à la grossièreté des « anciennes comédies » (*Éthique à Nicomaque*, IV, 14, 1128 a 22).

port aux premiers, l'ensemble[4] *de l'art tragique l'est par rapport à l'épopée. Celle-ci, à en croire la thèse qu'on est en train d'exposer, s'adresse à des spectateurs cultivés qui n'ont nul besoin de gesticulations, alors que la tragédie s'adresse à des spectateurs incultes ; si donc elle est vulgaire, il est évident qu'elle doit être inférieure.* »

1. La thèse platonicienne

85. Au IIe livre des *Lois*, Platon avait imaginé un concours *(agôn)*[5] entre différents genres de spectacles, et s'était prononcé en faveur d'une récitation rhapsodique des poèmes d'Homère et d'Hésiode. Il n'avait pas accompagné ce jugement de considérants en règle, mais l'avait fondé seulement sur la compétence des juges qui devaient être « les meilleurs et pourvus d'une formation suffisante », c'est-à-dire les vieillards[6]. Ce critère, qui est rappelé dans notre texte (« l'art tragique s'adresse à des spectateurs incultes », 1462 a 3-4), avait déterminé la critique platonicienne, depuis le *Gorgias :* la tragédie, assimilable en cela à la rhétorique politique, est un art de flatterie, destiné à une « foule composée, à côté des hommes, d'enfants et de femmes, d'esclaves et d'hommes libres »[7] ; au juste, la tragédie est un « discours au peuple », une *démagogie (démégoria)*[8], terme flétrissant et repris dans un autre livre des *Lois*[9]. Disons que, au IIe Livre, la supériorité de l'épopée, affirmée bien que non démontrée, résulte du sentiment des sages vieillards qui lui constituent comme un public idéal.

Dans la *République*, cette supériorité n'est même pas affirmée (le Xe Livre, tout au contraire, englobe dans sa condamnation des poètes tragiques, Homère qui en est le « prince »[10]), et le concours qui y est institué[11] met aux prises le poète tragique, non pas exactement avec Homère, mais avec un « type d'orateur » qui userait, non pas d'une imitation généralisée, mais seu-

4. Mot important, parce qu'il cache le paralogisme qu'Aristote va dénoncer ensuite : ce qui vaut contre l'art de l'acteur est étendu à l'ensemble de l'art tragique.
5. Platon, *Lois*, II, 658 a 6.
6. *Lois*, II, 658 e 9.
7. *Gorgias*, 502 d 6-9.
8. *Gorgias*, 502 d 1.
9. *Lois*, VII, 817 c 5.
10. *République*, X, 598 d 9.
11. *République*, III, 397 d 4.

lement d'un récit simple[12]. Homère, dans ce texte, n'est invoqué qu'au départ, pour illustrer la distinction entre le style direct (dont se servent les tragiques) et le style indirect, celui du récit (mélangé, chez Homère, à l'imitation directe), mais il sera ensuite volontairement négligé : l'orateur qui n'emploie que le récit simple sera considéré indépendamment de toute référence à Homère, et opposé, dans sa simplicité qui imite la vertu[13], à l' « homme double et multiple[14] » ; il préfigure le citoyen de la Cité idéale (et son *oikeiopragia*)[15], et l'intention de Platon est très claire de ne pas associer le poète Homère à cet éloge. Autrement dit : la rivalité entre le style tragique et le style épique n'est pas prise en considération comme telle ; elle est transformée aussitôt en un affrontement moral et civique.

Le texte n'en éclaire pas moins le nôtre. On y trouve d'abord le critère qui enjoint de juger un art par rapport à ses destinataires : « Le style mélangé est bien agréable ; des enfants et leurs gouverneurs, sans parler de la grande masse du public, trouvent un agrément extrême au style opposé à celui qui a tes préférences »[16]. Et la cause de cet agrément réside dans l'imitation effrénée : « A mesure qu'un tel orateur est inférieur au nôtre, il voudra tout imiter et ne jugera rien au-dessous de lui : il essaiera donc de tout imiter, pour de bon et en présence d'un public nombreux ; il imitera ce que nous venons de dire, le bruit du tonnerre, des vents, de la grêle, des essieux, des poulies, le son des trompettes, des flûtes, des chalumeaux et de tous les instruments, et encore les voix des chiens, des moutons, des oiseaux ; sa manière de s'exprimer procédera tout entière par imitation de voix et de gestes ou, en tout cas, ne fera qu'une place infime au récit »[17]. — Platon ne précise pas, il est vrai, que cette multiplication « de voix et de gestes » est appelée par la faiblesse intellectuelle des spectateurs (c'est leur faiblesse morale, plutôt, qu'il aurait en vue[18]), et ne distingue guère le poème tragique de sa représentation matérielle. On peut tenir pour certain, cependant, que la « thèse qu'on est en train d'exposer » (1462 a 2) est bien la thèse platonicienne.

86. Quelle que soit, en effet, la date de sa composition, on concevrait difficilement que la *Poétique* ait passé sous silence la

12. *République*, III, 396 e 9.
13. *République*, III, 396 c-d.
14. *République*, III, 397 e 1-2.
15. *Ibid.*, e 2.
16. *République*, III, 397 d 6-8.
17. *République*, III, 397 a-b 2.
18. *République*, X, 605 d-606 b.

théorie platonicienne de la tragédie. Cette théorie, à considérer la méthode habituelle d'Aristote, aurait pu être examinée dès le début : mais on a vu que le traité ne comportait pas de doxographie à proprement parler. De plus, cette théorie est critique plutôt que descriptive : il paraît donc plus conforme à sa visée même qu'elle ne soit examinée que maintenant, dans un contexte axiologique, et dans le cadre d'une confrontation que Platon lui-même, au IIe livre des *Lois*, avait esquissée. — En d'autres termes : sous l'apparence d'une comparaison entre épopée et tragédie, c'est en réalité la critique platonicienne de la tragédie qui fournit son véritable objet à ce dernier chapitre.

Cependant, l'exposé de cette critique fait apparaître, par rapport aux textes de Platon, à la fois un affaiblissement (les ravages moraux, religieux et civiques que provoque la tragédie ne sont pas pris en compte) et un déplacement des charges : l'infériorité du public théâtral se manifeste moins dans sa dépravation morale que dans son manque de finesse, intellectuelle et esthétique, et la « vulgarité » est transférée de l'œuvre tragique aux acteurs.

Cette transformation du problème remonte-t-elle à Platon ? On a pu supposer des « conversations au cours desquelles le maître avait discuté le mérite relatif des deux genres dans un esprit semblable, avec, à l'appui, des illustrations tirées du monde théâtral de sa jeunesse »[19]. Pourvu que l'on n'imagine pas ces conversations sous forme de « séminaires » organisés pendant lesquels Platon aurait livré à des initiés ses « doctrines non-écrites »[20], l'hypothèse paraîtrait recevable. — Il nous semble toutefois plus satisfaisant d'expliquer ce texte par un procédé dont Aristote se sert volontiers quand il s'agit d'exposer une « thèse » étrangère (1462 a 2), et que nous avons eu l'occasion d'analyser plus précisément à propos de la doxographie sur l'esclavage[21]. Ce procédé consiste à ne pas présenter la thèse dans toute sa force et à la pourvoir d'arguments proprement aristotéliciens, ce qui permet, au lieu de s'opiniâtrer dans une réfutation sans profit, d'intégrer la vérité partielle que l'on aura ainsi

19. G. F. ELSE, *A.'s Poetics : The Argument*, p. 638.

20. On connaît, sur l'ensemble du problème, le livre de H. Cherniss, qui n'a rien perdu de son actualité ; sur le point plus précis qui est ici en question, on relira en particulier le début de la IIIe Leçon : *The Riddle of the Early Academy*, (1945), 1962, New York, Russell & Russell, pp. 60-62.

21. V. GOLDSCHMIDT, *La Théorie aristotélicienne de l'esclavage et sa méthode*, in Mélanges E. de Strijcker, *Zetesis*, 1973, Antwerpen/Utrecht, §§ 5-8 (trad. ital. in *Schiavitù Antica e Moderna*, a cura di Livio Sichirollo, Guida Editori, Napoli, 1979).

conférée à la thèse dans la vérité englobante de la doctrine d'Aristote même.

Or, il est aisé de voir que presque tous les arguments allégués devaient recueillir l'approbation d'Aristote, qui avait relevé, dans ce qui précède, l'influence néfaste des acteurs sur les bons auteurs (9, 1451 b 37) et la complaisance des auteurs pour la « faiblesse des spectateurs » (13, 1453 a 33-35) ; dans la *Rhétorique*, Aristote constate que l'action ne s'est introduite que tardivement dans les représentations tragiques (c'est-à-dire quand les poètes ne jouaient plus eux-mêmes leurs pièces) : c'est depuis lors que le succès d'une tragédie dépendait des acteurs plus que des poètes [22], par suite de la « dépravation de l'auditeur » [23]. La corruption de l'art comme effet de la « vulgarité » du public (à laquelle répond le jeu des exécutants, avec des gesticulations immodérées) est dénoncée dans la *Politique* [24], où se trouve également une description du public théâtral (composé tout ensemble d'hommes libres et cultivés et de gens « vulgaires » et grossiers) [25] qui est entièrement en accord avec celle, rappelée plus haut, du *Gorgias*.

Quant à la mise en œuvre de ces arguments, elle affecte, comme il convient à un exposé dialectique, la forme syllogistique qui encadre l'ensemble du morceau, agrémentée d'exemples concrets, et renforcée d'un argument par analogie (a 1-2).

2. La réponse d'Aristote

Voici la réponse d'Aristote :

« *D'abord, l'accusation n'atteint pas l'art poétique, mais l'art de l'acteur, car en fait de gestes exagérés, on peut s'y livrer aussi bien lors d'une récitation rhapsodique, comme Sosistrate, et dans des compétitions de chant, comme le faisait Mnasithéos d'Oponte.*

Ensuite, ce n'est pas le mouvement [26] *comme tel qu'il faut condamner, puisqu'on admet la danse, mais seulement celui de personnages inférieurs : c'est cela que l'on reprochait à Callipidès et que l'on reproche maintenant à d'autres, pour avoir imité des femmes de basse condition.*

22. *Rhétorique*, III, 1, 1403 b 22-24, 33.
23. *Rhétorique*, III, 1, 1404 a 8.
24. *Politique*, VIII, 6, 1341 b 10-18.
25. *Politique*, VIII, 7, 1342 a 20-30.
26. Sur l'éducation et la convenance des « mouvements du corps », cf. PLATON, *Lois*, II, 672 e 8 ; *Éthique à Nicomaque*, IV, 14, 1128 a 11.

De plus, la tragédie produit son effet propre même sans mouvement, tout comme l'épopée : la seule lecture fait voir sa qualité ; si, par conséquent, la tragédie l'emporte pour le reste, le point en question[27] *n'en est pas une propriété nécessaire.*

En outre : puisqu'elle possède l'ensemble des parties que comporte l'épopée (elle peut même lui emprunter son mètre)[28] *et, de plus, partie non négligeable, la musique et le spectacle*[29], *d'où résultent les plaisirs de la manière la plus claire, par suite*[30], *elle possède même la clarté visuelle, aussi bien à la lecture que dans la représentation.*

De plus, < la tragédie l'emporte > du fait que l'imitation atteint sa fin dans une étendue moindre ; car ce qui est plus concentré plaît davantage que ce qui est dilué dans le temps ; j'entends, par exemple, si quelqu'un allongeait l'Œdipe *de Sophocle en autant de vers qu'il y en a dans l'*Iliade.

De plus, l'imitation des poètes épiques présente moins d'unité (un signe : dans n'importe quelle imitation épique, il y a matière à plusieurs tragédies, en sorte que, s'ils composent une seule fable, ou bien elle est traitée brièvement et alors paraît grêle, ou bien elle se conforme à la longueur < que requiert >[31] *le*

27. C'est-à-dire la représentation effective : Aristote retrouve ici, par une sorte de méthode des variations, la vérité déjà établie en 6, 1450 b 19-20.

28. Bien entendu, il n'y a pas ici la moindre allusion à Chérémon (1, 1447 b 21) : les quelques exemples d'hexamètres que l'on trouve chez Sophocle et dans les *Troyennes* suffisent à expliquer cette phrase.

29. « Chant » et « spectacle » sont déjà mis sur le même plan à la fin du chapitre 6. Quitte à toucher au texte, la conjecture de Vahlen n'est pas plus arbitraire que l'athétèse de τὰς ὄψεις (sans compter qu'à supposer même que ce soit une addition, rien n'indique qu'elle ne soit pas due à l'auteur même). Mais il n'est pas sûr du tout que le texte, tel qu'il est transmis, exige une correction. L'accord (δι' ἧς) se fait avec l'antécédent le plus éloigné, parce que c'est le plus important ; Bywater et Rostagni avaient compris ainsi le texte.

30. Il devrait être assez clair que εἶτα n'introduit pas ici un nouveau point de vue (qui manquerait curieusement de toute argumentation), mais ne fait que résumer ce qui précède : « εἶτα complectitur quae antea exposita sunt » (Bonitz, *Index*, 225 a 30, comme dans *Polit.*, V, 1, 1301 a 33 ; l'exemple du *De Caelo*, II, 2, 285 b 3 paraît moins pertinent). De cette manière, on évite l'anacoluthe prétendue de a 14 sqq. : εἶτα introduisant l'apodose, dont la phrase introduite par ἔπειτα διότι... est la protase. Sans doute cet emploi de εἶτα n'est-il pas usuel, mais on pourrait trouver un emploi approximativement comparable dans le *Phèdre*, 229 c 7 (cf. Verdenius, in *Mnemosyne*, IV, viii, 1955, p. 268). A moins de comprendre, comme me le suggère H. Cherniss, la phrase commençant par εἶτα comme une parenthèse appelée par le précédent ἐναργέστατα : de cette manière on évite également l'obligation de la compter comme un nouvel argument.

31. Je suis ici l'interprétation de Lucas, p. 256 *ad loc.*

mètre[32] *et alors elle paraît délayée) ; j'entends, par exemple, un poème composé de plusieurs actions, comme l'*Iliade *comprend plusieurs de telles*[33] *parties, ainsi que l'*Odyssée, *qui comportent, chacune, sa longueur propre ; pourtant*[34] *ces poèmes sont composés aussi parfaitement que possible et ils imitent, autant que faire se peut, une action unique.*

En conclusion : si la tragédie se distingue sur tous ces points et, de plus, par l'œuvre propre de l'art (car ce n'est pas n'importe quel plaisir que doivent produire ces deux genres d'imitation, mais celui que nous avons défini[35]*), il est clair qu'elle doit être supérieure, puisqu'elle atteint mieux sa fin que l'épopée.* »

a. **Le procédé de comparaison selon les** Topiques

87. S'il reçoit de Platon l'idée de comparer ces deux genres poétiques, il semble bien que ce soit Aristote qui, le premier, a thématisé le problème[36] de la comparaison comme tel (il faudrait préciser : de la comparaison en tant que compétition) et qui en a donné un exposé détaillé dans les trois premiers chapitres du IIIe livre des *Topiques*[37]. Parmi les multiples procédés qu'il y étudie, plusieurs trouvent leur emploi dans notre texte[38] ;

32. La traduction d'Else paraît difficile à soutenir, tant parce que *metron* au sens de mètre précède presque immédiatement, que parce que, pour désigner la mesure de la longueur, Aristote emploie toujours *horos* (7, 1451 a 6, 15 ; 24, 1459 b 18).

33. C'est-à-dire qui constituent une fable unique.

34. Le sens n'est pas : « Il n'empêche pas que... », mais : bien que, dans le genre épique, on ne puisse pas faire mieux, ces poèmes n'atteignent cependant pas l'unité d'action.

35. 23, 1459 a 21 ; cf. 14, 1453 b 10-11.

36. Le problème théorique, s'entend, la pratique en étant beaucoup plus ancienne : on peut la faire remonter aux deux *Luttes* du début des *Travaux* d'Hésiode ou même, avec la critique homérique du ve siècle (cf. *Hippias Mineur*, 364 c), à Homère. C'est avec les Sophistes surtout (cf. Prodicos, 84 B 2) et avec le développement de la rhétorique que l'antique thème de l'*agôn* reçoit ses formulations et ses traitements littéraires.

37. *Topiques*, III, 4, 119 a 1.

38. Le critère de la compétence judicatoire est posé d'emblée (1, 116 a 14-16). — « Un plus grand nombre de biens l'emporte sur un plus petit » (2, 117 a 16) : la tragédie « possède l'ensemble des parties que comporte l'épopée... et, de plus, partie non négligeable, la musique et le spectacle » (a 14-16). — « Ce qui est plus éclatant (ἐπιφανέστερον) l'emporte sur ce qui l'est moins » (2, 117 b 28), de quoi l'on peut rapprocher, tant la qualité du poème qui « se manifeste » (φανερά) à la seule lecture (a 12), que les « plaisirs qui résultent de la manière la plus claire » (ἐναργέστατα, a 17). — « De deux choses qui appartiennent à la même espèce, celle qui possède la vertu propre l'emporte sur celle qui ne la possède pas ; si toutes deux la possèdent, celle qui la possède à un plus haut degré » (3, 118 a 27-28) : « Si la tragédie se distingue sur tous ces points et, de plus, par l'œuvre propre de l'art... il est clair qu'elle doit être supérieure, puisqu'elle atteint mieux sa fin que l'épopée » (b 11-15).

mais ce sont surtout les conditions générales de la comparaison qu'il faut rappeler ici : « Pour savoir laquelle, de deux ou de plusieurs choses, est préférable ou meilleure, voici comment on doit conduire l'examen. Mais il faut préciser d'abord que cet examen ne porte pas sur des choses très éloignées les unes des autres et présentant entre elles une grande différence (ainsi personne n'est embarrassé pour choisir entre le bonheur et la richesse) : il porte sur des choses voisines et au sujet desquelles nous ne nous entendons pas pour savoir laquelle mérite davantage notre choix, puisque nous n'apercevons, de l'une par rapport à l'autre, aucune supériorité. D'où il est clair qu'en face de telles choses, dès qu'une supériorité aura été rendue manifeste sur un ou sur plusieurs points, notre esprit accordera que c'est le terme où réside cette supériorité qui est préférable, et peu lui importe que ce soit l'un plutôt que l'autre »[39].

Or épopée et tragédie ne sont pas « très éloignées l'une de l'autre » (elles appartiennent à une même espèce du genre mimétique), et elles ne « présentent < pas > entre elles une grande différence » : « L'épopée accompagne la tragédie jusqu'au point où elle est une imitation métrique d'hommes de bien ; mais par son emploi d'un mètre uniforme et par son procédé du récit, elle en diffère. Elle en diffère encore par son étendue... » (5, 1449 b 9-12) ; plus loin, on ne retient que deux différences : « L'épopée diffère par l'étendue de sa composition et par son mètre » (24, 1459, b 17-18). N'étant pas « grandes », ces différences autorisent donc une comparaison.

Elles autorisent la comparaison, mais aussi, semble-t-il, la requièrent. Car si ces différences suffisent pour distinguer épopée et tragédie, elles ne permettent pas d'apercevoir, « de l'une à l'autre, quelque supériorité ». D'où l'on voit clairement (et c'est un point sur lequel il convient d'insister) que la *comparaison* qu'entreprend le chapitre 26 est tout autre chose que l'*étude comparée* à laquelle on s'était livré aux chapitres 23 et 24. Cette comparaison qu'on pourrait appeler *compétitive* consiste à arbitrer une rivalité. Il ne suffit plus, alors, d'établir simplement des « différences » ni, bien moins encore, comme l'avait fait l'étude comparée, de faire voir des ressemblances. Il faut « rendre manifeste une supériorité », ce à quoi les « différences » précédemment indiquées ne sauraient suffire. Il paraît donc vain, d'entrée

39. *Topiques*, III, 1, 116 a 1-12. — On pourrait juger optimiste cette dernière phrase : l'apparition de la vérité suffisant pour apaiser la « mésentente » (a 8) initiale (cf. *La Théorie arist. de l'esclavage*, *op. cit.*, § 6). Elle témoigne de la confiance d'Aristote dans la philosophie, capable de mettre fin aux disputes (passionnelles).

de jeu, de mettre Aristote en contradiction avec lui-même, comme certains commentateurs s'y sont plu : la visée de cette comparaison étant d'intention tout à fait différente de celle des chapitres précédents.

88. On ne peut se dispenser de rappeler ici un autre texte qui, en dépit de ses difficultés et de sa portée qui nous paraît considérable, ne semble guère avoir tenté les commentateurs : « Rattachons aussi à l'accident les comparaisons (συγκρίσεις) réciproques qui, d'une façon quelconque, se formulent à partir de l'accident, par exemple : " Est-ce le beau ou l'utile qui est préférable ? ", et " Est-ce la vie vertueuse ou la vie de jouissance qui est plus agréable ? " et autres questions qu'on formule souvent selon le même schème ; car, dans tous les cas de ce genre, il s'agit de rechercher à quel terme le prédicat revient davantage comme accident. De ces exemples, il appert que rien n'empêche l'accident de devenir un propre temporaire et un propre relatif. " Etre assis ", par exemple, qui est un accident, sera un propre temporaire pour un homme quand il sera seul assis et, quand il n'est pas le seul à être assis, un propre relativement à ceux qui ne le sont pas. On voit donc que rien n'empêche l'accident de devenir un propre relatif et un propre temporaire ; mais il ne sera jamais un propre au sens absolu » [40].

La comparaison porte donc sur un terme qui, en tant qu'accident, peut, et peut ne pas, appartenir à un sujet. Et comme les prédicables tombent toujours sous l'une des dix catégories [41], on doit penser que l'accident, de par sa forme grammaticale même, qui est le comparatif, entre dans les relatifs, non pas toutefois dans les « relatifs en soi » (dont l'être est identique à leur être relatif à autre chose) [42], mais dans les relatifs « par accident, par exemple *homme* est un relatif parce qu'il peut arriver qu'il soit double de quelque chose » [43]. La comparaison traite donc comme relatives l'une par rapport à l'autre, deux choses qui, de soi, ne sont pas des relatifs, et c'est pourquoi le prédicat sur lequel elle s'interroge ne leur appartient que par accident. Et le signe de cette appartenance seulement accidentelle, c'est, comme l'a bien vu Alexandre [44], le *plus* et le *moins*. Certains relatifs, aussi bien,

40. *Topiques*, I, 5, 102 b 14-26.
41. *Topiques*, I, 9, 103 b 20 sqq.
42. *Catégories*, 7, 8 a 31-32.
43. *Métaphysique*, Δ, 15, 1021 b 8-10.
44. Alexandre d'Aphrodise, *In Arist. Topic. libros octo commentaria*, éd. M. Wallies, p. 51, 23.

admettent le plus et le moins[45] (les qualités aussi, il est vrai, mais sans que cela requière nécessairement un deuxième terme de comparaison[46]). — Le prédicat, que la comparaison essaie de répartir par degré entre deux termes qu'elle a décidé de mettre en rapport, pourra donc bien, à la fin de l'enquête, devenir un *propre,* mais seulement (et comme par définition) un propre relatif (à l'autre terme), mais jamais un propre au sens absolu (c'est-à-dire une détermination « qui, tout en ne manifestant pas l'essence de la chose, n'appartient qu'à cette chose et peut se réciproquer avec elle »[47]).

Si un point paraît clair dans ce texte succinct et difficile, c'est que la comparaison n'est précisément pas, comme cela a pu être affirmé, « le même procédé classificatoire » que dans le cas des autres prédicables[48] : bien au contraire, la *comparaison,* au sens aristotélicien, n'est pas une classification.

Les deux textes théoriques qu'on vient de lire sont tirés des *Topiques.* Et le thème du chapitre terminal de la *Poétique* s'introduit par un terme dialectique : *exposer une aporie.* Cela ne signifie certes, ni que ce chapitre soit accessoire (l'enquête dialectique, même quand, normalement, elle précède l'enquête « physique », fait toujours partie intégrante de la recherche), ni que sa portée puisse être bornée par ces textes (parce que la démarche concrète excède toujours, chez un grand auteur, le cadre et l'intention de la *méthode enseignée*).

Il faut donc reconnaître au chapitre 26 son autonomie et son originalité, en ce sens qu'il se sert de la méthode dialectique, non plus pour introduire, mais pour conclure la recherche, et qu'il fait bénéficier cette méthode, qui en principe se nourrit seulement d'opinions communes *(endoxa),* de certains résultats établis au cours du traité.

Le chapitre, pour autant, ne doit pas être séparé des *Topiques,* qui nous enseignent : 1° que la *comparaison* n'est pas une enquête sur l'essence (sur la « définition »), mais sur la « supériorité » (qui relève de l' « accident ») ; 2° que, si ce chapitre « rend manifeste une supériorité sur un ou sur plusieurs points », ces points ne concernent pas chacun des deux genres poétiques en soi, mais seulement en tant que rapportés l'un à l'autre, et cela non plus, comme aux chapitres 23 et 24, à des fins de définition (de « classification », si l'on préfère), mais pour arbitrer une rivalité

45. *Catégories*, 7, 6 b 19 sqq.
46. *Catégories*, 8, 10 b 25 sqq. (« une chose blanche peut blanchir davantage »).
47. *Topiques*, I, 5, 102 a 18-19.
48. A. Zadro, *Aristotele, I Topici*, Napoli, 1974, p. 325, *ad* 102 b 4-20 *i.f.*

qui est « accidentelle », parce que, de soi, ces deux genres ne sont pas en rapport de compétition et parce que, quant à leurs essences respectives, le prédicat de *vaut mieux* (ou : *moins*) n'est qu'un accident ; 3° que le chapitre présente un caractère dialectique (« litigieux »[49]) en ce qu'il atteint les trois fins de cette discipline[50] : l'entraînement intellectuel, le rattachement aux sciences philosophiques et, peut-être surtout, les « rencontres » ou, pour reprendre la traduction de J. Brunschwig, les « contacts avec autrui », c'est-à-dire, on l'a rappelé dès le début, avec Platon.

b. **Supériorité de la tragédie**

89. La thèse platonicienne, telle qu'Aristote l'avait formulée au début du chapitre, s'appuyait sur une preuve tirée du jeu exagéré des acteurs et étendue, par un raisonnement par analogie, à l' « ensemble de l'art tragique » (a 1). — A quoi Aristote oppose six arguments : les quatre premiers sont destinés à réfuter la preuve de Platon ; les deux derniers, à établir la thèse opposée. Sans doute est-il « plus difficile d'établir une définition que d'en renverser une »[51] : si, malgré cela, les deux derniers arguments ne diffèrent pas sensiblement, quant à leur étendue, des premiers, c'est parce qu'ils peuvent invoquer les résultats (scientifiques) déjà atteints dans l'enquête précédente. Les quatre premiers arguments, en revanche, sont plus proprement dialectiques, tant par leurs procédés, analysés dans les *Topiques*, que parce qu'ils ramènent, conformément encore à ce même traité, à un « accident », ce qui, du point de vue scientifique, se présente pourtant comme une *partie* de la tragédie, à savoir l'art des acteurs, compris dans le *spectacle*.

« L'accusation n'atteint pas l'art poétique, mais l'art de l'acteur », or :

1° Un jeu exagéré peut se trouver encore chez le rhapsode ou chez le chanteur : il n'y a donc là, ni un *propre* (qui devrait « séparer » le sujet des autres[52]), ni une *différence* (qui ne devrait pas être « commune à quelque autre chose »)[53] ;

2° « Ce n'est pas le mouvement comme tel qu'il faut condamner », mais seulement quand il prend pour modèle des objets

49. Cf. *Topiques*, III, 1, 116 a 8.
50. *Topiques*, I, 2, 101 a 25-28.
51. *Topiques*, VII, 5, 155 a 3.
52. *Topiques*, V, 2, 130 b 13.
53. *Topiques*, VI, 12, 149 a 30.

indignes : c'est commettre la même faute que les Platoniciens qui « mettent en avant les plaisirs blâmables » pour argumenter contre le plaisir pris génériquement [54] ; or on ne peut pas, d'une espèce, conclure à toutes les autres [55] ;

3° Le « mouvement », pas plus que pour l'épopée, n'est requis pour la tragédie : si donc < comme va le montrer l'argument suivant > « la tragédie l'emporte pour le reste » < et c'est donc sur « le reste », comme constituant, seul, l'essence de la tragédie, qu'aurait dû porter la comparaison, et non sur le jeu des acteurs >, c'est donc que le « mouvement », c'est-à-dire le jeu des acteurs, c'est-à-dire enfin la représentation effective ne lui « appartient pas nécessairement » < et n'en constitue, par conséquent, ni la définition, ni le propre, ni la différence, mais seulement un accident >, et peut, ou peut ne pas, lui appartenir [56] ;

4° Si l'on compare < non plus à partir d'une détermination accidentelle, mais > dans leurs parties essentielles les deux formes poétiques, on s'aperçoit que la tragédie en possède autant que l'épopée, à quoi elle ajoute encore la musique et le spectacle « d'où résultent les plaisirs de la manière la plus claire ».

Trois points sont ici à souligner : *a*) Aristote introduit explicitement (ce qui était resté implicite dans l'argument précédent : l' « effet propre » de la tragédie, a 11) l'idée de plaisir, sur laquelle s'achèvera la conclusion (b 13) et qui sera développée dans l'argument qui suit immédiatement (b 1) : c'est là la *fin* de la poésie (chap. 4) et le critère décisif de la comparaison ; de plus, l'idée de « clarté » fait référence à l'enquête précédente (17, 1455 a 25) ;

b) d'où l'on voit que le présent argument, autant qu'il termine l'examen dialectique, prépare déjà l'arbitrage fondé sur l'essence et, à cet égard, fait transition entre les deux séquences ;

c) du point de vue de l'argumentation : on pourrait s'étonner que la représentation matérielle de la tragédie, dont on vient de faire abstraction, soit de nouveau prise en compte. — Le mouvement est le même qu'au Xe livre de la *République :* après avoir montré que la justice est un bien par elle-même, indépendamment des récompenses et de la réputation qu'elle entraîne, on lui « restitue » [57] ces récompenses, pour lui faire « remporter le

54. *Éthique à Nicomaque*, X, 2, 1173 b 21.
55. *Topiques*, V, 5, 134 b 22 sqq.
56. *Topiques*, I, 5, 102 b 6-7 (cf. VII, 5, 155 a 28 sqq. : l'accident est plus facile à établir qu'à réfuter).
57. *République*, X, 612 c 1.

prix », même compte tenu de ses conséquences [58]. De même ici, après avoir montré que la qualité d'une pièce se reconnaît à la seule lecture, on lui restitue l'éclat extérieur que lui confère la mise en scène [59].

90. Mais la comparaison vraiment « scientifique » doit se fonder sur les *différences* essentielles que l'enquête précédente avait mises au jour ; or il y en avait deux : « L'épopée diffère de la tragédie par l'étendue de sa composition et par le mètre » (24, 1459, b 17-18).

5° L'étendue des poèmes épiques, où pouvaient se loger « plusieurs parties » de l'action et des « épisodes divers », rendait possible le « changement » qui est « agréable », alors que leur uniformité pouvait être un écueil pour les tragédies (1459 b 27-31). Mais le désir de changement, on l'a vu, provient de l' « imperfection de notre nature » et, en ce sens, la tragédie qui se borne à une seule action attestait sa supériorité [60]. — Ce qu'expose le présent argument, c'est que l'épopée, en dépit de la variété de ses parties, n'en vise pas moins une « action une », faite de « parties multiples » (1459 b 1) ou de « fables multiples » (1456 a 12) et cette action, elle la « dilue dans le temps », alors que l'action tragique est « plus concentrée » et, par là, source de « plus grand plaisir ».

Pour la même raison, la métaphore concise est plus agréable que la comparaison longuement développée [61]. Mais surtout : le récit épique est « mêlé au temps » (1462 b 1), l'épopée est « non-déterminée par le temps » (1449 b 14) et « indéfinie » comme la phrase hérodotéenne [62]. La fable tragique, elle, est un tout et elle est, non seulement « concentrée », mais, comme il vaudrait mieux traduire : « d'un seul tenant » ; si l'action qu'elle relate est bornée par une seule révolution du soleil, close sur elle-même, c'est que la tragédie n'est, ni « mêlée », ni même liée au temps : elle est comme la vision ou comme le plaisir, « achevée à quelque moment qu'on la prenne » [63]. Elle s'apparente, à cet égard, aux genèses instantanées, étudiées dans la première partie de ce travail [64].

58. *République*, X, 612 d 6.
59. Cf. plus haut, pp. 230-231.
60. Cf. plus haut, pp. 357-358.
61. *Rhétorique*, III, 10, 1410 b 18-19.
62. *Rhétorique*, III, 9, 1409 a 32.
63. *Éthique à Nicomaque*, X, 3, 1174 b 5-6.
64. Cf. plus haut, pp. 166-167 sqq.

Une fois fait ce rapprochement, on voit aussitôt que le mot *télos* (a 18) signifie bien la *fin* intentionnée, et non pas le terme temporel : comme la vision ou comme le plaisir, la tragédie est un tout achevé, auquel le temps ne peut apporter aucun perfectionnement spécifique[65].

6° L'étendue de la fable tragique n'est pas « quelconque » (7, 1450 b 37) : elle obéit à des exigences internes qui doivent constituer la fable en un *tout unifié*[66] qui, tel un être vivant, comporte une taille optima (1450 b 35 - a 6). Bien que cette règle soit formulée aussi à l'intention de l'épopée[67], elle entre en conflit avec une autre exigence, propre à l'épopée et liée au simple emploi de l'hexamètre : « Personne n'a fait une composition étendue dans un autre mètre que le mètre héroïque » (24, 1460 a 2-3). Autrement dit, le poème épique (et c'est en ceci qu'il est « indéterminé ») requiert, en tant que tel, une grande étendue, dont on peut dire simplement qu'elle doit être grande : elle est appelée par le seul emploi du mètre, et elle n'est pas, de soi, limitée par les exigences qui déterminent l'étendue de la fable tragique, encore que, selon Aristote, elle tâche de s'y conformer. Ce conflit, sans doute, n'est nulle part élaboré dans la *Poétique :* Aristote, au chapitre 23, 1459 a 30 sqq., a même tout fait pour le réduire ; mais c'est précisément cet effort qui lui permet maintenant d'arbitrer la compétition. La pluralité de tragédies virtuelles contenues dans un seul poème épique, que l'on avait fait ressortir au chapitre 23 et qui faisait obstacle à l'unité et, par là, à la perfection formelle (décrites, au chapitre 7, pour la tragédie) — cette pluralité n'est pas due à la maladresse des poètes, elle résulte de la forme même de l'épopée, telle qu'elle se manifeste dans le mètre et dans l'étendue du récit que ce mètre exige : on aurait beau restreindre le récit épique à une seule fable et le réduire aux dimensions d'une tragédie : on n'aboutirait qu'à une production « grêle » (b 6) et qui, au juste, ne serait plus une épopée du tout.

On voit combien ces deux arguments sont étroitement liés, et que le critère du plaisir, invoqué (contre Platon[68]) en faveur du premier, s'applique au second aussi bien. Il n'est donc pas étonnant qu'Aristote conclue que la tragédie l'emporte « par

65. *Éthique à Nicomaque*, X, 3, 1174 a 14-16.
66. Cf. plus haut, p. 242. — En 1462 b 3, en dépit des objections présentées par Else (p. 645), il paraît difficile de ne pas se rallier à l'inversion de μία ἡ proposée par Spengel.
67. *Poétique*, 23, 1459 a 17-21.
68. *Lois*, II, 667 d 9-668 a 1.

l'œuvre propre de l'art (car ce n'est pas n'importe quel plaisir que doivent produire ces deux genres d'imitation, mais celui que nous avons défini)... ». Par où, s'agissant de la conclusion de ce qui vient d'être dit, on doit entendre le plaisir qui naît de la perfection formelle du poème (23, 1459 a 21), plutôt que celui qui provient de la pitié et de la crainte (14, 1453 b 11-13) et dont il n'a plus été question dans les chapitres sur l'épopée. Ce n'est pas à dire que l'épopée (du moins les poèmes homériques) ne puisse susciter un tel plaisir, elle aussi (le début du chapitre 24 pourrait être allégué dans ce sens), mais ce n'est pas, ici, le problème, et il n'y a pas lieu d'extrapoler le texte.

CONCLUSION

91. La place de la *Poétique* dans le système d'Aristote est difficile à déterminer. Les commentateurs antiques avaient joint la *Rhétorique* et la *Poétique* aux écrits de l'*Organon* [1]. On pourrait justifier ce classement. Les exposés modernes de la philosophie d'Aristote, par exemple ceux de Zeller, de Ross ou de Robin, font succéder la *Poétique* à la *Rhétorique.* Quant à la logique, on sait qu'Aristote la considérait comme un art [2], si bien que ce groupement comprendrait l'ensemble des sciences techniques ou *poiétiques* traitées par le philosophe. Cependant, cette explication resterait bien formelle. Elle ne rendrait compte, ni de la fonction propédeutique de la logique, ni de son fondement ontologique (la logique dite « formelle » n'existe que depuis le *trivium* médiéval et même, plus précisément, depuis la fondation, au XIIIe siècle, des Facultés des Arts) ; la rhétorique est l' « analogue », sans doute, de la dialectique, mais l'on doit y voir aussi bien une « ramification » de la politique (*Rhét.*, I, 1, 2). La *Poétique,* enfin, se range bien, formellement considérée, dans les sciences « poiétiques » : elle en serait même, au jugement de Zeller, la seule qu'Aristote aurait élaborée [3]. Mais les sciences *poiétiques* sont des techniques de fabrication ou de production, illustrées par l'art de l'architecte [4], et la « poétique » n'y entrerait guère que par homonymie — ne serait-ce que parce qu'il n'y a aucun lien entre le produit des techniques et la « disposition » du technicien [5], alors que la poésie requiert un artisan « bien doué » et capable de « se façonner aisément » [6]. Ce qu'il y a de

1. Cf. P. Moraux, *Les Listes anciennes des ouvrages d'Aristote,* Louvain, 1951, pp. 172 sqq.
2. D. Ross, *A.'s Prior and Posterior Analytics*, p. 24.
3. Zeller, *D. Phil. d. Gr.*, II, 2, 3e éd., 1879, p. 180 ; cf. O. Hamelin, *Le système d'Aristote*, Paris, 1931, pp. 83 sq.
4. *Éthique à Nicomaque*, VI, 4, 1140 a 7.
5. *Éthique à Nicomaque*, II, 3, 1105 a 27-31.
6. *Poétique*, 17, 1455 a 33-35.

remarquable, aussi bien, dans le début de la *Poétique*, ce n'est pas l'absence d'une « préface » (les *Catégories*, les *I*^ers^ *Analytiques*, les *Réfutations Sophistiques* n'en ont pas non plus), mais le fait que la poésie y soit définie, non pas à l'aide de la tripartition des sciences, mais par la notion d'imitation qui fournit un genre prochain au-delà duquel il n'y a pas lieu de remonter.

Aristote a consacré plusieurs ouvrages à la poésie : le dialogue *Sur les poètes*, les *Difficultés homériques*, les *Victoires aux Dionysies*, les *Didascalies*, le recueil *Sur les tragédies*. On pourrait dire alors qu'« Aristote, dans sa recherche englobant toute la sphère de l'existence, faisait aussi une place à la poésie »[7]. Certes. Mais la poésie, à ce compte, ne serait qu'un objet parmi d'autres, alors que la *Poétique* paraît tout à fait *à part*, non seulement dans le cadre du système, mais aussi dans l'histoire de l'École. C'est un des rares traités d'Aristote auquel aucun commentaire antique n'a été consacré ; les disciples immédiats, quand ils s'intéressent à des questions littéraires, en restent à l'exégèse homérique (et hésiodique), à la stylistique oratoire, aux biographies des poètes[8] ; peut-être chez Théophraste trouverait-on l'écho de la « purgation des passions »[9]. La *Poétique* même ne semble guère avoir été lue pendant l'antiquité, et, de son IIe livre, nous n'avons même pas conservé des fragments. On peut bien dire que la Renaissance italienne redécouvre proprement la *Poétique* (la première traduction latine, de Georgius Valla, paraît en 1498) et quand on voit, à partir de là, le texte commenté, discuté, médité, codifié jusqu'au XVIIIe siècle[10], sans que l'on se soucie trop de son environnement systématique, on jugera qu'il y a là une plus juste appréhension de l'œuvre que dans les efforts inopérants pour lui assigner quelque place plausible dans la division aristotélicienne des sciences.

92. Si, à l'intérieur du *Corpus* aristotélicien, la *Poétique* apparaît comme un bloc erratique, il n'est pas douteux cependant que, selon son genre littéraire, le traité est bien un *art*, au sens grec du mot, une *technè*. On se demanderait alors si sa véritable originalité (et les embarras correspondants qu'elle suscite à l'exégèse) ne serait pas dans le pressentiment d'une science alors inédite et pour l'exposé de laquelle la tradition ne fournissait

7. F. Wehrli, *Die Schule d. Aristoteles*, X, Bâle/Stuttgart, 1969, p. 121.
8. Id., *ibid.*, p. 122.
9. Zeller, *D. Phil. d. Gr.*, *op. cit.*, p. 868, n. 5.
10. Cf. G. Saintsbury, *A History of Criticism and Literary Taste in Europe...*, t. II, Edimbourg/Londres, 1902 ; R. Bray, *La Formation de la doctrine classique en France*, Paris, 1927.

aucun cadre adéquat : l'esthétique. Et ce domaine, Aristote ne l'aurait abordé, si l'on peut dire, que les yeux fermés, puisque même sa propre philosophie ne lui offrait pas les concepts spécifiques, requis pour le reconnaître et le délimiter. — Cette façon de voir, moderne et critique, ne rend pas compte de ce qu'est, en soi et selon l'intention de l'auteur, la *Poétique.* Mais elle contient une part de vérité que l'on peut essayer de dégager [11].

Dans son livre *Peinture et réalité,* E. Gilson remarque que l'aristotélisme « ne s'était pas expressément posé le problème de la substance artistique. Il lui suffisait de savoir qu'elle n'est pas naturelle pour qu'il crût savoir ce qu'elle est » [12]. D'où l'on conclurait, la création artistique n'étant pas distinguée de la fabrication technique, qu'il n'y a pas chez Aristote une esthétique proprement dite. Mais l'on peut se demander si cette non-distinction ne comporte pas une contrepartie positive : l'art, méconnu peut-être dans sa spécificité et rapproché des techniques, participe, comme celles-ci, à un savoir théorique et, par là, assume une fonction, non pas seulement fabricatrice et *poiétique,* mais *théorétique* et de connaissance.

a) Comme Platon, nous l'avons vu, Aristote considère l'art comme une imitation, et il lui assigne deux causes : imiter est naturel aux hommes (on explique ainsi qu'il y ait des artistes) et tous les hommes prennent plaisir à l'imitation (on explique ainsi qu'il y ait un public).

Comme Platon encore, Aristote constate que l'imitation peut porter sur des objets indignes qu'elle embellit : d'où Platon avait conclu que la poésie tragique, en particulier, est un art de tromperie. Mais Aristote invoque ce pouvoir transfigurateur de l'art, à la fois pour montrer que l'imitation est agréable comme telle (« des êtres dont l'original fait peine à la vue, nous aimons à en contempler l'image exécutée avec la plus grande exactitude ; par exemple les formes des animaux les plus vils et des cadavres ») et pour rappeler l'enseignement de la biologie qui nous enjoint de ne mépriser aucun de ces animaux, même des plus vils, mais, tout au contraire, de reporter, par la connaissance des causes, sur l'étude des originaux mêmes, le plaisir que nous avions éprouvé à en contempler l'imitation artistique [13].

11. La suite de ce § est extraite d'une communication présentée à la « Round-Table on the occasion of the 23rd Centenary of Aristotle's Death », organisée par l'Unesco à Paris, 1er-3 juin 1978.

12. E. Gilson, *Peinture et réalité,* 2e éd., 1972, pp. 141 sq.

13. *Poétique,* 4 ; *Rhétorique,* I, 11 ; *De part. anim.,* I, 5.

b) L'idée platonicienne de l'imitation paraît ainsi tout à fait dépassée. D'abord, les deux causes qu'Aristote donne à l'imitation (elle est naturelle et elle plaît) sont unifiées par l'idée d'*apprentissage* (« c'est à l'aide de l'imitation que l'homme acquiert ses premières connaissances » et, comme il est dit au début de la *Métaphysique* : « Tous les hommes aspirent naturellement au savoir »). Surtout : la transposition artistique, bien loin de nous tromper sur l'original, nous le fait mieux connaître ; elle exige, de la part du spectateur, un effort de raisonnement qu'Aristote, par deux fois, ne craint pas de caractériser par le terme technique de *syllogisme* [14], qui conclut à la subsomption du modèle sous la représentation : « Ceci est cela ». Or le syllogisme est le raisonnement par la cause, et c'est parce qu'elle s'attache « plutôt à l'universel » que la poésie est plus philosophique que l'historiographie qui, elle, ne sait relater que les *faits* (elle demeure « événementielle »), alors que la poésie nous livre le *pourquoi*.

Il y a donc, nous l'avons vu, comme une « ruse de l'art » : il prend appui sur le plaisir que nous éprouvons à imiter et à voir imiter, mais c'est dans une intention pédagogique ; il se sert du plaisir pour nous apprendre quelque chose. En réalité, donc, l'art n'imite pas les choses : il les *interprète*, et nous en découvre la cause.

c) Par ce lien qu'il établit entre l'art et le savoir, Aristote anticipe une conception de l'art, non pas certes contemporaine, mais bien moderne [15] et qui, elle aussi, a pu s'attirer le reproche de manquer l'esthétique véritable : celle de Bergson. Aux yeux de Bergson aussi, l'artiste nous révèle la structure intime des choses qui, normalement, échappe à notre « attention à la vie » ; la perception de l'artiste est véridique, parce qu'elle est libérée des servitudes du vouloir-vivre (Aristote parle rarement de l'âme de l'artiste ; on sait que, sur ce point, le néoplatonisme anglais

14. Les commentateurs, souvent, se donnent beaucoup de mal pour affaiblir ici (1448 b 16 ; 1371 b 9) la vigueur de ce terme ; de fait, le nombre de textes où le mot est employé dans un sens non-« technique » est minime ; cf. aussi Martha C. NUSSBAUM, *Aristotle's De Motu Animalium*, Princeton, 1978, p. 184.

15. Conception que l'on pourrait faire remonter à la Renaissance ; citons, par exemple ce jugement de Kenneth Clark : « Un nouveau livre sur Léonard de Vinci devra être écrit lorsque cet extraordinaire épisode de l'histoire de l'art que constitue la peinture moderne pourra être étudié historiquement, lorsque nous serons à nouveau capables d'apercevoir entre l'art et la science des rapports fructueux et intelligibles. La meilleure manière de poser le problème réside dans la question suivante : qu'est-ce qui aurait le plus intéressé Léonard ? Un tableau de Jackson Pollock ou une radiophotographie de la lune ? La réponse ne fait pas de doute » (*Léonard de Vinci*, tr. fr., Paris, 1967, p. 12).

devait renouveler, au XVIIIe siècle, l'esthétique classique fondée sur les *arts poétiques*. Il nous dit pourtant, au chapitre 17 de son traité, que la poésie « appartient à des hommes naturellement bien doués ou à des hommes exaltés » : il n'est pas sûr que ce qui est indiqué par ces mots diffère tellement de la raison mise en avant par Bergson).

Pour Bergson comme pour Aristote, l'art nous pourvoit d'un schème interprétatif du réel. A partir de là, on conçoit un rapprochement entre l'œuvre d'art et, de l'autre côté, les schémas, dessins et graphiques scientifiques, « représentations figuratives, toujours instauratrices d'une nouvelle intelligibilité », comme l'écrit Fr. Dagognet qui, dans un de ses récents ouvrages, opère expressément et recommande ce rapprochement : « Nous allons cependant tenter de montrer que l'art équivaut, lui aussi, à une écriture du réel, et donc à sa transformation. Nous nous opposerons du fait même à la séparation de l'artiste et du scientifique. Tous deux, selon nous, travaillent, par des voies différentes, à la "reproduction-production" de l'univers : en un sens, une translation et une sorte de doublure de la réalité, mais, dans les deux cas, finalement, sa révolution ou sa métamorphose »[16]. Ce dernier membre de phrase, à coup sûr, n'a plus rien d'aristotélicien (c'est même pour cela que nous avons tenu à ne pas tronquer la citation). Il reste que, sur ce point précis de l'interprétation figurative, la réflexion épistémologique contemporaine pourrait se réclamer de la théorie aristotélicienne de l'art. Il n'est pas sans intérêt de rappeler, dans ce contexte, qu'Aristote avait l'habitude d'illustrer ses traités par des schèmes ou dessins *(hypographai)*.

93. Entre la poésie, tragique et épique, et la philosophie, le lien est bien plus étroit encore, et c'est ce qui, à la fois, donne sa marque propre à l'œuvre en la mettant à part de tous les autres traités, et explique pourquoi Aristote a composé une *Poétique*. — Le livre contient comme un condensé de la philosophie même de l'auteur, et peut se comprendre comme une transposition de cette philosophie sur le plan de la poésie.

L'acte poétique, comme l'acte de philosopher, consiste à nouer un nœud, puis à le dénouer ; il se meut entre une aporie et une solution. Il vise l'universel : stylistiquement et dans la « pensée », par la formulation de maximes, par l'esquisse d'enthymèmes, par l'usage de métaphores ; dans la fable même, par l'actualisation de l'argument selon les caractères et les situations dramatiques :

16. Fr. DAGOGNET, *Écriture et iconographie*, Vrin, 1973, pp. 13, 47.

entre l'argument abstrait et l'éclat visible du spectacle, on ressaisit le rapport entre syllogisme et induction.

Comme la philosophie, la poésie a une fonction didactique ; le traité tient largement compte du public, de même que « toute pratique de la science présuppose, de l'avis d'Aristote, au moins deux partenaires »[17].

L'art, sans doute, n'est pas connaissance pure, et c'est ce qu'indique le mot *imitation*. Mais l'imitation, selon Aristote, suppose une connaissance qui la précède, et en appelle une autre qui la suit : la peinture même des « animaux les plus vils » (1448 b 12) nous les fait mieux connaître et, par là, nous prépare à l'étude de la biologie (*P.A.*, 645 a 14-15). La tragédie, elle, imite « une action, la vie, le bonheur et le malheur » : l'École stoïcienne, jusqu'à Epictète et Marc-Aurèle, devait prolonger l'enseignement de la tragédie par un *fabula docet* philosophique. Il ne semble pas que pour Aristote, la vérité tragique puisse être dépassée par quelque science, que ce soit l'éthique ou la politique.

a) Il n'y a aucune appréciation, ni morale ni judiciaire, dans la *Poétique* : le héros tragique, rendu exemplaire en tant que héros, est cependant « semblable à nous », il n'est ni tout à fait bon ni tout à fait méchant ; la tragédie dépeint une moyenne humaine, et la faute tragique n'est pas un manquement moral. Œdipe est « subjectivement innocent », bien que ses actes soient « objectivement fort horribles »[18].

b) Il y a donc du hasard dans notre « vie », c'est-à-dire cette *cause* obscure, que le IIe livre de la *Physique* éclaire autant que la science en est capable, tout en s'obligeant à conclure que le hasard n'est cause que « par accident ». Or la tragédie parvient à rendre cette cause intelligible, c'est-à-dire à la soumettre aux critères qui, à la fois, définissent la science et commandent le déroulement de la fable : le nécessaire ou le vraisemblable ; c'est ce qu'Aristote appelle le *merveilleux*. Le nœud consiste à construire une situation inextricable d'où aucune sortie ne paraît possible — tout comme l'aporétique d'un problème semble fermer toutes les issues. Or il s'en trouve une quand même, totalement imprévisible (et c'est là la force du nœud), et cependant, après coup, vraisemblable ou nécessaire (et c'est là la vertu du dénouement merveilleux).

17. E. Weil, « La place de la logique dans la pensée aristotélicienne », in *R.M.M.*, 1951, p. 301.

18. E. R. Dodds, « On Misunderstanding the *Œdipus Rex* » in *The Ancient Concept of Progress...*, Oxford, 1974 (1973), p. 76.

Wilamowitz, qui témoignait de peu d'estime pour la *Poétique*, cite des vers qui terminent plusieurs pièces d'Euripide[19], et juge qu'il pourraient être placés derrière tout drame attique[20] :

πολλαὶ μορφαὶ τῶν δαιμονίων,
πολλὰ δ' ἀέλπτως κραίνουσι θεοί.
καὶ τὰ δοκηθέντ' οὐκ ἐτελέσθη,
τῶν δ' ἀδοκήτων πόρον ηὗρε θεός·
τοιόνδ' ἀπέβη τόδε πρᾶγμα.[21]

C'est de ces vers que le merveilleux aristotélicien donne la théorie.

94. *c*) La poésie n'est pas seulement philosophique ; elle est métaphysique. Elle n'a pas, comme les trois sciences théorétiques (physique, mathématique, astronomie), pour objet des choses ou des êtres, mais une action autonome qui, tel l'acte du Premier Moteur, plie sous son attirance les caractères, la pensée, le style.

L'action tragique n'est pas, comme l'acte moral, fonction du caractère (*Eth. Nic.* II, 3, 1105 a 28 sqq.) : les personnages « n'agissent pas afin d'imiter des caractères, mais reçoivent leur caractère de surcroît, en raison de leurs actions » (1450 a 21). — Elle n'est pas non plus, pour l'essentiel, comparable au mouvement physique : celui-ci suppose un moteur, qui est la nature du mobile, un mobile, enfin le mouvement qui n'est qu'une qualité du mobile. Mais le moteur du mouvement dramatique est la faute qui n'a pas partie liée avec le caractère du héros : celui-ci, aussi bien, n'est nullement, par suite de son acte, coupable (selon l'une quelconque des normes, morales ou juridiques, de l'*Éthique*), mais seulement infortuné. Et le mouvement de la fable, bien loin de pouvoir se comprendre comme une qualité attachée au mobile, possède sa propre substantialité et tient tous les personnages sous sa dépendance.

En nouant un lien de nécessité entre la faute grave et l'adversité (supprimant par là même tout rapport entre délit et per-

19. *Andromaque*, *Hélène*, *les Bacchantes*, *Médée* (avec un vers initial différent) et *Alceste* (A. M. Dale, dans son édition, suggère que cette exodos a pu être composée originairement pour cette dernière pièce).

20. U. von Wilamowitz-Moellendorff, *Einleitung in die griechische Tragödie* Berlin, 1921, p. 118. — De son côté, Fr. Chamoux a fortement souligné la portée de ce « couplet significatif » (*La Civilisation grecque*, Arthaud, 1965, pp. 312 sq.).

21. « Nombreuses sont les formes que revêtent les puissances supérieures, nombreux les actes accomplis par les dieux sans qu'on les ait prévus : nos attentes n'atteignent pas leur terme, et à l'inattendu la divinité fraie un passage. — Telle est l'issue de cette action ».

versité), Aristote, d'une part, anticipe l'idée freudienne du destin intérieur inéluctable [22] et, d'autre part, récuse tacitement le problème des « dieux oisifs » [23] et la solution de ce problème esquissée dans les *Euménides.* Dans la tragédie selon Aristote, il n'y a ni destin, ni injustice divine, ni crime méritant une sanction : l'idée, la découverte plutôt, de l'action dramatique se déployant selon ses lois propres rend le destin sans emploi, élimine toute intervention des dieux et rend compte du malheur du héros, tout en le faisant bénéficier, quant à sa culpabilité, d'un non-lieu.

d) L'action dramatique vit donc de sa propre vie : elle ne se noue ni ne se résout par aucune initiative humaine efficace ; la faute est commise sans connaissance de cause et l'issue, amenée par l'enchaînement inexorable des événements, semble due au hasard qui, ensuite seulement, est investi d'une finalité qui l'apparente au merveilleux. Aussi la fable tragique est-elle susceptible d'une description toute formelle, sans égard pour son contenu, mais comparable pourtant à un être vivant, possédant sa beauté et ses mesures propres (1450 b 25-37).

Cette beauté attachée à la perfection de l'œuvre pourrait déjà rendre compte du plaisir que celle-ci fait naître (1448 b 18). Mais le « plaisir propre » à la tragédie est quelque chose de plus précis : « le poète le procure à partir de la pitié et de la crainte, au moyen de l'imitation » (1453 b 12). *Imitation* est le mot aristotélicien pour exprimer ce que les modernes appelleraient transposition de la réalité. L'imitation enlève à son objet ce qu'il peut avoir de pénible, elle fait *apprendre* et *s'émerveiller*, et parmi les choses qui suscitent l'émerveillement, il faut compter « les péripéties et le fait d'échapper de peu aux dangers » [24] (comme dans *Iphigénie en Tauride*). Le plaisir que l'on prend à l'imitation vient de la re-connaissance qu'elle permet, du « syllogisme » qu'elle prépare et de l'acte d'apprendre qui en est le résultat [25]. C'est donc bien encore le caractère « philosophique » de la tragédie qui explique le plaisir qui lui est propre.

Le spectateur certes éprouve sensiblement les émotions que le poète veut lui communiquer, mais ces émotions naissent du seul « agencement des actions » [26], et le mot peut-être le plus signi-

22. Freud, *Métapsychologie*, tr. fr. Gallimard, 1952, pp. 28-29, 67.
23. Ph. Merlan, « Aristoteles' und Epikurs müssige Götter », in *Zeitschrift f. philos. Forschung*, 21/4, 1967, pp. 485 sqq.
24. *Rhétorique*, I, 11, 1371 b 4-11.
25. *Ibid.*, 9-10 : « ... il en résulte qu'on apprend quelque chose ».
26. *Poétique*, 14, 1453 b 4-6.

ficatif qu'Aristote emploie dans ce contexte est celui d'*ekplèctikos,* que l'on rend approximativement par *stupeur, consternation* ou, en l'affaiblissant, par *surprise*[27]. Or la notion de consternation entre dans le genre de l'*émerveillement*[28].

Au VIIIe livre de la *Politique,* c'est-à-dire au seul endroit où Aristote parle avec quelque détail de la « purgation des passions », celle-ci est attribuée à la musique. Or le chant qui est le « principal agrément » de la tragédie (1450 b 17) est écarté du champ de la *Poétique* où ne sont étudiés, nous l'avons vu, que la fable (et les caractères) et le style. Sans doute pourrait-on intégrer la musique dans une théorie de la tragédie où la purification des passions, quel que soit le sens où on l'entende, aurait une large place. Mais elle ne peut en avoir aucune dans une étude qui exclut le chant et le spectacle, pourtant « psychagogique » mais « tout à fait étranger à l'art », pour se concentrer sur la structure de la fable et sa traduction verbale, le style, c'est-à-dire sur les parties les plus « philosophiques » de la tragédie, les plus intellectuelles, si l'on aime mieux. L'insertion d'une étude sur le chant avec ses problèmes « passionnels » afférents n'eût pas seulement dérangé l'économie du traité, tel que nous l'avons : elle en aurait altéré le sens même.

95. En s'attachant à l' « universel » et en négligeant cette « infinité d'événements » qui arrivent dans la vie d'un homme (1451 a 17), la tragédie adopte la marche progressive de la science et répudie le pseudo-savoir instantané de la sophistique[29]. A partir de là, on pourrait, pour finir, s'interroger sur le rôle du *temps* dans la *Poétique.* — Il a été dit très justement qu' « Aristote ne donne aucun fondement métaphysique pour le temps dans la poésie [...]. Le traitement du temps dans la *Physique* (IV, 10-14) n'a pas de relation assignable avec notre problème »[30]. On admettra donc que le traité ne saurait fournir que des éléments d'une réponse à une question qui n'y est jamais posée comme telle. Il n'en paraît pas moins légitime de la soulever parce qu'elle semble suggérée par d'autres doctrines du système, même si la réponse ne peut guère dépasser le niveau de la conjecture.

a) En partant de l'antithèse aristotélicienne qu'on vient de rappeler, il est trop clair, tout d'abord, que l'activité poétique

27. *Poétique*, 14, 1454 a 4 ; 16, 1455 a 17 ; cf. 25, 1460 b 25.
28. *Topiques*, IV, 5, 126 b 13-19.
29. Cf. plus haut, Ire Partie, § 61.
30. G. F. Else, *A.'s Poetics...*, p. 575, n. 15.

requiert un écolage : le génie[31] n'y suffit pas (1455 a 33-35), encore qu'il soit exigé même pour la découverte des métaphores (1459 a 7). Cela est déjà vrai de l'apprenti-tragique qui ne parvient qu'au terme de son apprentissage à maîtriser « l'agencement des actions » (1450 a 35-38). Mais cela est vrai aussi de la poésie même qui, depuis ses origines, a passé par bien des « changements » avant que la tragédie atteigne sa « nature propre » (1449 a 15). Cette progression est naturelle, comme la genèse de la Cité, puisqu'elle tend vers une production naturelle (et en ce sens elle est d'ordre biologique), mais elle est favorisée (ou retardée) par des interventions humaines (et en ce sens elle est d'ordre historique). Son rythme, on l'a noté plus haut, peut se comparer à celui de l'histoire de la philosophie, et semble parfois obéir à un heureux hasard (1454 a 11 ; *Mét.*, A, 4, 985 a 13 sqq.) plutôt qu'à l'*art* ; mais Aristote avait approuvé le vers d'Agathon[32] : « La chance est aimée de l'art, et l'art de la chance ». Le rôle éminent, d'autre part, attribué dans l'historique de la poésie (et dans la suite du traité) au « divin Homère »[33] montre que cette histoire n'est pas linéaire et ne peut s'expliquer uniquement à la manière d'un processus biologique. On remarquera enfin que le développement de la poésie n'est pas rattaché à une histoire générale de la civilisation[34], ni davantage à la théorie, traditionnelle depuis Platon[35], du retour périodique, précédé de cataclysmes, des inventions humaines[36]. On pourrait expliquer ce silence (si toutefois il est besoin d'une explication) par la concision du traité, mais aussi peut-être par le fait que cette théorie, concernant l'ensemble des arts et techniques, présente une portée générale qui la rend acceptable : il était plus malaisé de l'appliquer à une invention aussi spécifique que la tragédie attique.

b) Que la tragédie même ait quelque rapport avec le temps, cela ne paraît pas douteux : elle est l'imitation d'une action, imi-

31. Cf. aussi PLATON, *Phèdre*, 269 d 5.
32. *Éthique à Nicomaque*, VI, 5, 1140 a 20.
33. *Poétique*, 23, 1459 a 30. Θεσπέσιος est une épithète homérique qui, en dépit de son origine étymologique, signifie simplement « divin » (P. CHANTRAINE, *Dictionnaire étymologique de la langue grecque*, s.v.). En substituant ce mot au banal (et ironique : *Ion*, 530 b 10) θεῖος, Aristote rend à l'idée sa force initiale.
34. *Politique*, VII, 10, 1329 b 25-31.
35. Mais peut-être d'origine plus ancienne ; cf. Th. COLE, *Democritus and the Sources of Greek Anthropology*, Press of Western Reserve University, 1967, p. 100, n. 5.
36. *Métaphysique*, Λ, 8, 1074 b 10-13 ; cf. *De Caelo*, I, 3, 270 b 19 ; *Météorol.*, I, 3, 339 b 27-30.

tation qui possède une étendue (1450 b 25). L'étendue ou grandeur (*megethos*) peut se comprendre comme la trajectoire le long de laquelle l'action se meut et qui, d'après la doctrine de la *Physique*, est « accompagnée » d'un temps. Toutefois, cet accompagnement n'appartient pas essentiellement à l'action, et c'est pourquoi, d'après les *Catégories*, une action n'est une quantité que « par accident » : on dit que « l'action est longue, du fait que le temps < où elle s'accomplit > est considérable » (6, 5 b 2-3). Le temps est « la mesure du mouvement » : mais si, dans les concours dramatiques, on mesurait la longueur de chaque représentation par la clepsydre (1451 a 8), le temps ne serait, à proprement parler, que la mesure de l'eau qui s'écoule et, par accident seulement, mesure de l'action tragique qui serait « simultanée » à cet écoulement. Cette action comporte bien une « étendue » qui lui est propre, mais la mesure de celle-ci est d'un autre ordre et si le temps intervient pour la déterminer, c'est d'une manière purement négative (l'action ne doit pas être si resserrée que sa contemplation se fasse dans un « temps imperceptible », ni si allongée qu'on ne puisse la « contempler d'un seul coup »). Il semble même que l'action soit soustraite au temps : la tragédie est un tout, avec un début que rien ne précède, une fin qui n'appelle pas de suite et un milieu qui, par la nécessité ou la vraisemblance, joint l'un à l'autre. Le modèle qui dicte cette description (la beauté d'un être vivant qui doit être « facile à embrasser du regard, *eusynopton* ») paraît bien être transposé ou corrigé à la fin (l'étendue de la fable doit être « facile à saisir par la mémoire, *eumnemoneuton* »), mais c'est l'exigence perceptive de la vision qui demeure exemplaire et qui requiert que l'« ordre » où se succèdent les parties conserve cependant chacune de celles-ci (alors que dans l'« ordre » du temps, aucune partie ne laisse « subsister » celle qui précède, et chacune s'efface devant celle qui la suit ; *Cat.*, 6, 5 a 26).

96. Le déroulement de la fable n'est donc en rien comparable à la construction d'un temple (*Eth. Nic.*, X, 3, 1174 a 20 sqq.). Celle-ci aboutit bien aussi à une totalité où sont conservées toutes les parties successivement élevées. Mais le mouvement même de la construction n'y laisse aucune trace, pas plus que les échafaudages qui avaient entouré l'édifice : il court après une fin qu'il repousse toujours plus loin et il cesse au moment même où il l'a atteinte ; l'inachèvement qui fait tout son être ne survit pas à la perfection qu'il s'était épuisé à préparer. L'action dramatique, elle, ne vise aucune œuvre qui lui soit extérieure ; sa fin lui est immanente [37]. Elle est en acte tout au long de son déroulement, et sa fin ne conserve pas seulement chacun des épisodes, mais le mouvement indivisible qui les a engendrés les uns à partir des autres : ici, ce serait l'acte de la construction qui prévaudrait sur la totalité et sur les parties de la construction.

Cette première description de la fable, telle qu'elle est donnée au chapitre 7, peut paraître statique et formelle. Elle sera complétée plus loin par des notions de péripétie, de reconnaissance, d'événement pathétique qui semblent bien inclure une connotation temporelle. L'impossibilité pour la tragédie d'imiter « plusieurs parties de l'action qui s'accomplissent simultanément » atteste que la « partie que les acteurs jouent sur la scène » (1459 b 25-27) porte, à chaque fois, la marque d'un présent temporel. D'ailleurs l' « agencement des actions » requiert évidemment le schème de l'avant-après, quitte à rendre ce schème pénétrable à la raison, puisque le *post hoc* doit toujours être éclairé par un *propter hoc* (1452 a 21). Au surplus, l'essence de la fable tragique, illustrée par *Œdipe Roi* et formulée par le poète Agathon [38], ne réside-t-elle pas dans l'ineffaçable nécessité du passé, constatation éminemment d'ordre temporel qui devait fournir son aliment, à l'époque hellénistique, aux interminables discussions sur les Futurs contingents ? Comment, enfin, la fable pourrait-elle imiter la vie qui est l'existence dans le temps (*Phys.*, 221 a 30 sqq.) — si elle ignorait le temps ?

Mais la question n'est pas de savoir si les événements représentés se situent dans un temps « objectif » (lequel, pas plus que cette « infinité » de choses qui arrivent dans la vie d'un homme n'est objet de l'imitation) ni davantage si l'imitation même, dans sa marche progressive, ne comporte pas quelque chose comme un « temps dramatique » (temps « essentiel » que le critique moderne est libre de postuler, mais dont rien n'indique qu'Aristote l'ait pris en considération).

La question, autrement dit, n'est pas de savoir s'il y a un temps-modèle « en dehors du drame » et, à l'intérieur, un temps-copie — question dont on peut douter qu'Aristote se la soit jamais posée, à supposer qu'il lui eût trouvé un sens intelligible. Tout ce que l'on peut demander, dans le cadre de la pensée aristoté-

37. Cf. *Métaphysique*, Θ, 6, 1048 b 22 ; 8, 1050 a 23.

38. « Car il est un seul privilège dont Dieu même est privé : faire que ce qui a été fait ne l'ait pas été » (*Éthique à Nicomaque*, VI, 2, 1139 b 10-11) ; cf. *Protagoras*, 324 b 4, et Cicéron, *De Fato*, VII, 14 : « Omnia enim uera in praeteritis necessaria sunt ... quia sunt immutabilia nec in falsum e uero praeterita possunt conuertere ».

licienne, c'est si l'action dramatique, en tant que *tout* (*holon*), est dans le temps. A quoi la réponse sera décidément négative, comme elle l'était au sujet du plaisir qui, en tant que *tout*, n'est pas non plus dans le temps (*Eth. Nic.*, X, 3 1174 a 17).

97. Il serait aisé de faire admettre cette réponse en la banalisant ; on évoquerait alors un phénomène bien connu des psychologues, que P. Fraisse a décrit ainsi : « La durée ne nous devient pas spontanément sensible lorsque notre présence à la situation actuelle est *totale* [39], c'est-à-dire lorsque nous ne sommes reportés en aucun autre temps de l'action par une exigence née de nos besoins ou des nécessités sociales. En d'autres termes, les sentiments de temps ne se manifestent pas lorsque nous sommes *pleinement* [40] satisfaits de la situation présente » [41]. La conception d'Aristote a un sens plus spécifique. On peut essayer de la commenter de deux manières.

a) La continuité de la sensation, de la pensée, du plaisir, du bonheur est exprimée par cette formule : « En même temps on voit et l'on a vu » [42]. Comme l'avait dit H. Cherniss : « Temps et sensation dans le temps sont continus et un continu est perçu comme un tout » [43]. Le temps qui accompagne l'appréhension de l'action dramatique est, comme cette action même, un tout, c'est-à-dire que sa divisibilité potentielle, non seulement n'est réalisée à aucun moment, mais qu'elle n'est même pas perçue. Si Aristote, au Xe livre de l'*Éthique à Nicomaque* (chap. 3), oppose le « tout » au temps, et si l'aperception du tout se caractérise par la simultanéité du présent et du passé, c'est parce que le temps « objectif » de sa durée n'existe que pour une conscience étrangère penchée sur quelque clepsydre, mais n'est pas perçu par le sujet qui vit ce tout en acte. On sait, d'autre

39. Souligné par nous.
40. Souligné par nous.
41. P. FRAISSE, *Psychologie du temps*, P.U.F., 1967, pp. 217 sq. — L'auteur rapporte dans le même contexte un passage de Diderot, cité par G. POULET dans ses *Études sur le temps humain*, p. 201 : « Cent mille ans de méditations comme cent mille ans de sommeil n'auraient duré pour nous qu'un instant, sans la lassitude qui nous instruit à peu près de la longueur de la contention ». A quoi l'on pourrait ajouter cette phrase de G. BACHELARD : « La pensée rationnelle s'établira dans un temps de totale non-vie, refusant le vital. Que la vie, par ailleurs, se déroule et ramène ses nécessités, c'est sans doute une fatalité corporelle. Mais cela ne retranche pas la possibilité de *se retirer du temps vécu*, pour enchaîner des pensées dans un ordre d'une nouvelle temporalité » (*Le rationalisme appliqué*, P.U.F., 1949, p. 26).
42. Cf. plus haut, Ire Partie, § 63 sqq.
43. *Ibid.*, p. 174.

part, que la sensation se produit instantanément et qu'elle n'a pas de « genèse » antécédente : de même l'action dramatique naît d'un « début » défini comme « ce qui ne succède pas nécessairement à autre chose » (1450 b 8).

b) L'épaisseur de l'instant où est perçu le tout qui n'est pas dans le temps se caractérise par le fait que l'acte qui l'occupe est parfait « à quelque moment qu'on le prenne (car il ne lui manque rien dont le surgissement ultérieur puisse en achever la forme) » (*Éth. Nic.*, 1174 a 15), alors que les mouvements qui composent la construction du temple « sont tous inachevés dans les parties du temps[44] et se distinguent par leur forme et du mouvement entier et entre eux » (a 21-23). — Ne pourrait-on pas dire alors que l'agencement de l'action dramatique se divise bien, lui aussi, en des mouvements successifs et spécifiquement différents, dont le « tout » n'est achevé qu'au moment de l'*exodos*, de même que le temple n'atteint son achèvement qu'avec la dernière pierre posée ? D'où l'on argumenterait contre la description de la fable comme d'un tout, et contesterait qu'elle se place dans un « instant » ou un « présent » (*nûn*) comparable à celui où se situe le plaisir. — La comparaison et l'objection sont spécieuses, mais il vaut la peine de les discuter.

La construction architectonique est un mouvement qui, tant qu'il se poursuit, est bien un acte, mais un acte « inachevé » (*Phys.*, 201 b 32), et l'élévation successive des parties correspond à autant de coupures temporelles. L'action dramatique, envisagée quantitativement (chap. 12) et matérialisée par le spectacle, l'évolution du chœur, l'entrée et la sortie des personnages, est certes soumise à une division temporelle analogue, et l'analyse de la construction lui serait pleinement applicable. Mais Aristote exclut les éléments matériels de la représentation, non seulement de son *Art* poétique, mais encore de l'aperception de la fable (1462 a 12). Celle-ci, dans sa totalité, est perçue par le lecteur ou par le spectateur, tenu sous le charme « psychagogique » de ce qu'il voit, comme une unité indivisible et qui, autrement que l'épopée, n'implique aucun « changement » (1459 b 29). Et si (ici encore à la différence de l'épopée) le poète tragique ne peut rapporter des événements simultanés à ceux qu'on voit sur la scène, c'est parce que le présent actuel, le présent en acte, s'étend sur l'ensemble de l'action dramatique. — L' « observateur impartial » et proprement désintéressé qui, fort des divisions du chapitre 12, contesterait cette intemporalité serait dans le cas de celui qui,

44. En conservant, avec Stewart (contre Bywater et Burnet), le texte des mss.

en face des *asyntheta* toujours « en acte », ne parviendrait pas jusqu'au *contact* (*thinganein*) ; il ne se tromperait pas : simplement il resterait dans l' « ignorance », qui équivaut ici à une « cécité » (*Métaph.*, θ, 10).

[On pourrait encore comprendre le déroulement, achevé, nécessaire et quasi-intemporel, de l'action dramatique par opposition avec ce qui se passe dans l'effort, fragmenté, tâtonnant et plongeant dans la mémoire, de la réminiscence, où la série des termes est liée par ressemblance, contraste ou contiguïté, pouvant être parcourue dans les deux sens, où l'habitude joue un grand rôle, où la tentative globale se brise en mouvements successifs et se termine (mais non : s'achève) par la découverte du terme recherché qui ne garde plus rien des voies qui y ont conduit (*De Mem.*, 2, 451 b 10-452 b 7)].

98. Un des problèmes les plus difficiles de l'aristotélisme est celui de la *pensée* (*noèsis*), divine et humaine, et quant à son contenu et quant à son mode d'exercice. On sait que l'idée de cette pensée (intuitive, et distinguée de la *dianoia* discursive) a pour antécédent l'échelle des quatre modes de la connaissance selon la Ligne de la *République* ; le schème de cette gradation se transmettra à travers le moyen âge jusqu'à Descartes, Spinoza et Leibniz, chez qui le terme d'*intuitus* n'est guère plus facile à comprendre. — Il ne peut s'agir d'exposer ici ce problème ; mais nous avons été amené, au cours de notre lecture de la *Poétique*, à y faire allusion à plusieurs reprises ; la conception de l'*acte* qui confond passé et présent (« en même temps, on pense et on a pensé », *Mét.*, Θ, 1048 b 34) s'apparente à celle du plaisir-totalité de l'*Éthique à Nicomaque*, X, 3 ; et l'on pourrait tenter de rapprocher la théorie de la tragédie de celle de la pensée et, par là, de la commenter. Ce rapprochement, puisqu'Aristote ne l'a pas effectué lui-même, encourrait la critique préalable de l'*obscurum per obscurius*, et il va de soi que rien de ce qu'on dira plus loin pour le suggérer ne saurait avoir une prétention démonstrative ; ce serait au demeurant, s'agissant de la pensée intuitive, une ambition contradictoire.

Les *indivisibles*, objets de la *noèsis*, ont pu être expliqués, et chaque fois avec de bonnes raisons, tantôt comme les termes isolés du jugement, tantôt comme les premiers principes, tantôt comme les moteurs immobiles. Le *De Anima* mentionne les « indivisibles selon la forme » (expression que rien n'oblige à restreindre à l'*infima species*) : ils sont « pensés dans un temps indivisible et par un acte indivisible de l'âme » (III, 6, 430 b 14-15). Or la fable tragique, en dépit de sa diversité interne, est bien indivisible selon sa forme : les trois notes du Beau (appliquées, dans la *Métaphysique,* aux productions de la Nature et aux révolutions des corps astraux)[45] la constituent comme un tout, et comme un tout *un* : « L'indivisible apparaît comme un et sa contemplation est une, en raison de sa symétrie »[46]. Le terme d'*eusynopton* (1451 a 5 ; 1459 a 33), « facile à voir ensemble », se dit encore du style périodique (*Rhét.*, III, 9, 1409 b 1) (qui semble bien, pourtant, se déployer dans le « temps ») : on pourrait le rendre par « vision panoramique ». Le terme d'*eumnèmoneuton,* « facile à retenir » (qui, dans la *Poétique,* n'apparaît qu'ici, 1451 a 5, mais qui, dans la *Rhétorique,* caractérise également le style périodique), n'y contredit pas : la Septième et la Onzième des *Regulae* de Descartes font comprendre comment l'acte continu du raisonnement (« easdem < propositiones >continuo et nullibi interrupto cogitationis motu percurrere »)[47] peut aboutir à « concevoir distinctement plusieurs choses à la fois » (« plura simul, quantum fieri potest, distincte concipere »)[48], de manière à « paraître voir tout en même temps par intuition, sans laisser aucune part à la mémoire » (« ...ut fere nullas memoriae partes relinquendo rem totam simul videar intueri »)[49]. Cette intuition englobante et diversifiée du *plura simul* est celle qui appréhende la Deuxième Hypostase de Plotin, où « toutes choses sont ensemble » (ἅμα τὰ πάντα)[50], à laquelle s'attachent beauté et vérité[51] et à laquelle, comme à la tragédie[52], « rien ne peut manquer ni rien s'ajouter »[53]. La structure de la fable tragique, en tant que totalité achevée et objet d'une contemplation « simultanée »[54], correspond à celle du monde intelligible plotinien et à ce que Boèce, parlant de l'éternité, appellera la « *tota simul et*

45. *Métaphysique*, M, 3, 1078 b 1 : τάξις, συμμετρία, ὡρισμένον ; les trois termes décrivent la beauté de la fable, au 7e chapitre de la *Poétique* : τάξις (1450 b 38), μέγεθος (*ibid.*, expliqué plus loin par le ὅρος convenable, 1451 a 6 sqq.), enfin ὅλον (1450 b 25 sqq.) qui, avec sa structure interne (commencement, milieu, fin), correspond ici à συμμετρία. — Cf. *Philèbe*, 65 a 1-2 : κάλλος, ξυμμετρία, ἀλήθεια.

46. [*Problèmes*], XVII, 1, 916 a 5-7.

47. Descartes, *Regulae*, XI, déb., A.T., X, p. 407 (cf. *Reg.*, VII, déb., p. 387). — On peut comparer *De Mem.*, 2, 451 b 30 sqq., où l'accent est mis sur la *rapidité* de la réminiscence, pour peu qu'on remonte à l'*origine*.

48. Id., *ibid.*,

49. Id., *ibid.*, p. 409.

50. Plotin, III, 7, 3, 18.

51. Id., *ibid.*, chap. 4, 7.

52. *Poétique*, 8, 1451 a 32-35.

53. Plotin, III, 7, 4, 37-40.

54. *Poétique*, 7, 1451 a 1.

perfecta possessio »[55]. — Il n'est question ici — s'il était besoin de l'ajouter — ni de « sources » ni d' « influence » ; simplement d'une parenté de structure qui pourrait autoriser à parler, après L. Robin et d'autres, d'un Aristote néoplatonicien. Rien de tout cela, bien entendu, ne nous renseigne avec certitude sur le contenu de la *noèsis,* divine ou humaine ; on peut seulement rappeler que la tragédie peut être « simple » ou « complexe » (chap. 10) : mais ces deux espèces sont bien « indivisibles selon la forme ».

99. La tragédie imite une *action* (*prâxis,* 1450 a 16). Il est très vrai que l'action a deux causes naturelles : la pensée et le caractère (1450 a 2) ; aussi imite-t-elle l'une et l'autre. Mais l' « action achevée et entière » (1450 b 25), c'est-à-dire l' « agencement des faits » (b 23), est tout autre chose. Bien loin d'avoir les personnages pour agents, c'est elle qui les fait agir : l'entrée en scène inopinée d'Égée, dans *Médée,* la « méchanceté » de Ménélas dans *Oreste* sont censurées, non pas parce qu'elles ne seraient pas conformes aux caractères de l'un ou de l'autre, mais comme « non-nécessaires » dans le déroulement de l'action (1461 b 20-21). La nécessité (ou la vraisemblance) qui commande l'action domine les personnages, guide leurs projets et leurs actes, contredit leurs prévisions et amène le dénouement. Elle ne procède cependant, ni par contrainte, ni comme condition, mais « absolument », parce qu'elle est nécessité au sens éminent : elle est « ce qui ne peut être autrement, mais est absolument nécessaire » — semblable en cela au Premier Moteur (Λ, 7, 1072 b 12-13).

L'autonomie de l'action ne se manifeste pas seulement à l'égard des personnages : elle s'impose au poète même. « Il faut que le poète parle le moins possible, car ce n'est pas en cela qu'il est imitateur » (1460 a 7) ; la scène de la « reconnaissance » dans *Iphigénie* est faite « sans art », car « Oreste dit lui-même ce que veut le poète, mais non ce que veut la fable » (1454 b 33).

C'est l'action (et non pas les personnages, ni un héros unique) qui donne à la tragédie son unité ; l'action, tout au long du traité, est considérée comme une *substance :* c'est au terme de « changements » successifs qui ont « manifesté ses propriétés », que la tragédie a atteint sa « nature propre » (1449 a 15). Mais c'est une substance *sui generis ;* l'art du poète ne consiste pas à la fabriquer à la manière d'un artefact, mais à en faire voir la configuration naturelle. Son statut ontologique, dans les cadres de l'aristotélisme, est difficile à saisir.

55. Boèce, *Consolation,* V, pr. 6, 4.

La fable est comparée à un être vivant (1450 b 35) ; ailleurs elle est dite être le principe et comme l'âme de la tragédie (1450 a 38). « Il semble que l'âme n'est pas sans corps, sans être elle-même un corps » (*De Anima,* II, 2, 414 a 20) ; aussi la fable est-elle liée à la représentation matérielle qu'elle anime, et en ce sens elle satisfait à la définition de l'âme : « l'essence et l'acte d'un corps » (H, 3, 1043 a 35). Cependant, l'intellect (*noûs*) n'est pas mêlé au corps (*De Anima,* III, 4, 429 a 24). La fable est un universel (1451 b 8), avant d'être « mise en épisodes » (1455 b 13) ; le simple récit de l'histoire d'Œdipe (avant son élaboration écrite) suffit à produire l'effet tragique (1453 b 4-7). La fable est l'âme et le principe vital de la tragédie représentée ; mais elle est aussi, tel l'Intellect agent, « séparée », c'est-à-dire séparable de ce qui est « étranger à l'art » : le spectacle et le chant, et séparable même, à titre d'universel, de sa mise en œuvre poétique (1455 a 35 sqq.).

C'est pourquoi elle est, comme la « reconnaissance » (chap. 16), connaissable selon tous les degrés du savoir, depuis la sensation jusqu'à la saisie des principes qui remonte aux « choses mêmes » (1455 a 18). Telle la Deuxième Hypostase plotinienne qui contient éminemment ce qui va se déployer ensuite dans la Troisième, pour se faire accessible enfin à la sensation, dans la beauté du *cosmos* visible.

C'est ce qui permet aussi de rendre compte de l'association, constante dans le traité, du « nécessaire ou du vraisemblable » (formule contraire cependant à la rigueur de la division des sciences) : c'est que la tragédie, oscillant, comme nous l'avons dit, entre le syllogisme et l'induction, peut être contemplée et déchiffrée à plusieurs niveaux. Le caractère composite du public théâtral, d'où Platon avait tiré un argument contre l'art dramatique, témoigne (« sociologiquement », si l'on veut) de cette différence de niveau qui n'empêche pas l'esclave, l'homme libre et le philosophe de communier, chacun à sa manière, dans le même plaisir.

Intelligible comme universel, la fable a son *lieu* où elle passe à l'acte, dans l'art du poète, dans l'attention accompagnée de plaisir du spectateur, dans l'intellect du philosophe qui y reconnaît, au-delà de l'imitation « d'une action, de la vie et du bonheur (et de l'infortune) » (1450 a 17), comme l'image du Premier Moteur, dont l'*acte* est, lui aussi, de contemplation, de plaisir, de vie[56] — et de nécessité[57]. Cet acte, qui ne nous est permis que

56. *Métaphysique*, Λ, 7, 1072 b 16, 27 (ζωή, il est vrai ; la *Poétique* parle de βίος : 1450 a 17).
57. *Métaphysique*, Λ, 7, 1072 b 11-13.

« pour peu de temps », la philosophie y donne accès, mais la tragédie tout autant, et le merveilleux qui en conclut le déroulement est d'essence divine, tout comme est digne d' « émerveillement » l'existence du Premier (Λ, 7, 1072 b 25).

Dans son beau commentaire sur l'*Éthique à Nicomaque*, Stewart écrit : « Quand on nous dit que l'éternelle énergie de ce Principe immatériel est Plaisir [...], nous ne devons pas poser de questions. Ce langage n'est pas celui de la science, mais de la poésie »[58]. On comprendra mieux, sans doute, pourquoi Aristote a écrit un *Art poétique*, et que ce traité ne porte pas sur une technique parmi d'autres, mais sur l'objet le plus métaphysique peut-être du monde sublunaire : où l'art humain, appuyé sur la tradition, semble se conjuguer avec des instances transcendantes pour produire une œuvre qui n'est, ni artificielle ni biologiquement naturelle, où la vie humaine, exclue pourtant de la contemplation de Dieu, est « imitée », c'est-à-dire interprétée et comprise à un niveau où elle se prête à un acte théorétique semblable, où les modes de la connaissance, soigneusement distingués pourtant et séparés par la théorie des sciences, s'unissent pour appréhender un objet unique, où le temps de la vie, enfin, qui, d'après la *Physique*, « enveloppe » l'existence pour finir par causer sa « destruction », est élevé à la dignité de l'acte intemporel.

Que sur la scène, son pouvoir destructeur, ou ce que les commentateurs appellent le « temps dramatique », se conserve, on ne songe pas à le nier — dans cette perspective moderne, tout au moins. Mais il ne semble pas qu'Aristote se soit posé la question ainsi, parce qu'il ne prend pas en considération le « temps représenté », mais l'instant étendu où est perçue la représentation. Et il ne faut même pas accorder que ce temps soit représenté. Le temps est mesure du mouvement : or le seul mouvement objet de l' « imitation » est l'action parfaite et nécessaire de la *prâxis* tragique, et le temps qui l' « accompagne » est, comme cette action même, en dehors du temps physique et « vécu » par les personnages ; en sorte que l'acte intemporel qui l'appréhende est entièrement conforme à son contenu.

100. On sait qu'à plusieurs reprises Aristote enseigne qu'à la supériorité de l'objet correspond une supériorité de la connaissance[59]. Ailleurs cependant, il dit que la connaissance des êtres

58. J. A. Stewart, *Notes on the Nicomachean Ethics*, t. II, p. 261.
59. P. ex. *Métaphysique*, Λ, 9, 1074 b 33, *Éthique à Nicomaque*, X, 7, 1177 a 20.

naturels mêmes infimes procure autant de joie[60] que l'étude des êtres divins[61]. Cette deuxième assertion (où l'on aurait tort de voir le résultat de quelque « évolution », puisqu'elle se trouve déjà chez Platon[62]) peut expliquer que dans l'art dramatique aussi, l' « imitation », on l'a vu, l'emporte sur son objet ; et ce que la connaissance, qui est connaissance par les causes, fait évanouir, c'est précisément le « temps dramatique » (lié, selon les préférences du lecteur, au hasard ou au « Destin ») puisque le dénouement en découvre les causes intelligibles et achève de le soumettre à cette *totalité* non-temporelle qu'est la fable.

Qu'entre l'instant mathématique et l'instant conçu comme un tout continu il n'y ait pas de rupture véritable, on a essayé de le montrer dans ce qui précède. Ajoutons seulement qu'il n'y a pas de coupure non plus entre l'action et la vie théorétique (puisque celle-ci achève l'organisation de la Cité et conclut le traité sur l'éthique[63]). La tragédie peut faire comprendre, non pas exactement le passage de l'une à l'autre, mais la primauté de la connaissance sur la *prâxis*, c'est-à-dire sur l'objet qui, à première vue, lui est tout à fait contraire ; comme la biologie à l'égard des moindres espèces vivantes, la tragédie opère sur la « vie » une transformation qui parvient à la dépouiller de ses apparences contingentes, peu engageantes et irrationnelles.

On voit assez, enfin, qu'il n'y a rien ici qui puisse fortifier le lieu commun selon lequel les Anciens n'auraient connu qu'un « temps cyclique »[64]. Aussi bien n'est-ce pas le cercle qui s'oppose au temps physique, mais ce *tout* qu'Aristote situe hors du temps, qu'il n'a pas rattaché explicitement à la durée infinie dont jouissent les êtres éternels[65], mais que Plotin appellera *éternité*. Que ce terme soit repris dans la théorie hégélienne du temps pourrait attester qu'il ne s'agit pas ici d'archéologie.

60. Ἀμηχάνους ἡδονάς (645 a 9), θαυμαστὰς ἡδονάς (1177 a 25).
61. *De Part. animal.*, I, 5, 644 b 31-645 a 16.
62. *Parménide*, 130 e 3.
63. *Politique*, VII, 14 ; *Éthique à Nicomaque*, X, 7.
64. Cf. *Questions platoniciennes*, p. 171 ; P. Vidal-Naquet, *Le Chasseur noir*, *op. cit.*, pp. 69 sqq.
65. *De Caelo*, I, 9, 279 a 18-31.

I. TEXTES D'ARISTOTE

De Caelo

Catégories

Constitution d'Athènes

Éthique à Eudème

Éthique à Nicomaque

Météorologiques

De Part. animal.

Physique

Poétique

Politique

Rhétorique à Alexandre

De Sensu

De Somno

Topiques

Fragments

II. AUTRES TEXTES

III. NOMS

TABLE DES MATIÈRES

L'INSTANT

DEUXIÈME PARTIE

LA POÉTIQUE

Achevé d'imprimer en mars 2017
par Isiprint
15 rue Francis de Pressensé
93210 La Plaine Saint-Denis

Imprimé en France